Java高级程序设计（微课版）（第2版）

徐传运 张杨 黎天送 涂飞 刘洁 曾绍华 编著

U0378246

清华大学出版社

北京

内 容 简 介

本书以 Java 的数个高级主题作为核心内容，包括 Web 编程、数据库编程、类型信息与反射、泛型、注解、序列化、网络编程、多线程等内容。论述了程序设计的原则和规范，最后 1 章介绍了前面高级技术的综合应用，并提供了采用 Servlet/JSP 技术的 MVC 开发框架。

本书以提升技术的应用能力为重要目标，提供了电子课件(PPT)、示例源代码、MVC 框架源代码、部分课后习题的参考答案。

本书适合作为高等院校软件工程、计算机相关专业的编程能力提升课程的教材，即在 Java 语言编程基础课程之后，Java 应用框架(如 Spring 框架)课程之前的衔接教材；Java EE 课程的教材；亦可作为有编程经验的软件开发人员的参考书。

图书在版编目(CIP)数据

Java 高级程序设计：微课版/徐传运等编著. —2 版. —北京：清华大学出版社，2023.1
（清华开发者学堂）
ISBN 978-7-302-62566-7

Ⅰ. ①J… Ⅱ. ①徐… Ⅲ. ①JAVA 语言－程序设计 Ⅳ. ①TP312.8

中国国家版本馆 CIP 数据核字（2023）第 022874 号

责任编辑：张　玥
封面设计：刘艳芝
责任校对：李建庄
责任印制：曹婉颖

出版发行：清华大学出版社
　　　　网　　　址：http://www.tup.com.cn, http://www.wqbook.com
　　　　地　　　址：北京清华大学学研大厦 A 座　　　　邮　　编：100084
　　　　社　总　机：010-83470000　　　　邮　　购：010-62786544
　　　　投稿与读者服务：010-62776969, c-service@tup.tsinghua.edu.cn
　　　　质量反馈：010-62772015, zhiliang@tup.tsinghua.edu.cn
　　　　课件下载：http://www.tup.com.cn, 010-83470236
印 装 者：三河市铭诚印务有限公司
经　　销：全国新华书店
开　　本：185mm×260mm　　　　印　　张：26.5　　　　字　　数：643 千字
版　　次：2014 年 6 月第 1 版　　2023 年 3 月第 2 版　　　　印　　次：2023 年 3 月第 1 次印刷
定　　价：79.00 元

产品编号：092687-01

Java 诞生于 1995 年 5 月，是 Sun Microsystems 公司推出的 Java 程序设计语言和 Java 平台的总称。Java 一词源于印度尼西亚盛产咖啡的爪哇岛，因此 Java 语言中许多库、类的名称多与咖啡有关，如 JavaBeans（咖啡豆）、NetBeans（网络豆）、ObjectBeans（对象豆）等。多年来，Java 好似爪哇咖啡一样誉满全球，而 Java 语言亦如爪哇咖啡般醇香迷人。

Java 对面向对象技术的全面支持和 Java 平台内嵌的 API 能缩短应用系统的开发时间，并降低成本，特别是 Java 企业应用编程接口为企业信息系统和电子商务应用系统提供了相关技术和丰富的类库。Java 语言的设计目标之一是适应于动态变化的环境，因此 Java 程序在 Java 平台上被编译为体系结构中立的字节码格式，然后可在能实现此 Java 平台的任何系统中运行，这种方式适合异构的网络环境和软件的分发；同时，Java 程序需要的类能够通过网络动态载入到运行环境，这也有利于软件的升级。

当下，Java 被广泛使用于计算机软件系统的开发；未来，Java 在 Web、移动设备、云计算等领域的应用前景广阔，越来越多的企业会将其应用部署在 Java 平台上。目前，对 Java 前景的争议主要集中在 Oracle 对 Java 可能的政策以及 Java 与其他程序语言的竞争。对于前者，我们认为 Oracle 不可能不全力发展 Java 这个唯一的编程语言；至于后者，每个程序语言都有其特点和适合的领域，不是简单的一个语言替代另一个语言的问题。在 Oracle 技术投资担保下，在 Java 社区严谨、保守的发展策略引导下，编者相信在将来很长一段时间内，Java 仍然是软件开发领域的重要力量，是企业级应用开发的主导力量。

希望通过本书能学习到 Java 企业级开发的基础技术，并了解技术背后的原理，为进一步学习各种 Java 开发框架打好坚实的基础。也期望读者能为 Java 社区贡献开源的核心组件、开发框架。

软件开发是伟大的事业，程序员是构建丰富多彩的数字世界的工程师。希望读者能享受到这份荣耀，也希望读者能有一个幸福、快乐的程序人生。

徐传运

2023 年 1 月

当前,中国在软件开发领域拥有大量的现有程序员资源和潜在的程序员资源(即各大院校软件工程专业的本科生和硕士生),但丰富的人口红利并没有带来与之相当的技术创新优势,从业者大多停滞在单纯使用技术的低层次阶段,而难以对技术进行与应用相关的主动创新。编者认为,这与当下高校在软件工程(尤其是软件项目开发)教学中各门课程没能环环相扣有关,也与有针对性的相关原理性讲解的专业书籍较少存在一定关系。

现有的大多数"Java 程序设计基础"课程的相关教材一般主要讲述 Java 语言的基本语法(包括 Java 语言基础、数据类型、Java 类和对象等),而与软件工程专业普遍开设的"Java EE"课程相对应的内容又主要是 Servlet/JSP、SSH(Struts、Spring、Hibernate)等企业级应用。为了填补 Java 程序设计基础和 J2EE 等 Java 高级应用之间的空白,本书讲解了 Java 的高级技术以及高级技术的应用实例,让读者了解 Java 技术背后的原理。

编者认为学习技术不仅要会使用,还要知道技术后面的原理,这样才能深入地掌握技术,快速、彻底解决技术使用过程中出现的问题,科学客观地评估技术存在的风险,有效地提高技术的使用效率。因此,本书通过讲解 Java 高级技术帮助读者学会 Java 技术,更希望读者明白 Java 技术后面的原理。

本书特色

1. 内容体系完整,从基础开始,由浅及深

教材是实现教学要求的重要保证,本书体系完整,注重应用,强调实践。

每一个章节的内容都是由浅入深、循序渐进地展开,使读者可以渐进地学习本书的全部知识。

2. 编著人员项目经验丰富,实例源于真实项目

本书的作者都是参加实际开发项目的负责人或主要成员,有丰富的

Java 程序开发实践经验,因此本书内容都是实际应用中确实需要的知识和技能。

本书所用实例全部来源于项目组开发且正在使用的真实项目,相关细节契合真实的软件开发实践环境。

3. 各章实例丰富,有助于读者理解所述知识

本书的每一个章节都提供了充分的实例,这些例子经过了精心设计与调试,能够恰当地展示相关知识点的实现细节。读者可以在学完相关理论知识后,通过上机实践来更加深入地了解、掌握这些知识点。

4. 使用较新版本的开发平台

本书所用的开发工具和相关框架在编写时都是较新版本,力图反映 Java 相关技术的新发展。读者可在学习开发技术的同时接触较新版本的开发平台,为以后的深入实践奠定基础。

5. 配有源代码等相关电子文档,方便读者使用

为了方便读者使用本书提供的大量示例程序,特将所有源代码都收录到本书附带的电子资源中,读者可以运行这些代码,以利于读者更深入地理解相关的理论知识。

同时,我们还提供了课后习题的参考答案,以供广大读者练习时借鉴。

另外,作为一本教材,本书还专门为广大教师配备了与教材内容一致的电子课件,以方便授课使用。

读者对象
* 初步掌握 Java 技术、想进一步学习 Java 高级编程的读者
* 计算机专业的本科生
* 非计算机专业的硕士研究生

本书内容

Java 高级技术本身是由基本技术通过综合、交叉后发展而来的。本书试图让读者了解这种从简单技术到复杂技术的演变过程,掌握演变规律,从而具备创新发明技术的能力。

第 1 章是关于写出好代码的规则、惯例、模式。

第 2 章是 Web 编程,包括 Web 服务器、Servlet、JSP、监听器和过滤器、Ajax 等内容。

第 3 章是基于 Java 的数据库编程,包括数据库基础知识、JDBC 及其进阶等内容。

第 4 章是类型信息与反射,包括类型信息的存储、加载、核心类及其具体应用(即反射、动态代理)等内容。

第 5 章是泛型,包括泛型的类、方法、接口、边界以及通配符等内容。

第 6 章是注解,包括注解的使用、自定义及其处理器,以及实体映射与翻译等内容。

第 7 章是序列化，包括对象序列化、自定义序列化、XML 文件、JSON 等内容。

第 8 章是基于 Java 的网络编程，包括网络协议、流、TCP 编程、UDP 编程、HTTP 编程等内容。

第 9 章主要是多线程，包括线程基础知识、线程资源共享、线程协作、同步器等内容。

第 10 章是基于 Java 的综合应用案例，包括 MVC 架构、Web 实例、数据库实例、反射实例、注解实例、网络编程实例等内容。

电子资源

本书附带的电子材料中主要有以下内容：

· 与教材内容一致的电子课件（PPT）

· 本书中的示例源代码

· 本书各个章节部分课后习题的参考答案（仅向教师提供）

目录

第 4 章　类型信息与反射　/111

第 5 章 泛型 /166

第 8 章　网络编程　/262

关于代码

这是一本讲解 Java 高级技术的书,希望读者能够借此深入理解 Java 高级编程的一些技术,这些技术在开发应用系统中可能并不常用,但如果碰到合适的应用场景,它们可能帮上大忙。之所以这些高端的编程技术对软件开发至关重要,是因为当前一些功能强大的类库、框架就是在这些高端技术的支撑上创建出来的,如 Struts、Hibernate、Spring 等。

掌握了高级技术并不一定能写出好的代码,就像学会了大量的华丽词汇和富于表现的语法并不能写出好文章一样,我们还需要掌握很多关于编码的规则、惯例、模式,本章所讲解的就是一些关于写出好代码的规则、惯例、模式。

1.1 编码的艺术

笔者时常感觉写代码就像写诗一样,好的代码能给人美感以及艺术的享受。因为笔者常常被一段代码规范的命名、简洁优美的结构、精巧的细节而感动,能感受到代码作者融入代码中的执着、用心、智慧,所以好的代码就是作者奉献给人类的艺术作品。

什么是好的代码呢? 不同的程序员可能有不同的看法。《代码整洁之道》的作者 Robert C. Martin 认为"简洁的代码就是好的代码",《C++ 程序设计语言》的作者 Bjarne Stroustrup 认为"优雅和高效的代码是好的代码",《面向对象分析与设计》的作者 Grady Booch 认为"好的代码从不隐藏设计者的意图,充满了干净利落的抽象和直截了当的控制语句",《重构》的作者 Martin Fowler 认为"没有坏味道的代码是好的代码"。笔者认为"容易理解、容易修改的代码就是好的代码"。

代码的价值有两个:一个是告诉计算机应该怎么执行,以完成软件的功能;一个是告诉未来的代码修改者(包括代码原作者)代码的功能是什么。前一个价值是理所当然的,而后一个价值经常被忽略。据统计,在代码的整个生命周期中,每一次写代码所花的工作量只占所有工作量的 30%,这就意味着大量的工作花在代码的修改过程中,而在代码修改过程中,大部分的时间又花在对源代码的理解上，因此，代码需要直接、清晰地展现代码的功能。

代码的上述两种价值产生出两种"代码观"，即对代码的认识。一种认为：代码是指令的序列，在指令的驱动下，计算机完成期望的功能；另外一种认为：代码是语义的组合，每行代码体现一定的语义，所有代码语义的综合形成了系统的功能语义。两种代码认识观本质并不矛盾，两种认识观结合起来形成一种综合的认识观：代码是驱动计算机运行的指令序列，每个指令体现着一定的语义，指令的组合也是语义的组合，指令组合后计算机完成的功能应和语义组合后的综合语义所体现的功能语义是一致的。基于综合认识观，编码的过程就是把程序员所理解的语义翻译成计算机指令代码的过程，如果翻译后的代码在概念、结构上与语义相近，代码就更能直接体现程序员的意图，代码也具有更高的可读性。

本章后面的小节将分别讲解代码块、函数、类、模块的编写方法，以使代码充满艺术美感。

 概念与命名

在程序代码中，命名无处不在，给变量、参数、函数、类、包、模块、子系统甚至系统命名。好的名称能够清晰、直接地体现名称所代表对象的语义，如果代码没有好的命名，阅读这种代码无疑像阅读天书。例如，下面代码的功能是什么？能看出来吗？

```
01  private float c(float a[],int b[])
02      {
03          float   d = 0,e = 0;
04          int f = 0;
05          float   s = 0;
06          for(int i = 0; i<a.length; i++)
07          {
08              if(b[i] == 2)
09              {
10                  a[i] = a[i] * 1.1f;
11              }
12              if(d < a[i])
13              {
14                  d = a[i];
15              }
16              if(e > a[i])
17              {
18                  e = a[i];
19              }
20          }
21          for(int i = 0; i<a.length; i++)
22          {
```

```
23          if(a[i] != d && a[i] != e)
24          {
25              f++;
26              s = s + a[i];
27          }
28      }
29      return s / f;
30  }
```

明白上面代码的功能了吗？上面的代码只有大约 30 行,如果这样的代码有 300 行、3000 行,你还有耐心读下去吗？上面的代码为什么难读？是因为代码中的方法、参数、变量、常量没有一个能体现语义的名称,你没有办法把代码与你理解的语义直接关联起来,你需要从代码的前后逻辑关系去猜测语义,然后在后面的代码中验证这些语义,如果你对语义的猜测是错误的,那就必须重新从头再读一遍代码,提出新的猜测。

接下来给上面的代码赋予合适的命名,代码如下。

```
01  public final static int SENIOR_JUDAGE = 2;
02      public final static float SENIOR_JUDAGE_WEIGHT = (float)1.1;
03      private float calculateAvgScore(float rawScores[],int judgeLevels[])
04      {
05          float maxScore = 0;
06          float minScore = 0;
07          float actualScores[] = new float[rawScores.length];
08          for(int i = 0; i<rawScores.length; i++)
09          {
10              if( judgeLevels[i] == ScoreRecorder.SENIOR_JUDAGE)
11              {
12                  actualScores[i] = rawScores[i] * ScoreRecorder.SENIOR_
13  JUDAGE_WEIGHT;
14              }
15              else
16              {
17                  actualScores[i] = rawScores[i];
18  }
19          if(maxScore < actualScores[i])
20          {
21              maxScore = actualScores[i];
22          }
23          if(minScore > actualScores[i])
24          {
25              minScore = actualScores[i];
26          }
27      }
28          int validScoreCount = 0;
```

```
29        float  sumScore = 0;
30        for(int i = 0; i<actualScores.length; i++)
31        {
32            if(actualScores[i] != maxScore && actualScores[i] != minScore)
33            {
34                validScoreCount++;
35                 sumScore = sumScore + actualScores[i];
36            }
37        }
38        float avgScore = sumScore / validScoreCount;
39        return  avgScore;
40 }
```

现在明白上面代码的功能了吗？这个函数试图计算裁判评比成绩的平均分，并且去除最高分和最低分。首先从函数名称"calculateAvgScore"就可以初步判断其功能，给变量、常量、参数以有意义的名称后，理解功能的实现过程变得容易多了。特别是代码中的"魔术数"1.1f，在没有命名的情况下，更是不知所以然，给两个数命名就会发现特别的处理逻辑：如果是资深评委评判的分数，就需要乘以1.1的权重。

现在已经可以初步感受到合适的命名的重要性，下面给出合适命名的几条基本规则。

1.2.1　名副其实的功能描述

代码中命名的自然语义应该和代码逻辑所体现的语义一致。代码中的每一个组成部分（如：包、类、属性、方法、参数、变量、常量）都有一定的逻辑语义，这种逻辑语义是编程语言的符号规定的语义在实际上下文语境中的意义体现。根据语法规则和代码的前后关系，计算机总能推导出代码的语义，无论代码的逻辑多么复杂、结构多么混乱、命名多么无意义，但是人类的机械推理能力没有计算机强，面对这种代码经常无能为力。因此，读者期望代码能够直接告诉读者代码的功能（语义），而不需要太多的背景知识和逻辑推理。

代码应该具有自我描述能力，即代码应该能直接告诉读者其功能（注解（annotation）、注释（comment）是另外一种直接描述代码功能的方法），使用能描述其功能的命名是有效的手段。例如在前面计算平均成绩的代码中，方法 calculateAvgScore 直接描述了自己的功能是计算平均成绩，变量 maxScore、minScore 描述自己是用于存储最高、最低成绩。

最差的命名是名称的自然语义与代码所表示的语义不一致，这非常容易使读者产生错误的理解，例如上面代码中的 maxScore 用来表示最低成绩，下面的代码就容易产生误解。

```
01 if(minScore < actualScores[i])
02 {
03     minScore = actualScores[i];
04 }
```

另外一种糟糕的命名是名称没有自然语义，读者必须根据上下文去推理对象的语义，例如前面的代码：

```
01  if(d < a[i])
02  {
03      d = a[i];
04  }
```

读者必须结合前后的代码,经过分析后才能确定变量 *d* 用于存放最高成绩。这种情况更普遍的表现是名称的语义比代码的语义更宽泛,例如把前面的方法名称改为 calculateScore 就会出现这种问题。为了使名称的语义更准确,常用方法是加限定词,以限定不够准确的语义。当然,名称的语义也不能比代码的语义窄,这样就会产生副作用,即代码实际做的事情要比名称所宣称的事情多,会超出使用者所期望的效果,就可能产生错误。

总之,代码要表现什么样的语义,就应该用一个合适的名称来代表这种语义。

1.2.2　有意义的区分

命名应该能够区分在相同场景中同类型的不同对象。例如,前面代码中的 minSocre 和 maxScore 就是有区分命名,例如在结婚登记管理系统中打印结婚证的方法如下:

```
01  void printMarriageCertificate(Person person1,Person person2)
02  {
03      System.out.println("丈夫姓名:"+person1.getName);
04      System.out.println("妻子姓名:"+person2.getName);
05      //…
06  }
```

person1、person2 这两个参数就没有区分性,不区分哪个表示男性,哪个表示女性,如果把参数命名修改为以下代码:

```
01  void printMarriageCertificate(Person husband,Person wife)
02  {
03      System.out.println("丈夫姓名:"+ husband.getName);
04      System.out.println("妻子姓名:"+ wife.getName);
05      //…
06  }
```

代码的修改者应该不会把妻子的名称打印在"丈夫姓名"后面。如果使用前面的代码,就容易出现这种错误,任何人看到

```
System.out.println("丈夫姓名:"+ wife.getName());
```

都会觉得奇怪,也不会产生这样的错误。

在编码中,n1、n2、…、nN,或者 str1、str2、…、strN 这样的命名通常不具有语义区分性,不要使用。temp 是一些程序员经常使用的局部变量名,是典型的没有语义区分性的。

单字母通常也是没有语义区分性的命名,前面代码中的一堆 a、b、c、e、f 就是毫无语义区分的命名,所以是很难被读懂的代码。但有一个字母比较特殊,那就是字母 *i*,当变量作

为索引的时候可以用,例如:

```
for(int i=0; i < students.size(); i++)
```

如果在嵌套循环中,可以用 j、k 等字母作为索引变量,但不要用 l 作为索引变量(字母 l 和数字 1 很像,容易引起误解)。i 作为索引变量是程序设计的惯例,其实 i 也是有自然语义的,它是 index(索引)的首字母,因此,单字母 i 只能在表示索引的时候使用。

废话是另外一种没有意义区分的命名,例如在类名 TeacherInfo、StudentInfo、ProductData 中,info、data 是没有任何语义上的区分的,这就是废话。在为名称增加前后缀时,如果不能增加语义上的限定,就是废话,反之,如果删除这些前后缀,名称的语义没有变宽,说明删除的部分就是废话。例如,maxScoreNumber 表示最高成绩,删去 Number 后的 maxScore 同样能表示最高成绩这一语义,那么 Number 就是废话,应该删除。没有必要为名称加上表示数据类型的前后缀来表示名称的类型,例如:ageInt、intAge、nameString。如果代码所在的语义的上下文能够清楚地表示语义,就不必在名称中添加前后缀作为限定,例如下面的代码:

```
01  public class Student
02  {
03      private String studentName;
04      private int studentAge;
05  }
```

上面的属性名称 studentName、studentAge 前的 student 几乎没有语义区分,类名已经能够清楚地表示在 Student 类的上下文中,所以直接命名为 name、age 并不会引起任何的误会。

1.2.3　遵循惯例

创新是一种优秀素质,但遵循传统也是一种宝贵品质,命名应该遵循软件开发的惯例和应用领域的行规。无论在软件开发领域、还是软件的应用领域都有一些命名的惯例,命名时应该遵循这些惯例。例如:创建学生对象的工厂类应该命名为 StudentFactory,表示集合类型中的元素个数通常使用 size、length、count,读写属性值的方法通常以 get、set 作为前缀,这些都是行业惯例,有助于阅读者快速地理解代码的功能。例如,凡是以 Factory 结尾的一定是工厂类,以 Adapter 结尾的一定是一个适配器类(设计模式的价值之一就是提供了一套所有程序员都理解的概念)。

遵循惯例还指遵循软件项目或者团队的惯例。每个项目或者团队都有一套命名规则或者标准,符合这些规则、标准的命名很容易被其他成员理解。

在同一个软件项目或者团队中,同样的概念应该用同样的名称。如果同样的概念在不同的代码中用不同的名称,阅读者就会试图去找出两个概念的区别,这是在浪费读者的时间。更坏的情况是读者可能错误地理解这两个名称,导致读者认为这是两个概念,容易让人产生误解的代码一定是"臭"代码。例如:

```
01  private float calculateAvgScore(float rawScores[],int judgeLevels[])
02  {
```

```
03      float maxGrade = 0;
04      float minGrade = 0;
05      float actualScores[] = new float[rawScores.length];
06      //…
07  }
```

上面的代码中就使用了两个名称 Grade、Score 来表示成绩。实际上,代码中表示的语义没有任何区别,但读者就会试图去把 Grade、Score 在含义上区分开,例如就会猜测 grade 是不是表示 A、B、C、D、E 这种五分制的等级,要靠猜测的代码是"臭"代码。写程序追求直接明白,朦胧不是代码的特征。因此,软件项目或者团队应该为公共概念建立一套标准的术语表,要求成员遵循这个术语表命名。

1.2.4　添加有意义的语境

写代码就像在给计算机和代码读者讲故事,随着故事的展开,一个语境逐渐形成,计算机和读者按照你所描绘的场景,在这一特定的语境中执行代码和理解代码。因此,命名应该根据代码所在的语境确定,名称只要在特定的语境能表示代码所表示的语义,就是好的命名。如果名称所在语境没有给出足够的信息,应该在名称上加上前后缀,给出足够的限定语义,向读者传达足够的语义信息。例如,在 Student 类中的属性和方法如下。

```
01  public class Student
02  {
03      private String name;
04      private String state;          //表示学生居住的国家
05      private String street;         //表示学生居住的街道
06  }
```

在上面的代码中,属性 name 在描述学生信息这一语境下有足够的语义信息,是比较好的命名,但 state 的语义信息就不足够,state 既可以表示学生当前所处的状态:在读、休学、毕业,也可以表示居住的国家,因此要为此加上限定语义,如果把 state 改为 residenceState,就能充分表示代码希望表达的语义。如果把 street 改为 residenceStreet,就为 state、street 创建了一个新的语境,即表示居住地,如果把这两个属性封装为一个新的类,就能更充分地表示这一语义,修改后的代码为:

```
01  public class ResidenceAddress
02  {
03      private String state;
04      private String street;
05  }
06  public class Student
07  {
08      private String name;
09      private ResidenceAddress residenceAddress;
10  }
```

如果在属性 name 前加上 student,改为 studentName,就是没有意义的语境限定。

1.2.5 符合自然语言语法的命名

如果命名符合自然语言的语法,有助于代码读者准确理解名称的语义,进而理解程序的功能和实现过程。命名中经常涉及的语法规则如下:

- 单复数:如果要命名的对象在数量上是复数,就要用复数形式。集合类型的变量命名经常是复数形式,例如:students 表示存放多个学生数组。方法名称也可能有数量的区分,例如:Item getFirstItem()、List<Item> getFirstFiveItems(),取第一项用单数 item,取前五项就用复数 items。

- 时态:编写代码时主要涉及一般现在时、过去时、现在进行时、将来时等时态,通常命名是用一般现在时,如果强调已经完成的状态,就需要用过去时,如果需要强调正在进行,就需要用现在进行时。例如,获取已经选择的项目的方法就可以命名为 getItemSelected(),获取正在处理中的项目就可以用 getProcessingItems()。

- 词性:命名时主要用到的词性有名词、动词、形容词,不同对象的命名应该使用不同词性的词或者短语,类的名称需要使用名词或者名词短语,方法的名称应该是动词或者动词短语,变量、参数、属性的命名应该使用名词或者形容词。在所有的命名中,类的名称首字母应该大写,因为一个程序在语境中定义了一个专用的概念,特指在程序中的某样事物(在英语中,专有名词的首字母大写)。

1.2.6 缩略词

在编码命名时,为了能准确扫描代码的语义,就需要不断增加限定词,随之产生的一个问题是名称越来越长,太长的名称虽然可以准确描述代码的语义,但是不够简洁直观。解决这个问题的方法之一就是使用缩略词,然而缩略词虽然能够缩短名称的长度,但可理解性比原词差,所以编程的时候不要滥用缩略词,需要注意,单词的缩略方法应该遵循英语的惯例:不能随意地缩略单词,如果单词有缩略的先例,应该遵循这些先例,如果没有,可以参考以下规则缩略单词。

(1) 拿掉所有元音。

MKT:market。

MGR:manager。

MSG:message。

STD:standard。

RCV:receive。

(2) 保留前几个字母。

INFO:information。

INS:insurance。

EXCH:exchange。

(3) 保留开头和结尾的发音字母。

WK:week。

RM:room。

PL：people。

（4）根据发音。

THO：though。

THRU：through。

只为那些被大量使用的单词使用缩略词。如果单词在上下文中只出现一两次，请不要使用缩略词，缩略词需要读者了解更多的背景知识，这需要成本，如果仅为使用一两次就付出这些成本是不合算的。

一个团队应该对缩略词进行统一管理。在整个项目组中，对同一个单词的缩略只能有一种方法，并且这些缩略词应该被所有团队成员了解。

1.3 函数

在面向对象的软件开发方法中，类是分析、设计、编码的对象，但类的行为仍然通过函数来实现，因此函数的代码质量依然是软件代码质量的基础。下面讨论如何编写高质量的函数代码。

1.3.1 单一功能

函数的单一功能是指一个函数只做一件事情，实现一个功能，承担一个责任。如果一个函数只因为一个原因导致修改（即这个函数的功能就是单一的），这个函数的功能就是单一的。评价函数功能是否单一的一种简单方法是：如果能一句话描述函数的功能，并且不使用并且（and）、或者（or）等连接词，函数的功能就是单一的。

单一功能的函数容易理解、修改、测试、重用。功能单一的价值要从两个角度来看，一个是函数本身，另一个是函数使用者的角度。从函数本身来讲，功能单一的函数容易命名，名称只要能描述这个单一功能就可，如果功能不单一，命名必须使用多个并列的单词；函数实现代码的内聚性比较强，所以有的代码是为了实现单一的功能而存在；单一功能的函数容易测试，无论是编写测试用例，还是建立测试环境都比较简单。从函数使用者的角度看，单一功能的函数容易理解，能提高开发效率，降低误用的可能性。

现在回头看看前面计算成绩的函数 calculateAvgScore()，其代码如下。

```
01  public final static int SENIOR_JUDAGE = 2;
02  public final static float SENIOR_JUDAGE_WEIGHT = (float)1.1;
03  private float calculateAvgScore(float rawScores[],int judgeLevels[])
04  {
05      float maxScore = 0;
06      float minScore = 0;
07      float actualScores[] = new float[rawScores.length];
08      for (int i = 0; i<rawScores.length; i++)
09      {
10          if (judgeLevels[i] == ScoreRecorder.SENIOR_JUDAGE)
```

```
11              {
12                      actualScores[i] = rawScores[i] * ScoreRecorder.SENIOR_JUDAGE_WEIGHT;
13              }
14              else
15              {
16                      actualScores[i] = rawScores[i];
17              }
18              if ( maxScore < actualScores[i])
19              {
20                      maxScore = actualScores[i];
21              }
22              if ( minScore > actualScores[i])
23              {
24                      minScore = actualScores[i];
25              }
26          }
27          int validScoreCount = 0;
28          float   sumScore = 0;
29          for(int i = 0; i<actualScores.length; i++)
30          {
31              if(actualScores[i] != maxScore && actualScores[i] != minScore)
32              {
33                      validScoreCount++;
34                      sumScore = sumScore + actualScores[i];
35              }
36          }
37          float avgScore = sumScore / validScoreCount;
38          return   avgScore;
39  }
```

仔细分析上面的代码就会发现，函数至少做了两件事情：为专家评委评定的成绩进行加权折算处理，以及计算经过加权折算的去除最高、最低成绩后的平均成绩。函数 calculateAvgScore()功能不单一产生的问题有：名称 calculateAvgScore 的命名不准确，名称没有体现成绩加权折算这一功能，容易导致误用，例如想计算原始的平均成绩，用这个方法就要出错；如果想计算加权折算后成绩的方差，没有办法重用加权折算这一部分的代码。重构上面代码的方法就是把上面的代码经加权折算计算平均成绩分成两个方法：calculateActualScores()和 calculateAvgScore()，具体代码如下。

```
01  private float calculateAvgActualScore(float rawScores[],int judgeLevels[])
02  {
03      float actualScores[] = calculateActualScores(rawScores,judgeLevels);
04      float avgActualScore = calculateAvgScore(actualScores);
05      return   avgActualScore;
```

```
06  }
07  private float[] calculateActualScores(float rawScores[],int judgeLevels[])
08  {
09      float actualScores[] = new float[rawScores.length];
10      for (int i = 0; i<rawScores.length; i++)
11      {
12          if( judgeLevels[i] == ScoreRecorder.SENIOR_JUDAGE)
13          {
14              actualScores[i] = rawScores[i] * ScoreRecorder.SENIOR_JUDAGE_WEIGHT;
15          }
16          else
17          {
18              actualScores[i] = rawScores[i];
19          }
20      }
21      return  actualScores;
22  }
23  private float calculateAvgScore(float scores[])
24  {
25      float  maxScore = 0;
26      float minScore = 0;
27      for (int i = 0 ; i < scores.length; i++)
28      {
29          if(maxScore < scores[i])
30          {
31              maxScore = scores[i];
32          }
33          if(minScore > scores[i])
34          {
35              minScore = scores[i];
36          }
37      }
38      int validScoreCount = 0;
39      float  sumScore = 0;
40      for (int i = 0; i<scores.length ; i++)
41      {
42          if(scores[i] != maxScore && scores[i] != minScore)
43          {
44              validScoreCount++;
45              sumScore = sumScore + scores[i];
46          }
47      }
48      float avgScore = sumScore / validScoreCount;
49      return  avgScore;
50  }
```

方法 calculateActualScores（）的功能是计算实际加权折算后的成绩,方法 calculateAvgScore()是用于计算平均成绩,但这个方法与原来的 calculateAvgScore()的功能是不一样的,重构后的方法名称的语义与代码期望表达的语义是一致的。增加了方法 calculateAvgActualScore()来代替原来的成绩计算方法,这个方法的实现就可以用描述为"要计算加权折算后的平均成绩,首先要计算每个评委加权折算后的成绩,然后计算折算后的成绩的平均数"。请注意:两个计算步骤都在同一个抽象层次上。

1.3.2　抽象层次

函数中的所有实现语句应该在同一个抽象层次。对功能实现的过程是一个功能分解组合的过程,每一次分解(或者组合)就形成一个新的抽象层次。以泡方便面为例说明抽象层次,泡方便面的步骤有:烧开水、准备方便面、注入开水,烧开水可以分解为:向水壶中加水、开电源、给水壶加热,准备方便面可以分解为:打开包装、加入作料、撑开叉子,加入作料又可分解为:加入调味料、加入蔬菜料,可以发现泡方便面功能分解为了四个抽象层次,泡方便面、准备方便面、加入作料、加入调味料是在不同的抽象层次上。

函数中混杂不同的抽象层次,往往让人迷惑。代码的读者可能无法判断某个表达式是基础概念还是细节,读者的思维必须在不同的抽象层次间来回切换,既不能清晰把握处理的整体概况,也不能准确地理解实现细节。如果读者在不能清晰地理解整体概况和细节的情况下,以打补丁的方式修改原有逻辑、补充细节处理,结果将导致代码越来越混乱,最后导致不可维护(这就是所谓的"破窗理论",越混乱的代码,代码修改者越不考虑修改代码的质量)。

在每一个抽象层次上分析,功能都是一些简单的逻辑构成,如果函数由多层嵌套的条件语句、循环语句构成,说明函数的实现代码不是工作在同一个抽象层次上的。例如 calculateAvgScore()的实现代码工作在不同的抽象层次上,所以函数体由嵌套的循环、条件语句构成,处理过程显得零碎、混杂,前面的函数 calculateAvgActualScore()把实现细节分解,然后封装成了两个函数,这两个函数就工作在了同一抽象层次上,但封装后的函数 calculateActualScores()的实现代码又有两个抽象层次,一个是逐个计算各位评委的加权折算成绩,另一个是计算一位评委的加权折算成绩。

经过分析后的 calculateActualScores()方法的具体代码如下。

```
01  private float[] calculateActualScores(float rawScores[],int judgeLevels[])
02  {
03      float actualScores[] = new float[rawScores.length];
04      for(int i = 0; i<rawScores.length; i++)
05      {
06          actualScores[i] = calculateActualScore(rawScores[i],judgeLevels[i]);
07      }
08      return  actualScores;
09  }
10  private float calculateActualScore(float rawScore,int judgeLevel)
11  {
12      final float actualScore;
```

```
13    if( judgeLevel == ScoreRecorder.SENIOR_JUDAGE)
14    {
15        actualScore = rawScore * ScoreRecorder.SENIOR_JUDAGE_WEIGHT;
16    }
17    else
18    {
19        actualScore = rawScore;
20    }
21    return  actualScore;
22 }
```

经过分解抽象后,calculateActualScores()函数就变得简洁了。

分解抽象应该到哪个层次为止呢?无法给出一个准确的标准,基本原则是分解到最后,读者在阅读代码时不需要进行复杂的思维层次切换,认为函数的实现逻辑应该是理所当然的。

抽象层次过多是否会影响执行效率?函数调用肯定会对效率有一定影响,但在大多数情况下,对效率的影响是可以接受的,如果的确程序对执行非常敏感,可以适当地在抽象层次上作一些妥协。

1.3.3　函数长度

函数应该多长比较合适?不同的程序员对函数长度有不同的建议,有的建议函数不应该超过 100 行,有的建议函数不能超过屏幕显示的一屏或者三屏。笔者认为以一个绝对的数字来限制函数都是不合理的,应该以容易理解作为判定函数长度是否合适的最高准则,如果表达式非常复杂,即使两三行代码也可能过长,如果函数是简单逻辑的顺序执行,超过 100 行也是可以接受的。

产生较长函数的原因是横向没有把功能分为块,纵向没有把处理逻辑分层。如果能做到横向分块、纵向分层,函数自然不会太长,前面的 calculateAvgActualScore()经分解抽象后,每个子函数的长度都比较小。

相反的另外一个问题:函数应该多短比较合适?和前面的答案一样,不应该有一个绝对的数字,判定的准则还是:容易理解。即使一句代码,如果逻辑比较复杂,也可以考虑封装为函数,甚至分解为多个函数。

把代码封装为函数的一个重要价值是函数能通过名称说明其功能,而代码不能,代码只能说明其实现方法。函数把代码从“怎么做”的语义转换成了“做什么”的语义,而“做什么”是在高一级抽象层次上所关心的。如果在写代码时,发现一部分代码感觉需要以注释来说明其功能时,就可以把这部分代码封装为函数,无论语句的长短。例如以下语句:

```
01 if((((this.职称.equals("教授") || this.职称.equals("副教授")) && ( this.学历.
02 equals("硕士")||
03 this.学历.equals("博士")))
04 or this.学历.equals("博士")
05 {
```

```
06        this.工资 += Salary.高级人才津贴;
07    }
```

条件中的复合条件由四个逻辑表达式组成,没有清晰说明其功能语义是什么,复合表达式的功能是判断对象是不是代表高级人才(高级人才是指职称为教授或者副教授,并且学历为硕士或者博士的人),因此可以用以下代码把这个复合条件封装为函数。

```
01    private boolean 是高级人才()
02    {
03        return (this.职称.equals("教授") || this.职称.equals("副教授")) &&
04    (this.学历.equals("硕士")||this.学历.equals("博士"));
05    }
06    上面的语句就可以重构为:
07    if(this.是高级人才())
08    {
09    this.工资 += Salary.高级人才津贴;
10    }
```

经过重构后,理解上面的代码就非常容易了,一目了然。

1.3.4   输入参数

函数的参数个数越多,使用这个函数的难度就越大。最理想的是无参函数(即没有参数),其次是一元函数、二元函数(即一个参数、两个参数),如果参数超过两个,函数的使用就变得困难,如果函数有一长串的参数需要传入,则是非常头痛的事,使用者必须记住每个参数类型、对参数的要求、参数的顺序。下面讨论一些减少参数的方法。

如果函数必须要传入多个参数,很有可能是函数的功能不单一,必须为函数的每一个功能传一相应的参数,致使函数的参数过多,如果对函数的功能进一步分解,就可以减少参数的数量。

功能单一的函数,通常参数都有紧密的语义联系,为了减少参数的数量,可以创建新的类来存储这些有紧密语义的参数,例如画直线的函数如下:

```
void drawLine(int x1,int y1,int x2,int y2);
```

x1、y1 两个参数紧密的语义关系表示一个点,函数可以重构为:

```
01    void drawLine(Point startPoint, Point endpoint);
02    class Point
03    {
04        private int x;
05        private int y;
06    }
```

如果函数可以从所在的环境中获得需要的输入,就可不用参数传入,例如下面的

toString()函数：

```
01  public class Student
02  {
03      private String name;
04          private int age;
05          private String idNo;
06          public String toString(String name,int age,String idNo)
07          {
08                  return "姓名:"+name+", 年龄:"+age +", "身份证号:" + idNo;
09  }
10  }
```

函数 toString()所需要的参数都可以从类 Student 的属性中获取，toString()可以重构无参函数：

```
01  public String toString()
02  {
03      return "姓名:"+this.name+", 年龄:"+this.age +", 身份证号:" + this.idNo;
04  }
```

可能有人会有不同的意见，这样处理是以损失灵活性为代价，严格地说的确如此。但如果函数的参数有明确的理由不来自对象的属性，需要考虑灵活性的损失，但很多情况下这种灵活性不是必要的(不要为永远不可能发生的未来做设计)。

不要使用标识参数。标识参数是指函数根据不同的参数值执行不同的功能(也控制参数)。标识参数实际上是在控制函数的运行，函数的使用者必须了解函数的实现过程，这破坏了函数的封装性，也提高了函数与函数使用者之间的耦合性。最典型的标识参数有如下使用形式：

```
01  public void function1(int functionType)
02  {
03      if(functionType == 1)
04      {
05          //每 1 种情况
06      }
07      else if(functionType == 2)
08      {
09          //每 2 种情况
10      }
11      else
12      {
13          //每 3 种情况
14      }
15  }
```

更多的情况是用 switch 语句代替上面的 if 语句,因此,如果函数的所有代码被包含在一个 switch 语句中,就很有可能使用了标识参数。另外,布尔型的参数很有可能是标识参数,特别需要注意。

产生标识参数的主要原因是功能分解不彻底,功能不单一,函数执行多个功能。解决办法是把每一种情况拆分成一个独立的函数。

1.3.5 分离修改状态和查询状态的函数

函数的功能可以分为两个大类:执行特定的功能,查询当前的状态,修改当前的状态。例如对于对象的成员方法,要么修改对象的属性变量,要么查询对象的属性变量的值。如果在函数中同时实现两种功能,就可能产生混乱,例如下面用户管理的代码:

```
01  public class UserManager
02  {
03      private List users;
04      public boolean addUser(User user)
05      {
06          if(this.users.contains(user)
07          {
08              return true;
09          }
10          else
11          {
12              this.users.add(user);
13              return false;
14          }
15      }
16  }
```

上面的 addUser() 就把查询和修改状态混杂在一起,例如下面的代码

```
if(userManager.addUser(user))…
```

是询问 user 是否存在,还是为了添加新的 user 呢? 真是令人迷惑的代码。一目了然的代码才是好的代码。解决的办法是把以上代码拆分成两个函数,重构后的代码如下:

```
public boolean userExisting(User user){};
public void addUser(User user){};
```

重构后两个函数的功能就分解了,每个函数的功能简洁、明确。

1.3.6 避免重复

代码重复可能是软件中一切邪恶的根源。代码重复是指在一个函数内、多个函数之间有相同的代码或相同模式的代码。如果在写代码时用到复制、粘贴,就有可能存在重复的代

码,即使粘贴后经过修改。

重复代码将增加维护的工作量。如果要修改重复的代码,必须要在多个地方修改,重复修改本身可能不是麻烦的事,但要在程序中找到需要修改的多个地方,工作量就相当大,更糟糕的是,经常遗漏一些重复的地方,导致错误。

许多原则与实践规则都是为了控制和消除重复而创建。解决重复的基本方法是把重复的部分抽取为函数,如果两个重复的部分完全相同,就可以简单地把重复的部分抽取为函数,如果部分代码相同,而其中部分代码不同,就需要使用抽象,把相同的部分抽象为更高层函数,而不同的部分由低一级抽象层次的函数来实现,这可能要使用到继承和多态,把重复的部分抽象为基类的方法,由子类实现不同的部分。

需要特别指出的是,重复不在乎长短,可能一个语句也算重复,判断的关键在于逻辑语义是否存在重复,例如下面的代码(为了便于读者理解,名称使用了中文,正式编程时请不要使用中文命名):

```
01  public void 计算工资(List<Teacher> teachers)
02  {
03      //···
04      for (Teacher teacher : teachers)
05      {
06          if(((teacher.职称.equals("教授") or (teacher.职称.equals("副教授"))
07            && teacher.学历.equals("硕士")) or teacher.学历.equals("博士"))
08          {
09              teacher.工资 += Salary.高级人才津贴;
10          }
11      }
12      //···
13  }
14  public int 统计高级人才数量(List<Teacher> teachers)
15  {
16      //···
17      int 高级人才数量 = 0;
18      for (Teacher teacher : teachers)
19      {
20          if(((teacher.职称.equals("教授") or (teacher.职称.equals("副教授"))
21          && teacher.学历.equals("硕士")) or teacher.学历.equals("博士"))
22          {
23              高级人才数量 ++ ;
24          }
25      }
26      //···
27      return 高级人才数量;
28  }
```

上面 if 语句中的条件就是重复的代码,两个函数的条件有同样的逻辑语义,即都是判断是否是高级人才,那么就应该把重复的条件表达式封装成函数,消除语义上的重复。重构后的代码为：

```
01  public void 计算工资(List<Teacher> teachers)
02  {
03      //…
04      for (Teacher teacher : teachers)
05      {
06          if(是高级人才(teacher))
07          {
08              teacher.工资 += Salary.高级人才津贴;
09          }
10      }
11      //…
12  }
13  public int 统计高级人才数量(List<Teacher> teachers)
14  {
15      //…
16      int 高级人才数量 = 0;
17      for(Teacher teacher : teachers)
18      {
19          if(是高级人才(teacher))
20          {
21              高级人才数量 ++;
22          }
23      }
24      //…
25      return 高级人才数量;
26  }
27  private boolean 是高级人才(Teacher teacher)
28  {
29      return (teacher.职称.equals("教授") || (teacher.职称.equals("副教授"))
30  && teacher.学历.equals("硕士") ) || teacher.学历.equals("博士");
31  }
```

如果要修改评定高级人才的标准，只需要修改以上函数即可。重复代码可能体现为类、模块上的语义重复，这就需要修改系统的架构。

 ## 1.4　类

1.4.1　封装

面向对象的封装（encapsulation）通常有两种理解：封装就是将抽象得到的数据和行为（或功能）相结合，形成一个有机的整体，也就是将数据与操作数据的源代码进行有机结合，

形成"类",其中数据和函数都是类的成员;隐藏对象的属性和实现细节,仅对外公开接口,控制在程序中属性的读取和修改的访问级别。综合以上两种理解:面向对象的封装是指把数据与行为相结合,形成一个有机整体,并对外隐藏行为的实现细节,仅通过公开的接口与对象通信。封装的目的是增强安全性和简化编程,使用者不必了解具体的实现细节,而只是通过外部接口,以特定的访问权限来使用类的成员。

请思考一个根本的问题:为什么要把数据和行为结合在一起?为什么要隐藏行为的实现细节?为什么只能通过对外接口与对象通信?下面分别讨论三个问题。

数据和操作这些数据的函数(过程)在语义上有更近的距离,把语义相近的东西放在一起,更符合人类的思维习惯,以便于人的记忆。另外,有利于用计算世界模拟现实世界。在现实世界中,状态(数据)与行为是事物对外的整体表现,二者紧密结合在一起,要为现实世界的事物建模,把描述状态的数据与模拟行为的函数结合在一起是直接的选择。封装的数据和行为必须语义相近:语义相近的数据、语义相近的函数、语义相近的数据和函数,以这种原则构建的类才具有高内聚性。高内聚性的类是功能单一的类,这种类只会因为一个理由产生修改,能提高代码的可维护性。

隐藏行为的实现细节有两个方面的目的:对使用者来说,有更小的学习成本和更高的稳定性;对类本身来说有更高的安全性。使用者只需要了解类的功能和使用方法,而不必须了解功能复杂的实现方法和过程。相对于类的功能,实现方法和过程通常更容易变化,如果使用者依赖于容易变化的细节,使用者本身的稳定性也难以保证。把类的私密信息暴露给外部无疑增加了安全风险。

类的对外接口是指类的公共方法(public)方法,公共方法是对象通信的唯一接口,而把不希望外部访问的数据与实现过程设置为私有(private)或者保护(protected)。只能通过对外接口访问对象的状态,向对象发送指令的目的是为了保证对象本身的安全,但并不是说这样做就一定提高了安全性。举个例子,人的身体为了保证其内部的心、肝、肺、胃等内部器官的安全,在其外部覆盖皮肤,以与外部隔绝,通过嘴、鼻子、耳朵几个有限的对外接口接受食物、空气、声音等,但如果嘴、鼻子、耳朵没有感知,并在危险时拒绝接受外部事物的功能,身体的安全性也得不到保证。例如下面的代码:

```
01  public class SaleRecord
02  {
03      private float totalPrice;
04      private int quantity;
05      public void setTotalPrice(float totalPrice)
06      {
07          this. totalPrice = totalPrice;
08      }
09      public void setQuantity(int quantity)
10      {
11          this. quantity = quantity;
12      }
13      public float getPrice()
14      {
```

```
15        return this. totalPrice / this. quantity;
16    }
17 }
```

上面的销售记录类 SaleRecord 把所有属性设为私有（private），并不能保证函数 getPrice()不出现被 0 除的错误。上面的 setQuantity()类似于人长了一张嘴，但不拒绝吃入的东西，因而安全性并不能得到保证。

面向对象设计的原则是：每个类必须保证在任何情况下自身不崩溃，即使其他类恶意使用。组成系统的每个类保证自身的安全，整个系统的安全才能得以保证（每个人都扫净门前雪，路上的雪自然被扫净）。

类的对外接口必须要对外部设置的数据、指令进行验证，如果威胁到自身类的安全，就拒绝接收数据和指令。类把自身的安全依赖于外部的正确使用是不可靠的，既是对自身的不负责任，也是对其他类的过分要求。例如上面 setQuantity()的方法可以修改为：

```
01  public void setQuantity(int quantity)
02  {
03      if(quantity <= 0)
04      {
05          throw new IllegalArgumentException("数量不能为 0 或者负数")
06      }
07      this. quantity = quantity;
08  }
```

当然，把类的属性设置为公共（public）的是最糟糕的做法，就像把胃直接暴露在身体外部，任由别人塞入任何东西。

类的任何对外接口函数必须首先对调用的合法性和参数的合法性进行验证，如果有风险就拒绝调用，这种拒绝是在代码的编译期间最有效率的处理方式。例如，编译期类型检查就是一种有效的手段，Java 中的泛型机制也是一种编译期拒绝的好方法。

对调用的合法性和参数的合法性进行检测是一种好的编码习惯，但必须清楚：这将对效率产生不利的影响，因此，有些时候笔者不得不为了效率，在安全性方面做出适当的妥协，但如果类是模块内部使用的类，可以为了效率放弃更多的安全性，如果是模块外部要使用的类（模块的对外接口），则要更多考虑安全性（这是假设：模块内部的使用者可能能正确使用，而外部的使用者经常会误用）。

总之，封装的价值在于：方便对现实世界建模；提高代码的安全性。

1.4.2 抽象、继承、多态

解决复杂问题的两种方法如下：一种是把问题分解成多个小问题，然后分别解决每个小问题，每个小的问题解决了，复杂的问题也就解决了；另外一种是简化复杂问题，先解决简化后的问题，然后再逐渐添加被简化掉的细节，解决添加了细节的问题，所有的细节问题都解决了，复杂问题就得到了解决。两种方法都是基于分而治之的思想，但前者是把问题横向分解，后者是把问题纵向分解。前者是把小问题的解综合成大问题的解，后者是直接解决大问题,但不考虑细节,因此前者是从局部到整体解决思路,后者是从整体到局部的解决思路。面向对象的分析、设计、编码方法属于后一种解决问题的方法。后者简化问题的思想就是抽象。

抽象(Abstraction)是从众多的事物中抽取出共同的、本质性的特征,而舍弃其非本质的特征。例如苹果、香蕉、生梨、葡萄、桃子等,它们共同的特性就是水果。得出水果概念的过程,就是一个抽象的过程。要抽象,就必须进行比较,没有比较就无法找到在本质上共同的部分。共同特征是指那些能把一类事物与他类事物区分开来的特征,这些具有区分作用的特征又称本质特征。因此抽取事物的共同特征就是抽取事物的本质特征,舍弃非本质的特征。所以抽象的过程也是一个裁剪的过程。在抽象时,同与不同,决定于从什么角度上来抽象。抽象的角度取决于分析问题的目的。

抽象是简化复杂的现实问题的途径,它可以为具体问题找到最恰当的类定义,并且可以在最恰当的继承级别解释问题。它可以忽略一个主题中与当前目标无关的那些方面,以便更充分地注意与当前目标有关的方面。抽象并不打算了解全部问题,而只是选择其中的一部分,暂时不用部分细节。抽象包括两个方面,一是过程抽象,二是数据抽象。它侧重于相关的细节和忽略不相关的细节。抽象作为识别基本行为和消除不相关的和烦琐的细节的过程,允许设计师专注于解决一个问题,考虑有关细节而不考虑不相关的较低级别的细节。

抽象具有层次性。抽象的层次决定于忽略细节的多少,忽略细节越多,抽象层次越高。抽象层次越高,问题越简单,解决起来越容易。在每个抽象层次上解决这个抽象层次对应的问题,所有抽象层次上的问题都解决了,总的问题就得到了解决。

面向对象的中的继承就是基于抽象的"分层治之"机制。继承可以从两个方面来理解:从数据抽象的角度来说,类的继承能够为现实世界进行静态建模,例如为水果与苹果、香蕉、生梨、葡萄、桃子之间的关系建模,静态建模表现类的属性;从过程抽象的角度来说,类的继承体现了分层解决问题的思想。

基于"分层治之"的从上到下的解决问题的方法存在一个问题:在较抽象层次解决问题时,可能要依赖于低抽象层次问题的解,但此时,低抽象层次问题还没有解,这怎么办?解决的办法是假设低抽象层次问题已经解决,在这个假设的基础上来构建较高抽象层次上的问题解的过程。在面向对象的方法中,用多态来模拟这种方法。例如:在电子化考试系统中,需要计算考卷的成绩,整个考卷的成绩由所有题目的得分汇总计算而来,在整个考卷这个抽象层次上,考卷由多个题目构成,但此时,每个题目的计算方法还没有计算方法,在设计整个考卷的成绩计算过程时,就假设每道题的计算方法已经确定。

下面以具体的代码进一步说明。

```
01  public class TestPaper
02  {
03      private Question[] questions;
04      //计算考卷的成绩
05      public float getScore()
06      {
07          float score = 0;
08          for(Question question : this.questions)
```

```
09          {
10              score += question.getScore();
11          }
12      return score;
13      }
14  }
15  public abstract Question
16  {
17      public abstract float getScore();
18  }
```

在以上代码中，每道题目的分数计算方法并没确定，但假设每个题目都有 getScore()方法，就可以设计出考卷的成绩计算过程了。在下一个抽象层次上，可以为每一种题目设计计算得分的方法。例如，以选择题和简答题为例。

```
01  public class ChoiceQuestion extends Question
02  {
03      private static final int STANDARD_SCORE = 5;   //选择题回答正确的得分
04      private Choice[] choices;                       //Choice 表示备选项
05      public abstract float getScore()
06      {
07          boolean isRight = true;
08          for(Choice choice : this.choices)
09          {
10              if(!choice.isRight())
11              {
12                  isRight = false;
13                  break;
14              }
15          }
16          float score = (isRight? STANDARD_SCORE:0)
17          return score;
18      }
19  }
20  public class ShortAnswerQuestion extends Question
21  {
22      private static final int MAX_SCORE = 5;         //简答题回答完全正确的得分
23      public abstract float getScore()
24      {
25          Scanner scanner = new Scanner(System.in);
26          score = scanner.nextInt();
27          score = (score > MAX_SCORE ? MAX_SCORE : score);
28          return score;
29      }
30  }
```

上面的代码创建了表示选择题的类 ChoiceQuestion 和表示简答题的类 ShortAnswerQuestion，分别覆盖了方法 getScore()，以提供具体的分数计算方法。

上一组代码中的

```
score += question.getScore();
```

体现了多态，也称为动态绑定、后期绑定、运行时绑定。question.getScore()具体调用哪个方法，根据运行时变量 question 所代表的题目类型实例来确定。

继承能够实现代码的重用，但要充分体现其价值，必须与多态联合使用。如果两个子类的代码完全一样，就可以把相同的代码转移到父类中，以达到重用，但往往是部分代码重复或处理逻辑重复，此时应该把代码或者逻辑抽象，把抽象的代码转移到父类中，通过方法覆盖来扩展具体细节的实现。

类 TestPaper 的 getScore()方法的代码可被称为"抽象代码"，抽象代码是包括对抽象方法调用的代码。抽象代码是在一个抽象层次上描述功能的解决过程，有较高的适应性和可重用性，并且抽象代码把部分细节延迟到子类中实现，因而代码逻辑通常比较简单，可阅读性、可修改性比较高。

抽象代码体现了依赖倒置原则（DIP：Dependence Inversion Principle）。依赖倒置原则是指要依赖于抽象，不要依赖于具体（依赖倒置是相对于面向过程的开发方法中，上层抽象模块调用下层细节实现模块，上层依赖于下层）。类 TestPaper 的 getScore()方法依赖于抽象类 Question 的 getScore()方法，而没有依赖于两个具体子类的 getScore()方法。抽象相对于具体有更好的稳定性，依赖于抽象的代码比依赖于具体的代码有更高的稳定性，具体到电子化考试的例子，具体的题型、具体题型的计算方法可能经常变化，但每个题目都应该有一个得分，这是不会变化的。

以抽象、继承、多态为基础的软件构建方法是一种从上到下的软件构建方法，就像是框架式建筑一样，先修建框架，然后再补充细节。先构建上层的抽象代码，然后再编写抽象代码中用到的具体细节代码，以这种方法编写的代码具有较高的稳定性。

1.5 思考与练习

1. 请简述合适的命名对提高代码质量的价值。

2. 请简述语境对命名的影响。

3. 请简述代码语义与命名的自然语义的关系对命名的影响。

4. 请简述功能单一对提高代码质量的价值。

5. 请简述功能单一原则与代码抽象层次的关系。

6. 请简述功能函数功能单一与函数长度之间的关系。

7. 请简述代码重复对代码质量的影响，简述代码重复对代码可修改性的影响。

8. 请简述封装与代码功能单一的关系。

第 2 章　Web 编程

扫一扫

2.1　Web 服务器

Web 服务器(Web Server)也叫 WWW(World Wide Web)服务器,是指驻留于互联网上提供信息浏览服务的计算机程序。Web 服务器能被动地接收 Web 浏览器(Web Browser)发出的信息浏览请求,服务器解析请求,并将浏览器需要的信息返回给该浏览器。Web 服务器和 Web 浏览器之间使用 HTTP(hyper text transfer protocol)进行通信。Web 服务器发送给浏览器的内容的类型由互联网媒体类型(Internet media type,也称为 MIME type)约定,内容通常是超文本标记语言(hyper text markup language,HTML)页面。不同的页面通常使用统一资源定位符(uniform resource locator,URL)进行标识。常用的 Web 服务器有 Apache、Nginx、Lighttpd、Tomcat、WebSphere、WebLogic 等。

如图 2-1 所示,Web 服务器可以解析 HTTP。当 Web 服务器接收一个 HTTP 请求(HTTP request),会返回一个 HTTP 响应(HTTP response)。当 Web 服务器处理浏览器发送的请求,它可以响应一个静态的 HTML 页面、图片、CSS 文件、JS 文件,或者把请求响应的责任委托给其他程序,动态地生成响应内容,如 CGI 脚本、JSP 脚本、Servlet 等。能够使用 Java 程序动态生成响应内容的 Web 服务器有 Tomcat、WebSphere、WebLogic 等,本章重点讲解如何使用 Java 动态生成 HTTP 响应。

图 2-1　Web 服务器

2.1.1　HTTP 简介

HTTP 即超文本传输协议,是万维网协会(World Wide Web consortium)和 Internet 工作小组 IETF(Internet engineering task force)合作的结果。它们最终发布了一系列的 RFC,例如 RFC 1945 定义了 HTTP 1.0 版本,其中最著名的就是 RFC 2616。RFC 2616 定义了今天普遍使用的一个版本——HTTP 1.1。HTTP 2.0 标准于 2015 年 5 月以 RFC 7540 形式正式发表,在 HTTP 1.1 的基础上,HTTP 2.0 在性能方面有较大的优化。为了便于学习,本章主要介绍 HTTP 1.1。

HTTP 规定了 Web 服务的双方如何进行通信,主要包括编码方式、连接方式、请求数据格式、响应的数据格式等。HTTP 1.1 是基于文本的协议,HTTP 2 是二进制协议。

HTTP 是无连接的客户/服务器模式协议。无连接的含义是限制每次连接只处理一个或者多个请求,服务器处理完客户的请求,并收到浏览器的应答后,即断开连接。浏览器向服务器请求数据通常是阶段性的(即请求数据后,可能空闲一段时间再请求新的数据),因而采用无连接方式能够节约服务器资源,提高服务器的处理效率,使得 Web 服务能够为大量浏览器提供服务。如果需要连续请求多个数据,每次都断开连接,又是一种低效的处理方式,因此 HTTP 1.1 允许服务器和浏览器双方自行决定是否在每次请求完后都断开连接,这就意味着一个连接可以进行多次请求,但是为了效率考虑,多次请求完成后,推荐的做法是断开连接。无连接的客户/服务器通信模式导致一个缺陷,即服务器无法主动地向客户端发送数据,为了解决这个问题,可以通过设置 Connection 选项为 Keep-Alive 实现长连接。需要特别说明的是,虽然 HTTP 1.1 能实现长连接,但仍然要谨慎使用长连接,因为这会严重影响服务器的处理能力。

HTTP 是无状态的协议。无状态是服务器处理完浏览器的请求后,默认情况下服务器不会留下任何状态信息,也就是说服务器不会为每个浏览器维持请求状态。这就意味着服务器不知道在本次请求之前为浏览器提供过哪些服务,因此服务器无法根据前面的请求来确定本次请求的响应内容。HTTP 设计为无状态是为了提高服务器服务的浏览器数量。例如,假如服务器为了维持浏览器的访问状态,需要提供 1MB 的存储空间,如果有 10 万个浏览器访问服务器,就意味着服务器需要提供 100GB 的内存来存储状态,这是一个昂贵的成本。但实际应用中又经常需要维护浏览器的访问状态,例如在很多应用中,需要根据用户是否登录来确定响应内容。有两种方式可以解决这个问题,一种方式是服务器处理完请求后把需要维持的状态数据和请求响应一起发给浏览器,浏览器下次请求时把状态数据和其他请求数据一起发给服务器,服务器可以取得以前的状态,HTTP 协议中的 Cookie 能为这种方式提供支持。另一种方式是由负责动态生成 HTTP 响应的程序来维持状态数据,例如 Java 中的会话(session)机制。前一种方式的优点是在服务器端不需要存储信息,但每次都需要把数据从浏览器传输到服务器端,需要耗费网络资源,也需要额外地耗费服务器端的计算资源;后一种方式没有前面的缺点,但是需要额外耗费存储空间,这会限制服务器服务的浏览器数量。

2.1.2　协议簇中的 HTTP

HTTP 是承载于传输控制协议(transmission control protocol,TCP)之上的应用层协

议,有时也承载于 TLS 或 SSL 协议层之上,这时就成了常说的 HTTPS。正因为 HTTP 是以 TCP 为基础的传输协议,因此具有 TCP 的传输安全可靠、需建立连接等特性,它在 TCP/IP 协议簇中的位置如图 2-2 表示。

从图 2-2 可以看出,HTTP 在 TCP/IP 协议簇中处于应用层,是建立在可靠传输协议 TCP 之上的。HTTP 默认使用 80 端口进行数据传输,HTTPS 默认使用 443 端口进行数据传输。

图 2-2　HTTP 协议栈

扫一扫

2.1.3　HTTP 传输模式

HTTP 数据传输由请求和响应构成,是一个标准的客户端服务器模型。HTTP 协议永远都是客户端发起请求,服务器回送响应,通信过程如图 2-3 所示。

图 2-3　HTTP 通信过程

HTTP 通信过程一般分 4 步完成。

(1) 建立 HTTP 连接,该连接基于 TCP 可靠传输之上。

(2) 建立连接后,浏览器向服务器发送 HTTP 请求,请求的方式有 GET、POST 等。

(3) 服务器接收到请求后进行处理,将处理的结果返回给浏览器。

(4) 应答结束后,关闭 HTTP 连接。

由于每次应答结束后都要关闭连接,因此 HTTP 是一个无连接的协议,同一个客户端的本次请求和上次请求是没有对应关系的。在 HTTP 1.1 中,建立连接后可以发送多个请求,多个请求处理完成后再关闭连接。HTTP 1.1 也支持不关闭连接,这是一种特殊情况。HTTP 2 支持在接收一个请求后,把请求相关的多个响应推送给浏览器,即服务器推送(Server Push)功能。服务器端接收到浏览器主请求,“预测”主请求的依赖资源,在响应主请求的同时主动推送依赖资源给浏览器,浏览器收到依赖资源后缓存到本地。浏览器解析主请求响应后,可以“无延时”从本地缓存中获取依赖资源,减少访问延时,提高访问体验,加大了链路的并发能力。

2.1.4　HTTP 请求消息

HTTP 消息分为请求消息和响应消息,两种消息结构相对固定(HTTP 2 的消息结构要复杂一些)。

请求消息是浏览器发送给服务器的请求正文的消息,包括以下格式:请求行(request line)、请求头部(header)、空行和请求正文四部分,图 2-4 给出了请求消息的一般格式。

其中请求行由请求方法(method)、URL 和协议版本组成。请求行下面是请求头部(header),请求头部可以有多个,相互用回车符和换行符分开。每个请求头部由头部字段名

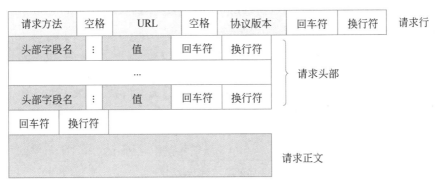

图 2-4　请求消息结构

和头部值两部分构成,中间用冒号分开。请求头部下面是请求正文,请求正文与请求头部之间用回车符和换行符分开。请求正文可以是任意的文本数据或者二进制数据,请求正文的长度用内容长度(content-length)字段记录。

下面为一个 HTTP 请求消息的示例。

```
01  POST /index.jsp? name=xcy&password=123 HTTP/1.1
02  Accept: image/gif, image/jpeg, image/pjpeg, * / *
03  Accept-Language: zh-cn
04  User-Agent: Mozilla/4.0 (compatible; MSIE 8.0)
05  Content-Type: application/x-www-form-urlencoded
06  Accept-Encoding: gzip, deflate
07  Host: 192.168.1.104:8080
08  Content-Length: 29
09  Connection: Keep-Alive
10  Cache-Control: no-cache
11
12  name=shepherd
13  Message body
```

数据的第 01 行为请求行,它包括请求方法 POST,请求的 URL 为 /index.jsp? name=xcy&password=123,协议版本为 HTTP 1.1。

HTTP 1.1 支持七种请求方法,分别是 GET、POST、HEAD、OPTIONS、PUT、DELETE 和 TRACE,其中 GET 和 POST 是最常用的两种请求方法。请求方法用来告诉服务器本次请求的目的,例如 GET 表示从服务器获取数据,POST 表示把数据提交到服务器中,其他方法也有相应的功能。当前 Web 服务器通常由其他程序动态生成响应内容,请求方法的功能由程序确定,因而请求方法可能失去了本来的功能。

URL 表示请求访问的资源地址,通常加上协议和 Host 头部字段构成完整的 URL,例如本例中完整的 URL 为 http://192.168.1.104:8080/index.jsp? name=xcy&password=123。URL 地址中可以包含用"?"分开的查询参数,查询参数可以有多个,用"&"符号分隔,每个参数由查询参数名和参数值构成,中间用"="分隔。

请求行下面的就是请求头部,请求头部中包含了客户端的运行环境信息和消息体相关的信息，比如浏览器使用的语言(accept-language)、消息体的长度(content-length)、连接状态(connection)等。

2.1.5 HTTP 响应消息

服务器收到请求消息后，会解析出请求方法、URL、头部信息、请求正文等各个部分，然后根据这些信息生成响应，返回给浏览器。HTTP 响应消息的格式如图 2-5 所示。

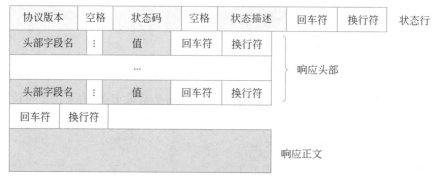

图 2-5 响应消息结构

响应消息也分成三部分：状态行、响应头部、响应正文。状态行由协议、状态码、状态描述三部分构成，状态码和状态描述表示服务器处理请求的结果，通知浏览器是成功处理了请求还是发生了错误。HTTP 状态码由三个十进制数字组成，第一个十进制数字定义了状态码的类型。响应分为五类：信息响应(100~199)、成功响应(200~299)、重定向(300~399)、客户端错误(400~499)和服务器错误(500~599)，详细说明如表 2-1 所示。

表 2-1 响应分类及描述

分 类	分 类 描 述
1**	信息，服务器收到请求，需要请求者继续执行操作
2**	成功，操作被成功接收并处理
3**	重定向，需要进一步操作，以完成请求
4**	客户端错误，请求包含语法错误或无法完成请求
5**	服务器错误，服务器在处理请求的过程中发生了错误

常用的状态码如表 2-2 所示。

表 2-2 常用状态码

状态码	状 态 描 述	中 文 描 述
200	OK	请求成功。一般用于 GET 与 POST 请求
400	Bad Request	客户端请求的语法错误，服务器无法理解
401	Unauthorized	请求要求用户的身份认证
403	Forbidden	服务器理解请求客户端的请求，但是拒绝执行此请求，比如权限不够

续表

状态码	状态描述	中文描述
404	Not Found	服务器无法根据客户端请求的 URL 找到资源(网页),通常可能是错误的 URL
500	Internal Server Error	服务器内部错误,无法完成请求,例如服务器处理时抛出异常

响应头部是服务器发给浏览器的与响应有关的附加信息,例如 content-encoding 表示响应正文的编码方式,content-length 表示响应正文的长度,set-cookie 头表示服务器端发送的 cookie 信息(本章后面会讲解 cookie),content-type 头表示响应正文的内容种类。浏览器会根据这个种类确定正文的处理方式,例如:text/html 表示内容是文本格式,并且是 HTML 页面,image/jpeg 表示内容是 JPEG 图片,application/pdf 表示内容是 PDF 文件,application/json 表示是 JSON 格式的数据。

HTTP 请求响应的例子如下。

```
01   HTTP/1.1 200 OK
02   Server: Apache-Coyote/1.1
03   Content-Type: text/html;charset=ISO-8859-1
04   Content-Length: 482
05   Date: Wed, 05 Sep 2012 01:53:16 GMT
06   <!DOCTYPE HTML PUBLIC "-//W3C//DTD HTML 4.01 Transitional//EN">
07   <html>
08     <head>
09       <title>Hello world page</title>
10       <meta http-equiv="pragma" content="no-cache">
11       <meta http-equiv="cache-control" content="no-cache">
12       <meta http-equiv="expires" content="0">
13       <meta http-equiv="keywords" content="keyword1,keyword2,keyword3">
14       <meta http-equiv="description" content="This is my page">
15     </head>
16     <body>
17       <h1>shepherd Hello world</h1><br>
18     </body>
19   </html>
```

2.1.6 HTTPS 协议

HTTP 是一种传输明文的通信协议,也就是说 Web 服务器与浏览器之间传输的数据没有经过加密,这就意味着网络中的任何人只要能截取到传输的数据包就能获得传输的信息,这对需要保密通信的应用来说是无法接受的。在互联网上,需要保密通信的场景很多,例如传输登录密码、银行账号、商业机密等,这就需要 HTTPS(hyper text transfer protocol over secure socket layer)。

如何才能保证 Web 服务器和浏览器之间传输的信息不被恶意地获取呢? 最简单的做

法是加密通信,即发送方在发送前对数据进行加密,接收方进行解密就能获取到对方发送的数据。加密通信的前提是通信双方有约定的加密算法和密钥(密码),在开放的网络环境中,双方如何约定加密算法和密钥呢? 这就需要借助非对称加密算法,例如 RSA 算法。

对称加密算法加密和解密使用同一个密钥,而非对称加密算法的加密和解密使用不同的密钥,这两个密钥分别称为公开密钥(public key,简称公钥)和私有密钥(private key,简称私钥)。所谓公开密钥,就是这个密钥可以对外公开,不需要保密;所谓私有密钥,就是这个密钥只能由私钥拥有者持有,对其他人保密。如果使用公钥加密数据,为了防止泄密,能够且只能使用私钥解密数据。如果浏览器与服务器需要进行加密通信,就由浏览器随机生成密钥,然后使用服务器提供的公钥进行加密,服务器收到加密数据后使用自己的私钥解密就能得到浏览器生成的密钥,最后双方就通过这个密钥进行加密通信。

HTTPS 的加密通信过程如图 2-6 所示。

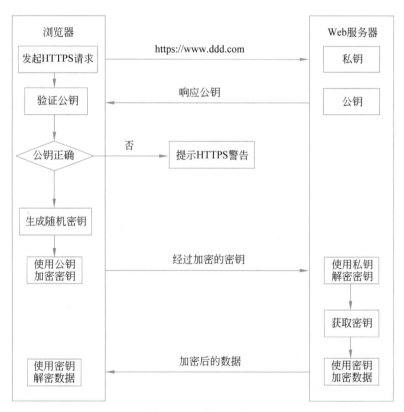

图 2-6　加密通信过程

HTTPS 基于前面的加密通信过程构建浏览器与 Web 服务器之间的加密通信协议。HTTPS 是以安全为目标的 HTTP 通道,在 HTTP 的基础上通过传输加密和身份认证保证了传输过程的安全性。HTTPS 在 HTTP 的基础上加入 SSL 层,HTTPS 的安全基础是SSL。HTTPS 存在不同于 HTTP 的默认端口及一个加密/身份验证层(在 HTTP 与 TCP之间)。这个系统提供了身份验证与加密通信方法,提供对网站服务器的身份认证,保护交换数据的隐私与完整性。它被广泛用于万维网上安全敏感的通信,例如交易支付等方面。

需要指出的是,上面的加密通信过程并不是 HTTPS 通信的全部内容,HTTPS 的运行

过程要远远比这个过程复杂,为了便于理解,就简化了 HTTPS 的运行过程。例如,上面的通信过程没有说明服务器如何安全地把公钥传送给浏览器,如果以明文的方式传送给浏览器,就意味着可以恶意篡改公钥,浏览器使用篡改的公钥加密随机生成的密码,会导致密码泄露。如何解决这个问题呢? 这就需要第三方机构来担保服务器公钥的正确性,详细的内容超出了本书的范围,请查阅 SSL 数字证书相关资料。

 ## 2.2　Servlet

扫一扫

Servlet(server applet),全称为 Java Servlet,是用 Java 编写的服务端程序。其主要功能是接收浏览器发送的动态查询请求和数据修改请求,经过计算处理后把数据保存到数据库中,或者动态加载数据,并动态生成展示内容(生成的内容通常是 HTML 文档,也可以是图片、PDF 文件、Excel 文件等),发送给浏览器作为响应内容。

正如前面所述,Web 服务器接收客户端发起的 HTTP 请求,解析、处理请求并返回内容。如果 HTTP 请求的内容是静态资源,就直接从服务器的文件系统加载静态文件并返回;如果请求的是动态内容,就需要 Web 服务器执行相应的处理程序,解析、处理请求,并返回动态生成的内容,在基于 Java 的 Web 服务器中,处理程序就被称为 Servlet。 Web 服务器处理 Servlet 的过程如图 2-7 所示。

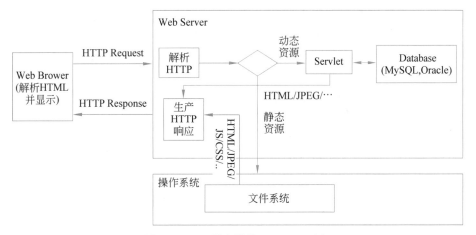

图 2-7　Web 服务器处理 Servlet 过程

2.2.1　Servlet 与 Servlet 容器

从狭义上看,Servlet 就是一个 Java 接口(interface),而接口的作用就是为了规范。接口 Javax.Servlet.Servlet 定义的是一套处理网络请求的规范,所有 Servlet 的实现类都需要实现该接口定义的五个方法,其中最重要的三个方法包括两个生命周期方法 init()方法和 destroy()方法,还有一个处理请求的方法 service()方法。

虽然 Servlet 定义了处理网络请求的规范,但是并不意味着实现了 Servlet 的类就能够处理请求了,Servlet 并不会直接和客户端打交道,而是由 Servlet 容器接受请求,并将请求转发给 Servlet,这样做是为了让 Servlet 可以更多地专注于业务逻辑的处理,而不用考虑线程管理、网络通信、安全控制等功能。Servlet 容器负责管理 Servlet 的运行,为 Servlet 提供通信支持、生命周期管理、多线程支持、安全控制以及 JSP 支持(JSP 将在后文介绍)。

Servlet 的整个生命周期都由容器来管理。当用户单击一个链接,链接的 URL 指向一个 Servlet,容器根据 URL 和 Servlet 的对应关系查找到对应的 Servlet,紧接着容器会创建两个对象 ServletRequest 和 ServletResponse,为这个请求创建或分配一个线程,并调用 Servlet 的 service()方法,该方法以 ServletRequest 和 ServletResponse 作为方法参数传入。参数 ServletRequest 包含了与请求相关的数据;参数 ServletResponse 负责接收 Service 方法的处理结果,并由 Servlet 容器处理后交给 Web 服务器,返回给客户端(浏览器)。当 service()方法结束后,该执行线程要么撤销,要么返回到容器的线程池(具体参考第 9 章)中去,ServletRequest 和 ServletResponse 对象已经没有存在的必要,将被垃圾回收器回收。

Servlet 只有在容器中才能生效,并且 Servlet 是受容器控制的。Servlet 容器也叫作 Servlet 引擎,是 Web 服务器或应用程序服务器的一部分。由于 Servlet 容器和基于 Java 的 Web 服务器通常紧密集成在一起,因此我们经常不明确地区分两个概念,例如经常把 Tomcat 称为 Web 服务器,实际上它的主要功能是作为 Servlet 容器,不过因为其集成了名为 Apache 的 Web 服务器,对外表现为 Web 服务器的功能。Servlet 的容器种类比较多,常用的有 Tomcat、WebLogic、WebSphere、Jetty 等。

Servlet 本身可以与通信协议无关,但在 Web 开发中,HTTP 是主要的通信协议,因此 Java EE 提供了与 HTTP 相关的 Servlet 实现 Javax.servlet.http.HttpServlet。HttpServlet 是一个抽象类,为响应 HTTP 请求提供了相应的接口,这些接口包括以下内容。

- doGet(),响应 HTTP GET 请求;
- doPost(),响应 HTTP POST 请求;
- doPut(),响应 HTTP PUT 请求;
- doDelete(),响应 HTTP DELETE 请求;
- doHead(),响应 HTTP HEAD 请求;
- doOptions(),响应 HTTP OPTIONS 请求;
- doTrace(),响应 HTTP TRACE 请求。

常用的是 doGet()、doPost()两个接口。由于这些方法处理的是 HTTP 请求,因此这些接口方法的参数类型不是 ServletRequest 和 ServletResponse,而是与 HTTP 相关的 HttpServletRequest 和 HttpServletResponse。HttpServletRequest 封装了与 HTTP 请求消息相关的数据,例如请求方法、URL、请求头部、请求正文等。HttpServletResponse 封装了与 HTTP 响应消息相关的数据,例如响应状态、响应头部、响应正文等。

Servlet 容器处理 Servlet 的过程如图 2-8 所示。

Servlet 是多线程、单实例的,不管访问多少次,只有一个 Servlet 实例。如果 Servlet 被配置为启动加载,则服务器启动时就会创建 Servlet 实例,并执行 Servlet 的 init()方法初始化,否则第一次访问 Servlet 时才创建并初始化。Servlet 的卸载是由容器本身定义和实现的,卸载 Servlet 之前需要调用 destroy()方法,以让 Servlet 自行释放占用的系统资源。

浏览器的请求到达 Servlet 容器后,由容器为请求分配一个专门的线程来处理这次请求,整个处理过程都在这个线程中完成。因此,如果要在处理请求的多个类之间共享变量,

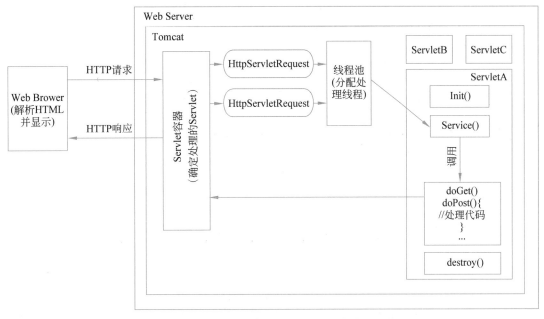

图 2-8　Servlet 容器处理 Servlet 的过程

可以使用线程局部变量来实现(参见第 9 章)。因为 Servlet 是单实例的,也就是不同客户端发起的对同一个 Servlet 进行访问的请求,都由同一个 Servlet 实例进行处理,因此不要试图为 Servlet 创建属性来存储 Servlet 处理的中间结果或者最终结果。

2.2.2　Servlet 实例

　　下面通过名为 HelloServlet 的例子来展示 Servlet 的实现,以下代码为 HelloServlet. Java。

扫一扫

```
01  package org.ddd.servlet;
02  import java.io.IOException;
03  import javax.servlet.ServletException;
04  import javax.servlet.annotation.WebServlet;
05  import javax.servlet.http.HttpServlet;
06  import javax.servlet.http.HttpServletRequest;
07  import javax.servlet.http.HttpServletResponse;
08  @WebServlet(urlPatterns ="/hello")
09  public class HelloServlet extends HttpServlet {
10      private static final long serialVersionUID = 1L;
11      public HelloServlet() {
12          super();
13      }
14      protected void doGet(HttpServletRequest request, HttpServletResponse
15  response)    throws ServletException, IOException {
16          String name = request.getParameter("name");
```

```
17          StringBuilder builder = new StringBuilder();
18          builder.append("<html>\n").append("<head> <meta charset=\"utf-8\" />
19   </head>\n").append("<body>\n")
20              .append("<h1>你好," + name + "!欢迎学习
21   Servlet</h1>\n").append("</body>\n").append("</html>\n");
22          response.setContentType("text/html; charset=UTF-8");
23          response.setStatus(200);
24          response.getWriter().append(builder.toString());
25   //      response.getWriter().append("大家都是好学生");
26      }
27      protected void doPost(HttpServletRequest request, HttpServletResponse
28   response)     throws ServletException, IOException {
29          doGet(request, response);
30      }
31   }
```

首先把上面的代码部署到 Servlet 容器 Tomcat 中运行（Tomcat 参考下一节），然后在浏览器的地址栏中输入访问 URL：http://localhost:8080/AJWeb/hello？name＝xcy，如果访问成功，将显示图 2-9 所示的结果。

图 2-9　HelloServlet 的运行结果

在浏览器中查看页面的源代码，如图 2-10 所示。

图 2-10　HelloServlet 页面源代码

下面详细介绍 HelloServlet。

代码 9 行创建了一个名为 HelloServlet 的类,继承于 HttpServlet。父类 HttpServlet 使得 HelloServlet 成为一个能动态处理浏览器 HTTP 请求的类。在浏览器中输入 URL 请求 http://localhost:8080/AJWeb/hello?name＝xcy,这个请求就由 HelloServlet 来处理,并动态生成响应。如何确定由 HelloServlet 处理请求的呢? http://localhost:8080 指示请求访问 HelloServlet 所在的 Tomcat 服务器,AJWeb 表示 Tomcat 中的一个应用程序(HelloServlet 所在的应用程序),地址中 hello 唯一的指示请求由 HelloServlet 来处理。URL 地址 hello 和 HelloServlet 的对应关系是由注解 @WebServlet(urlPatterns ＝ "/hello")来确定的。@WebServlet()是一个注解,这个注解的功能是告诉 Servlet 容器,注解后面的 HelloServlet 可以通过 URL 地址 hello 进行访问(将在后面讲解注解)。

HelloServlet 的方法 doGet()负责处理请求并生成响应。doGet 有两个参数 request 和 response,分别代表 HTTP 请求和响应。可以通过 request 取得浏览器传入的参数,例如 16 行,通过 request 的 getParameter 方法取得请求 URL 中的查询参数 name 的值,例如可以通过 request.getHeader()取得 HTTP 请求消息中的头部。可以通过参数 response 向浏览器返回响应,response.setContentType("text/html; charset＝UTF-8")告诉浏览器 HelloServlet 返回的响应内容是 HTML 文本,并且使用 UTF-8 进行编码。response.setStatus(200)告诉浏览器 HTTP 响应的状态码是 200(200 表示请求成功)。通过 response.getWriter().append()向浏览器中真正写入响应的内容。通过 response.getWriter()可以返回文本格式的响应,如果要向浏览器响应二进制格式的数据,就需要使用 response.getOutputStream()方法获得二进制输出流。可以通过方法 response.addHeader(name, value)添加 HTTP 响应消息头部。

2.2.3 Tomcat 服务器

Tomcat 是 Apache 软件基金会(Apache Software Foundation)Jakarta 项目中的一个核心项目,由 Apache、Sun 和其他一些公司及个人共同开发而成。Tomcat 是一个小型的轻量级应用服务器,在中小型系统和并发访问用户不是很多的场合下被普遍使用,是开发和调试 JSP 程序的首选。对于一个初学者来说,当在一台机器上配置好 Apache 服务器,可以利用它响应对 HTML 页面的访问请求。实际上,Tomcat 部分是 Apache 服务器的扩展,但它是独立运行的,所以当运行 Tomcat 时,它实际上是作为一个与 Apache 独立的进程单独运行的。当配置正确时,Apache 为 HTML 页面服务,而 Tomcat 实际上运行 JSP 页面和 Servlet。另外,Tomcat 和 IIS、Apache 等 Web 服务器一样,具有处理 HTML 页面的功能,另外,它还是一个 Servlet 和 JSP 容器,独立的 Servlet 容器是 Tomcat 的默认模式。不过,Tomcat 处理静态 HTML 的能力不如 Apache 服务器。

可以从 Tomcat 官方主页上下载 Tomcat 的最新版本或者历史版本,如图 2-11 所示。

从主页下载需要的 Tomcat。可以使用 Tomcat 安装程序安装 Tomcat,也可以下载 zip 压缩包,解压后就可以直接运行。建议使用 zip 压缩包的形式安装。在 Windows 上,可以通过执行安装目录下 bin 目录中的 startup.bat 启动 Tomcat。

安装 Tomcat 之前先配置 JDK,JDK 的 Java_HOME 变量都必须设置好,以便 Tomcat 找到 JDK,如图 2-12 所示。

如果看到 http-nio-8080,说明启动成功。Tomcat 启动成功后如图 2-13 所示。

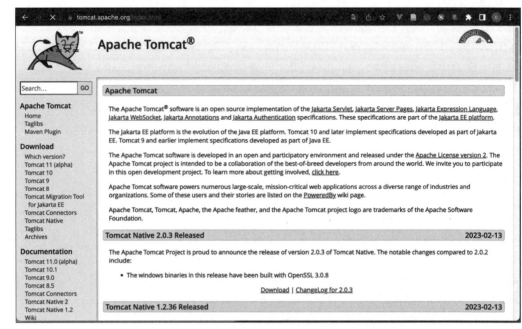

图 2-11　Tomcat 主页

图 2-12　设置环境变量 Java_HOME

图 2-13　Tomcat 启动成功

启动成功后，可以通过地址 http://localhost:8080 访问启动的 Tomcat。

Tomcat 的配置文件在安装目录下的 conf 目录中，通过这些配置文件可以自定义 Tomcat。server.xml 是最常用到的配置文件，例如可以修改文件中的 Connector 的 port 参数，定制访问 Tomcat 的端口。

开发的 Web 程序可以放置到 Webapps 目录，Tomcat 启动时会自动检测并加载这些应用程序。

2.2.4　接收表单数据

在 Web 应用中，经常需要在浏览器中通过表单录入数据，提交到 Web 服务器中处理，然后将处理结果返回到浏览器中。下面以新增学生信息的例子演示如何通过表单录入数据，然后由 Servlet 进行数据处理。

扫一扫

首先构建一个静态的 HTML 页面 NewStudent.html，页面展示学生信息录入的表单。

```
01  <!--NewStudent.html -->
02  <%@ page language="java" contentType="text/html;charset=UTF-8"
03  pageEncoding="UTF-8"%>
04  <head>
05      <meta http-equiv='Content-Type' content='text/html; charset=UTF-8'/>
06      <title>新增学生</title>
07  </head>
08  <body>
09  <form action="./StudentSave" method="get">
10  <table>
11      <tr><td><h4>新增学生</h4></td></tr>
12      <tr><td>姓名</td><td><input type="text" name="name"/></td></tr>
13      <tr><td>年龄</td><td><input type="number" name="age"/></td></tr>
14      <tr><td>性别</td>
15      <td>
16      <input type="radio" name="gender" value="男">男 </input>
17      <input type="radio" name="gender" value="女">女 </input>
18      <input type="radio" name="gender" value="其他">其他</input>
```

```
19          </td>
20       </tr>
21     <tr><td>学院</td>
22          <td><select name="school">
23             <option value="计算机学院">计算机学院</option>
24             <option value="数学学院">数学学院</option>
25             <option value="机械学院" selected>机械学院</option>
26          </select></td>
27     </tr>
28     <tr><td>爱好</td><td>
29          <input type="checkbox" name="hobby_basketball" checked="checked">
30  篮球 </input>
31          <input type="checkbox" name="hobby_badminton">羽毛球</input>
32          <input type="checkbox" name="hobby_pingpong">乒乓球</input>
33          </td>
34     </tr>
35     <tr><td>简历</td><td><textarea rows="5" cols="30"
36  name="resume"></textarea></td></tr>
37     <tr><td><input type="submit" value="保存"/></td></tr>
38  </table>
39  </form>
40  </body>
41  </html>
```

在浏览器中加载页面的显示结果如图 2-14 所示。代码第 09 行＜form action＝"./ StudentSave" method＝"get"＞构建了一个表单，action 属性指定了如果按下"保存"按钮， 由地址"./StudentSave"指定的 Servlet 进行处理，Servlet 的代码如下所示。注意地址前面 是以"./"开头，这表示一个相对地址，也就是处理 Servlet 映射的地址与 NewStudent.html 页面在同一个目录下。NewStudent.html 在 Web 目录下，所以 Servlet 的映射地址也必须 在 Web 目录下，因此 Servlet 的注解为@WebServlet("/Web/StudentSave")。

图 2-14　新增学生信息的界面

```java
01  package org.ddd.Web;
02  //此处省略类型导入,参见前面的 HelloServlet.java
03  @WebServlet("/Web/StudentSave")
04  public class StudentSave extends HttpServlet {
05      private static final long serialVersionUID = 1L;
06      public StudentSave() {
07          super();
08      }
09      protected void doGet(HttpServletRequest request, HttpServletResponse
10                      response)
11          throws ServletException, IOException {
12          request.setCharacterEncoding("UTF-8");
13          String name = request.getParameter("name");
14          Integer age = Integer.parseInt(request.getParameter("age"));
15          String gender = request.getParameter("gender");
16          String school = request.getParameter("school");
17          List<String> hobbies = new ArrayList<String>();
18          if (request.getParameter("hobby_basketball") != null)
19              hobbies.add("篮球");
20          if (request.getParameter("hobby_badminton") != null)
21              hobbies.add("羽毛球");
22          if (request.getParameter("hobby_pingpong") != null)
23              hobbies.add("乒乓球");
24          String resume = request.getParameter("resume");
25          StringBuilder builder = new StringBuilder();
26          builder.append("<html>\n").append("<head> <meta charset=\"utf-8\"
27  /> </head>\n").append("<body>\n")
28                  .append("<h1>新增的学生信息
29  </h1>\n").append("<table>\n").append("<tr><td>姓名:
30  </td><td>").append(name)
31                  .append("</td></tr>\n").append("<tr><td>年龄:
32  </td><td>").append(age).append("</td></tr>\n")
33                  .append("<tr><td>性别:
34  </td><td>").append(gender).append("</td></tr>\n").append("<tr><td>学院:
35  </td><td>")
36                  .append(school).append("</td></tr>\n").append("<tr><td>
37  爱好:</td><td>").append(hobbies)
38                  .append("</td></tr>\n").append("<tr><td>简历:
39  </td><td>").append(resume).append("</td></tr>\n")
40              .append("</table>\n").append("</body>\n").append("</html>\n");
41          response.setContentType("text/html; charset=UTF-8");
42          response.getWriter().append(builder.toString());
43      }
44      protected void doPost(HttpServletRequest request, HttpServletResponse
```

```
45  response)
46          throws ServletException, IOException {
47      doGet(request, response);
48  }
49  }
```

上面的代码创建了名为 StudentSave 的 Servlet，负责处理新增页面提交的请求。页面提交后，浏览器会把表单中的数据作为查询参数追加到表单 action 指定的处理 URL 地址后面（需要设置 form 的 method 属性为 get），最终提交给 Web 服务器的 URL 为 http://localhost:8085/AJWeb/Web/StudentSave?name=徐洋洋 &age=14&gender=女 &school=计算机学院 &hobby_basketball=on&hobby_pingpong=on&resume=她是一个好学生。

可以发现，查询参数的名称为表单项的 name 属性，值为输入的值。checkbox 的值比较特殊，如果该项被选择了，查询参数的值固定为 on，如果没有被选择，浏览器不会在查询参数中生成相应的项，如图 2-15 所示。

图 2-15　Servlet 返回的处理结果

在 Serlvet 的 doGet()方法中通过 request.getParameter()方法获得相应的参数值。因为 Checkbox 被选中返回的值固定为 on，因此只需要通过 request.getParameter("hobby_basketball")!=null 就可以判断浏览器中对应的项是否被选择。

请注意第 12 行代码，request.setCharacterEncoding("UTF-8")，这个指示使用 UTF-8 格式读取参数。如果不设置 request 的编码格式，可能通过 getParameter()方法读取的数据是乱码。

上面讲述的是使用 HTTP 的 get 方法提交表单（通过 form 的 method 指示），在 HTTP 协议中，另外一个常用的方法是 post，如果把 NewStudent.html 第 9 行代码改为＜form action="./StudentSave" method="post"＞，浏览器不再以查询参数来提交表单的数据，而是把表单的数据作为 HTTP 请求消息的"请求正文"发送给 Web 服务器。从图 2-16 可以看到浏览器的 URL 地址中已经没有查询参数了，这是因为表单的数据已经附加到 HTTP 请求消息的"请求正文"部分。

以 get 方法提交，Servlet 将调用 doGet()方法来处理请求，如果以 post 方法提交，Servlet 将调用 doPost()方法来处理请求。但实质上 Servlet 的处理方式没有本质的区别，所以通常 doGet()和 doPost()执行相同的代码。

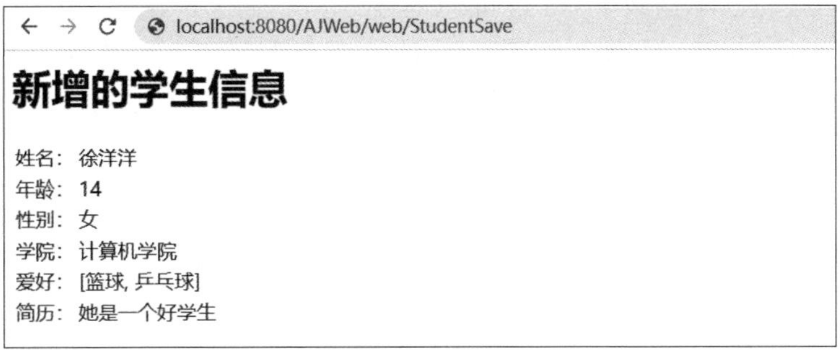

图 2-16　以 post 方法提交，Servlet 返回的处理结果

需要注意的是，大部分浏览器或者 Web 服务器对 URL 的长度都有限制（一般是 1024B），如果提交大量的数据，就不能使用 get 方法。使用 get 方法提交数据，提交的数据可以在浏览器的地址栏中直接看到，在需要保密的场合也是不合适的。需要特别说明的是，即使使用 post 方法提交数据，提交的数据也可以轻易地被截获并查看到，因为 HTTP 协议是没有加密的明文，如果要防止被第三方截取，需要使用 HTTPS 协议。

2.2.5　HttpServletRequest 简介

HttpServletRequest 对象代表客户端的请求，当客户端通过 HTTP 访问服务器的时候，HTTP 请求消息中的请求头部和请求正文都封装在这个对象中，通过这个对象提供的方法可以获得客户端请求的所有信息。

表 2-3 列出了提取查询参数和请求正文相关的方法。

表 2-3　提取查询参数和请求正文的方法

方　　　法	功　能　描　述
Int getContentLength()	返回请求正文的长度（以字节为单位），并由输入流提供，如果长度未知，则返回－1
String getContentType()	返回请求正文的 MIME 类型，如果类型未知，返回 null
ServletInputStream getInputStream()	得到将请求正文表示为二进制的输入流 InputStream，通过输入流可以读取浏览器传入的数据，例如浏览器上传的视频流文件
String getParameter(String name)	返回请求参数的值，name 指示需要返回的参数名称，如果不存在参数名指定参数，返回 null
Map getParameterMap()	把所有参数封装到 Java.util.Map 中返回
Enumeration getParameterNames()	把所有参数名封装到 Enumeration 中返回
String[] getParameterValues(String name)	以数组的方式返回参数名 name 指定的所有参数值，如果不存在参数名指定参数，返回 null。如果查询参数中同名参数有多个，getParameter()只返回第一个。HTTP 中的查询参数名是可以重复的，例如：http://localhost:8080/AJWeb/Web/hello? name＝xcy&name＝zy
String getQueryString()	返回请求 URL 中包含的查询字符串，也就是"?"后面的内容，例如：name＝xcy&name＝zy

HttpServletRequset 中封装了 HTTP 请求的相关信息，而它本身也是从 ServletRequest 继承而来。由于 HTTP 请求消息分为请求行、请求消息头和请求消息体三部分。因此，在 HttpServletRequest 接口中也定义了获取请求行、请求消息头和请求消息体的相关方法。

1. 获取请求行信息的相关方法

访问 Servlet 时，所有请求消息将被封装到 HttpServletRequst 对象中，请求消息的请求行中包含了请求方法、请求路径等信息，与之对应的 HttpServlet 接口中也定义了这些信息对应的获取方法，如表 2-4 所示。

表 2-4　HttpServlet 接口定义的信息获取方法

方　　法	功　能　描　述
String getMethod()	该方法用于获取 HTTP 请求消息中的请求方式（如 GET、POST 等）
String getRequestURI()	该方法用于获取请求行中的资源名称部分，即位于 URL 的主机和端口之后、参数之前的部分
String getQueryString()	该方法用于获取请求行中的参数部分，也就是资源路径后问号（?）以后的所有内容
String getContextPath()	该方法用于获取请求 URL 中属于 Web 应用程序的路径，这个路径以 / 开头，表示相对于整个 Web 站点的根目录，路径结尾不含 /。如果请求 URL 属于 Web 站点的根目录，那么返回结果为空字符串("")
String getServletPath()	该方法用于获取 Servlet 的名称或 Servlet 所映射的路径
String getRemoteAddr()	该方法用于获取请求客户端的 IP 地址，其格式类似于 192.168.1.123
String getRemoteHost()	该方法用于获取请求客户端的完整主机名，其格式类似于 www.ddd.com。需要注意的是，如果无法解析出客户机的完整主机名，该方法将会返回客户端的 IP 地址
int getRemotePort()	该方法用于获取请求客户端网络连接的端口号
String getLocalAddr()	该方法用于获取 Web 服务器上接收当前请求网络连接的 IP 地址
String getLocalName()	该方法用于获取 Web 服务器上接收当前网络连接 IP 所对应的主机名
int getLocalPort()	该方法用于获取 Web 服务器上接收当前网络连接的端口号
String getServerName()	该方法用于获取当前请求所指向的主机名，即 HTTP 请求消息中 Host 头字段所对应的主机名部分
int gctServcrPort()	该方法用于获取当前请求所连接的服务器端口号，即 HTTP 请求消息中 Host 头字段所对应的端口号部分
StringBuffer getRequestURL()	该方法用于获取客户端发出请求时的完整 URL，包括协议、服务器名、端口号、资源路径等信息，但不包括后面的查询参数部分。注意，getRequcstURL() 方法返回的结果是 StringBuffer 类型，而不是 String 类型，这样更便于对结果进行修改

2. 获取请求消息头的相关方法

浏览器发送 Servlet 请求的时候，需要通过请求消息头向服务器传递附加信息，比如客户端可以接收的数据类型、压缩方式等，所以在 HttpServletRequst 接口中也提供了获取

HTTP 请求头字段的方法,如表 2-5 所示。

表 2-5 　HttpServletRequest 接口中获取 HTTP 请求头字段的方法

声　明	功 能 描 述
String getHeader(String name)	该方法用于获取一个指定头字段的值,如果请求消息中没有包含指定的头字段,则 getHeader() 方法返回 null;如果请求消息中包含多个指定名称的头字段,则 getHeader() 方法返回其中第一个头字段的值
Enumeration getHeaders (String name)	该方法返回一个 Enumeration 集合对象,该集合对象由请求消息中出现的某个指定名称的所有头字段值组成。在多数情况下,一个头字段名在请求消息中只出现一次,但有时可能会出现多次
Enumeration getHeaderNames()	该方法用于获取一个包含所有请求头字段的 Enumeration 对象
int getIntHeader(String name)	该方法用于获取指定名称的头字段,并且将其值转为 int 类型。需要注意,如果指定名称的头字段不存在,则返回值为 −1;如果获取到的头字段的值不能转为 int 类型,则将发生 NumberFormatException 异常
long getDateHeader(String name)	该方法用于获取指定头字段的值,并将其按 GMT 时间格式转换为一个代表日期/时间的长整数,该长整数是自 1970 年 1 月 1 日 0 时 0 分 0 秒算起的以毫秒为单位的时间值
String getContentType()	该方法用于获取 Content-Type 头字段的值,结果为 String 类型
int getContentLength()	该方法用于获取 Content-Length 头字段的值,结果为 int 类型
String getCharacterEncoding()	该方法用于返回请求消息的实体部分的字符集编码,通常是从 Content-Type 头字段中进行提取,结果为 String 类型

以下代码展示了从 HttpServletRequst 接口中获取 HTTP 请求头字段的方法。代码 15 行通过 request.getHeaderNames() 方法获取所有的头字段名称,然后在 19 行使用 request.getHeader(headerName)方法依次读取头字段的值。输出结果如图 2-17 所示。需要注意,每个机器的操作系统、浏览器类型、浏览器版本不一样,可能输出的内容也不一样。

```
01  package org.ddd.Web;
02  //此处省略类型导入,参见前面的 HelloServlet.java
03  @WebServlet("/Web/headers")
04  public class HeadersServlet extends HttpServlet {
05      public void doGet(HttpServletRequest request, HttpServletResponse
06  response) throws ServletException, IOException {
07          StringBuilder builder = new StringBuilder();
08          builder.append("<html>\n").append("<head> <meta charset=\"utf-8\"
09  /> </head>\n").append("<body>\n");
10          builder.append("<h2 align=\"center\">HTTP 请求头
11  </h2>\n").append("<table width=\"100%\" border=\"1\"
12  align=\"center\">\n");
13          builder.append("<tr bgcolor=\"#DDDDDD\">\n <th>Header 名称
14  </th><th>Header 值</th>\n</tr>\n");
15          Enumeration headerNames = request.getHeaderNames();
```

```
16          while (headerNames.hasMoreElements()) {
17              String headerName = (String) headerNames.nextElement();
18              builder.append("<tr><td>" + headerName + "</td>\n");
19              String headerValue = request.getHeader(headerName);
20              builder.append("<td> " + headerValue + "</td></tr>\n");
21          }
22          builder.append("</table>\n</body></html>");
23          response.setContentType("text/html;charset=UTF-8");
24          response.getWriter().println(builder.toString());
25      }
26      public void doPost(HttpServletRequest request, HttpServletResponse
27  response) throws ServletException, IOException {
28          doGet(request, response);
29      }
30  }
```

Header名称	Header值
host	localhost:8080
connection	keep-alive
cache-control	max-age=0
sec-ch-ua	" Not A;Brand";v="99", "Chromium";v="96", "Google Chrome";v="96"
sec-ch-ua-mobile	?0
sec-ch-ua-platform	"Windows"
upgrade-insecure-requests	1
user-agent	Mozilla/5.0 (Windows NT 10.0; Win64; x64) AppleWebKit/537.36 (KHTML, like Gecko) Chrome/96.0.4664.93 Safari/537.36
accept	text/html,application/xhtml+xml,application/xml;q=0.9,image/avif,image/webp,image/apng,*/*;q=0.8,application/signed-exchange;v=b3;q=0.9
sec-fetch-site	none
sec-fetch-mode	navigate
sec-fetch-user	?1
sec-fetch-dest	document
accept-encoding	gzip, deflate, br
accept-language	zh-CN,zh;q=0.9,en;q=0.8
cookie	JSESSIONID=F5827B784EC66755B45348B6A0401DC5; Hm_lvt_5819d05c0869771ff6e6a81cdec5b2e8=1632116289; Hm_lpvt_5819d05c0869771ff6e6a81cdec5b2e8=1632721777

图 2-17　显示 HTTP 请求头

2.2.6　HttpServletResponse 简介

　　HttpServletResponse 对象代表服务端的响应，这个对象中封装了向客户端发送的响应正文、发送响应头、发送响应状态码等方法。

　　HttpServletResponse 对象封装了一个 HTTP 响应，它同样也继承自 ServletResponse 接口。由于 HTTP 响应消息分为状态行、响应头部、响应正文三部分，所以在 HttpServletResponse 接口中也定义了这些信息的获取方法。但是 HTTP 响应必须先发送响应头部，再发送响应正文,所以操作 HttpServletResponse 对象时,必须先调用设置响应头部的方法,最后调用发送响应正文的方法。

（1）发送响应消息体相关的方法如表 2-6 所示。

表 2-6　发送响应消息体相关方法

方法声明	功能描述
ServletOutputStream getOutputStream()	该方法所获取的字节输出流对象为 ServletOutputStream 类型。由于 ServletOutputStream 是 OutputStream 的子类,它可以直接输出字节数组中的二进制数据。因此,要想输出二进制格式的响应正文,就需要使用 getOutputStream() 方法
PrintWriter getWriter()	该方法所获取的字符输出流对象为 PrintWriter 类型 由于 PrintWriter 类型的对象可以直接输出字符文本内容,因此,要想输出内容全部为字符文本的网页文档,则需要使用 getWriter()方法

这里需要注意,虽然 Response 对象的 getOutputStream() 和 getWriter() 方法都可以发送响应消息体,但是它们之间互相排斥,不可以同时使用,否则会跑出 IllergalStateException。

使用 PrintWriter 输出文本内容,需要注意文本的编码格式,防止出现乱码。写入 Writer 中的文本的编码需要和 setContentType() 方法中 charset 配置的编码一致,如果输出的是 HTML 文档,需要和 HTML 文档中头部的＜meta http-equiv＝'Content-Type' content＝'text/html；charset＝UTF-8'/＞中的 charset 一致。解决 Web 编程中的乱码问题,最简单的方法是：凡是需要设置字符集(charset)和编码(encoding)的地方,都设置为 UTF-8。

（2）发送状态码相关的方法如表 2-7 所示。

表 2-7　发送状态码相关方法

方法声明	功能描述
void setStatus(int status)	该方法用于设置 HTTP 响应状态码,并生成响应状态行
void sendError(int code) throw IOException	该方法用于发送表示错误信息的状态码
Void sendError(int code，String message) throws IOException	该方法用于发送表示错误信息的状态和提示说明的文本信息

（3）发送响应消息头相关的方法如表 2-8 所示。

表 2-8　发送响应信息头相关方法

方法声明	功能描述
void addHeader(String name，String value)	这两个方法都是用于设置 HTTP 的响应头字段。其中,参数 name 用于指定响应头字段的名称,参数 value 用于指定响应头字段的值。不同的是,addHeader()方法可以增加同名的响应头字段,而 setHeader() 方法则会覆盖同名的头字段
void setHeader (String name，String value)	
void addIntHeader(String name，int value)	这两个方法专门用于设置包含整数值的响应头,避免了使用 addHeader() 与 setHeader() 方法时需要将 int 类型的设置值转换为 String 类型的麻烦
void setIntHeader(String name，int value)	

续表

方 法 声 明	功 能 描 述
void setContentType(String type)	该方法用于设置 Servlet 输出内容的 MIME 类型,对于 HTTP 来说,就是设置 Content-Type 响应头字段的值。例如,如果发送到客户端的内容是 jpeg 格式的图像数据,就需要将响应头字段的类型设置为 image/jpeg。需要注意,如果响应的内容为文本,setContentType() 方法还可以设置字符编码,如 text/html;charset = UTF-8
void setLocale(Locale loc)	该方法用于设置响应消息的本地化信息。对 HTTP 来说,就是设置 Content-Language 响应头字段和 Content-Type 头字段中的字符集编码部分。需要注意,如果 HTTP 消息没有设置 Content-Type 头字段,则 setLocale()方法设置的字符集编码不会出现在 HTTP 消息的响应头中,如果调用 setCharacterEncoding()或 setContentType()方法指定了响应内容的字符集编码,则 setLocale()方法将不再具有指定字符集编码的功能
void setCharacterEncoding(String charset)	该方法用于设置输出内容使用的字符编码,对 HTTP 来说,就是设置 Content-Type 头字段中的字符集编码部分。如果没有设置 Content-Type 头字段,则 setCharacterEncoding 方法设置的字符集编码不会出现在 HTTP 消息的响应头中。setCharacterEncoding() 方法比 setContentType()和 setLocale()方法的优先权高,它的设置结果将覆盖 setContentType()和 setLocale()方法所设置的字符码表

2.3 JSP

Servlet 可以处理浏览器的请求,并且生产响应内容发送给浏览器,生成相应内容需要把数据和静态的 HTML 片段合成最终的响应内容。合成响应内容时需要进行大量的字符串拼接,代码的可读性非常差(参见前面的 Servlet 实例)。为了更加优雅地把数据和静态的 HTML 合并在一起,Java EE 提供了 JSP 技术。

2.3.1 JSP 简介

扫一扫

JSP(Java server pages)是一种动态网页技术标准,该技术为创建显示动态生成内容的 Web 页面提供了一个简捷而快速的方法。JSP 技术设计目的是使得构建展示动态数据的 Web 页面变得更加容易和快捷。

在传统的网页 HTML 文件(* .htm, * .html)中加入 Java 程序片段(scriptlet)和 JSP 标记(tag),就构成了 JSP 网页(* .jsp)。Web 服务器在遇到访问 JSP 网页的请求时,首先执行其中的程序片段,然后将执行结果以 HTML 格式返回给客户。程序片段主要控制动态数据的输出,当然也可以操作数据库,重新定向网页以及发送 E-mail 等,但这些处理最好在 Servlet 中进行,后面会详细讲解 JSP 和 Servlet 的配合使用。

以下代码展示了一个简单的 JSP 页面。页面接收名为 name 的参数,然后把参数 name 在页面中显示出来。

```
01  <!--Web\helloJsp.jsp  -->
02  <%@ page language="Java" contentType="text/html; charset=UTF-8"
03     pageEncoding="UTF-8"%>
04  <!DOCTYPE html>
05  <html>
06  <head>
07  <meta charset="UTF-8">
08  <title>Hello JSP</title>
09  <%
10     String name = request.getParameter("name");
11  %>
12  </head>
13  <body>
14  <h1>你好,欢迎 <%=name %>学习 JSP!</h1></body>
15  </html>
```

通过 URL 地址"http://localhost:8080/AJWeb/Web/helloJsp.jsp?name＝徐洋洋"就可以访问这个页面,页面显示结果如图 2-18 所示。页面显示了静态的 HTML,同时把参数 name 的值也显示在页面上。

图 2-18　HelloJSP 的输出结果

代码中的＜%@ page %＞表示的是 JSP 指令,page 是指令的名称,名称后面的项是指令的属性。指令是用来设置整个 JSP 页面相关的属性,告诉 Web 服务器如何解释、编译这个页面。

第 9～11 行是以＜%…%＞括起来的部分,指示中间内容是 Java 代码。理论上这里可以是任何在方法中出现的代码,包括定义变量、控制语句等。上面的例子定义了一个 String 类型的变量 name,用来存储查询参数传入的姓名。取查询参数值的方式和 Servlet 的方式一样。建议不要在 JSP 页面中包含复杂的处理代码,这会严重影响 JSP 的可读性,建议把处理代码放到 Servlet 中,或者其他 Java 类里面。

页面的其他部分都是标准的 HTML 文档,除了第 14 行包含＜%＝name %＞。这个是 JSP 表达式,功能是把变量 name 中的值转换为字符串输出到代码所在的位置。

当浏览器请求 JSP 页面时,JSP 引擎会首先检查是否需要编译这个文件成为 Servlet。如果这个文件没有被编译过,或者在上次编译后被更改过,则编译这个 JSP 文件成为 Servlet。JSP 页面本质上是 Servlet,如果有大量的静态 HTML 文本、少量的 Java 代码,使用 JSP 来编写更加便捷一些。

编译的过程包括以下 3 个步骤:

(1) 解析 JSP 文件。

(2) 将 JSP 文件转为 Servlet。

（3）编译 Servlet。

扫一扫

2.3.2 JSP 实例

以下代码是使用 JSP 技术重写学生信息展示的例子。

```
01  <!--studentView.jsp -->
02  <%@page import="java.util.ArrayList" %>
03  <%@page import="java.util.List" %>
04  <%@ page language="Java" contentType="text/html; charset=UTF-8"
05          pageEncoding="UTF-8" %>
06  <!DOCTYPE html>
07  <html>
08  <head>
09      <meta charset="UTF-8">
10      <title>学生信息展示</title>
11  </head>
12  <%
13      String name = "徐洋洋";
14      Integer age = 14;
15      String gender = "女";
16      String school = "计算机学院";
17      List<String> hobbies = new ArrayList();
18      hobbies.add("篮球");
19      hobbies.add("乒乓球");
20      String resume = "她是一个好学生";
21  %>
22  <body>
23  <h1>新增的学生信息</h1>
24  <table>
25      <tr><td>姓名:</td><td><%=name %></td></tr>
26      <tr><td>年龄:</td><td><%=age %></td></tr>
27      <tr><td>性别:</td><td><%=gender %></td></tr>
28      <tr><td>学院:</td><td><%=school %></td></tr>
29      <tr><td>爱好:</td><td><%=hobbies %></td></tr>
30      <tr><td>简历:</td><td><%=resume %></td>
31      </tr>
32  </table>
33  </body>
34  </html>
```

上面例子的输出和前面图 2-15 的输出是完全一样的。可以看出，相对于 Servlet 来说，使用 JSP 技术展示数据更加直观简洁。

上面的例子中使用 ArrayList 类，和在 Servlet 中一样，需要导入这个类，导入使用 page 指令：＜%@page import＝"Java.util.ArrayList"%＞。

为了更加美观地展示学生信息,下面的例子中使用判断语句和循环语句来控制展示细节。以下代码把小于18岁的学生的年龄显示为"未成年",并且用红色显示,然后用循环把学生的个人爱好显示出来。

```
01  <!--studentFineView.jsp  -->
02  <%@page import="java.util.ArrayList"%>
03  <%@page import="java.util.List"%>
04  <%@ page language="Java" contentType="text/html; charset=UTF-8"
05      pageEncoding="UTF-8"%>
06  <!DOCTYPE html>
07  <html>
08  <head>
09  <meta charset="UTF-8">
10  <title>学生信息展示</title>
11  </head>
12  <%
13      String name = "徐洋洋";
14      Integer age = 14;
15      String gender = "女";
16      String school = "计算机学院";
17      List<String> hobbies = new ArrayList();
18      hobbies.add("篮球");
19      hobbies.add("乒乓球");
20      String resume = "她是一个好学生";
21  %>
22  <body>
23      <h1>新增的学生信息</h1>
24      <table>
25      <tr><td>姓名:</td><td><%=name%></td></tr>
26      <tr><td>年龄:</td>
27          <%
28              if (age < 18) {
29          %>
30          <td><p style="color: red">未成年(<%=age%>岁)</p></td>
31          <%
32              } else {
33          %>
34          <td><%=age%></td>
35          <%
36              }
37          %>
38      </tr>
39      <tr><td>性别:</td><td><%=gender%></td></tr>
40      <tr><td>学院:</td><td><%=school%></td></tr>
```

```
41          <tr>
42              <td>爱好:</td>
43              <td>
44              <ul>
45              <%
46                  for (int i = 0; i < hobbies.size(); i++) {
47              %>
48              <li><%=i%> : <%=hobbies.get(i)%></li>
49              <%
50                  }
51              %>
52              </ul>
53              </td>
54          </tr>
55          <tr>
56              <td>简历:</td>
57              <td>
58              <%
59              int fontSize = 3;
60              while (fontSize <= 6) {
61              %>
62              <font color="green" size="<%=fontSize%>">
63                  <%=resume%>
64              </font><br />
65              <%    fontSize++;        %>
66              <%}            %>
67
68              </td>
69          </tr>
70      </table>
71  </body>
72  </html>
```

上面例子的运行效果如图 2-19 所示。

上面例子的第 28～36 行演示了在 JSP 中如何根据不同的数据显示不同的内容。如前面已经展示，Java 代码需要放到＜％…％＞中，把第 28～36 行中所有 Java 代码合并到一起，是一个完整的 if-else 语句：

```
if (age < 18) {
} else {
}
```

并且所有大括号是成对出现的。如果条件为真，就再把第 30 行的内容输出到 HTML 中，如果条件不成立，就输出第 34 行的内容。

图 2-19　美化后的学生信息展示界面

上面代码的第 46～50 行演示了 JSP 中如何通过 for 循环展示集合中的数据。同样,把所有 Java 合并到一起就是完整的 for 循环代码:

```
for (int i = 0; i < hobbies.size(); i++) {
}
```

第 48 行是 for 循环的循环体,将根据循环次数在 HTML 中循环输出相关内容。在循环体中可以使用循环变量。

上面代码的第 60～66 行演示了 while 循环语句的使用。

2.3.3　JSP 指令

JSP 指令是用来设置 JSP 页面相关的属性,告诉 Web 服务器如何解释、编译这个页面。下面介绍 page,include 两个指令。

page 指令为容器提供当前页面的使用说明。一个 JSP 页面可以包含多个 page 指令。

page 指令的语法格式如下:

```
<%@ page attribute="value" %>
```

page 指令常用的属性如表 2-9 所示。

表 2-9　page 指令常用属性

属　　性	功　能　描　述
contentType	指定当前 JSP 页面的 MIME 类型和字符编码
pageEncoding	页面的字符编码方式,通常设为 UTF-8
errorPage	指定当 JSP 页面发生异常时需要转向的错误处理页面

续表

属　　性	功 能 描 述
isErrorPage	指定当前页面是否可以作为另一个 JSP 页面的错误处理页面
extends	指定 Servlet 从哪一个类继承
import	导入要使用的 Java 类，可以导入多个类，例如：java.util.Map、java.util.ArrayList、java.io.*
info	定义 JSP 页面的描述信息
language	定义 JSP 页面所用的脚本语言，默认是 Java
session	指定 JSP 页面是否使用 session

include 指令用来包含其他文件，被包含的文件可以是 JSP 文件、HTML 文件或文本文件。包含的文件就好像是该 JSP 文件的一部分，会被同时编译执行。include 指令用来在不用的 JSP 文件中包含相同的内容，例如在一个网站中，通常每个页面的底部都会显示版权声明，就可以把版权声明做成一个独立的 JSP 页面，然后在每个页面中使用 include 指令，包含这个版权声明页面。

include 指令的语法格式如下：

```
<%@ include file="相对 URL 地址" %>
```

include 指令中的文件名实际上是一个相对的 URL 地址。如果没有给文件关联一个路径，JSP 编译器默认在当前路径下寻找。

2.3.4　JSP 内置对象

由于 JSP 是嵌入式的语言，不能显式地把一些必要的参数传递进来，比如 Request 和 Response 对象等，所以在 JSP 规范中提供了几个内置的对象来实现此功能。所谓的内置对象，就是约定一个名字来指代某个特定的对象，因此，编写 JSP 页面的时候就可以不必显示地声明就能直接使用，JSP 引擎负责在解释的时候把内置对象加入到解释完的 Java 文件中。常用的内置对象有 session、application、request、response、out、exception、config、pageContext。

1. session 对象

当客户第一次访问 Web 服务器发布目录（一个 Web 服务器有一个或多个"发布目录"）下的网页时，Web 服务器会自动创建一个 session 对象，并为其分配一个唯一的 ID 号，客户可以将其需要的一些信息保存到该 session 对象中。

2. application 对象

application 对象用于获得和当前 Web 应用程序相关的信息。这个对象由 pageContext 类的 getServletContext 方法返回。application 对象可用于保存和获得全局对象（使用 setAttribute 和 getAttribute 方法）。

3. request 对象

request 对象主要用于取得客户在表单中提交的数据信息及多个页面之间的数据传递

等,也可以取得 Web 服务器的参数,它跟 Servlet 中的 Request 对象是相对应的。

4. response 对象

response 对象主要用于响应客户的请求以及向客户端输出请求的处理结果,它跟 Servlet 中的 Response 对象相对应。

5. out 对象

out 对象是 JSP 中最常用的内置对象,主要用于向客户端输出响应信息。out 对象本质上是一个 JspWriter 对象,通过 pageContext 对象获得。使用 out 对象向客户端输出数据时,系统会将这些数据放到 out 对象的缓冲区中(如果在 JSP 中设置 buffer 属性),直到缓冲区被装满或整个 JSP 页面结束,缓冲区中的内容才会写到 Servlet 引擎提供的缓冲区中,最后由系统将 Servlet 缓冲区中的内容输出到客户端。

6. exception 对象

只有 page 指令的 isErrorPage 属性的值为 true 时(＜％＠ page isErrorPage ＝ "true"％＞),JSP 中的 exception 对象才有效。当 JSP 页面在执行过程中发生错误时,就可以使用 exception 对象得到相应的错误信息。

7. config 对象

在 JSP 页面中用 config 对象可以获得 Web.xml 文件中与当前 JSP 页面相关的配置信息,如参数、Servlet 名等。

8. pageContext 对象

pageContext 对象是 javax.servlet.jsp.pageContext 类的实例。该类中封装了以上几个内置对象,因此,当 JSP 页面调用普通 Java 类时,可以将 pageContext 对象当作参数传入相应的方法中,这样,该方法就可以通过 pageContext 对象来获取其他的内置对象了。

2.3.5 网页重定向

扫一扫

网页重定向就是指 Web 服务器接收到了浏览器的请求,并对请求进行处理,但是不在浏览器中显示处理结果,而是指示浏览器发起一个新的请求,浏览器显示这个新的请求的结果。网页重定向的应用场景比较广泛,例如可以实现负载均衡,即请求发送到一台负责请求负载分配的负载均衡服务器,负载均衡服务器根据各个服务器的负载状况,动态地把请求重定向到一台分配的服务器,由这台服务器来处理请求。

为了实现网页重定向,HttpServletResponse 接口定义了一个 sendRedirect()方法,该方法用于生成 302 响应码和 Location 响应头,从而通知浏览器重新访问 Location 响应头中执行的 URL,该方法的方法定义如下:

```
01  public void HttpServletResponse.sendRedirect(String location) throws
02  IOException
```

除了这种方式外,也可以通过把 setStatus()和 setHeader()方法一起使用来达到同样的效果。

```
01  String site = "http://www.redirect.com" ;
02  response.setStatus(response.SC_MOVED_TEMPORARILY);
03  response.setHeader("Location", site);
```

2.3.6　请求转发

当一个 Servlet 处理请求的时候，这个 Servlet 可以决定自己不继续处理，而是转发给另一个 Servlet 处理，这时就可以通过 RequstDipatcher 接口的实例对象实现。ServletRequest 接口中定义了一个获取 RequestDispatcher 对象的方法。

（1）获取 RequestDispatcher 对象的方法如表 2-10 所示。

表 2-10　获取 RequestDispatcher 对象的方法

方　　法	功　能　描　述
RequestDispatcher getRequestDispatcher (String path)	返回封装了某条路径所指定资源的 RequestDispatcher 对象。其中，参数 path 必须以"/"开头，用于表示当前 Web 应用的根目录。需要注意，WEB-INF 目录中的内容对 RequestDispatcher 对象也是可见的。因此，传递给 getRequestDispatcher (String path)方法的资源可以是 WEB-INF 目录中的文件

（2）RequestDispatcher 接口的方法如表 2-11 所示。

表 2-11　RequestDispatcher 接口的方法

方 法 声 明	功　能　描　述
forward(ServletRequest request, ServletResponse response)	该方法用于将请求从一个 Servlet 传递给另一个 Web 资源。在 Servlet 中，可以对请求做一个初步处理，然后通过调用这个方法，将请求传递给其他资源响应。需要注意，该方法必须在响应提交给浏览器之前被调用，否则将抛出 IllegalStateException 异常
include(ServletRequest request, ServletResponse response)	该方法用于将其他的资源作为当前响应内容包含进来

在 RequestDispatcher 接口中，forward()方法可以实现请求转发，include()方法可以实现请求包含。

forward 和 redirect 代表了两种请求转发方式：直接转发和间接转发。

直接转发方式（forward）是浏览器只向 Web 服务器发出一次请求，后面的 forward 步骤都是在 Web 服务器内部完成的，浏览器完全不知道服务器的转发过程。通常负责处理的 Servlet 和 JSP 页面共享相同的 Request、Response 对象。

间接转发方式（redirect）实际是两次 HTTP 请求，服务器端在响应第一次请求的时候，让浏览器再向另外一个 URL 发出请求，从而达到转发的目的。前后两个 Servlet、JSP 有完全不同的 Request、Response 对象。

2.3.7　Servlet 和 JSP 协作

Servlet 和 JSP 都能接收 HTTP 请求，进行处理之后把结果返回给浏览器，但是 Servlet 更适合接收请求，并进行处理，JSP 更适合展示处理后的数据。因此，为了发挥各自的优点，

把 Servlet、JSP 结合使用是最好的方案。下面的例子演示了由 Servlet 负责接收学生信息保存请求，把保存后的学生对象传递给 JSP 页面进行展示。

首先创建一个 Student 类用于保存学生信息，代码如下。

```
01  package org.ddd.Web.forward;
02  public class Student {
03      private String name;
04      private Integer age;
05      private String gender;
06      private String school;
07      private List<String> hobbies;
08      private String resume;
09      //隐藏了所有的 getter、setter
10  }
```

然后修改保存学生数据的 Servlet，代码如下。

```
01  package org.ddd.Web.forward;
02  //此处省略类型导入,参见前面的 HelloServlet.java
03  @WebServlet("/Web/forward/StudentSave")
04  public class StudentSave extends HttpServlet {
05      private static final long serialVersionUID = 1L;
06      public StudentSave() {
07          super();
08      }
09      protected void doGet(HttpServletRequest request, HttpServletResponse
10  response) throws ServletException, IOException {
11          request.setCharacterEncoding("UTF-8");
12          Student student = new Student();
13          student.setName(request.getParameter("name"));
14          student.setAge(Integer.parseInt(request.getParameter("age")));
15          student.setGender(request.getParameter("gender"));
16          student.setSchool(request.getParameter("school"));
17          student.setResume(request.getParameter("resume"));
18          List<String> hobbies = new ArrayList<String>();
19          if (request.getParameter("hobby_basketball") != null)
20  hobbies.add("篮球");
21          if (request.getParameter("hobby_badminton") != null) hobbies.add
22  ("羽毛球");
23          if (request.getParameter("hobby_pingpong") != null) hobbies.add
24  ("乒乓球");
25          student.setHobbies(hobbies);
26          request.setAttribute("student", student);
27  request.getRequestDispatcher("./studentView.jsp").forward(request,
28  response);
```

```
29      }
30      protected void doPost(HttpServletRequest request, HttpServletResponse
31  response) throws ServletException, IOException {
32          doGet(request, response);
33      }
34  }
```

修改后的 Servlet 创建了一个 Student 对象，然后从 request 中取出查询参数的值存入 student 对象中。最后把请求转发给 JSP 页面进行显示。转发的代码就只有两行。首先把 student 对象存入 request 的 attribute 中，然后使用 forward 方法把请求转发给 JSP 页面。

```
request.getRequestDispatcher("./studentView.jsp").forward(request,
response);
```

这里需要注意，forward 的参数 request 和 response 就是 doGet（）的参数 request 和 response，意味着传递的是同一个请求。JSP 页面的代码如下。

```
01  <!-- Web/forward/studentView.jsp -->
02  <%@page import="org.ddd.Web.forward.Student" %>
03  <%@page import="java.util.ArrayList" %>
04  <%@page import="java.util.List" %>
05  <%@ page language="Java" contentType="text/html; charset=UTF-8"
06          pageEncoding="UTF-8" %>
07  <!DOCTYPE html>
08  <html>
09  <head>
10      <meta charset="UTF-8">
11      <title>学生信息展示</title>
12  </head>
13  <%
14      Student student = (Student) request.getAttribute("student");
15  %>
16  <body>
17  <h1>新增的学生信息</h1>
18  <table>
19      <tr>
20          <td>姓名:</td>
21          <td><%=student.getName() %>
22          </td>
23      </tr>
24      <tr>
25          <td>年龄:</td>
26          <td><%=student.getAge() %>
27          </td>
28      </tr>
```

```
29        <tr>
30            <td>性别:</td>
31            <td><%=student.getGender()%>
32            </td>
33        </tr>
34        <tr>
35            <td>学院:</td>
36            <td><%=student.getSchool() %>
37            </td>
38        </tr>
39        <tr>
40            <td>爱好:</td>
41            <td><%=student.getHobbies() %>
42            </td>
43        </tr>
44        <tr>
45            <td>简历:</td>
46            <td><%=student.getResume() %>
47            </td>
48        </tr>
49    </table>
50    </body>
51    </html>
```

JSP 页面最关键的代码如下：

```
Student student = (Student)request.getAttribute("student");
```

从 request 的 attribute 中取出 Servlet 存入的 student 对象，然后进行展示。Request 对象的 Attributes 属性可以被用于在请求的多次转发中共享数据（另一种方式是用线程局部变量）。

2.4　监听器和过滤器

2.4.1　监听器

在 Web 应用中，某些事件发生的时间往往是不确定的，当事件发生的时候，需要触发一些操作，就可以使用监听器实现。比如，当 Web 应用初始化时，想要监听一个上下文初始化事件，从而得到上下文初始化参数，并在 Web 应用为客户提供服务之前运行一些代码，就可以使用监听器。

监听器就是一个实现特定接口的普通程序，它专门用于监听某些特定事件的发生，当被监听对象发生事件后，监听器中的程序将会被立即执行。

扫一扫

Web 监听器在 Servlet 中是一种特殊的类，它们能够帮助监听 Web 中发生的特定事件，例如 Application、Session、Request 三个对象用于创建、销毁，或者往其中添加、修改、删除属性等。Web 监听器能够监听这些事件发生，并允许人们编写代码做出响应。

例如，可以利用 HttpSessionListener 统计线上人数，利用 ServletContextListener 载入初始化资讯，统计网站访问量，实现访问监控，编码转换等。

常用的监听器被分成 3 类，如表 2-12 所示，分别对应 JavaWeb 的三大域对象：ServletContext、HttpSession、ServletRequest 共 3 对，每个域对象包含了 1 个生命周期监听器和 1 个属性监听器。生命周期监听器用来监听三大域对象（Application、Session、Request）的创建和销毁，每当 Web 服务器创建或销毁三大域对象时，都会被这些监听器所察觉，从而做出相应的操作，也就是调用特定的代码执行。属性监听器用来监听三大域对象的 getAttribute()、setAttribute() 方法调用。每当调用 getAttribute()、setAttribute() 方法时，都会被属性监听器所察觉，并触发特定的处理方法。

表 2-12　常规监听器

域　对　象	生命周期监听器	属性监听器
ServletContext	ServletContextListener	ServletContextAttributeListener
HttpSession	HttpSessionListener	HttpSessionAttributeListener
ServletRequest	ServletRequestListener	ServletRequestAttributeListener

2.4.2　监听器实例

前面已经讲过，为了防止 Servlet 读取的数据是乱码，需要在 doPost()/doGet() 中设置请求的解码字符集：

```
request.setCharacterEncoding("UTF-8");
```

但是，这种方式需要在每个 Servlet 的 doPost()/doGet() 方法中使用这行代码，显然，这种方式非常烦琐，容易遗漏。为了更加优雅地解决设置解码字符集，可以使用监听器来实现。构建一个 Request 生命周期监听器 ServletRequestListener，在 Request 对象创建时就会执行监听器的代码，在这个代码中设置解码字符集。

下面的例子创建了类 EncodingListener，实现了 ServletRequestListener 接口，接口有 requestInitialized() 和 requestDestroyed() 两个方法。在 requestInitialized() 方法中设置解码字符集即可。因为所有的 Request 对象创建后都会执行这个代码，因此任何请求在处理前都设置解码字符集，不会遗漏。

```
01  package org.ddd.Web.listener;
02  import java.io.UnsupportedEncodingException;
03  import javax.servlet.ServletRequestEvent;
04  import javax.servlet.ServletRequestListener;
05  import javax.servlet.annotation.WebListener;
06  import javax.servlet.http.HttpServletRequest;
```

```
07  @WebListener
08  public class EncodingListener implements ServletRequestListener {
09      public void requestDestroyed(ServletRequestEvent req) {
10      }
11      public void requestInitialized(ServletRequestEvent req) {
12          try {
13              ((HttpServletRequest)
14      req.getServletRequest()).setCharacterEncoding("UTF-8");
15          } catch (UnsupportedEncodingException e) {
16              e.printStackTrace();
17          }
18      }
19  }
```

注意在类 EncodingListener 上使用了@WebListener 注解，这个是告诉 Servlet 容器，这个类是一个监听器。

2.4.3　过滤器

扫一扫

在 Web 应用中，如果对服务器端的多个资源有相同的处理，在每个资源中写相同的代码，会使得项目工程代码过于冗杂，修改时就需要逐一进行修改，效率低下的同时也更容易出错。使用过滤器(filter)就可以实现对多个不同的请求进行相同的处理，而代码不重复。

过滤器是 Servlet 的高级特性之一，也是 Servlet 技术中最实用的技术，通过过滤器技术可以对 Web 服务器管理的所有 Web 资源进行拦截，从而实现一些特殊的功能。也就是说，请求发送到 Servlet 之前，可以用过滤器截获和处理请求，另外，可以在 Servlet 结束工作之后、响应返回客户之前，可以用过滤器拦截响应。

如图 2-20 所示，当浏览器发送请求给服务器时，会先经过过滤器，然后再访问 Web 的资源。服务器响应的时候，从 Web 资源到达浏览器之前，也会途径过滤器。请求是否继续转发给下一个过滤器或者 Servlet 进行处理，由过滤器根据自身逻辑确定。例如，可以构建一个 Filter 检查资源访问请求是否授权，如果没有授权，就可以直接结束对请求的处理，不

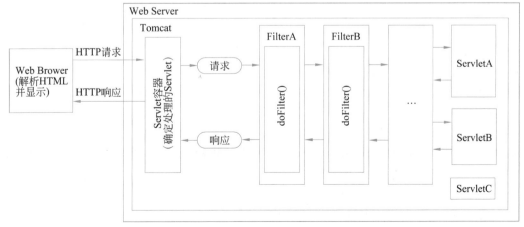

图 2-20　过滤器处理请求的过程

继续转发。又如，为了提高响应速度、降低服务器的负载，可以把 URL 请求对应的响应缓存到变量中。如果下次有相同的请求，就直接把缓存中的响应发送给浏览器，而不需要再去解析请求，并生成响应。

2.4.4　过滤器实例

下面以记录请求日志的例子来演示过滤器的使用。例子在请求进入的时候记下当时的时间，再与请求处理返回时的时间比较，就可以计算出请求的耗时，最后输出相关信息。

```
01  package org.ddd.Web;
02  import java.io.IOException;
03  import java.util.Date;
04  import javax.servlet.Filter;
05  import javax.servlet.FilterChain;
06  import javax.servlet.ServletException;
07  import javax.servlet.annotation.WebFilter;
08  import javax.servlet.http.HttpFilter;
09  import javax.servlet.http.HttpServletRequest;
10  import javax.servlet.http.HttpServletResponse;
11  @WebFilter(urlPatterns = "/*",filterName = "logFilter")
12  public class LogFilter extends HttpFilter implements Filter  {
13      public void doFilter(HttpServletRequest request, HttpServletResponse
14  response, FilterChain chain) throws IOException, ServletException  {
15          Long startMillis = System.currentTimeMillis();
16          Date startDate = new Date();
17          chain.doFilter(request, response);
18          Long elapsedMillis = System.currentTimeMillis() - startMillis;
19          System.out.println("请求["+startDate+","+new Date()+"](耗时:
20  "+elapsedMillis+"毫秒):地址:"+request.getRequestURI());
21      }
22      @Override
23      public void destroy(){}
24  }
```

过滤器 LogFilter 类继承于 HttpFilter，并实现了 Filter 接口。Filter 接口最核心的方法是 doFilter()，在有请求进入的时候调用。其参数 FilterChain chain 管理着相关的 Filter，并且以链表的方式严格管理着多个 Filter 的顺序。通过调用 chain.doFilter()方法，就可以把请求转发给下一个处理（可能是另外一个 Filter，也可能是目标资源）。

代码中 doFilter()方法以第 17 行为界分成两部分，第 9 行之前是请求进入时执行的代码，此时目标资源还没加载，或者目标 Servlet 还没被执行，还可以对查询请求进行处理；第 17 行之后目标资源已经加载，或者目标 Servlet 已经执行，此时目标资源或者 Servlet 的处理结果已经在 Response 中，此时可以对返回给浏览器的响应内容进行进一步加工。例如：可以在返回的 HTML 中增加网站版权信息。

通过注解@WebFilter(urlPatterns = "/*",filterName = "logFilter")来通知 Servlet

容器当前类是一个过滤器。参数 filterName 为过滤器取一个别名,便于管理。参数 urlPatterns 通知容器哪些请求应该被本过滤器处理,"/ * "表示本 Web 应用的所有请求都需要经过本过滤器处理,urlPatterns 的取值可以是以下模式:

- 以指定资源匹配,这个并不常用。例如"/index.jsp"。
- 以目录匹配。例如"/Servlet/ * "。
- 以后缀名匹配,例如" * .jsp"。
- 通配符,拦截所有 Web 资源。"/ * "。

如果一个请求的 URL 能匹配多个过滤器的 urlPatterns,就意味着这个请求能被多个过滤器处理。如果有多个过滤器,过滤器的执行顺序跟类名称的字母顺序有关,例如,Afilter 会比 Bfilter 先执行(此次指使用注解@WebFilter 配置过滤器,并且运行在 Tomcat 上,过滤器可以在 Web.xml 中配置,如果使用 Web.xml 配置,就按配置的先后顺序执行)。

运行上面的代码,只要访问任何资源,服务器的控制台就会输出相关的日志信息,如图 2-21 所示。测试访问的地址为:

```
http://localhost:8080/AJWeb/hello? name=徐传运
http://localhost:8080/AJWeb/Web/helloJsp.jsp? name=徐传运
```

```
🔍Markers  ☐Properties  ⧉Servers  ⧉Data Source Explorer  ☐Snippets  ☐Console ✕  🔍Search
Tomcat v9.0 Server at localhost [Apache Tomcat D:\IDE\eclipse\jre\bin\javaw.exe (2022年2月23日 下午5:47:00)
时间: Wed Feb 23 17:51:43 CST 2022    : http://localhost:8080/AJWeb/web/helloJsp.jsp
?????
/AJWeb/web/helloJsp.jsp
请求[Wed Feb 23 17:51:43 CST 2022,Wed Feb 23 17:51:43 CST 2022](耗时: 4毫秒):地址: /AJWeb/web/helloJsp.jsp
milliseconds is 5
时间: Wed Feb 23 17:51:49 CST 2022    : http://localhost:8080/AJWeb/hello
?????
/AJWeb/hello
请求[Wed Feb 23 17:51:49 CST 2022,Wed Feb 23 17:51:49 CST 2022](耗时: 0毫秒):地址: /AJWeb/hello
milliseconds is 0
```

图 2-21　日志过滤器的控制台输出

2.5　保存会话状态

在大部分 Web 应用中,需要浏览器和 Web 服务器进行多次通信才能实现需要的功能,但是 HTTP 本身是无状态的协议,也就是说服务器处理完 HTTP 请求后,不会主动改变自身的状态,保存前面通信的记忆。这意味着服务器处理一个 HTTP 请求时,并不知道前面已经处理过哪些请求。在这种无状态的通信方式中,服务器不需要为会话(session)提供数据存储,也意味着只要计算性能允许,服务器可以接收任意数量的 HTTP 请求,不受到内存的限制。

但是在一些 Web 应用中,为了维持连续的会话,需要服务器知道前面已经处理过哪些请求。例如,在身份认证中,出于安全考虑,服务器需要知道当前发起请求的浏览器是否已经经过身份认证,是否已经获得请求资源的授权。

那如何让"无记忆能力"的服务器在会话中维持前面的处理状态呢? 解决这个问题有两

个思路：服务器借助外部存储维持状态；客户端在每次请求服务器时，把本次请求前面的处理结果传送给服务器，服务器借助处理结果恢复前面的记忆。常见的会话跟踪技术有以下 4 种：

（1）URL 重写方式：服务器把当前处理状态的数据追加到本次响应生成的 URL 后面，下次通过 URL 请求服务器时，前面的处理状态数据就随 URL 一起发送给服务器，服务器借助这些数据恢复记忆。

（2）隐藏域方式：与 URL 方式类似，把当前处理状态的数据作为本次响应生成的 HTML 表单中的隐藏域，提交表单时一起提交给服务器。

（3）cookie 方式：借助 HTTP 的 cookie 机制，把当前的处理状态保存到 cookie 中发送给浏览器，浏览器再发送请求时，cookie 随请求一起发送给服务器，服务器借助 cookie 做的数据恢复记忆。

（4）session 方式：将状态信息保存到服务器的会话对象（session）中，通过唯一标记的 ID 值与客户端进行绑定使用。

在前面的三种方式中，处理状态数据都是保存到浏览器中，浏览器在随后的 HTTP 请求中发送给服务器。这里会产生一个安全问题，如果有人恶意修改了保存到浏览器中的状态，服务器将不能正确地恢复记忆。解决这个问题办法是，服务器把加密后的处理状态数据发送给浏览器，服务器在恢复记忆时解密，并进行完整性验证。

session 方式本质上是把处理状态数据保存到服务器中，因此处理容量受到服务器内存的限制。

2.5.1 cookie

cookie 是一种 Web 服务器把处理状态数据保存到浏览器端，用来恢复处理状态的机制。cookie 机制包括以下步骤。

（1）服务器创建 cookie，把需要恢复的状态数据保存到 cookie 中。

（2）cookie 随 HTTP 响应消息一起返回给浏览器。

（3）浏览器收到 cookie，将 cookie 存储在本地计算机上。

（4）当下一次浏览器向 Web 服务器发送任何请求时，浏览器会把这些 cookie 信息附加 HTTP 请求发送给 Web 服务器。

（5）Web 服务器从 cookie 中恢复状态数据。

cookie 保存在浏览器中，按照在浏览器中的存储位置可分为内存 cookie 和硬盘 cookie。内存 cookie 由浏览器维护，保存在内存中，浏览器关闭后就会被清除，存在的时间短。硬盘 cookie 不会清除，存在时间较长。

cookie 包含一系列的属性和数据来实现会话状态恢复，可以从不同的目的来认识常见的 cookie 属性。

设置 cookie 的基础属性。

① name：cookie 的名字，每个 cookie 都有一个名字。

② content：cookie 的值，与名字一起作为键值对的形式存在。

设置 cookie 的生存周期（也称有效期），使其在一段时间内可用，一旦超过这个期限就认为 cookie 失效，不会发送给服务器。

① expires：失效时间，可以理解为"截止时间"。

② max-age：失效时间和创建时间的时间差，单位是秒，浏览器会将收到报文的时间点再加上 max-age 得到失效的绝对时间。

设置 cookie 的作用域，让浏览器仅发送给特定的服务器和 URI，避免被其他网站盗用。使用以下这两个属性可以为不同的域名和路径分别设置各自的 cookie。

① domain：cookie 所属的域名。

② path：cookie 所属的路径。

考虑 cookie 的安全性。

① httponly：设置此 cookie 只能通过浏览器 HTTP 传输，禁止其他方式访问。

② samesite：防范"跨站请求伪造"XSRF 攻击。

③ secure：设置 cookie 仅能用 HTTP。

需要特别指出的是，cookie 是存储到浏览器本地，本身是不安全的。不安全的形式表现在以下几方面。

① cookie 截获：cookie 以纯文本的形式在浏览器和服务器之间传递，在 Web 通信时极容易被非法用户截获和利用，导致信息泄露。

② cookie 欺骗：这时就会考虑，既然如此，为何不加密呢？加密后，就算拿到 cookie 不是也没有用么？关键问题就在这里了，一些别有用心的人不需要知道这个 cookie 的具体含义，只需要将这个 cookie 向服务器提交（模拟身份验证），就可以欺骗服务器。

③ 通过身份验证之后，就可以冒充被窃取 Cookie 对应用户来访问网站，甚至获取到用户的隐私信息，对于用户的隐私造成非常严重的危害，这种方式就叫作 cookie 欺骗。

由于 cookie 的不安全性，因此要谨慎地使用 cookie，特别是不能在 cookie 中存储敏感的信息。当前，一些浏览器出于安全考虑，禁止使用 cookie。

2.5.2　cookie 实例

下面以一个简单的例子说明 cookie 的使用，代码如下。

```
01  package org.ddd.Web.cookie;
02  import java.io.IOException;
03  import javax.servlet.ServletException;
04  import javax.servlet.annotation.WebServlet;
05  import javax.servlet.http.Cookie;
06  import javax.servlet.http.HttpServlet;
07  import javax.servlet.http.HttpServletRequest;
08  import javax.servlet.http.HttpServletResponse;
09  @WebServlet(urlPatterns = "/Web/cookieSource")
10  public class CookieSourceServlet extends HttpServlet {
11      private static final long serialVersionUID = 1L;
12      public CookieSourceServlet() {
13          super();
14      }
15      protected void doGet(HttpServletRequest request, HttpServletResponse
```

```
16  response)
17          throws ServletException, IOException {
18      Cookie cookie = new Cookie("id", "001");
19      cookie.setMaxAge(1000);
20      response.addCookie(cookie);
21      StringBuilder builder = new StringBuilder();
22      builder.append("<html>\n").append("<head> <meta
23  charset=\"utf-8\" /> </head>\n").append("<body>\n")
24          .append("<h1>添加名为 id 的 Cookie,值为
25  001</h1>\n").append("</body>\n").append("</html>\n");
26      response.setContentType("text/html; charset=UTF-8");
27      response.setStatus(200);
28      response.getWriter().append(builder.toString());
29  }
30  protected void doPost(HttpServletRequest request, HttpServletResponse
31  response)
32          throws ServletException, IOException {
33      doGet(request, response);
34  }
35  }
```

本例首先创建了名为 CookieSourceServlet 的 servlet。第 18 行创建了名为 id 的 cookie,值为 001,然后添加到 Response 中,发送到浏览器。

下面的例子演示了在另外一个 Servlet 读出前面存储的 Cookie。

```
01  package org.ddd.Web.cookie;
02  //省略类型导入代码,参见前面的 CookieSourceServlet
03  @WebServlet(urlPatterns = "/Web/cookieTarget")
04  public class CookieTargetServlet extends HttpServlet {
05      private static final long serialVersionUID = 1L;
06      public CookieTargetServlet() {
07          super();
08      }
09      protected void doGet(HttpServletRequest request, HttpServletResponse
10  response)
11          throws ServletException, IOException {
12      Cookie[] cookies = request.getCookies();
13      String cookieValue = null;
14      for (Cookie cookie : cookies)
15      {
16          if("id".equals(cookie.getName()))
17          {
18              cookieValue = cookie.getValue();
19              break;
```

```
20            }
21        }
22        StringBuilder builder = new StringBuilder();
23        builder.append("<html>\n").append("<head> <meta
24   charset=\"utf-8\" /> </head>\n")
25            .append("<body>\n")
26            .append("<h1>取得名为 id 的 Cookie,值为:"+cookieValue+"</h1>\n")
27            .append("</body>\n").append("</html>\n");
28        response.setContentType("text/html; charset=UTF-8");
29        response.setStatus(200);
30        response.getWriter().append(builder.toString());
31    }
32    protected void doPost(HttpServletRequest request, HttpServletResponse
33 response)
34            throws ServletException, IOException {
35        doGet(request, response);
36    }
37 }
```

2.5.3　session

　　通过 cookie 可以恢复服务器前面处理请求的状态,但由于数据存储在浏览器端,不安全。session 的出现就是为了配合 cookie 解决上述问题,具体的做法是 cookie 中只存储一个变量 sessionId＝xxxxxx(xxxxxx 表示该用户的唯一身份标识),只要把这一个 cookie 传给服务器,然后服务器通过这个 SessionId 找到对应的 session,一般 session 也就是身份数据信息会保存在服务器的内存中,这里的 session 就是一个数据结构,里面就可以存储请求处理的状态数据,服务器 Session 存储的状态数据恢复前面处理的状态。

　　session 是存储在服务器上的对象,该对象由服务器创建和维护。服务器会为客户端与服务器的每一次会话过程创建并维护一个 session 对象;每个服务器对 session 的创建和维护的底层实现都有所区别。但是,由于 session 存储在服务器中,在客户量较多的情况下,肯定会消耗服务器的资源,而且 session 中往往会保存着用户的一些数据,如果这些数据一直有效,就会存在一定的安全隐患。所以 session 一般也会有一个过期时间,服务器一般会定期检查并删除过期的 session。如果该用户再次访问服务器,就会重新登录,重复之前的动作,由服务器新建一个 session,将 SessionId 通过 cookie 的方式传递给客户端。

　　在实际使用中,cookie 是可以被人为禁止的,所以有一些其他的机制可以在 cookie 被禁止的时候仍然能够将 SessionId 传递回服务器。经常被使用的是 URL 重写方式和隐藏域方式。

2.5.4　身份认证

　　在 Web 应用中,经常存在资源只对特定用户开放的情况,也就是部分资源需要授权之后才能访问。授权访问的前提是要在服务器端确定当前访问者的身份。服务器根据

扫一扫

用户提供的用户名、密码或者令牌（token）验证请求者的身份。为了避免每次都验证，可以在服务器存储经过认证后的访问者的身份信息。session可以用来在服务器端存储身份信息。

首先构建一个表单，让用户输入用户名、密码。表单提交到LoginServlet，验证用户名、密码，代码如下。

```jsp
01  <%@ page language="Java" contentType="text/html; charset=UTF-8"
02      pageEncoding="UTF-8"%>
03  <!DOCTYPE html>
04  <html>
05  <head>
06  <meta charset="UTF-8">
07  <title>登录 </title>
08  <%
09      String error = (String)request.getAttribute("error");
10  %>
11  </head>
12  <body>
13  <form action="./login" method="post">
14      <table>
15          <tr><td colspan=2><h3>登录 </h3></td></tr>
16          <%if(error != null) {%>
17              <tr><td colspan=2><h3
18  style="color:red"><%=error %> </h3></td></tr>
19          <%} %>
20          <tr><td>用户名:</td><td><input type="text" name="username" />
21  </td></tr>
22          <tr><td>密    码:</td><td><input type="password" name="password" />
23  </td></tr>
24          <tr><td><input type="submit" value="登录" /> </td></tr>
25      </table>
26  </form>
27  </body>
28  </html>
```

登录页面效果如图2-22所示。

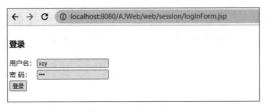

图2-22　登录页面

LoginServlet 从查询参数中取得用户输入的用户名和密码,然后比较用户名和密码是否正确。如果正确,就取得当前的 session 对象,然后通过 setAttribute()方法把用户名存入 session 中,并且跳转到 main.jsp 页面。如果用户名和密码不正确,则跳转到登录页面,允许用户重新输入用户名和密码,代码如下。

```
01  package org.ddd.Web.session;
02  //此处省略类型导入,参见前面的 HelloServlet.java
03  @WebServlet("/Web/session/login")
04  public class LoginServlet   extends HttpServlet {
05      private static final long serialVersionUID = 1L;
06      protected void doGet(HttpServletRequest request, HttpServletResponse
07  response) throws ServletException, IOException {
08          String name = request.getParameter("username");
09          String password = request.getParameter("password");
10          if("xcy".equals(name) && "ddd".equals(password))
11          {
12              request.getSession().setAttribute("username", name);
13              request.getRequestDispatcher("./main.jsp").forward(request,
14  response);
15          }
16          else
17          {
18              request.setAttribute("error", "用户名、密码不正确,请检查");
19
20      request.getRequestDispatcher("./loginForm.jsp").forward(request,
21  response);
22          }
23      }
24      protected void doPost(HttpServletRequest request, HttpServletResponse
25  response) throws ServletException, IOException {
26          doGet(request, response);
27      }
28  }
```

main.jsp 页面从 session 中取出登录的 username,并显示在页面上,代码如下。

```
01  <%@ page language="Java" contentType="text/html; charset=UTF-8"
02      pageEncoding="UTF-8"%>
03  <!DOCTYPE html>
04  <html>
05  <head>
06  <meta charset="UTF-8">
07  <title>main</title>
08  <%
09      String username = (String)
```

```
10  request.getSession().getAttribute("username");
11  %>
12  </head>
13  <body>
14      <%
15          if (username != null) {
16      %>
17      欢迎
18      <%=username%>
19      <a href="./logout"> 退出</a>
20      <%
21          } else {
22      %>
23      <a href="loginForm.jsp"> 请登录</a>
24      <%
25          }
26      %>
27  </body>
28  </html>
```

为了确保资源受到保护,构建了过滤器 SecurityFilter,过滤器从 session 中取出 username,如果 username 为 null,表示没有认证身份,则跳转到登录页面。为了防止登录请求被拦截,需要放行登录请求。

```
01  package org.ddd.Web.session;
02  //此处省略类型导入,参见前面的 HelloServlet.java
03  @WebFilter("/Web/session/*")
04  public class SecurityFilter extends HttpFilter implements Filter {
05      private static final long serialVersionUID = 1L;
06      public void doFilter(HttpServletRequest request, HttpServletResponse
07  response, FilterChain chain)
08          throws IOException, ServletException {
09      String username = (String)
10  request.getSession().getAttribute("username");
11      if (username == null) {
12          if (request.getRequestURI().endsWith("/login") ||
13  request.getRequestURI().endsWith("/loginForm.jsp")) {
14              chain.doFilter(request, response);
15          } else {
16      request.getRequestDispatcher("./loginForm.jsp").forward(request,
17  response);
18          }
19      } else {
20          chain.doFilter(request, response);
```

```
21          }
22      }
23  @Override
24  public void destroy() {}
25  }
```

如果用户希望退出登录,需要用下面的代码让 session 失效,这样下次请求时就是新的 session,其中存储的 username 也就不在了,达到退出登录的效果。

```
request.getSession().invalidate();
```

2.6　Ajax

2.6.1　Ajax 简介

扫一扫

Ajax(Asynchronous JavaScript and XML),指的是使用 JavaScript 执行异步的网络请求,也就是通过 JavaScript 和 XML 这两种技术去实现一个异步加载的操作。

如果写过一个简单的<form>表单的提交功能,你就会发现,如果单击<form>表单中的提交按钮,浏览器就会刷新页面,在刷新后的新页面里呈现表单提交后返回的结果。如果此时发生网络延迟或者服务器错误等原因,可能就会得到一个错误页。Web 的运行原理:一次 HTTP 请求对应一个页面。但是这样的运行原理会出现一个问题:当一个页面中包含多部分、比如一个表单部分、一个文本输入部分,当单击表单提交之后,用户正在文本框内输入文本,此时返回表单提交结果,就会跳转到新的页面,用户的输入也就丢失了,这就是同步加载会带来的问题。

如果想要让用户留在当前页面中,同时发出新的 HTTP 请求,就可以通过 Ajax 这种异步加载的交互方式,使用 JavaScript 发送这个新的请求,接收到数据之后,再用 JavaScript 更新局部页面,这样该页面的每一部分互不干扰,某一部分的刷新不会影响第二部分的操作,这种只刷新局部部分,不需要刷新整个页面的方式就被称为异步加载,也就是 Ajax 的基本原理。

需要注意,由于 JSON 格式要比 XML 格式更为简洁,当前在 Ajax 开发中,通常用 JSON 作为数据表示的格式,以取代 XML。

2.6.2　Ajax 实例

本节将以新增学生信息校验的例子来演示 Ajax 的使用。实例的功能是把表单中录入的学生信息发送给服务器的 StudentValidateServlet,Servlet 对传入的数据进行校验。如果有错误,就把错误信息发送给浏览器,在页面中显示出来。如果没有错误,就通过代码提交学生信息录入表单。

首先构建 NewStudentAjax.html 页面,在其中发起 Ajax 请求,代码如下。

```
01  <!DOCTYPE html>
02  <%@ page language="Java" contentType="text/html;charset=UTF-8"
03  pageEncoding="UTF-8"%>
04  <html>
05  <head>
06      <meta http-equiv='Content-Type' content='text/html; charset=UTF-8'/>
07      <title>新增学生</title>
08  <script type="text/Javascript">
09  function validate()
10      {
11      debugger
12      let student ={}
13      student.name = document.getElementById("name").value;
14      student.age = document.getElementById("age").value;
15      student.age = document.getElementById("age").value;
16      var genders = document.getElementsByName("gender");
17      for (let i=0; i<genders.length; i++) {
18          if (genders[i].checked) {
19              student.gender = genders[i].value;
20              break;
21          }
22  }
23  student.school = document.getElementById("school").value;
24  student.hobbies=[];
25  var hobbies=document.getElementsByName("hobby");
26  for (let i=0; i<hobbies.length; i++) {
27      if (hobbies[i].checked) {
28          student.hobbies.push(hobbies[i].value);
29      }
30  }
31  student.resume = document.getElementById("resume").value;
32  var xmlhttp = new XMLHttpRequest();
33  xmlhttp.onreadystatechange=function()
34  {
35  if (xmlhttp.readyState==4 && xmlhttp.status==200)
36  {
37      let errors = JSON.parse(xmlhttp.responseText);
38      if( (JSON.stringify(errors) == "{}"))
39      {
40          document.getElementById("studentForm").submit();
41      } else {
42      if(errors.nameError)
43          document.getElementById("nameError").innerText =
44  errors.nameError;
```

```
45      if(errors.ageError)
46          document.getElementById("ageError").innerText = errors.ageError;
47      if(errors.hobbiesError)
48          document.getElementById("hobbiesError").innerText =
49  errors.hobbiesError;
50      }
51  }
52  }
53  xmlhttp.open("POST","./StudentValidate",true);
54  xmlhttp.send(JSON.stringify(student));
55  }
56  </script>
57  </head>
58  <body>
59  <form action="../forward/StudentSave" id="studentForm" method="get">
60  <table>
61      <tr><td><h4>新增学生</h4></td></tr>
62      <tr><td>姓名</td><td><input type="text" name="name" id="name"/></td>
63          <td><font style="color:red" id="nameError"></font></td></tr>
64      <tr><td>年龄</td><td><input type="number" name="age" id="age"/></td>
65          <td><font style="color:red" id="ageError"></font></td></tr>
66      <tr><td>性别</td>
67          <td>
68          <input type="radio" name="gender" value="男">男 </input>
69          <input type="radio" name="gender" value="女">女 </input>
70          <input type="radio"name="gender" value="其他">其他</input>
71          </td>
72      </tr>
73      <tr><td>学院</td>
74          <td><select name="school" id="school">
75              <option value="计算机学院">计算机学院</option>
76              <option value="数学学院">数学学院</option>
77              <option value="机械学院" selected>机械学院</option>
78          </select></td>
79      </tr>
80      <tr><td>爱好</td><td>
81          <input type="checkbox" name="hobby" checked="checked" value=
82  "篮球"> 篮球 </input>
83          <input type="checkbox" name="hobby" value="羽毛球"> 羽毛球 </input>
84          <input type="checkbox" name="hobby" value="乒乓球"> 乒乓球 </input>
85          </td>
86          <td><font style="color:red" id="hobbiesError"></font></td>
87      </tr>
88      <tr><td>简历</td><td><textarea rows="5" cols="30" name="resume"
```

```
89    id="resume"></textarea></td></tr>
90      <tr><td><input type="button" onclick="validate()" value="保存"/>
91  </td></tr>
92  </table>
93  </form></body></html>
```

代码第 90 行,修改按钮的类型为 button,并绑定 click 事件来执行校验代码 validate()。方法 validate()中的第 12~31 行,从页面的控件中取出数据,并存入 Student 对象。

然后创建一个 XMLHttpRequest 对象来实现 Ajax 请求,调用 xmlhttp.open("POST", "./StudentValidate",true)来打开与服务器的通信,然后调用 xmlhttp.send()方法把学生信息发送给服务器。JSON.stringify()的功能是把 JavaScript 对象转换为 JSON 格式的字符串。XMLHttpRequest 类有如表 2-13 所示的属性和方法。

表 2-13　XMLHttpRequest 类的属性和方法

方　　法	功　能　描　述
open(method,url,async)	规定请求的类型、URL 以及是否异步处理请求。 • method：请求的类型；GET 或 POST • url：文件在服务器上的位置 • async：true(异步)或 false(同步)
send(string)	将请求发送到服务器。 • string：仅用于 POST 请求
onreadystatechange	存储函数(或函数名),每当 readyState 属性改变时,就会调用该函数
readyState	存有 XMLHttpRequest 的状态。从 0~4 发生变化。 0：请求未初始化 1：服务器连接已建立 2：请求已接收 3：请求处理中 4：请求已完成,且响应已就绪
status	HTTP 响应的状态号,例如：200,404
responseText	获得字符串形式的响应数据

代码第 33 行注册了 onreadystatechange 事件,该事件在与服务器通信的状态发生变化的时候调用。xmlhttp.readyState 等于 4 表示请求已经完成,xmlhttp.status 等于 200 表示服务器已经正确地处理请求,那么就可以通过 xmlhttp.responseText 读取服务器换回的 HTTP 响应正文。

下面的例子是处理校验请求的 StudentValidateServlet。代码中用到把 Java 对象转换成 JSON、JSON 转换为 Java 对象的外部库 Fastjson。Fastjson 是一个 Java 库,可以将 Java 对象转换为 JSON 格式,当然也可以将 JSON 字符串转换为 Java 对象。

```
01  package org.ddd.Web.Ajax;
02  //此处省略类型导入,参见前面的 HelloServlet.java
03  import java.util.Map;
```

```
04  import org.ddd.Web.forward.Student;
05  import com.alibaba.fastjson.JSON;
06  @WebServlet("/Web/Ajax/StudentValidate")
07  public class StudentValidateServlet extends HttpServlet {
08      private static final long serialVersionUID = 1L;
09      public StudentValidateServlet() {
10          super();
11      }
12      protected void doGet(HttpServletRequest request, HttpServletResponse
13  response) throws ServletException, IOException {
14          request.setCharacterEncoding("UTF-8");
15          String studentJson = request.getReader().readLine();
16          Student student = JSON.parseObject(studentJson, Student.class);
17          Map<String, String> errors = new HashMap<String, String>();
18          if (student.getName() == null || student.getName().length() <= 1)
19          {
20              errors.put("nameError", "姓名必选大于或等于 2 个字符");
21          }
22          if (student.getAge() != null && student.getAge() <= 0) {
23              errors.put("ageError", "年龄必须大于 1");
24          }
25          if (student.getHobbies() == null || student.getHobbies().size() == 0)
26          {
27              errors.put("hobbiesError", "至少需要选择一个爱好");
28          }
29          response.setContentType("text/html; charset=UTF-8");
30          String errorJson = JSON.toJSONString(errors);
31          response.getWriter().append(errorJson);
32      }
33      protected void doPost(HttpServletRequest request, HttpServletResponse
34  response) throws ServletException, IOException {
35.         doGet(request, response);
36      }
37  }
```

运行代码后得到图 2-23 所示的运行效果。

图 2-23　Ajax 校验效果运行界面

2.7　思考与练习

1. 采用 Servlet 实现猜数游戏。游戏的界面如图 2-24 所示。

图 2-24　游戏界面

用户在单击"开始新游戏"按钮后,服务器随机生成 1000 以内的整数,存入 session 中,提示用户在文本框中录入 1000 以内的数字,单击"提交"按钮,把用户录入的数字提交给服务器。服务器接收到用户猜测的数字后,和 session 中的数字作比较,如果相等,则提示用户猜对了,如果猜测的数字大于正确的数字,则提示"猜大了",否则提示"猜小了",并显示猜测的次数。

2. 请采用 JSP 技术实现对教师信息的增、删、改、查,数据需要保存到数据库中。

3. 请编写 Servlet,实现对数据库中任意表的查询显示,例如在地址栏中输入 http://localhost：8010?test/servlet/listServlet?tableName＝student,则在 Servlet 中生成查询数据库的 SQL 语句"select ＊ from student",执行 SQL 语句,把生成的结果集中的数据显示到页面上。

第3章 数据库编程

3.1 概述

业界存在许多数据库,且每种数据库所使用的协议和底层机制也各不相同。尽管从一开始 Java 开发人员就意识到 Java 在数据库应用方面潜力巨大,想通过扩展 Java 的标准类库就可以使用"纯"Java 语言与任何数据库进行通信,但这显然是一个无法完成的任务。所以,数据库供应商和开发商都认为,如果 Java 能够提供一套"纯"Java API,同时提供一个驱动管理器来允许第三方驱动程序可以连接到特定的数据库,数据库供应商就可以提供自己的驱动程序来插入注册到驱动管理器中。针对此,Java 提供了 JDBC(Java database connectivity),用以与数据库连接。JDBC 是一个规范,提供了一整套接口,允许以一种可移植的方式访问底层数据库。

JDBC 通过标准的 SQL 语句,甚至是专门的 SQL 扩展访问数据库。数据库供应商和数据库工具提供商可以提供底层的驱动程序。本章将介绍具有广泛应用的关系型数据库,以及通过 JDBC 访问、操作数据库的方法。

3.2 数据库基础

日常生产、生活产生了海量数据,纸质存储已经远远不能满足要求。随着信息时代到来,计算机提供了另一种存储和处理数据的方法。那么计算机是如何存储与管理这些数据的呢?人们在计算机上建立了一套类似于现实生活中的仓库的数据仓库,把数据有组织地存储在数据仓库中,并提供相应的管理软件来管理这些数据,这个仓库就称为数据库。其中最重要的一种数据库被称为关系数据库。

3.2.1 关系数据库

关系数据库(relational database,RDB)是基于集合代数发展而来的数据种类,采用关系模型来组织数据。关系模型可以简单理解为二维表格模型,而关系型数据库就是由二维表及其之间的关系组成的一个数据组织。二维表格模型又称为关系。二维表格由列头和多行数据组成,列头定义了关系由哪些属性组成(这些属性称为字段),每行数据包含一个唯一的数据实体(称为记录),每个数据实体的每个字段(属性)有确定的值。

用来管理关系数据的软件被称为关系数据库管理系统(relational database management system,RDBMS),常见的 RDBMS 有 Oracle、IBM DB2、SQL Server、MySQL、Microsoft Access。MySQL 是一种开放源码,它是免费的关系数据库管理系统,具有体积小、速度快、总体拥有成本低等特点,广泛地被使用(注意:MySQL 的社区版免费,但商业版是收费的)。

关系数据库有以下常用概念。

(1) 表。

表(table)是以行和列表示的数据的集合,每个表在数据库中都有一个名称。一个数据库可以包含任意多个数据表。表又被称为关系,这就是关系数据库名称的来源。表中的行被称为记录,或者元组;表中的列被称为字段,或者属性。

(2) 记录或元组。

表中的每一行称为记录(record),也称为元组,它是表中存在的每个单独数据项。

(3) 列。

列(column)是表中的垂直实体,其中包含与表中特定字段关联的所有信息。

(4) 字段。

每个表都被分解为更小的实体,称为字段。字段是表中的列名称,用于维护有关表中每条记录的特定信息。

(5) 域。

表中属性的一组允许值。属性不能接收域外的值,例如一个整型字段不能接收浮点数类型或者字符类型的值。

(6) 空值。

表中的空值(null)是字段中显示为空的值,表示在创建记录时留空的字段,非常重要的一点是空值不同于零值或包含空格的字。

(7) 索引。

使用索引可快速访问数据库表中的特定信息。索引是对数据库表中一列或多列的值进行排序的一种结构。类似书籍的目录。

(8) 键。

键在 RDBMS 中起着重要作用,它可以在表中标识唯一一行,还可以建立表之间的关系。以下列举常用的键。

① 主键(primary key):表中的一列或一组列,用于唯一标识该表中的元组(行)。其中主键包含多列,又称为超键,主键包含一列,又称为候选键。

② 外键(foreign key):外键是表的列指向另一个表的主键。它们充当表之间的交叉

引用。

比如,需要存储和处理学生以及课程信息。在关系数据库中,为学生和课程各建立一张表,表中的每一条记录代表一个学生或课程的具体信息,如表 3-1 和表 3-2 所示。

表 3-1 学生(student)表

学号(id)	姓名(name)	年龄(age)
1001	张三	18
1002	李四	17

表 3-2 课程(course)表

课程编号(no)	课程名称(name)	学时(hours)
001	数学	32
002	哲学	48

课程表中有两条记录,分别是数学课程信息和哲学课程信息,学生表中也有两条记录,分别是张三和李四的基本信息。现在要表示学生的选课信息,在关系数据库中如何表示呢?一般的做法是新建一张表,这张表用于描述学生表和课程表的关系,这张表称为关系表,关系表中的每条记录都要关联着关系的双方。比如在这个例子中,需要建立一张学生成绩表,用于表示学生的选课信息,表的结构如表 3-3 所示。

表 3-3 学生成绩(student_grade)表

学号(student_id)	课程编号(course_no)	成绩(grade)
1001	001	80
1001	002	70
1002	002	90

表 3-3 中的每行记录有三个字段,分别用于表示学生的学号、课程编号以及学生的该门课成绩。其中学号即为外键,与学生表产生关联。通过这种关联,学生与课程之间就建立了关系。例如此例中,学号为 1001 的学生选择了编号为 001 和 002 的课程,学号为 1002 的学生只选择了编号为 002 的课程。

关系数据因简单灵活、安全健壮、高效率等特性得到了广泛应用,当今的主流数据库厂商生产的数据库仍然是以关系数据库为主,比如 MySQL、Oracle、DB2 等。

3.2.2 结构化查询语言

为了满足复杂的数据库操作,人们为关系数据库专门设计了一种数据处理语言,即结构化查询语言 SQL(structured query language)。最早提出结构化查询语言的是 IBM 公司,随后该语言得到广泛应用,并发布了相应的标准。现如今,虽然各种关系数据库的查询语言有一些差异,但大多数都遵从了 ANSI SQL 标准。

SQL 语言分成以下 4 部分。

（1）数据定义语言（DDL）：create、drop、alter 等语句。

（2）数据操作语言（DML）：insert、update、delete 等语句。

（3）数据查询语言（DQL）：select 等语句。

（4）数据控制语言（DCL）：grant、revoke、commit、rollback 等语句。

表 3-4 所示为 SQL 语言使用方法。

表 3-4　SQL 语言使用方法

操　作	SQL 语 句
创建表	create table student(id int,name varchar(50),age int); create table course(no VARCHAR(50),name VARCHAR(50),hours int) create table student_grade (student_id int,course_no VARCHAR(50),grade double)
删除记录	delete from student where id=1001
插入记录	insert into student(id,name,age) values(100,'张三',18);
修改记录	update student set name='王五',age=24 where id=1001
查询数据	select id,name,age from student; select id,name,age from student where id=1001; Select s.NAME,c.NAME,sg.grade

以上列出了一些简单的 SQL 操作，SQL 是一种简单但功能强大的语言，有兴趣的同学请阅读 SQL 方面的专业书籍。

注意：在 Java 程序设计中，数据库 SQL 执行相对于 Java 来说非常耗费时间，因此不要滥用 SQL。可以通过关系数据的索引来提高 SQL 的执行效率。

3.2.3　MySQL 数据库

MySQL 是当下最流行的关系型数据库管理系统之一，在 Web 应用方面是最好的 RDBMS 应用软件之一。它采用双授权政策，分为社区版和商业版，由于其体积小、速度快、总体拥有成本低，尤其是开放源码这一特点，一般中小型网站的开发都选择 MySQL 作为网站数据库。随着 MySQL 的不断成熟，它也逐渐用于更多大规模网站和应用，比如维基百科、Google 和 Facebook 等网站。它的典型特性如下。

（1）使用 SQL 语言作为访问数据库的语言，优化的 SQL 查询算法有效提高了查询速度。

（2）为多种语言提供 API。这些编程语言包括 C、C++、C#、VB.NET、Java、Perl、PHP、Python、Ruby 和 Tcl 等。

（3）支持多线程，充分利用 CPU 资源支持多用户。可以处理拥有上千万条记录的大型数据库。

（4）既能够作为一个单独的应用程序在客户—服务器网络环境中运行，也能够作为一个程序库而嵌入到其他的软件中。同时提供了用于管理、检查、优化数据库操作的管理工具。

（5）提供 TCP/IP、ODBC 和 JDBC 等多种数据库连接途径。

3.3　JDBC

本书使用的数据库是 MySQL 数据库,因此需要先安装 MySQL 数据库,下载 MySQL 数据库的驱动包,并把驱动包导入到项目中。

程序在运行的过程中会产生和处理大量的数据,因此数据库成为了多数程序必不可少的一部分。那么 Java 是如何对数据库进行操作的呢? 这就是本节将要讨论的内容——JDBC。

3.3.1　数据库驱动

JDBC 是 Java 设计者为数据库编程提供的一组接口。如图 3-1 所示,对于开发者来说,这组接口是访问数据库的工具;对于数据库提供商来说,是驱动程序的编写规范,从而保证 Java 可以访问他们的数据库产品。因此使用 JDBC 后,开发者可以更加专注于业务开发,而不必为特定的数据库编写程序。

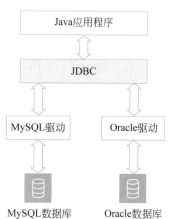

扫一扫

图 3-1　JDBC 驱动

JDBC 面向的是两个方向:开发者和数据库提供商。对于开发者来说,只要使用数据库提供商提供的驱动程序,就可以方便地访问数据库了;对于数据库提供商来说,他们的职责就是根据 JDBC 规范编写正确的驱动程序。那么 JDBC 如何让数据库操作运转起来呢? 首先来看看 JDBC 的架构,如图 3-2 所示。

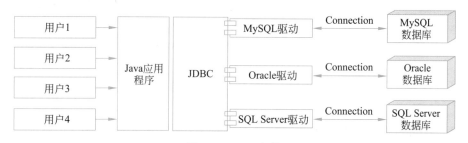

图 3-2　JDBC 架构

从图 3-2 可以看出,使用 JDBC 的用户很多,访问的数据库也各不相同,但 JDBC 使用这种可插拔的方式,让用户以同一种方式访问数据库。图 3-2 中只列出了 3 种数据库的驱动,其他的数据库厂商都可以根据 JDBC 规范来编写自己的驱动程序,从而让 Java 开发者可以访问他们的数据库产品。

上面提到了可插拔的方式,那么 Java 是如何实现驱动程序的可插拔呢? 让我们先来看一下 JDBC 的生命周期,图 3-3 显示了 JDBC 的生命周期。

第 1 步:注册驱动(作用:告诉 Java 程序即将要连接的是哪个品牌的数据库)。

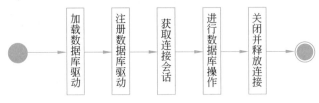

图 3-3　JDBC 的生命周期

第 2 步：获取连接(表示 JVM 的进程和数据库进程之间的通道打开了，这属于进程之间的通信，重量级的，使用完之后一定要关闭通道)。

第 3 步：获取数据库操作对象(专门执行 SQL 语句的对象)。

第 4 步：执行 SQL 语句(DQL DML…)。

第 5 步：处理查询结果集(只有当第 4 步执行的是 select 语句的时候，才有第 5 步处理查询结果集。)

第 6 步：释放资源(使用完资源之后一定要关闭资源。Java 和数据库属于进程之间的通信，开启之后一定要关闭)。

在 JDBC 的生命周期中，首先要加载需要用到的数据驱动，然后将加载的驱动注册到 JDBC 中，然后用户就可通过 JDBC 获取数据库连接会话了。获取会话后，用户就可以使用该会话进行数据库操作，操作完成后，即可关闭释放连接，一个 JDBC 的使用周期结束。

在 JDBC 的生命周期中，需要用到几个重要的类或接口，比如 Connection、Driver、DriverManager 以及一些具体的驱动类。下面来看看这些类或接口之间的关系，图 3-4 显示了 JDBC 核心类的架构。

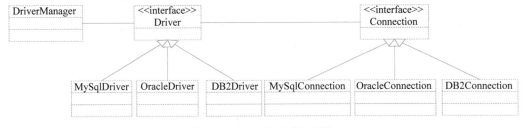

图 3-4　JDBC 核心类的架构

从图 3-4 可以看出，JDBC 使用了接口 Driver 和接口 Connection，JDBC 设计者并未对其进行实现，具体的实现留给数据库提供商，正是这种面向接口的编程使得 JDBC 的扩展更加灵活健壮，可以对 JDBC 进行插拔操作。

3.3.2　JDBC 核心组件

常见的 JDBC 组件 API 提供以下接口和类。

(1) DriverManager：此类管理数据库驱动程序。使用通信子协议将来自 Java 应用程序的连接请求与适当的数据库驱动程序进行匹配。在 JDBC 下识别某个子协议的第一个驱动程序将用于建立数据库连接。

(2) Driver：此接口处理与数据库服务器的通信。很少会直接与 Driver 对象进行交互。

但会使用 DriverManager 对象来管理这种类型的对象。它还提取与使用 Driver 对象相关的信息。

（3）Connection：此接口有连接数据库的所有方法。连接（Connection）对象表示通信上下文，即与数据库的所有通信仅通过连接对象。

（4）Statement：使用从此接口创建的对象将 SQL 语句提交到数据库。除了执行存储过程之外，一些派生接口还接收参数。

（5）ResultSet：在使用 Statement 对象执行 SQL 查询后，ResultSet 对象保存从数据库检索的数据。

（6）SQLException：此类处理数据库应用程序中发生的任何错误。

3.3.3 建立连接

Java.sql.Connection 接口的实现类负责维护 Java 开发者与数据库之间的会话。特定的数据库需要实现该接口，以便开发者能正确地操作数据库。开发者拥有该类的实例后，就可以访问数据库，并可以执行特定操作。下面列出了该接口中一些常用的重要方法。

（1）Statement createStatement() throws SQLException。

该方法返回一个用于执行 SQL 的 Statement 对象，通过该方法获得 Statement 实例后，即可通过该实例执行 SQL 语句，并获取返回结果。

（2）PreparedStatement prepareStatement(String sql) throws SQLException。

该方法返回一个 SQL 命令执行器 PreparedStatement，PreparedStatement 与 Statement 的区别是，该类在初始化时需要传入一个 SQL，SQL 需要的条件值可通过参数的方式设置，该类会预编译 SQL 命令，因此在执行效率上高于 Statement，但是它只能执行特定的 SQL 语句。

（3）void commit() throws SQLException。

提交数据库事务，默认情况下 connection 会自动提交事务，即执行每条 SQL 语句后都会自动提交，如果取消了自动提交，则必须使用此方法进行提交，否则对数据库的操作将无效。

（4）void rollback() throws SQLException。

取消当前事务的所有数据库操作，将已经修改的数据还原成初始状态。

想要进行数据库连接，首先需要建立与数据库之间的连接会话，所有操作都是基于这个会话基础上进行的。建立连接的代码如下。

```
01  public class MySqlDAO {
02      public static Connection getConnection()   throws Exception{
03          String driverName = "com.mysql.jdbc.Driver";
04          String url = "jdbc:mysql://localhost:3306/simple";
05          String userName = "root";
06          String password = "111111";
07          Class.forName(driverName);
08          Connection con = DriverManager.getConnection(url, userName, password);
09          return con;
10      }
11  }
```

这段代码的主要功能是建立与数据库之间的连接会话。下面来逐一分析这段代码，首先是连接参数定义，代码如下。

```
01  String driverName = "com.mysql.jdbc.Driver";
02  String url = "jdbc:mysql://localhost:3306/simple";
03  String userName = "root";
04  String password = "111111";
```

这段代码块首先定义了几个变量，分别是驱动类名称、数据库的连接字符串、数据库用户名以及数据库密码，请注意以下几点。

（1）驱动名称必须为全名，而且请确保路径正确。

（2）连接字符串分成以下 3 部分。

① 连接协议 jdbc:mysql://。

② 数据库地址 localhost:3306/，包含主机地址和数据库端口号。

③ 数据库名称 simple。

（3）请确保用户名和密码正确，否则会拒绝连接。

接着是加载数据库的驱动，代码如下。

```
01  Class.forName(driverName);
```

加载数据库驱动的时候，驱动程序会自动调用 DriverManager 中的 registerDriver (Driver driver)方法，将自身注册到管理器中。

接下来是创建并获取连接，代码如下。

```
01  Connection con = DriverManager.getConnection(url,userName,
02  password);
```

此处调用了驱动管理器的 getConnection 的三参数方法，驱动管理器对该方法有多个重载。该方法会根据传入的参数选择合适的连接会话返回给用户。至此已经获取了数据库的连接会话，可以在此会话基础上进行数据库操作了。注：执行这段代码前，请确保将数据库驱动 jar 包加入到了项目中。Connection 很昂贵，需要及时关闭。

扫一扫

3.3.4　执行数据查询语言

下面介绍如何从数据库中读取数据。

请看以下代码。

```
01  public class SelectTester {
02      public static void main(String[] args) throws Exception{
03          Connection con = MySqlDAO.getConnection();
04          Statement stmt = con.createStatement();
05          String sql = "select id, name, age from student where no >= 1001";
06          ResultSet rs = stmt.executeQuery(sql);
07          while(rs.next()){
```

```
08        System.out.print("学号:" + rs.getInt("no"));
09        System.out.println("  姓名:" + rs.getString(2));
10        }
11        stmt.close();
12        con.close();
13        }
14 }
```

这段代码的功能是读取表 student 中 no 大于或等于 1001 的数据,并打印出来。首先仍然是先获取数据库命令执行对象 Statement 的实例,接着定义一条查询 SQL 语句,执行这条语句会返回一个结果集,结果集中包含了 student 表中 no 大于等于 1001 的学生信息。

JDBC 使用游标来访问结果集中的数据。游标可以理解为指向结果集中一条数据的指针,指针可以向后移动指向下一条数据(游标也可以向前移动,但使用比较少),调用结果集 ResultSet 的 next()方法就可以向后移动游标。

游标的工作原理如图 3-5 所示。游标最开始指向结果集的第 1 行数据之前,调用 ResultSet.next()方法就可以移动游标到第 1 行,并且 next()方法返回 true(如果移动后指向数据,就返回 true,否则返回 false)。同理,可以循环调用 next()方法,让游标指向结果集中的每一条数据。如果游标指向最后一条数据,再调用 next(),游标将指向最后一条数据之后,并且 next()方法返回 false,表示已经没有可以访问的数据了,上面代码第 7 行的循环将退出,结束数据集的访问。

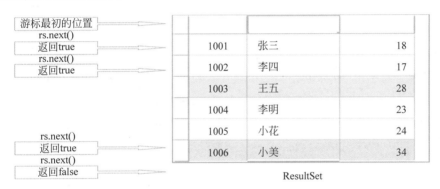

图 3-5 游标的工作原理

如果游标当前指向数据,可以使用 ResultSet 的方法访问当前行的数据。ResultSet 提供了一系列形如 getXXX()的方法访问当前行各个字段的值,例如用 getInt()方法访问 int 类型的字段。所有 getXXX()方法都有两个重载方法,一个传入一个字符串,表示字段的名称,一个是传入整数,表示字段的索引。例如第 8 行的 rs.getInt("no")访问名为 no 的字段,并返回整数;第 9 行的 rs.getString(2)访问第 2 个字段的值,即 name 字段的值,并返回字符串(请注意,字段的索引是根据 select 语句中列出的字段顺序,并且索引是从 1 开始计数的,因此前面的 getString(2)表示访问第 2 个字段 name,而不是第 3 个字段,这与 Java 通常从 0 开始计数不一样)。强烈建议通过字段的名称获取字段的值,不要通过索引。需要注意,字段的类型必须正确,不能通过 getInt 的方法获取字符串字段的值。

JDBC 驱动程序在将 Java 数据发送到数据库之前，会将其转换为相应的 JDBC 类型。对于大多数数据类型都采用了默认的映射关系。例如，一个 Java int 数据类型转换为 SQL INTEGER。通过默认的映射关系来提供驱动程序之间的一致性，如表 3-5 所示。

表 3-5 JDBC 字段类型映射表

SQL 类型	JDBC/Java 类型	setXXX	getXXX
VARCHAR	java.lang.String	setString	getString
CHAR	java.lang.String	setString	getString
LONGVARCHAR	java.lang.String	setString	getString
BIT	boolean	setBoolean	getBoolean
NUMERIC	java.math.BigDecimal	setBigDecimal	getBigDecimal
TINYINT	byte	setByte	getByte
SMALLINT	short	setShort	getShort
INTEGER	int	setInt	getInt
BIGINT	long	setLong	getLong
REAL	float	setFloat	getFloat
FLOAT	float	setFloat	getFloat
DOUBLE	double	setDouble	getDouble
VARBINARY	byte[ ]	setBytes	getBytes
BINARY	byte[ ]	setBytes	getBytes
DATE	java.sql.Date	setDate	getDate
TIME	java.sql.Time	setTime	getTime
TIMESTAMP	java.sql.Timestamp	setTimestamp	getTimestamp
CLOB	java.sql.Clob	setClob	getClob
BLOB	java.sql.Blob	setBlob	getBlob
ARRAY	java.sql.Array	setARRAY	getARRAY
REF	java.sql.Ref	SetRef	getRef
STRUCT	java.sql.Struct	SetStruct	getStruct

JDBC 为什么要通过游标来访问数据集中的数据，而不是像访问数组中的数据那样，通过索引来访问呢？这是因为 JDBC 通过 Statement 执行 SQL 语句，创建了 ResultSet 对象，JDBC 并不是把 select 查询到的所有数据都检索（fetch）出来，并存储在 ResultSet 中，而是只返回查询结果的前面一部分数据和查询结果的数据总数。没有返回的数据在可能需要访问的时候再从数据库中检索出来，并存入 ResultSet 供访问。JDBC 能根据访问的情况异步检索后面的数据，例如访问到结果集的第 50 行时，JDBC 可能会把 100～200 行的数据都异步检索出来，供后面访问。如果使用游标方式顺序访问结果集中的数据，JDBC 可以预测将

要访问的数据,并预先加载,如果采用索引方式,可以随机访问结果集中的数据,这种预测就不可能实现了,这是采用游标方式的主要原因。采用游标方式还有其他原因,例如如果查询的结果集比较大(数万条数据),Java 内存可能不足以存放这么多数据,导致内存溢出,采用游标方式可以从内存中移除访问过的数据,以存放后面的数据。

3.3.5 处理 null 值

SQL 使用 null 值和 Java 使用 null 是不同的概念。那么,可以使用三种策略来处理 Java 中的 SQL null 值。

(1)避免使用返回基本数据类型的 getXXX()方法。

(2)使用包装类的基本数据类型,并使用 ResultSet 对象的 wasNull()方法来测试收到 getXXX()方法返回的值是否为 null,如果是 null,该包装类变量则被设置为 null。

(3)使用基本数据类型和 ResultSet 对象的 wasNull()方法来测试通过 getXXX()方法返回的值,如果是 null,则基本变量应设置为可接收的值来代表 NULL。

下面是一个处理 NULL 值的示例,代码如下。

```
01  Connection con = MysqlDAO.getConnection();
02  Statement stmt = conn.createStatement();
03  String sql = "SELECT id, first, last, age FROM Employees";
04  ResultSet rs = stmt.executeQuery(sql);
05  int id = rs.getInt(1);
06  if(rs.wasNull()) {
07      id = 0;
08  }
```

3.3.6 执行数据操作语句

扫一扫

本小节将介绍获取连接会话后,如何通过 Statement 对数据库进行增、删、改、查操作。在对数据库进行操作前,首先需要获取 Statement 对象,用于执行数据操作命令。

下面代码演示了在数据库中插入一条记录的操作。

```
01      public class InsertTester {
02          public static void main(String[] args) throws Exception{
03              Connection con = MySqlDAO.getConnection();
04              Statement stmt = con.createStatement();
05              String sql = "insert into student(id,name,age) values(1007,
06  '小亮',28)";
07              int count = stmt.executeUpdate(sql);
08              System.out.println("成功插入了 "+count+" 条数据");
09              stmt.close();
10              con.close();
11          }
12      }
```

代码第 7 行通过 executeUpdate()执行 insert 语句。executeUpdate()返回 SQL 语句

影响的行数,如果是 insert,表示新增的行数,如果执行的是 update、delete 语句,分别返回修改的行数和删除的行数。修改(update)、删除(delete)语句与插入(insert)操作类似,在此就不赘述了。

3.3.7　执行数据定义语句

通过 JDBC 可以操作数据,还可以执行定义数据库结构的数据定义语言(DDL)。以下代码演示了通过 JDBC 在数据库中创建一张数据表,代码如下。

```
01      public class CreateTableTester {
02        public static void main(String[] args) throws Exception{
03            Connection con = MySqlDAO.getConnection();
04            Statement stmt = con.createStatement();
05            String sql = "create table student(no int primary key, name
06 varchar(50),age int)";
07            stmt.execute(sql);
08            stmt.close();
09            con.close();
10        }
11 }
```

第 03 行代码首先通过 MySqlDAO 获取用于数据库连接的 Connection 实例,第 04 行代码获取了数据库命令执行对象 Statement 的实例,然后定义了一条数据库语句。该语句的作用是创建一张 student 表,表中有 3 个字段:整型的 no(学号)、字符串类型的 name(姓名)、整型的 age(年龄)。接着调用 Statement 对象的 execute(String sql)方法,执行这条数据库语句后,将在数据库中创建一张 student 表。

扫一扫

3.3.8　预编译 Statement

上面的 Statement 可以用来执行 SQL 语句,JDBC 为了提高执行效率,提供了 PrepareStatement 类来执行需要多次重复执行的语句。例如前面的 insert 语句,如果要一次性插入 10 名学生,除了后面的值不一样,整个语句的样式是一样的。PrepareStatement 类能提高这种语句的总体执行效率。

与 Statement 类似,需要获取一个 PreparedStatement 对象,并为其指定 SQL 语句。

```
01 PreparedStatement ps =
02 MySqlDAO.getConnection().prepareStatement(sql);
```

下面的代码演示了如何使用 PreparedStatement。

```
01      public class PrepareStatement Tester {
02        public static void main(String[] args) throws Exception{
03            Connection con = MySqlDAO.getConnection();
04            String sql = "select * from student where no = ?";
05            PreparedStatement ps = con.prepareStatement(sql);
```

```
06              ps.setInt(1, 1);
07              ResultSet rs = ps.executeQuery();
08              while(rs.next()){
09                System.out.print("学号" + rs.getInt("no"));
10                System.out.println("   姓名" + rs.getString(2));
11              }
12              ps.close();
13              con.close();
14          }
15      }
```

与 3.3.6 节通过 Statement 对象操作数据库的代码类似,这段代码仍然是在数据库连接实例上获取 PreparedStatement 实例,并指定一条 SQL 语句,但这条语句不同的是它采用"?"代替了具体的值,PreparedStatement 对象允许在执行 SQL 语句时才进行参数指定。PreparedStatement 对象有多个设置参数值的方法,设置参数时,需要知道参数的值类型,比如 int 类型可以使用 setInt(int paramIndex,int value)进行参数值设定,前一个参数表示参数的索引,即它代表着第几个问号,后面的参数为属性值。

PreparedStatement 对象会预先编译 SQL 语句,因此它的执行效率高于 Statement,但它只能执行预先设定的 SQL,因此多用于指定特定 SQL 的场景中。PreparedStatement 的其他数据库操作与此类似,因此不再赘述。

下面代码展示了一个批量插入的例子,可以看出 PreparedStatement 对象与 Statement 对象两者在执行效率上面的差别。

```
01  public class CompareStatement {
02      static final int SIZE = 5000;
03      public static void main(String[] args) {
04          Connection con = null;
05          try {
06              //Statement
07              String sql = "INSERT student(id,name)
08  VALUES(1,'test')";
09              con = MySqlDAO.getConnection();
10              System.out.println(con.toString());
11              long startTime=System.currentTimeMillis();
12              Statement stmt = con.createStatement();
13              for (int j = 0; j < SIZE; j++) {
14                  stmt.execute(sql);
15              }
16              stmt.close();
17              System.out.println("Statement 运行时间:
18  "+(System.currentTimeMillis() - startTime)+"ms");
19              //PreparedStatement
20              String psql =   "INSERT student(id,name)
```

```
21  VALUES(?,?)";
22                  startTime=System.currentTimeMillis();
23                  PreparedStatement ps =
24  con.prepareStatement(psql);
25                  for (int i=0; i < SIZE; i++) {
26                      ps.setInt(1, 1);
27                      ps.setString(2, "test");
28                      ps.execute();
29                  }
30                  ps.close();
31                  System.out.println("PreparedStatement 运行时
32  间: "+(System.currentTimeMillis() - startTime)+"ms");
33          } catch (Exception e) {
34              e.printStackTrace();
35          }finally {
36              if(con != null)
37                  try {
38                      con.close();
39                  } catch (SQLException e) {
40                      e.printStackTrace();
41                  }
42          }
43      }
44  }
```

运行结果如下：

```
01  Statement 运行时间: 1942ms
02  PreparedStatement 运行时间: 1783ms
```

从上面的结果可以看出，PreparedStatement 要比 Statement 快。在数据库模型更加复杂的实际生产应用中，PreparedStatement 的优势更加明显。

通过 JDBC 执行一条 SQL 语句，通常需要数毫秒、数百毫秒，比较复杂的语句可能用数秒。需要注意，对于一次请求，数毫秒并不能被认为是微不足道的，相对于普通的 Java 代码，数毫秒已经是很长的时间了。因此，使用 JDBC 访问数据库的时候，要有效率意识，也就是尽量减少 SQL 语句的执行时间，例如创建数据库索引、使用 PreparedStatement、批量更新等。

值得注意的是，MySQL 本身是具有预编译功能的，但是 PreparedStatement 默认不会帮我们开启。只有使用了 useServerPrepStmts＝true 才能开启 MySQL 的预编译，其他代码不变，修改连接数据库的 URL 的代码如下。

```
01  String url =
02  "jdbc:mysql://localhost:3306/simple? useServerPrepStmts=
03  true";
```

如果 useServerPrepStmts＝true，Connection 实例在 PrepareStatement 处会产生一个

ServerPrepareStatement 对象,在此对象开始构造时首先会把当前 SQL 语句发送到 MySQL,进行预编译,然后将返回的结果缓存起来。其中包括预编译的名称(可以看作是当前 SQL 语句编译后的函数名)、签名(参数列表)。执行时会直接把参数传递给这个函数,请求 MySQL 执行这个函数。

此外,如果在代码中使用不同的 PrepareStatement 句柄,就会发现同一个 SQL 语句发生了两次预编译,这不是我们想要的效果。若想要对同一 SQL 语句多次执行,而不是每次都预编译,就要使用 cachePrepStmts=true。这个选项可以让 JVM 端缓存每个 SQL 语句的预编译结果。简单说就是以 SQL 语句为 key,将预编译结果缓存起来。下次遇到相同的 SQL 语句时,作为 key 去获得结果。修改连接数据库的 URL 的代码如下。

```
01  String url =
02  "jdbc:mysql://localhost:3306/simple? useServerPrepStmts=true
03  &cachePrepStmts=true";
```

当然,配置参数不止这两个,此处不赘述。更多说明可以参阅 MySQL 官方文档的 Connector/J 部分。

使用 PreparedStatement 的优势如下。

* 防止注入攻击。
* 防止烦琐的字符串拼接和错误。
* 直接设置对象,而不需要转换为字符串。
* PreparedStatement 使用预编译速度相对 Statement 较快。

通常,一条 SQL 语句在数据库中从接收到最终执行完毕返回,可以分为下面 3 个过程。

(1) 词法和语义解析。

(2) 优化 SQL 语句,制订执行计划。

(3) 执行并返回结果。

这种普通语句被称作 Immediate Statements。

但是在很多情况,一条 SQL 语句可能会反复执行,或者每次执行的时候只有个别的值不同(比如 query 的 where 子句值不同,update 的 set 子句值不同,insert 的 values 值不同)。

如果每次都需要经过上面的词法语义解析、语句优化、制定执行计划等,则效率就明显不高了。

所谓预编译语句,就是将这类语句中的值用占位符替代,可以视为将 SQL 语句模板化或参数化,一般称这类语句为 Prepared Statements 或 Parameterized Statements。

预编译语句的优势可归纳为:一次编译、多次运行,省去了解析优化等过程。此外,预编译语句能防止 SQL 注入。

当然,就优化来说,很多时候最优的执行计划不是光靠知道 SQL 语句的模板就能决定了,往往就是需要通过具体值来预估出成本代价。

为了防止 SQL 注入,采用预编译的方法,先将 SQL 语句中可被客户端控制的参数集进行编译,生成对应的临时变量集,再使用对应的设置方法,为临时变量集里面的元素赋值,赋值函数为 setString(),对传入的参数进行强制类型检查和安全检查,避免了 SQL 注入的产生。下面具体分析。

（1）为什么 Statement 会被 SQL 注入？

Statement 之所以会被 SQL 注入，是因为 SQL 语句结构发生了变化。比如：

```
01  "select * from user where username='"+uesrname+
02  "'and password='"+password+"'"
```

用户输入'or true or'之后，SQL 语句结构改变，代码如下。

```
01  select * from user where username=''or true or'' and
02  password=''
```

上面的 SQL 语句本意是查询用户名和密码匹配的人员信息，但如果用户注入 or true or 之后，原来查询条件中就包含了 or true 的部分，这就意味着表中的所有数据记录都会满足条件，会返回到程序中。如果这个语句用于登录，就意味着所有的用户都可以登录，这是严重的安全漏洞。

（2）为什么 Preparement 可以防止 SQL 注入？

```
01  select * from user where username=? and password=?
```

该 SQL 语句会在得到用户的输入之前先用数据库进行预编译，这样不管用户输入什么用户名和密码，判断始终都是"并"的逻辑关系，防止了 SQL 注入。

简单总结，参数化能防止注入的原因在于：语句是语句，参数是参数，参数的值并不是语句的一部分，数据库只按语句的语义执行。

3.3.9　批量更新

批量执行 SQL 操作，建议使用 addBatch()方法，此方法将若干 SQL 语句装载到一起，然后一次送到数据库执行，执行只需要很短的时间。上一小节的批量操作是一条一条发往数据库执行的，部分时间消耗在数据库连接的传输上面。数据量越大，addBatch()方法的优势越明显。

Statement 接口中包括如下两个方法。

（1）void addBatch(String sql) throws SQLException；

将给定的 SQL 命令添加到此 Statement 对象的命令列表中，通过调用 executeBatch()可以批量执行此列表中的命令。

（2）int[] executeBatch() throws SQLException；

将一批命令提交给数据库来执行，返回一个整形数组 int[]，数组中每个数字对应一条命令的影响行数。

以下展示的是用 addBatch()方法进行批量更新的例子，代码如下。

```
01      public class AddBatchTester {
02          static final int SIZE = 5000;
03          public static void main(String[] args) {
04              Connection con  = null;
05              try {
```

```
06                  con = MySqlDAO.getConnection();
07                  con.setAutoCommit(false);
08                  Statement stmt = con.createStatement();
09                  for (int i = 0; i < SIZE; i++) {
10                      stmt.addBatch("INSERT student(no,name)
11  VALUES(1,'test')");
12                  }
13                  stmt.executeBatch();
14                  con.commit();
15              } catch (Exception e) {
16                  e.printStackTrace();
17              }finally {
18                  if(con != null){
19                      try {
20                          con.close();
21                      } catch (SQLException e) {
22                          e.printStackTrace();
23                      }
24                  }
25              }
26          }
27      }
```

在默认环境下,SQL 操作会被自动提交到数据库,无法回滚事务。为了完成在一次数据库连接中完成所有 SQL 语句的执行,第 7 行代码中首先设置 con.setAutoCommit(false),表示 SQL 命令的提交由应用程序负责,程序必须调用 con.commit(),将先前执行的语句一起提交到数据库,或者调用 con.rollback()方法,取消在当前事务中进行的更改,并且释放 Connection 对象持有的所有数据库锁。关于事务操作等 JDBC 高级操作,将在 3.4 节详细说明。

值得一提的是,跟 JDBC 连接中设置参数类似,添加 rewriteBatchedStatements＝true 参数,可以很大程度地提高操作效率。通过 tcpdump 抓包,并在 wireshark 下做分析发现,若不使用参数,SQL 语句在一次连接中被逐条提交到服务器,该操作一共执行了 5000 次。而加上参数后,JDBC 将 5000 条 insert 语句分成若干条报文,将 SQL 语句分批发送到 MySQL 服务器。每发送一次报文,便插入一批数据进入数据库,实现了批量操作。

3.4   JDBC 进阶

本节将讨论一些 JDBC 高级操作,这些操作包括事务、存储过程、数据库连接池、元数据、分页等等。

3.4.1   事务

数据库的事务(transaction)是保证数据库完整性、一致性的一种机制,即把多个相关联

扫一扫

的数据库操作当作一个原子性的操作对待,要么同时成功,要么同时失败,不允许同一个事务中的部分操作成功,这有点类似 Java 的 synchronized 机制。

数据库系统保证在一个事务中的所有 SQL 操作要么全部执行成功,要么全部不执行,事务具有 ACID 特性。

- 原子性(atomicity):表示事务包含的操作要么全部成功,要么失败回滚(恢复到初始状态)。
- 一致性(consistency):事务执行前后必须保持一致,比如在转账时,转出的数量需要等于转入的数量。
- 隔离性(isolation):当多个事务并发性访问数据库时,每个事务不能被其他事务干扰。比如数据库中有两个事务,记为 T1、T2,两个事务同时更新一份共享数据,T1 事务应该等待 T2 事务结束后执行,反之亦可。
- 持久性(durability):表示一个事务一旦被提交了,对数据库的改变是永久的,即使数据库发生了故障,也可以恢复。

事务的通常工作过程如下。

(1) 开启事务(Begin Transaction)。

(2) 执行数据库操作1。

(3) 执行数据库操作2,以及其他操作。

(4) 如果发生错误,回滚事务(rollback transaction),即把数据库恢复到事务开启前的状态。

(5) 如果没有错误,提交事务(commit transaction),即持久化前面的所有操作。

数据库事务可以并发执行。并发执行会带来一系列的问题:脏读(dirty read)、不可重复读(non repeatable read)、幻读(phantom read)。下面举例说明这些问题。

脏读(dirty read)。例如有两个事务 T1、T2,T1 开启事务,然后修改学生张三的年龄为 19 岁,这时 T2 开启事务,读取学生张三的年龄,T2 读取的年龄应该是原来的 18 岁,还是 T1 修改后的 19 岁呢? 从时效性来说,应该读取到最新的数据 19 岁,但是如果事务 T1 没有正常提交,而是回滚了,即 T1 把数据恢复到开启事务前的 18 岁,那么 T2 读出的 19 岁就是错误的(这个错误的数据被称为脏数据)。

不可重复读(non repeatable read)。例如 T1 读取年龄小于 20 岁的学生,读取到张三和李四的信息,此时 T2 修改张三的年龄为 21 岁,如果此时 T1 重新读取年龄小于 20 岁的学生,只能读取到李四,这种在一个事务中两次读到的数据不一样的问题称为不可重复读。

幻读(phantom read)。例如 T1 读取年龄大于等于 18 岁的学生,将读取到张三,此时 T2 修改李四的年龄为 21 岁。如果此时 T1 重新读取大于等于 18 岁的学生,将读取到张三和李四。这种在事务执行过程中,当两个完全相同的查询语句执行得到不同的结果集的现象被称为幻读。

导致上面 3 种问题的原因是事务之间没有有效的隔离,即同时执行的两个事务相互影响。为了解决以上 3 种问题,数据库采用了事务隔离机制。根据事务隔离的程度可以分为不同的事务界别(isolation level),高级别的隔离能解决以上的所有问题,但是数据库的执行效率将降低。SQL 标准定义了 4 种隔离级别,分别对应可能出现的数据不一致的情况,如表 3-6 所示。

表 3-6 事务隔离

隔离级别(isolation level) 存在的问题	脏读 (dirty read)	不可重复读 (non repeatable read)	幻读 (phantom read)
未提交读(read uncommitted)	存在	存在	存在
提交读(read committed)	—	存在	存在
可重复读(repeatable read)	—	—	存在
可序列化(serializable)	—	—	—

对应用程序来说,数据库事务非常重要,很多运行着关键任务的应用程序都必须依赖数据库事务,保证程序的结果正常。举个例子:假设小明准备给小红支付 100 元,两人在数据库中的记录主键分别是 123 和 456,那么用两条 SQL 语句的操作代码如下。

```
01  UPDATE accounts SET balance = balance - 100 WHERE id=123;
03  UPDATE accounts SET balance = balance + 100 WHERE id=456;
```

这两条语句必须以事务方式执行才能保证业务的正确性。因为一旦第一条 SQL 执行成功而第二条 SQL 失败,系统的钱就会凭空减少 100 元,而有了事务,要么这笔转账成功,要么转账失败,双方账户的钱都不变。

要在 JDBC 中执行事务,本质上就是如何把多条 SQL 包裹在一个数据库事务中执行。JDBC 中使用事务机制的代码结构如下所示。

```
01  Connection con = openConnection();
02  try {
03      //关闭自动提交:
04      con.setAutoCommit(false);
05      //执行多条 SQL 语句:
06      insert(); update(); delete();
07      //提交事务:
08      con.commit();
09  } catch (SQLException e) {
10      //回滚事务:
11      con.rollback();
12  } finally {
13      con.setAutoCommit(true);
14      con.close();
15  }
```

其中,开启事务的关键代码是 con.setAutoCommit(false),表示关闭自动提交(JDBC 默认是执行每条 SQL 语句自动开启事务,并自动提交事务)。提交事务的代码在执行完指定的若干条 SQL 语句后调用 con.commit()提交事务。要注意,事务不是总能成功,如果事务提交失败,会抛出 SQL 异常(也可能在执行 SQL 语句的时候就抛出了),此时必须捕获并调用 con.rollback()回滚事务。最后,在 finally 中通过 con.setAutoCommit(true)把 Connection

对象的状态恢复到初始值。

实际上，默认情况下，我们获取到 Connection 连接后，总是处于"自动提交"模式，也就是每执行一条 SQL 都是作为事务自动执行的，这也是为什么前面几节更新操作总能成功的原因：因为默认有这种"隐式事务"。只要关闭了 Connection 的 autoCommit，就可以在一个事务中执行多条语句，事务以 commit() 方法结束。

如果要设定事务的隔离级别，可以使用如下代码。

```
01  //设定隔离级别为 READ COMMITTED:
02      con.setTransactionIsolation(Connection.TRANSACTION_READ_
03  COMM ITTED);
```

如果没有调用上述方法，会使用数据库的默认隔离级别。MySQL 的默认隔离级别是 REPEATABLE READ。

JDBC 对事务的操作主要通过 Connection 类的 rollback()、commit() 以及 setAutoCommit(boolean autoCommit) 等方法进行事务回滚、提交操作。

下面为一个事务实例的代码。

```
01  public class DBTest7 {
02          public static void main(String[] args){
03              Connection con  = null;
04              try{
05                  con = MySqlDAO.getConnection();
06                  con.setAutoCommit(false);
07                  Statement stmt = con.createStatement();
08                  String sql1 = "select max(no) from student";
09                  ResultSet rs = stmt.executeQuery(sql1);
10                  int no = 0;
11                  while(rs.next()){
12                      no = rs.getInt(1) + 1;
13                  }
14                  String sql2 = "insert into student values(" + no + ",
15  'wahaha')";
16                  stmt.execute(sql2);
17                  con.commit();
18                  stmt.close();
19                  con.close();
20              }catch(Exception e){
21                  try {
22                      con.rollback();
23                      con.close();
24                  } catch (SQLException e1) {
25                      e1.printStackTrace();
26                  }
```

```
27              }
28          }
29      }
```

这个例子仍然使用以前定义的 MySqlDAO 工具类来获取连接。获取连接后,首先将连接会话 Connection 的自动提交取消,再通过连接会话创建数据库命令执行对象 Statement; 接着执行一条查询语句,查询当前最大的学生的学号 no,获取这个 no 值后,将其增加 1。获取新的学号值,并将新的学号作为主键值插入到数据库中;最后提交事务。在这个事务操作的过程中,如果出现了错误,会在异常捕获后对事务进行回滚。

3.4.2 存储过程

存储过程相当于存在于数据库服务器中的函数,它接收输入,并返回输出。该函数会在数据库服务器上进行编译,供用户多次使用,因此可以大大提高数据操作的效率。在 MySQL 中创建一个存储过程的代码如下。

```
01  Delimiter $$
02  Create procedure insertNewStudent(in newName varchar(20), out
03  newNo
04   int)
05  begin
06  declare maxid int;
07  select max(no)+1 into maxid from student;
08  insert into student(id,name) values(maxid,newName);
09  select max(no) into newNo from student;
10  end
11  $$
```

这个存储过程的作用是向 Student 表中插入一条新的记录,输入参数是新记录学生的姓名,输出参数是新学生的学号,存储过程的内部首先获取当前最大的学号值,然后将其加 1,作为新学生的学号,并把生成的学号和姓名插入到数据库中。下面对这一 SQL 语句进行说明。首先需要定义一个结束符,因为";"在存储过程中被用作一句语句结束,因此不能作为整个 SQL 结束标志,我们定义的结束符是 $ $,定义的方法如下。

```
01  Delimiter $$
```

接着创建存储过程,存储过程的名称是必需的,输入参数和输出参数是可选的,代码如下。

```
01  Create procedure insertNewStudent(in newName varchar(20), out
02  newNo
03   int)
```

存储过程的主体,代码如下。

```
01  begin
02  declare maxid int;
03  select max(no)+1 into maxid from student;
04  insert into student values(maxid,newName);
05  select max(no) into newNo from student;
06  end
07  $$
```

首先以 begin 作为开始，再定义一个整型变量 maxid，为新生的学号，接着从学生表中找出当前最大的学号，并将其加 1，赋给 maxid，将新的学号以及姓名插入到学生表中，然后再次查询最大的学号，赋值输出参数，以 end 表示存储过程体结束，最后以 $$ 表示存储过程声明结束。

使用 JDBC 在 Java 中调用数据的存储过程的代码如下。

```
01  public class DBTest8 {
02      public static void main(String[] args) throws Exception{
03          Connection con = MySqlDAO.getConnection();
04          String sql = "call insertNewStudent('coco',?);";
05          CallableStatement stmt = con.prepareCall(sql);
06          stmt.registerOutParameter(1, Types.INTEGER);
07          stmt.execute();
08          System.out.println("新生学号: " + stmt.getInt(1));
09          stmt.close();
10          con.close();
11      }
12  }
```

这段代码调用了上面创建的存储过程 insertNewStudent。首先仍然是获取连接，然后定义一条访问存储过程的语句，注意输出参数需要以"?"号来代替。接着创建一个可以执行存储过程的命令对象，并设置其对象的存储过程，然后设置存储过程的输出类型，接着执行存储过程命令对象，并将存储过程的输入参数打印在控制台上，最后关闭命令对象和连接。

运行存储过程时，将部分逻辑放到数据库服务器上运行，这种预编译的 SQL 可以大大提高效率，但也给服务器带来了性能上的压力。除此之外，存储过程在当前的数据库产品中移植性较差，因此如果大量使用存储过程会给程序的移植带来一定的困难。

3.4.3　数据库连接池

扫一扫

连接池的概念被广泛应用在服务器端软件的开发上。使用池结构可以明显地提高应用程序的速度，改善效率，降低系统资源的开销。所以在应用服务器端开发中，池的设计和实现是开发工作中的重要一环。那么到底什么是池呢？

池可以想象成是一个容器，保存着需要的对象，可以复用这些对象，而不用重复创建和销毁对象，从而提高系统性能。从结构上看，它应该具有容器对象和具体的元素对象。从使用方法上看，可以直接取得池中的元素对象来用，也可以把要做的任务交给它处理。因此，从目的上看,池应该有两种类型:①用于处理客户提交的任务,通常用 thread pool(线程池)来描述;②客户从池中获取有关的对象使用,通常用 resource pool(资源池)来描述。它们可以分别解决不同的问题,数据库连接池就是一种资源池。

在之前的章节中,不论是一次小小的查询还是添加一条记录,都需要很烦琐地执行以下步骤。

```
01  //1.加载驱动
02  Class.forName("com.mysql.jdbc.Driver");
03  //2.连接数据库 URL
04  String url =
05  "jdbc:mysql://localhost:3306/test?"+"user-root&password-root"
06  ;
07  //3.获取数据库连接
08  Connection con = DriverManager.getConnection(url);
```

实际上,每一次创建一个数据库连接,它的内部都会执行以下流程:

(1) DriverManager 检查并注册驱动程序。

(2) 在驱动程序类中调用 connect(url…)方法。

(3) connect()方法根据请求的 connUrl 创建一个使用 TCP 协议的 Socket 连接,连接到数据库服务器。由于通过 TCP 与数据库建立网络连接的代价非常高昂,而且耗时(TCP连接需要 3 次握手,断开连接需要 4 次握手)。

(4) 创建的 Socket 连接被用来查询指定的数据库,并最终让程序返回得到一个结果。

connection 对象是 Java 和数据库两个平行系统之间的"桥梁",它构建不易,成本很高,有时候数据库连接和释放所耗费的时间甚至大于执行操作所花费的时间。如果有一种方法,能够预先加载好一些连接对象,每当要执行数据库操作时,无须重新建立连接,只需使用预先加载好的一个连接对象,那么系统的性能将会大大提高。连接池就是为解决这类问题而存在的。它运用享元模式(flyweight pattern,经典的 23 个设计模式中的一种,属于结构型模式)的设计思想,减少了系统中对象的数量。

由于创建 JDBC 连接的代价非常高昂,因此在实践中通常不直接单独使用连接进行数据库操作,而是使用连接池的方式,这主要是出于以下两方面的考虑。

① 应用程序本身需要更低的响应时间,如果每次数据库操作都需要经过"建立连接→通信(增删改查)→断开连接"这个过程,势必会导致响应延时的增加。

② 避免服务器资源被耗尽。随着业务量的增大,对应的数据库操作必然会随之增加,如果对客户端的连接数不加以控制,可能会导致数据库服务器的 CPU 和内存资源被大量的网络连接快速耗尽,导致服务不可用。

图 3-6 展示了连接池的工作过程,主要的步骤如下。

(1) 连接池初始化时创建若干 JDBC 连接。

(2) 应用程序如果需要和数据库通信,则向连接池申请 JDBC 连接,如果当时连接池有空闲的连接,则把连接分配给应用程序,如果没有空闲的连接,则创建新的 JDBC 连接。但是,如果连接池中的连接达到最大连接数,则不创建连接,而是等待归还分配的连接。设置最大连接数是为了保证连接池中的连接不会无限制地增长,导致内存溢出。

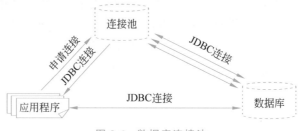

图 3-6 数据库连接池

（3）应用程序通过连接与数据库交互。

（4）应用程序使用完连接后，则把连接归还给连接池。

（5）连接池中如果有大量的空闲连接，并且长时间没被使用，则关闭部分 JDBC 连接，以节省资源。

了解了使用连接池技术的原因后，来看看如何使用它。数据库连接池的主要参数如下。

① 初始连接数：连接池初始化时创建的连接数。

② 最大连接数：连接池允许创建的最大连接数。

③ 增量：如果连接池无空闲连接，则按某个增量创建新的连接。

④ 超时时间：数据库连接被使用超过规定时间后，应该判定此连接失效，并将其复位。

随着 Java 的发展，现在已有很多第三方成熟的数据库连接池可供使用，部分常用的如下：

① DBCP 连接池：Apache 出品的数据库连接池，目前被包含在 Apache Commons 这个组件中。虽然是 Tomcat 默认的数据库连接池，但速度性能不是很好，难以运用至产品级别。

② C3P0 连接池：C3P0 属于性能和可靠性都比较好的一款产品。它是一个开源、成熟、高并发的 JDBC 连接池，实现了数据源和 JNDI 绑定，支持 JDBC3 规范和 JDBC2 的标准扩展，还具备自动回收空闲连接功能，用于缓存和重用 PreparedStatement。目前使用它的开源项目有 Hibernate、Spring。

③ Druid 连接池：阿里巴巴的一款数据库连接池，Druid 是 Java 语言中最好的数据库连接池之一，能够提供强大的监控和扩展功能。

为了深刻理解连接池的原理，下面的代码创建了一个基本的连接池。

1. MyCon 类

该类表示一个有状态的数据连接。

```
01  /**
02   * 含有状态的数据库连接
03   */
04  public class MyCon {
05      public static final int FREE = 100;        //当前连接空闲
06      public static final int BUZY = 101;        //当前连接繁忙
07      public static final int CLOSED = 102;      //当前连接关闭
08      private Connection con;                     //持有的数据库连接
```

```
09    private int state = FREE;              //数据库连接当前状态,初始时为空闲状态
10    public MyCon(Connection con){
11        this.con = con;
12    }
13    public Connection getCon() {
14        return con;
15    }
16    public int getState() {
17        return state;
18    }
19    public void setState(int state) {
20        this.state = state;
21    }
22 }
```

2. ConPool 类

该类为数据库连接池实例。

```
01  /**
02   * 数据库连接池
03   * 该池为单例池
04   * 用户可从此池中获取含有状态的数据库连接
05   */
06  public class ConPool{
07      private List<MyCon> freeCons = new ArrayList<MyCon>();
08                                              //空闲连接列表
09      private List<MyCon> buzyCons = new ArrayList<MyCon>();
10                                              //繁忙连接列表
11      private int max = 10;                   //最大连接数
12      private int min = 2;                    //最小连接数
13      private int current = 0;                //当前连接数
14      private static ConPool instance;        //单例实例
15      /**
16       * 私有的构造方法,在构造池实例时,检查当前连接是否小于最小连接,如果小于,
17       * 则创建新的连接,直到大于或等于最小连接
18       */
19      private ConPool(){
20          while(this.min>this.current){
21              this.freeCons.add(this.createCon());
22          }
23      }
24      /**
25       * 获取池实例
26       */
```

```
27      public static ConPool getIntance(){
28          if(instance == null)
29              instance = new ConPool();
30          return instance;
31      }
32      /**
33       * 获取空闲数据库连接
34       * 先从空闲列表中找出一个连接
35       * 如果空闲列表中没有连接,则试图创建一个连接
36       */
37      public MyCon getCon(){
38          MyCon myCon = this.getFreeCon();
39          if(myCon != null){
40              return myCon;
41          }else{
42              return this.getNewCon();
43          }
44      }
45      /**
46       * 获取一个空闲连接
47       */
48      private MyCon getFreeCon(){
49          if(freeCons.size() > 0){
50              MyCon con = freeCons.remove(0);
51              con.setState(MyCon.BUZY);
52              this.buzyCons.add(con);
53              return con;
54          }else{
55              return null;
56          }
57      }
58  /**
59       * 试图获取一个新连接
60       * 如果当前连接数小于最大,则创建新的连接,否则返回 null
61       */
62      private MyCon getNewCon(){
63          if(this.current < this.max){
64              MyCon myCon = this.createCon();
65              myCon.setState(MyCon.BUZY);
66              this.buzyCons.add(myCon);
67              return myCon;
68          }else{
69              return null;
70          }
```

```
71        }
72        /**
73         * 创建新的连接,并更新当前连接总数
74         */
75        private MyCon createCon(){
76            try{
77                Connection con = MySqlDAO.getConnection();
78                MyCon myCon = new MyCon(con);
79                this.current++;
80                return myCon;
81            }catch(Exception e){}
82            return null;
83        }
84        /**
85         * 将连接设为空闲状态
86         * @param con
87         */
88        public void setFree(MyCon con){
89            this.buzyCons.remove(con);
90            con.setState(MyCon.FREE);
91            this.freeCons.add(con);
92        }
93        /**
94         * 输入当前池的连接状态
95         */
96        public String toString(){
97            return "当前连接数:" + this.current + "    空闲连接数:" +
98    this.freeCons.size() + "    繁忙连接数:" + this.buzyCons.size();
99        }
100   }
```

3. MySqlDAO 类

该类用于数据库连接的获取与操作。

```
01  public class MySqlDAO {
02      public static Connection getConnection()  throws Exception{
03          String driverName = "com.mysql.jdbc.Driver";
04          String url = "jdbc:mysql://localhost:3306/simple";
05          String userName = "root";
06          String password = "111111";
07          Class.forName(driverName);
08          Connection con = DriverManager.getConnection(url,
09  userName, password);
10          return con;
```

```
11    }
12  }
```

4. DBTest类

该类为测试类，输出池中连接状况。

```
01  public class DBTest {
02      public static void main(String[] args) throws Exception{
03          System.out.println(ConPool.getIntance().toString());
04          MyCon con = null;
05          for(int i = 0; i< 5; i++){
06              con = ConPool.getIntance().getCon();
07          }
08          System.out.println(ConPool.getIntance().toString());
09          ConPool.getIntance().setFree(con);
10          System.out.println(ConPool.getIntance().toString());
11      }
12  }
```

以上代码的运行结果如下。

```
01  当前连接数:2    空闲连接数:2    繁忙连接数:0
02  当前连接数:5    空闲连接数:0    繁忙连接数:5
03  当前连接数:5    空闲连接数:1    繁忙连接数:4
```

3.4.4   元数据

前面介绍了如何操作数据库表，其实，JDBC还可以提供关于数据库及其表结构的详细信息。例如，可以获取某个数据库的所有表的列表，也可以获取某个表中所有列的名称及其数据类型。

在 SQL 中，描述数据库或其组成部分的数据称为元数据（Meta Data），不同于那些存在数据库中的实际数据。使用 JDBC 来处理数据库的接口主要有 3 个，即 Connection、PrepareStatement、ResultSet。而对于这 3 个接口，还可以获取不同类型的元数据。

（1）关于数据库的元数据。

由 Connection 对象的 getMetaData()方法获取的是 DatabaseMetaData 对象。它主要是封装了对数据库本身的一些整体综合信息，例如数据库的产品名称、数据库的版本号、数据库的 URL 等。示例代码如下。

```
01      public class DatabaseMetaDataTest {
02      public static void main(String[] args) throws Exception {
03          Connection con = MySqlDAO.getConnection();
04          DatabaseMetaData metaData = con.getMetaData();
05          System.out.println("获取数据库的产品名称: " +
```

```
06 metaData.getDatabaseProductName());
07          System.out.println("获取数据库的版本号: " +
08 metaData.getDatabaseProductVersion());
09          System.out.println("获取数据库的URL: " +
10 metaData.getURL());
11          con.close();
12      }
13  }
```

运行结果如下。

```
01  获取数据库的产品名称：MySQL
02  获取数据库的版本号：5.7.10-log
03  获取数据库的URL：jdbc:mysql://localhost:3306/simple
```

（2）关于预备语句参数的元数据。

由 PreparedStatement 对象的 getParameterMetaData()方法获取的是 ParameterMetaData 对象。主要是针对 PreparedStatement 对象和其预编译的 SQL 命令语句提供一些信息。示例代码如下。

```
01      public class ParameterMetaDataTest {
02          public static void main(String[] args) throws Exception {
03              Connection con = null;
04              try {
05                  con = MySqlDAO.getConnection();
06                  String sql = "select * from user where id=? and
07 sname=?";
08                  PreparedStatement prepareStatement =
09 con.prepareStatement(sql);
10                  ParameterMetaData parameterMetaData =
11 prepareStatement.getParameterMetaData();
12                  //获取参数个数
13                  int count = parameterMetaData.getParameterCount();
14                  System.out.println("占位符个数为: " + count);
15                  con.close();
16              } catch (Exception e) {
17                  e.printStackTrace();
18              }
19          }
20      }
```

运行结果如下。

```
01  占位符个数为:2
```

（3）关于结果集的元数据。

由 ResultSet 对象的 getMetaData( )方法获取的是 ResultSetMetaData 对象，包含了执行 SQL 脚本命令获取的结果集对象 ResultSet 中提供的一些信息，如结果集中的列数、指定列的名称、指定列的 SQL 类型等。示例代码如下。

```
01    public class ResultSetMetaDataTest {
02        public static void main(String[] args) {
03            Connection con = null;
04            PreparedStatement stmt = null;
05            ResultSet rs = null;
06            try {
07                con = MySqlDAO.getConnection();
08                String sql = "select * from user";
09                stmt = con.prepareStatement(sql);
10                rs = stmt.executeQuery();
11                ResultSetMetaData metaData = rs.getMetaData();
12                System.out.println("获取结果集的列数: " +
13    metaData.getColumnCount());
14                System.out.println("获取指定列的名称: " +
15    metaData.getColumnName(1));
16                System.out.println("获取指定列的 SQL 类型对应于
17    Java.sql.Types 类的字段: " + metaData.getColumnType(2));
18                System.out.println("获取指定列的 SQL 类型: " +
19    metaData.getColumnTypeName(1));
20                con.close();
21                stmt.close();
22                rs.close();
23            } catch (Exception e) {
24                throw new RuntimeException(e);
25            }
26        }
27    }
```

运行结果如下：

```
01  获取结果集的列数: 3
02  获取指定列的名称: id
03  获取指定列的 SQL 类型对应于 Java.sql.Types 类的字段: 12
04  获取指定列的 SQL 类型: INT
```

3.4.5 日期与时间

日期与时间是计算机处理的重要数据，绝大多数程序都要和日期与时间打交道。日期指的是某一天，它不是连续变化的，而应该被看成离散的。时间有两种概念，一种是不带日期的时间,例如 12:30:59;另一种是带日期的时间,例如 2020-1-1 20:21:59,这种带日期的时间能够唯一确定某一个时刻。除此之外,在不同的地区,同一时刻的时间表现形式是不同的。如果只设置一个起点,向前向后以秒来计时,这样虽然准确,但是理解成本很大。所以,我们希望时间和朝夕及季节挂钩,但这使得事件处理变得复杂。本章将系统地学习 Java 对日期与时间的处理。

1. 时间线

官方时间的维护器时常需要将绝对时间和地球自转进行同步,此处不讨论官方时间的维护,而将注意力转移到计算机上,关注计算机是如何将自身时间和外部的时间服务进行同步的。Java 的日期和时间 API 规范要求 Java 使用的时间尺度如下。

① 每天 86400(24×60×60)s。

② 每天正午与官方时间精确匹配。

③ 在其他时间点上,以精确定义的方式与官方时间接近匹配。

这赋予了 Java 很大的灵活性,使其可以进行调整,以适应官方时间未来的变化。此处介绍两个关于时间线的类。

① Instant 类:在 Java 中,Instant 表示时间线上的某个点,被称为"时间线"原点,被设置为穿过伦敦格尼治皇家天文台的本初子午线所处时区的 1970 年 1 月 1 日的午夜。时间按照每天 86400s 向前或向后来回度量,精确到 ns。

静态方法调用 Instant.now() 会给出当前时刻,可以用 equals 和 compareTo 方法来比较两个 Instant 对象,因此可以将 Instant 对象用作时间戳。此外,Instant 类提供了很多关于操作时刻的 API。

② Duration 类:两个 Instant 之间的间隔是 Duration,可以使用 Duration.between 获取两个时刻之间的时间差。例如下面的代码展示了如何度量算法的运行时间。

```
01    Instant start = Instant.now();
02    //执行算法
03    ...
04    Instant end = Instant.now();
05    Duration duration = Duration.between(start, end);
06    long mills = duration.toMillis();
```

其中,在第 05 行代码中,可以通过调用 Duration 的 toNanos、toMillis、getSeconds、toMinutes、toHours 和 toDays 来获取 Duration 按照传统单位度量的时间长度。

2. 本地日期

在时间线上描述的时间点是绝对时间,但现实生活中使用的是人类时间。在 Java API 中有两种人类时间:本地日期/时间(包含日期和当前的时间,无时区信息)和时区时间。当我们说当前时刻是 2018 年 11 月 20 日早上 8:15 的时候,实际上是本地时间,在国内就是北京时间。在这个时刻,如果地球上不同地方的人们同时看一眼手表,他们各自的本地时间是不同的。所以在不同的时区,在同一时刻,本地时间是不同的。

在实际日期计算中,有很多时候并不需要时区,如果不是想要表示绝对时间的实例,最好还是使用本地日期和时间。以下介绍两个关于本地日期的类。

① LocalDate 类：LocalDate 是带有年、月、日的日期，与 UNIX 和 Java.util.Date 中使用的月从 0 开始计算、年从 1900 开始计算的不规则惯用法不同，LocalDate 需要提供表示几月的数字或者使用 Month 枚举。创建实例代码如下：

```
01  LocalDate birthday = LocalDate.of(1903, 6, 14);
02  birthday = LocalDate.of(1903, Month.JUNE, 14);
```

除了 LocalDate，还有 MonthDay、YearMonth 和 Year 类可以描述部分日期。例如，12.14（没有指定年份）可以表示成一个 MonthDay 对象。LocalDate 提供了很多用于日期计算的 API。

② Period 类：这是跟 Duration 类起相似作用的一个类，用于计算两个本地日期（LocalDate）之间的时长，表示的是流逝的年、月或日的数量。如 birthday.plus(Period.ofYears(1))；获取明年的生日。但是 birthday.plus(Duration.ofDays(365)) 在闰年就不管用了。

3. 本地时间

① LocalTime 类：LocalTime 表示当日时刻，例如 15：30：00。可以用 now 或 of 方法为其创建实例，代码如下。

```
01  LocalTime rightNow = LocalTime.now();
02  LocalTime bedTime = LocalTime.of(00, 40);
03  LocalTime wakeup = bedTime.plusHours(8); //plus 和 minus 操作是按照 24 小时制循环操作
```

② LocalDateTime 类：这个类适合存储固定时区的时间点，例如用于排课。但是，如果计算需要跨越夏令时，或者需要处理不同时区的用户，就应该使用 ZonedDateTime 类。

4. 时区日期

因为光靠本地时间还无法唯一确定一个准确的时刻，所以还需要给本地时间加上一个时区。因为时区的存在，东八区的 2019 年 11 月 20 日早上 8：15 和西五区的 2019 年 11 月 19 日晚上 19：15，时刻是相同的。

Java 使用了用于存储世界上所有已知时区的数据库，每个时区都有一个 ID，可以使用 Zoned.getAvailableZoneIds 找出所有可用的时区。给定一个时区 ID，静态方法 ZoneId.of(id) 可以产生一个 ZoneId 对象。

ZonedDateTime 类：ZonedDateTime 的实例可以通过调用 local.atZone(zoneId) 这个对象将 LocalDateTime 进行转换而得到，或者使用调用静态 of 方法，传入相关参数进行构造。

```
01  ZonedDateTime zonedDateTime = ZonedDateTime.of(1969,
02  7,16,9,32,0,0,ZoneId.of("America/New_York"));
```

这是一个具体的时刻，调用 zonedDateTime.toInstant 可以获得对应的 Instant 对象。反过来，如果有一个时刻对象，调用 instant.atZone(ZoneId.of("UTC")) 可以获得格林尼治皇家天文台的 ZonedDateTime 对象。值得注意的是，zonedDateTime 对象的大多数方法都很直观,但是夏令时带来了一些复杂性,可能会实际得到一个与你试图构造的时间不相符的时间,更多有关夏令时的问题,读者可以另行查明,此处不赘述。

5. 日期格式化

在平常的开发中,常有两种操作:第一种是把时间对象格式化成字符串后存储下来,第二种是把格式化好的字符串解析成时间对象。这两个核心需求的解决方案就是 DateTimeFormatter 类,且 DateTimeFormatter 在格式化和解析时是支持时区的。

DateTimeFormatter 类中提供了预定义的格式器(格式器包括很多种类),如果要使用其标准格式器,可以直接调用其 format 方法,代码如下。

```
01  String formatted =
02  DateTimeFormatter.ISO_OFFSET_DATE_TIME.format(zonedDateTime);
```

标准格式器主要是为了机器可读的时间戳而设计的,为了向读者表示日期和时间,可以使用与 locale 相关的格式器。对于日期和时间而言,有 4 种与 locale 相关的格式化风格,即 SHORT、MEDIUM、LONG、FULL。其中 ofLocalizedDate、ofLocalizedTime、ofLocalizedDateTime 可以创建这种格式器,代码如下。

```
01  DateTimeFormatter formatter =
02  DateTimeFormatter.ofLocalizedDateTime(FormatStyle.LONG);
03  String formatted = formatter.format(zonedDateTime);
```

其中这些方法使用了默认的 locale,可以使用 withLocale 切换到不同的 locale,代码如下。

```
01  String formatted =
02  formatter.withLocale(Locale.FRENCH).format(zonedDateTime);
```

除此之外,还可以通过指定模式来定制自己的日期格式,代码如下。

```
01      formatter = DateTimeFormatter.ofPattern("E yyyy-MM-dd
02  HH:mm");
```

每个字母都表示一个不同的时间域,而字母重复的次数对应于所选择的特定格式。读者可以自行了解相关的日期/时间格式的格式化符号。

为了解析字符串中的日期/时间值,可以使用众多的静态 parse 方法之一,举例如下。

```
01  LocalDate birthday = LocalDate.parse("1903-06-14");
02      ZonedDateTime zonedDateTime =
03  ZonedDateTime.parse("1969-07-16 03:32:00-0400",
04  DateTimeFormatter.ofPattern("yyyy-MM-dd HH:mm:ssxx"));
```

第一个调用使用了标准的 ISO_LOCAL_DATE 格式器,而第二个调用使用的是一个定制的格式器。

3.4.6 分页查询

分页是一种将所有数据分段展示给用户的技术。用户每次看到的不是全部数据，而是其中的一部分，如果在其中没有找到自己想要的内容，可以通过指定页码或是翻页的方式转换可见内容，直到找到自己想要的内容为止，类似于阅读书籍。

分页在数据显示、增强用户使用体验方面确实有效，但会加大系统的复杂度，可否不分页呢？如果数据量少，可以；但对企业信息系统来说，数据量不会限制在一个小范围内。如果把数百条甚至数千条数据一起显示给用户，会给服务器、网络、客户端造成很大的负担，而且也没有必要。

传统的分页方式为带有分页的工具栏，如图 3-7 所示。采用传统的分页方式可以明确地获取数据信息，如有多少条数据、分多少页显示等。

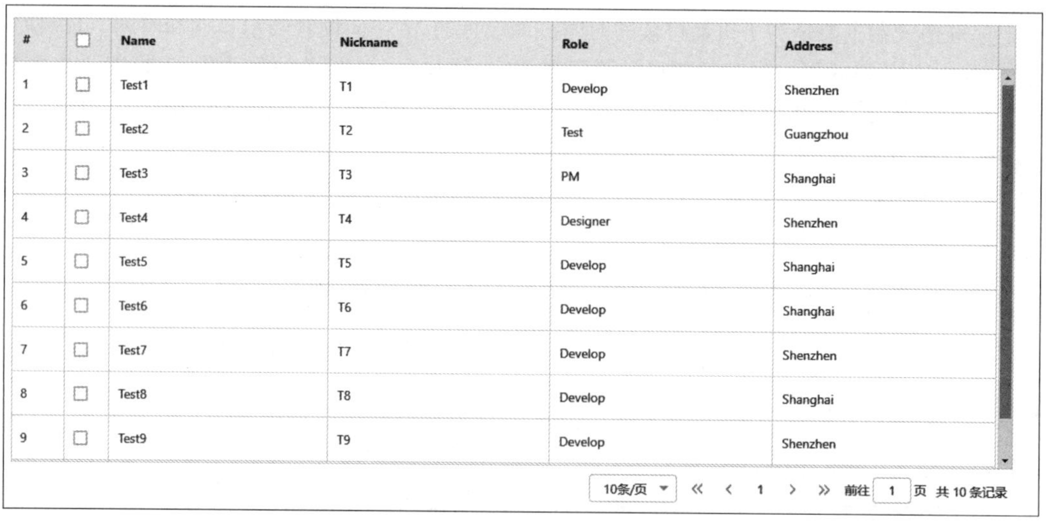

#		Name	Nickname	Role	Address
1	☐	Test1	T1	Develop	Shenzhen
2	☐	Test2	T2	Test	Guangzhou
3	☐	Test3	T3	PM	Shanghai
4	☐	Test4	T4	Designer	Shenzhen
5	☐	Test5	T5	Develop	Shanghai
6	☐	Test6	T6	Develop	Shanghai
7	☐	Test7	T7	Develop	Shenzhen
8	☐	Test8	T8	Develop	Shanghai
9	☐	Test9	T9	Develop	Shenzhen

10条/页 ▼ 《 〈 1 〉 》 前往 1 页 共 10 条记录

图 3-7　网页常见分页样式

而采用下拉式的分页方式，一般无法明确地获取与数据数量相关的信息，但是分页操作后仍然能看到之前查询的数据。

在实现方面，可以利用数据库自带的分页语句获取分页数据（如 MySQL 数据库使用 limit 关键字，Oracle 数据库中使用 rownum 关键字等）。如从学生表（t_student）中查询前 10 条数据，各种常用数据库的分页方法如下。

```
01  #MySQL 查询语句：
02  select * from t_student limit 0,10;
03  #PostgreSQL 查询语句：
04  select * from t_student limit 10 offset 0;
05  #Oracle 查询语句：
06  select * from
07  (
08  select s.*,rownum rn
```

```
09  from (select * from t_student)s
10  where rownum <= 10
11  )
12  where rn >= 1
```

3.4.7 获取物理主键

当前很多应用都不使用数据的逻辑主键作为数据库表的主键,而是使用自动增加的一个唯一的数字作为数据库表的物理主键。

在 Prepared Statement 通过 execute 或者 executeUpdate 执行完插入语句后,MySQL会为新插入的数据分配一个自增长 id,前提是这个表的 id 设置为了自增长,在 MySQL 创建表的时候,AUTO_INCREMENT 就表示自增长。

```
01  CREATE TABLE student {
02    id int(11) AUTO_INCREMENT,
03    name varchar,
04    …
05  }
```

但无论是 execute 还是 executeUpdate,都不会返回这个自增长 id 是多少,需要通过 Prepared Statement 的 getGeneratedKeys 获取该 id。下面的代码中增加了 Statement.RETURN_GENERATED_KEYS 参数,以确保会返回自增长 id。

```
01  PreparedStatement ps = connection.prepareStatement(sql,
02  Statement.RETURN_GENERATED_KEYS);
03  …
04  ResultSet rs = ps.getGeneratedKeys();
05  if (rs! = null && rs.next()){
06      key = rs.getLong(1);
07  }
```

获取由于执行此 Prepared Statement 对象而创建的所有自动生成的键。如果此 Prepared Statement 对象没有生成任何键,则返回空的 ResultSet 对象。注:如果未指定表示自动生成键的列,则 JDBC 驱动程序实现将确定最能表示自动生成键的列。

下列代码显示了获取 id 的例子。代码首先执行 insert 语句向数据库中插入数据,然后获取插入数据的 id。

```
01  static int create() throws SQLException {
02      Connection conn = null;
03      PreparedStatement ps = null;
04      ResultSet rs = null;
05      try {
06          //1.建立连接
```

```
07          conn = MySqlDAO.getConnection();
08          //2.创建语句
09          String sql = "insert into student(name,birthday) values
10 ('徐传运', '1979-01-01') ";
11          ps = conn.prepareStatement(sql,
12 Statement.RETURN_GENERATED_KEYS);          //参数 2 最好写上,虽然 MySQL 不写也能
13 //获取,但是不代表别的数据库可以做到
14          ps.executeUpdate();
15          rs = ps.getGeneratedKeys();
16          int id = 0;
17          if (rs.next())
18              id = rs.getInt(1);
19          return id;
20      } finally {
21          //关闭连接;
22      }
23  }
```

3.5 思考与练习

1. 请编程实现基于数据库的学生信息管理程序,程序的功能有:显示所有学生,新增学生,删除学生,修改学生,查找学生(根据学号、姓名、班级、性别、专业、学院等),程序采用命令行方式。

2. 请编程实现把从数据库查询到的学生信息记录集(ResultSet)中的记录转换为学生对象。

3. 请结合反射和注解方面的知识,编写通用的程序,实现对任意对象的增、删、改、查。

第4章 类型信息与反射

在完成代码编写后，需要对代码进行编译才能实现代码对应的功能。但是编写的代码是高级语言，而计算机能够识别和执行二进制代码，那从编写的代码到机器能识别二进制代码，这期间到底发生了什么事？这就需要将编写的代码编译成字节码文件 class，随后 Java 虚拟机（JVM）通过解析 class 文件将其转化为机器码，计算机最后执行对应的机器码，于是程序就开始运行了。那么编译器又是如何将编写的代码编译为字节码文件 class 的呢？这就是编译器要对代码中不同的类型信息进行处理的工作。

了解完编译过程后，可知所有的类只要写在代码中就可以被编译进 class 文件，那能否模仿 Java 的编译过程，在代码中实现类的装载来实现动态使用不同类？这就是反射要做的事情，下面的章节进行探讨。

4.1　概述

自然界中的每个物体都有自己的描述信息，而物体所属的分类也有相应的类描述信息。例如，对于个体来说，每个人都有性别、年龄等描述信息；而对于整个分类来说，人类也有相应的描述信息：四肢行走、能使用工具、能用语言交流等。计算机也是如此，每个对象都有自己的信息，通常用字段的值来表示它的状态或信息，而用于描述对象所属类的信息正是笔者所要讨论的——类型信息。类型信息记录了类的名称、拥有的字段、实现的方法、继承的父类或接口等信息。正是有了类型信息，JVM 才能认识和识别对象，才能让程序富有动态性。

4.1.1　存储类型信息

编译一个 Java 的类文件就会产生一个.class 文件，这两个文件之间有什么关系？

扫一扫

1. .class 文件与 Java 文件

Java 的编译器在编译 Java 类文件时，会将原有的文本文件翻译成二进制的字节码，并将这些字节码存储在.class 文件中。对于只含有一个类或接口的 Java 类文件，编译后只产生一个.class 文件，而对于一个含有多个类或接口的 Java 类文件，编译的结果就不同了。下面分别讨论几种不同的 Java 类文件。

（1）如果 Java 文件中只含有一个类或接口，那么编译后就只产生一个.class 文件。

```
01   package org.ddd.reflect.example1;
02   public class Person {
03   }
```

编写一个类 Person 存放在 Person.Java 文件中，编译后可以在 bin 目录下发现一个同名的.class 文件 Person.class。编译器将编译后的 Person 类的字节码存放在 Person.class 文件中。

（2）如果 Java 类文件中存在内部类，那么编译这个文件时就会产生多个.class 文件，并且这些.class 文件（除外部类外）的文件名都以外部类名＋$＋内部类名来命名。

```
01   package org.ddd.reflect.example5;
02   public class Person {
03       class Tool{
04       }
05       interface Communication{
06           public void speak();
07       }
08   }
```

以上代码编写一个外部类 Person，在外部类中又定义了一个内部类和一个内部接口，并将这些代码全部存放在 Person.Java 文件中。编译后，可以在 bin 目录下发现三个.class 文件：Person.class、Person$Tool.class、Person$Communication.class。除外部类编译后产生的.class 文件的文件名与类名相同外，内部类编译产生的.class 文件都以外部类名＋$＋内部类名来命名。

（3）如果.Java 文件中存在多个并行类（或接口），编译时也会产生多个.class 文件，并且这些文件都以类名来命名。

```
01   public class Person {
02   }
03   class Monkey{
04   }
05   interface Thinking{
06       void think();
07   }
```

以上代码编写了两个类和一个接口：Person 类、Monkey 类以及 Thinking 接口，并将这些类或接口存放在 Person.Java 文件中。编译后,bin 目录下存在三个.class 文件,分别是 Person.class、Monkey.class、Thinking.class。这些.class 文件均以类名来命名。

2. .class 文件结构

.class 文件的内部结构如图 4-1 所示。

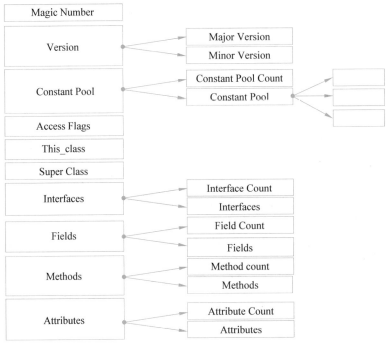

图 4-1　.class 文件的结构

如表 4-1 所示,Java 类文件中的属性、方法以及类中的常量信息都被分别存储在.class 文件中。事实上,Java 在编译一个类文件时,除了翻译类文件外,还会为该类动态地添加一个公有的静态常量属性.class,这个属性记录了类的相关信息,即类型信息,它是 Class 类的一个实例。

表 4-1　.class 文件组成说明表

名　　称	长度	描　　述	备　　注
Magic Number	4B	魔数：0xCAFEBABE	Od－x 命令可以看到。这样保证了 JVM 能很轻松地分辨出 Java 文件和非 Java 文件
Major Version Minor Version	分别 2B	主次版本号：.class 文件格式一旦发生变化,版本号也会随之变化	如果.class 文件版本号超出了处理范围,JVM 将不会处理该文件
Constant Pool Count Constant Pool	不固定	常量池：包含了文件中类和接口相关的常量。文字字符串、final 变量值、类名和方法名的常量。 常量池的大小平均占到了整个类大小的 60%	以入口列表的形式来存储。每个常量池入口都从一个长度为一个字节的标志开始。除了字符常量外,还可以容纳字段名称、方法名称和类的全限定名等

续表

名　　称	长度	描　　述	备　　注
Access Flags	2B	访问标志：定义了类或接口	指明了是类还是接口、是抽象还是具体。公共、final 等修饰符
This_class	2B	本身是一个常量池的索引，指向了常量池中该类全限定名的常量池入口	
Super Class	2B	指向父类全限定名	
Interface Count Interfaces	不固定	该类实现的接口数量，Interfaces 包含了由该类实现的接口的常量池引用	
Field Count Fields	不固定	字段数量和字段的信息表。描述了字段的类型、描述符等	
Method Count Methods	不固定	方法总数和方法本身	每一个方法都会有一个 Method_info 表，该表记录了方法的方法名、描述符、返回类型、局部变量表、字节码序列等
Attributes Count Attributes	不固定	属性总数和属性本身	

3. JVM 机器指令

.class 文件中除了前面介绍的类型信息外，主要包含的是方法体的代码编译成的 JVM 机器指令。JVM 指令由一个操作码和若干个操作数构成，操作码由一个字节表示。为了便于理解和记忆，每个操作码对应一个助记符。目前 JVM 有 200 多种指令，表 4-2 列举了部分指令。

表 4-2　JVM 指令说明表

机器指令（机器码）	汇编指令（助记符）	说　　明
0x03	iconst_0	将 int 型 0 推送至栈顶
0x04	iconst_1	将 int 型 1 推送至栈顶
0x36	istore	将栈顶 int 型数值存入指定本地变量
0x15	iload	将指定的 int 型本地变量推送至栈顶
0x60	iadd	将栈顶两 int 型数值相加，并将结果压入栈顶
0x68	imul	将栈顶两 int 型数值相乘，并将结果压入栈顶
0x6c	idiv	将栈顶两 int 型数值相除，并将结果压入栈顶
0xb7	invokespecial	调用超类构造方法，实例初始化方法，私有方法
0xb6	invokevirtual	调用实例方法
0xb1	return	从当前方法返回 void
0xa4	if_icmple	比较栈顶两 int 型数值大小，当结果小于等于 0 时跳转
0x68	imul	将栈顶两 int 型数值相乘，并将结果压入栈顶
0xa7	goto	无条件跳转

使用 javap 命令可以显示 .class 文件的主要内容,使用 javap -verbose JavaPTester.class 可输出文件 JavaPTester.class 的信息。为了便于阅读,javap 对显式的内容进行了格式化, 例如机器指令(机器码)使用汇编指令(助记符)来标识,代码如下。

```
01  package org.ddd.reflect.example5;
02  public class JavaPTester {
03      public static void main(String[] args) {
04          int a = 2;
05          int b = 3;
06          int c = a+b;
07          if(a>b)
08          {
09              c = c * 2;
10          }
11          else
12          {
13              c=c/2;
14          }
15          System.out.println("c="+c);
16      }
17  }
```

以下为运行 javap -verbose JavaPTester.class 的结果。

```
01  Classfile /D:/workspace/工作/2020/35 高级 Java 教材
02  /JavaHighExample/workspace/bin/org/ddd/section2/example2_2/JavaPTester.class
03    Last modified 2020-12-22; size 804 bytes
04    MD5 checksum 3538dd8d32f76da57bb3748e52b578ab
05    Compiled from "JavaPTester.java"
06  public class org.ddd.section2.example2_2.JavaPTester
07    minor version: 0
08    major version: 50
09    flags: ACC_PUBLIC, ACC_SUPER
10  Constant pool:
11    #1 = Class              #2      //org/ddd/section2/example2_2/JavaPTester
12    #2 = Utf8               org/ddd/section2/example2_2/JavaPTester
13    #3 = Class              #4      //Java/lang/Object
14    #4 = Utf8               Java/lang/Object
15    //此次删除了 21 行
16    #25 = Utf8              c=
17    //此次删除了 18 行
18    #43 = Utf8              [LJava/lang/String;
19    #44 = Utf8              a
20    #45 = Utf8              I
21    #46 = Utf8              b
```

```
22    #47 = Utf8                c
23    #48 = Utf8                SourceFile
24    #49 = Utf8                JavaPTester.Java
25  {
26    public org.ddd.section2.example2_2.JavaPTester();
27      descriptor: ()V
28      flags: ACC_PUBLIC
29      Code:
30        stack=1, locals=1, args_size=1
31          0: aload_0
32          1: invokespecial #8      //Method Java/lang/Object."<init>":()V
33          4: return
34      LineNumberTable:
35        line 2: 0
36      LocalVariableTable:
37        Start  Length  Slot  Name  Signature
38            0      5    0    this  Lorg/ddd/section2/example2_2/JavaPTester;
39    public static void main(java.lang.String[]);
40      descriptor: ([LJava/lang/String;)V
41      flags: ACC_PUBLIC, ACC_STATIC
42      Code:
43        stack=4, locals=4, args_size=1
44          0: iconst_2              //将 int 型常量 2 推送至栈顶
45          1: istore_1              //将栈顶 int 型数值存入第 1 个本地变量
46          2: iconst_3              //将 int 型常量 3 推送至栈顶
47          3: istore_2              //将栈顶 int 型数值存入第 2 个本地变量
48          4: iload_1               //将第 1 个 int 型本地变量推送至栈顶
49          5: iload_2               //将第 2 个 int 型本地变量推送至栈顶
50          6: iadd                  //将栈顶两 int 型数值相加,并将结果压入栈顶
51          7: istore_3              //将栈顶 int 型数值存入第 3 个本地变量
52          8: iload_1               //将第 1 个 int 型本地变量推送至栈顶
53          9: iload_2               //将第 2 个 int 型本地变量推送至栈顶
54          10: if_icmple   20 //比较栈顶两个 int 型数值大小,当结果小于或等于 0 时跳转到 20 行
55          13: iload_3              //将第 3 个 int 型本地变量推送至栈顶
56          14: iconst_2             //将 int 型常量 2 推送至栈顶
57          15: imul                 //将栈顶两 int 型数值相乘,并将结果压入栈顶
58          16: istore_3             //将栈顶 int 型数值存入第 3 个本地变量
59          17: goto 24              //无条件跳转到 24 行
60          20: iload_3              //将第 3 个 int 型本地变量推送至栈顶
61          21: iconst_2             //将 int 型常量 2 推送至栈顶
62          22: idiv                 //将栈顶两 int 型数值相除,并将结果压入栈顶
63          23: istore_3             //将栈顶 int 型数值存入第 3 个本地变量
64          24: getstatic      #16   //Field
```

```
65  Java/lang/System.out:LJava/io/PrintStream;
66        27: new            #22      //class Java/lang/StringBuilder
67        30: dup
68        31: ldc            #24      //String c=
69        33: invokespecial #26      //Method
70  Java/lang/StringBuilder."<init>":(LJava/lang/String;)V
71        36: iload_3
72        37: invokevirtual #29      //Method
73  Java/lang/StringBuilder.append:(I)LJava/lang/StringBuilder;
74        40: invokevirtual #33      //Method
75  Java/lang/StringBuilder.toString:()LJava/lang/String;
76        43: invokevirtual #37      //Method
77  Java/io/PrintStream.println:(LJava/lang/String;)V
78        46: return
79        LineNumberTable:              //Java 源码的行号与字节码指令的对应关系
80        line 4: 0
81        line 5: 2
82        line 6: 4
83        line 7: 8
84        line 8: 12
85        line 9: 34
86        LocalVariableTable:
87        Start  Length  Slot  Name  Signature
88          0      35     0   args   [LJava/lang/String;
89          2      33     1    a    I
90          4      31     2    b    I
91          8      27     3    c    I
92  }
93  SourceFile: "JavaPTester.Java"
```

上述.class 文件中对应的类型信息说明如下。

- Invokevirtual：调用实例方法。
- Invokespecial：调用超类构造方法，实例初始化方法，私有方法。
- Invokestatic：调用静态方法。
- Invokeinterface：调用接口方法。
- LineNumberTable：行号表，该属性用于描述 Java 源码与字节码行号之间的对应关系。不是运行时必需的属性，但会被默认生成到.class 文件中。
- LocalVariableTable：该属性用于描述栈帧中局部变量表中的变量与 Java 源码中定义的变量之间的关系。

4.1.2　加载类型信息

Java 提供两种类的装载方式：一是预先装载，二是按需装载。由于可以对类进行按需加载，因此在程序启动时并不需要把所有类都装载到 JVM 中。大部分的类要被延迟到使

扫一扫

用时才动态加载,这称为 Java 的运行时动态装载机制。这是 Java 的一个重要特性,它使得 Java 可以在动态运行时装载软件部件,修改代码时无须全盘编译,为软件系统开发提供了极大的灵活性。

1. Java 加载基础类

Java 基础类是程序运行的基础,因此采用预先装载的机制。

启动一个程序时,Java 首先在 JDK 目录找到并载入 JVM.dll,然后启动虚拟机。启动虚拟机时会做一些初始化操作,如设置系统参数等。接着会创建一个 Bootstrap Loader 对象,称为启动类装载器,该装载器由 C++ 编写,负责在虚拟机启动时一次性加载 JVM 的基础类。

2. 加载含 main()函数类

Bootstrap Loader 另一项很重要的工作就是装载定义在 sun.misc 命名空间底下的 Launcher 类。Launcher 拥有两个内部类 ExtClassLoader 和 AppClassLoader。ExtClassLoader 的父加载器被设置为 null,表示它的父加载器为 Bootstrap Loader,AppClassLoader 的父加载器被设置为 ExtClassLoader,拥有 main()函数的入口类,即由 AppClassLoader 在程序启动时加载。

```
01  package org.ddd.reflect.example6;
02  public class Bootstrap {
03      static{
04          System.out.println("Bootstrap prepare!");
05      }
06      public static void main(String[] args) {
07          ClassLoader loader = Bootstrap.class.getClassLoader();
08          System.out.println(loader);
09          System.out.println(loader.getParent());
10          System.out.println(loader.getParent().getParent());
11      }
12  }
```

运行结果如下。

```
01  Bootstrap prepare!
02  sun.misc.Launcher$AppClassLoader@1372a1a
03  sun.misc.Launcher$ExtClassLoader@ad3ba4
04  null
```

从运行结果可以看出,程序开始运行时输出了 Bootstrap prepare!,说明 Bootstrap 类在程序启动时就加载了（因为 Java 类装载时会执行静态域代码）。接着输出 sun.misc. Launcher $ AppClassLoader@1372a1a,从这个字符串可以看出,加载 Bootstrap 类的加载器为 sun.misc.Launcher $ AppClassLoader,因为 AppClassLoader 为内部类,所以用 $ 表示。第三句输出的为 AppClassLoader 的父类,即 ExtClassLoader,最后一句 null 表示 ExtClassLoader 的父加载器为空,即它由 Bootstrap Loader 直接装载。

3. 按需装载

Java 采用运行时动态装载机制,需要某个类时,JVM 才会去动态装载它,那么具体何时加载一个类？又是什么条件触发 JVM 去装载它?

（1）装载条件。

在程序运行的过程中,当一个类的静态成员被第一次引用时,JVM 就会去装载它。这些静态成员包括静态方法、静态属性、构造方法。

需要特殊说明的是：①当访问静态常量属性时,JVM 加载类的过程中不会进行类的初始化工作；②虽然构造方法没有被显式地声明为静态方法,但它仍作为类的静态成员处理,因此,当使用 new 关键字来构造一个对象时,也会被当作类的静态成员的引用,同样会触发 JVM 加载这个类。

```
01  package org.ddd.reflect.example7;
02  public class Person {
03      public static final int ID = 1;
04      static {
05          System.out.println("Person prepare!");
06      }
07  }
08  public class Bootstrap {
09      public static void main(String[] args){
10          System.out.println("Use static field!");
11          System.out.println(Person.ID);
12          System.out.println("new a instance!");
13          new Person();
14      }
15  }
```

运行结果如下。

```
01  Use static field!
02  1
03  new a instance!
04  Person prepare!
```

从运行结果可以看出,打印常量静态字段 ID 的时候,加载 Person 类并执行静态域代码,真正的初始化工作发生在使用 new 关键字构造对象时,由此也可以证明构造方法其实也是静态方法。

（2）按需装载流程。

当需要使用一个类时,JVM 首先会去检查这个类的 Class 对象是否已经加载,如果已经加载,便可以执行想要执行的代码,如果这个类的 Class 对象未加载,则 JVM 装载这个类,其流程如图 4-2 所示。

装载并使用一个类,JVM 需要完成以下 3 项工作。

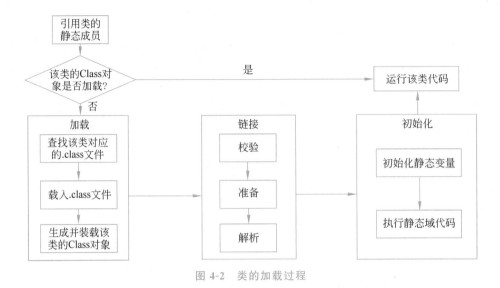

图 4-2　类的加载过程

① 加载：查找并导入类的二进制字节码，根据这些字节码创建一个 Class 对象。

② 链接：链接分为三步完成，即校验、准备和解析，其中解析不是必需的。

- 校验：检查导入的二进制字节码的完整性、正确性、安全性。
- 准备：为静态域分配存储空间。
- 解析：将符号引用转换为直接引用。

③ 初始化：初始化静态变量，并执行静态域代码。

需要说明的是，当访问一个类的常量静态属性时，类的初始化工作并不会进行，真正的初始化工作被延迟到对静态方法或非常量静态属性的首次访问时。初始化有效地实现了尽可能的惰性，以减少不必要的内存使用。

4.类加载器

每次创建一个 Java 类的实例的时候，必须先将该类加载到内存中。JVM 使用类加载器来加载类。Java 加载器在 Java 核心类库和 CLASSPATH 环境下面的所有类中查找类。如果需要的类找不到，会抛出 Java.lang.ClassNotFoundException 异常。

从 J2SE 1.2 开始，JVM 使用了 3 种类加载器：bootstrap 类加载器、extension 类加载器和 system 类加载器。这 3 个加载器是父子关系，其中 bootstrap 类加载器在顶端，而 system 加载器在结构的最底层。

① bootstrap 类加载器用于引导 JVM，一旦调用 Java.exe 程序，bootstrap 类加载器就开始工作。因此，它必须使用本地代码实现，然后加载 JVM 需要的类到函数中。另外，它还负责加载所有的 Java 核心类，例如 Java.lang 和 Java.io 包。另外，bootstrap 类加载器还会查找核心类库，如 rt.jar、i18n.jar 等，这些类库根据 JVM 和操作系统来查找。

② extension 类加载器负责加载标准扩展目录下面的类。这样就可以使得编写程序变得简单，只需把 JAR 文件复制到扩展目录下面即可，类加载器会自动地在下面查找。不同的供应商提供的扩展类库是不同的，Sun 公司的 JVM 的标准扩展目录是/JDK/jre/lib/ext。

③ system 加载器是默认的加载器，它在环境变量 CLASSPATH 目录下面查找相应的

类。这样,JVM 使用哪个类加载器?答案在于委派模型(delegation model),这是出于安全原因。每次一个类需要加载,system 类加载器首先被调用。但是,它不会马上加载类。相反,它委派该任务给它的父类 extension 类加载器。extension 类加载器也把任务委派给它的父类 bootstrap 类加载器。因此,bootstrap 类加载器总是首先加载类。如果 bootstrap 类加载器不能找到所需要的类,extension 加载器会尝试加载类。如果扩展类加载器也失败,system 类加载器将执行任务。如果系统类加载器找不到类,会显示一个 Java.lang.ClassNotFoundException 异常。

Java 类加载机制的优势在于可以通过扩展 Java.lang.ClassLoader 抽象类来扩展自己的类加载器,自定义自己的类加载器原因如下。

① 要制定类加载器的某些特定规则,例如加载指定目录下的类文件、加载经过加密的 .class 类文件。

② 缓存以前加载的类。

③ 事先加载类,以预备使用。

④ 当 .class 文件修改后,自动加载新的类文件。

Java.lang.ClassLoader 类的基本职责就是根据一个指定的类的名称找到或者生成其对应的字节代码,然后从这些字节代码中定义出一个 Java 类,即 Java.lang.Class 类的一个实例。除此之外,ClassLoader 还负责加载 Java 应用所需的资源,如图像文件、配置文件等。为了完成加载类的这个职责,ClassLoader 提供了一系列方法,比较重要的方法如表 4-3 所示。

表 4-3　ClassLoader 中与加载类相关的方法

方　　法	说　　明
getParent()	返回该类加载器的父类加载器
loadClass(String name)	加载名称为 name 的类,返回的结果是 java.lang.Class 类的实例
findClass(String name)	查找名称为 name 的类,返回的结果是 java.lang.Class 类的实例
findLoadedClass(String name)	查找名称为 name 的已经被加载过的类,返回的结果是 java.lang.Class 类的实例
defineClass(String name, byte[] b, int off, int len)	把字节数组 b 中的内容转换成 Java 类,返回的结果是 java.lang.Class 类的实例。这个方法被声明为 final
resolveClass(Class<?> c)	链接指定的 Java 类

在表 4-3 给出的方法中,表示类名称的 name 参数的值是类的完整名称(包含包名)。需要注意内部类的表示,如 com.example.Sample$1 和 com.example.Sample$Inner 等表示方式。

下面通过扩展 Java.lang.ClassLoader 抽象类来扩展自定义的类加载器,其中 FileSystemClassLoader 从文件中加载类,代码如下。

```
01  package org.ddd.reflect.example8;
02  public class FileSystemClassLoader extends ClassLoader {
03      private String rootDir;
```

```
04      public FileSystemClassLoader(String rootDir) {
05          this.rootDir = rootDir;
06      }
07      @Override
08      protected Class<?> findClass(String name) throws ClassNotFoundException {
09          byte[] classData = getClassData(name);
10          if (classData == null) {
11              throw new ClassNotFoundException();
12          }
13          else {
14              return defineClass(name, classData, 0, classData.length);
15          }
16      }
17      private byte[] getClassData(String className) {
18          String path = classNameToPath(className);
19          try {
20              InputStream ins = new FileInputStream(path);
21              ByteArrayOutputStream baos = new ByteArrayOutputStream();
22              int bufferSize = 4096;
23              byte[] buffer = new byte[bufferSize];
24              int bytesNumRead = 0;
25              while ((bytesNumRead = ins.read(buffer)) != -1) {
26                  baos.write(buffer, 0, bytesNumRead);
27              }
28              return baos.toByteArray();
29          } catch (IOException e) {
30              e.printStackTrace();
31          }
32          return null;
33      private String classNameToPath(String className) {
34          return rootDir + File.separatorChar
35              + className.replace('.', File.separatorChar) + ".class";
36      }
37  }
```

测试代码如下。

```
01  package org.ddd.reflect.example8;
02  public class FileSystemClassLoaderTest {
03      public static void main(String[] args) {
04          new FileSystemClassLoaderTest().testClassIdentity();
05      }
06      public void testClassIdentity() {
07          //以下路径根据实际情况修改
08          String classDataRootPath = "D:\\StudyLab\\项目\\Java 教材
```

```
09  \\JavaHighExample\\workspace\\src";
10          FileSystemClassLoader fscl1 = new
11  FileSystemClassLoader(classDataRootPath);
12          FileSystemClassLoader fscl2 = new
13  FileSystemClassLoader(classDataRootPath);
14          String className = "org.ddd.reflect.example8.Sample";
15          try {
16              //类 Class 用来存储一个类的信息,在下面一节详细介绍
17              Class<?> class1 = fscl1.loadClass(className);
18              //Class.newInstance()方法用来动态地创建一个对象,相当于:new Sample()
19              Object obj1=class1.newInstance();
20              Object obj3 = class1.newInstance();
21              Class<?> class2 = fscl2.loadClass(className);
22              Object obj2 = class2.newInstance();
23              Method setSampleMethod = class1.getMethod("setSample",
24  java.lang.Object.class);
25              setSampleMethod.invoke(obj1, obj3);
26              setSampleMethod.invoke(obj1, obj2);
27          } catch (Exception e) {
28              e.printStackTrace();
29          }
30      }
31  }
```

```
01  package org.ddd.reflect.example8;
02  public class Sample {
03      private Sample instance;
04
05      public void setSample(Object newInstance) {
06          this.instance = (Sample) newInstance;
07      }
08  }
```

上面的代码使用自定义的类加载器创建了两个加载器实例 fscl1 和 fscl2,使用加载器 fscl1 创建了 Sample 类的实例 obj1 和 obj3,使用加载器 fscl2 创建了 Sample 类的实例 obj2。上面代码中的 setSampleMethod.invoke(obj1,obj3)能正确运行,但 setSampleMethod.invoke(obj1,obj2)将报出以下错误。

```
01  java.lang.reflect.InvocationTargetException
02      at sun.reflect.NativeMethodAccessorImpl.invoke0(Native Method)
03      at sun.reflect.NativeMethodAccessorImpl.invoke(NativeMethodAccessorImpl.
04  Java:39)
05      at sun.reflect.DelegatingMethodAccessorImpl.invoke
06  (DelegatingMethodAccessorImpl.Java:25)
```

```
07      at java.lang.reflect.Method.invoke(Method.Java:597)
08      at org.ddd.section2.example2_41.FileSystemClassLoaderTest.
09 testClassIdentity(FileSystemClassLoaderTest.Java:27)
10      at org.ddd.section2.example2_41.FileSystemClassLoaderTest.main
11 (FileSystemClassLoaderTest.Java:8)
12 Caused by: java.lang.ClassCastException: org.ddd.section2.example2_41.
13 Sample cannot be cast to
14 org.ddd.section2.example2_41.Sample
15      at org.ddd.section2.example2_41.Sample.setSample(Sample.Java:7)
16      ... 6 more
```

上面的异常是由代码 this.instance ＝（Sample）newInstance;产生的,产生错误是因为 obj1 和 obj2 是不同的类型,不能把 newInstance 赋值给 this.instance。从这个例子可以看出,对象即使根据同一个.class 文件中的类创建的对象,但使用的加载器不一样,对象的类型也不一样。从 JVM 的角度来说,不关心.class 文件的来源,只关心是不是来自同一个加载器。

5. 类加载顺序

（1）父类与子类的加载顺序。

如果一个类具有继承关系,那么它装载的时候,它的父类会不会被装载呢？下面来做一个实验,代码如下。

```
01 package org.ddd.reflect.example9;
02 public class Person {
03     static {
04         System.out.println("Person prepare!");
05     }
06 }
07 public class Teacher extends Person {
08     static{
09         System.out.println("Teacher prepare!");
10     }
11 }
```

Teacher 类是 Person 类的子类,更改启动类 Bootstrap 的代码。

```
01 package org.ddd.reflect.example9;
02 public class Bootstrap {
03     public static void main(String[] args){
04         new Teacher();
05     }
06 }
```

运行结果如下。

```
01  Person prepare!
02  Teacher prepare!
```

从运行结果可以看出,当新建(new)一个 Teacher 实例时,先装载的是它的父类 Person 类,然后才装载 Teacher 类本身。因此,可以得出一个结论:当一个类具有继承关系时,装载是从顶级类开始的,依次类推,直至加载到这个类本身。

(2) 引用类的加载。

如果一个类拥有其他类的引用,那么加载这个类的时候,会不会加载引用类? 此处把引用类分成两种情况:未初始化的静态引用、初始化的静态引用。

下面来做一个实验,观察在这两种情况下类的加载情况,代码如下。

```
01  package org.ddd.reflect.example10;
02  public class Course {
03      static{
04          System.out.println("Course prepare!");
05      }
06  }
07  public class Teacher {
08      static{
09          System.out.println("Teacher prepare!");
10      }
11      public static Course course;
12  }
13  public class Bootstrap {
14      public static void main(String[] args){
15          new Teacher();
16      }
17  }
```

运行结果如下。

```
01  Teacher prepare!
```

从运行结果可以看出,Course 类并没有装载进 JVM 中。现在改进一下代码。
把 Teacher 类中的

```
01  public static Course course;
```

改为

```
01  public static Course course = new Course();
```

对 course 进行初始化,改进后的运行结果如下。

```
01  Teacher prepare!
02  Course prepare!
```

从运行结果可以看出，JVM首先加载的是 Teacher 类，然后加载 Course 类。这说明如果类没有实例化，类的信息是不会加载的，如果要实例化，就必须要加载类的信息。这样处理是基于"按需加载"的原则，即在实例化类时才需要类的信息，才从.class 文件加载信息，这样处理可以达到效率最高。"按需加载"带来的问题是在类第一次实例化时，实例化的速度相对较慢。

4.2　读取类型信息

扫一扫

前文介绍了.class 文件中包含了类的信息和 JVM 指令，本节将介绍如何读取类的信息。利用类的信息可以创建一些特殊的应用程序，例如实体—关系映射（object relational mapping，ORM）。下面介绍类型信息的表示方法、获取 Constructor 信息、获取 Method 信息、获取 Field 信息等几个方面。

4.2.1　类型信息的表示方法

编译 Java 类文件后，会在类中添加一个静态属性，这个属性是 Class 类的实例，用于描述类型信息。那么 Class 对象又是如何描述类型信息的呢？Class 类又是如何构成的呢？

研究 Java.lang 包和 Java.lang.reflect 包后，发现用于描述类信息的类架构如图 4-3 所示。

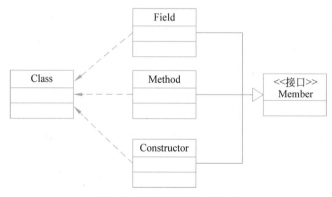

图 4-3　描述类信息的类架构

Class 对象提供了一组方法，可以方便地获取类的属性、方法、构造方法等相关信息，并用 Field、Method、Constructor 类来描述。可以通过这些描述类来分析类型信息，并运行类型信息来进行一些动态操作，如反射、类型识别等。

4.2.2　Class 类

Class 类的对象用来表示运行时类或接口的信息。Java 中的枚举是一种类，注释是一种接口，数组也被看成一个类。这些类的信息运行时都由 Class 类来描述。对数组而言，具有相同元素类型和维数的数组共享一个 Class 对象。可以通过 Class 对象获取类名、父类等信息，并可通过 Class 类来获取该类的属性、方法、构造方法、包等。

Class 对象是类型信息的核心,它直接对类的整体进行描述。获取 Class 对象的方法有多种,以下是几种常用的方法。

1. 通过.class 属性

如果够细心,你会发现所有的类都拥有一个静态属性——class 属性,通过例子来看看这个属性所指向的引用对象所表示的具体含义,代码如下。

```
01  package org.ddd.reflect.example11;
02  public class Person {
03  }
04  public class Bootstrap {
05      public static void main(String[] args) {
06          Class<Person> clazz = Person.class;
07          System.out.println(clazz.getCanonicalName());
08      }
09  }
```

运行结果如下。

```
01  org.ddd.reflect.example11.Person
```

Class 类的 getCanonicalName()方法返回"Java Language Specification"中所定义的基础类的规范化名称。如果基础类没有规范化名称(即如果是一个组件类型没有规范化名称的本地类、匿名类或数组),则返回 null。简言之,就是返回 Class 对象所表示的类型信息的全类名。从结果得知 clazz 所表示的是 org.ddd.reflect.example11.Person 类的类型信息。因此,使用 Person.class 获取 Class 对象,正是表示 Person 类型信息的 Class 对象。

2. 通过 getClass()方法

当拥有一个对象的引用时,如何通过这个对象的引用获取对象所属的具体类型? 当从容器中取出一个对象的引用,这个引用已经被向上转型,而又需要知道它的具体类型。

例如,在上课过程中,一个班级里有很多人,包括学生和老师。在老师讲课的过程中,学生不应该在课堂下面窃窃私语(在其他时间,如课堂提问还是可以说话的)。如果用程序来表示,就是在一个 List 容器中存放着很多 Person 类,从容器中获取 Person,判断这个 Person 对象的具体类型,如果是老师就允许他讲课,如果是学生则禁止他讲话,代码如下。

```
01  package org.ddd.reflect.example12;
02  public class Person {
03      public void speak(String message){
04          System.out.println(message);
05      }
06  }
07  public class Teacher extends Person {
08  }
09  public class Student extends Person {
```

```
10  }
11  public class Bootstrap {
12      public static void main(String[] args) {
13          List<Person> Persons = Arrays.asList(new Teacher(),new Student());
14          for(Person Person : Persons){
15              if(Person.getClass().equals(Teacher.class)){
16                  Person.speak("I am a teacher!");
17              }
18          }
19      }
20  }
```

上面的代码使用对象的 getClass() 方法获取到对象的类型信息对象。getClass() 是类 Object 的方法，因此所有的对象都有这方法。

运行结果如下。

```
01  I am a teacher!
```

从运行结果可以看出，只有老师在说话，而同学们都在安静地听课。

3. 通过 forName() 方法

现在假设有这种情况，获取了一个字符串，并被告知该串字符是一个类的全类名，而事先并不知道这个类的存在，换句话说，此时无法使用静态属性.class，当然更无法获取该类的对象，那么如何获取指定类的类型信息？Java 的 Class 类提供了一个静态方法 forName()，这个方法显式地装载指定类，并返回被加载类的 Class 对象。

假设获取了一个字符串"org.ddd.reflect.example10.Person"，该字符串代表一个类名，调用 Class 的 forName 方法来加载这个类，返回的 Class 对象存储在 clazz 变量中，clazz 变量被声明为 Class<?>类型，泛型<?>表示任何类型，代码如下。

```
01  package org.ddd.reflect.example13;
02  public class Person {
03      public void speak(String message){
04          System.out.println(message);
05      }
06  }
07  public class Bootstrap {
08      public static void main(String[] args) {
09          String className="org.ddd.reflect.example13.Person"; //指定被加载的类名
10          try {
11              Class<?> clazz = Class.forName(className);
12              System.out.println(clazz.getCanonicalName());
13          } catch (ClassNotFoundException e) {
14              //TODO Auto-generated catch block
15              e.printStackTrace();
```

```
16          }
17      }
18  }
```

运行结果如下。

```
01  org.ddd.reflect.example13.Person
```

从运行结果可以看出,返回的正是 Person 的类型信息对象。Java 提供两种方式来实现类装载的动态性:①隐式装载,如使用 new 关键字来定义一个实例变量时,当 JRE 检测到被调用的类没有装载时,就会自动装载;②显式装载,就是程序员根据自己的需要来装载类。Java 提供两种显示装载方法,分别是 Class 类的 forName()方法和 ClassLoader 的 loadClass()方法。

还有一些其他返回 Class 对象的方法如下。

① Class getDeclaringclass()。

返回一个用于描述类中定义的构造器、方法或域的 Class 对象。

② Class getReturnType()(在 Method 类中)。

返回一个用于描述返回类型的 Class 对象。

③ Class[] getParameterTypes()(在 Constructor 和 Method 类中)。

返回一个用于描述参数类型的 Class 对象数组。

④ Class[] getExceptionTypes()(在 Constructor 和 Method 类中)。

返回一个用于描述方法抛出的异常类型的 Class 对象数组。

4.2.3 获取 Constructor 对象

构造函数是一种特殊的方法,用来创建对象时初始化对象,即为对象成员变量赋初始值,总与 new 运算符在创建对象的语句中一起使用。一个类可以有多个构造函数,可根据其参数个数不同或参数类型不同来区分它们,即构造函数的重载。Java 中有一个类专门用来描述构造函数,即 Constructor 类。Constructor 类的对象用于描述类的单个构造方法,可以通过它来获取类的构造函数名称、访问权限等,甚至可以用 Constructor 来构建类的实例。代码如下。

```
01  package org.ddd.reflect.example14;
02  public class Person {
03      public Person(){}
04      public Person(String name){}
05      public Person(String name,int age){}
06      protected Person(boolean sex){};
07      private Person(Date birthday){};
08  }
```

上述代码中的 Person 类拥有 5 个构造函数,构造参数各不相同,对于访问权限来说,其中三个公有的、一个受保护的,还有一个是私有的。对这 5 个不同的构造方法,就会有 5 个不同的 Constructor 对象来描述。

Class 对象提供了 4 个方法来获取构造函数，内容如下。

1. getConstructor(Class parameterTypes …)

此方法用于获取指定参数类型的 Constructor 对象，其中参数 parameterTypes 为指定的参数类型，如 int.class、boolean.class 等。注：获取的构造函数必须是公有的，代码如下。

```
01  package org.ddd.reflect.example15;
02  public class Bootstrap {
03      public static void main(String[] args) throws SecurityException,
04  NoSuchMethodException {
05          Class clazz = Person.class;
06          Constructor constructor = clazz.getConstructor();
07          System.out.println(constructor.toString());
08          constructor = clazz.getConstructor(String.class);
09          System.out.println(constructor.toString());
10          constructor = clazz.getConstructor(String.class,int.class);
11          System.out.println(constructor.toString());
12  //      constructor = clazz.getConstructor(boolean.class);
13      //不合法的调用
14  //      constructor = clazz.getConstructor(Date.class);
15      //不合法的调用
16      }
17  }
```

运行结果如下。

```
01  public org.ddd.reflect.example15.Person()
02  public org.ddd.reflect.example15.Person(Java.lang.String)
03  public org.ddd.reflect.example15.Person(Java.lang.String,int)
```

此例中使用了之前代码中定义的 Person 类。在 Bootstrap 类中分别获取 Person 类的 3 个公有的构造函数对象，并将这些构造函数对象打印出来，结果如上所示。注意，getConstructor 方法无法获取应用于受保护的或私有的构造方法，当试图获取非公有的构造方法描述对象时，JVM 会抛出 Java.lang.NoSuchMethodException 异常。

2. getConstructors()

此方法用于获取指定类的公有构造函数描述对象 Constructor 列表，如果指定类没有公有的构造函数，则返回一个长度为 0 的 Constructor 数组，代码如下。

```
01  package org.ddd.reflect.example16;
02  public class Bootstrap {
03      public static void main(String[] args) throws SecurityException,
04  NoSuchMethodException {
05          Class clazz = Person.class;
```

```
06              Constructor[] constructors = clazz.getConstructors();
07              for(Constructor constructor : constructors){
08                  System.out.println(constructor.toString());
09              }
10          }
11      }
```

运行结果如下。

```
01  public org.ddd.reflect.example16.Person()
02  public org.ddd.reflect.example16.Person(java.lang.String)
03  public org.ddd.reflect.example16.Person(java.lang.String,int)
```

此例中仍然使用之前代码中的 Person 类。在 Bootstrap 中,使用 getConstructors 方法获取了 Person 类的构造方法列表,并逐个打印出这些构造函数。从运行结果可以看出,它只打印了 3 个公有的构造函数,由此可以说明,此方法只能获取公有构造函数列表。

3. getDeclaredConstructor(Class... parameterTypes)

此方法也是用于获取指定参数类型的构造函数描述对象 Constructor,与 getConstructor (Class parameterTypes ⋯)不同的是,该方法除了可以获取公有的构造函数描述对象外,还可以获取用于描述受保护的或私有的构造函数的 Constructor 对象。代码如下。

```
01  package org.ddd.reflect.example17;
02  public class Bootstrap {
03      public static void main(String[] args) throws SecurityException,
04  NoSuchMethodException {
05          Class clazz = Person.class;
06          Constructor constructor = clazz.getDeclaredConstructor();
07          System.out.println(constructor.toString());
08          constructor = clazz.getDeclaredConstructor(String.class);
09          System.out.println(constructor.toString());
10          constructor = clazz.getDeclaredConstructor(String.class,int.class);
11          System.out.println(constructor.toString());
12          constructor = clazz.getDeclaredConstructor(boolean.class);
13          System.out.println(constructor.toString());
14          constructor = clazz.getDeclaredConstructor(Date.class);
15          System.out.println(constructor.toString());
16      }
17  }
```

运行结果如下。

```
01  public org.ddd.reflect.example17.Person()
02  public org.ddd.reflect.example17.Person(java.lang.String)
```

```
03   public org.ddd.reflect.example17.Person(java.lang.String,int)
04   protected org.ddd.reflect.example17.Person(boolean)
05   private org.ddd.reflect.example17.Person(java.util.Date)
```

上例中使用了 getDeclaredConstructor 分别获取了 Person 类的 5 个构造函数描述对象，并将这些对象打印出来。从结果中可以发现，这一方法不受访问权限的限制，通过它除了可以获取公有的构造函数描述对象外，还可以获取受保护的或私有的构造函数描述对象。

4. getDeclaredConstructors()

此方法用于获取指定类的所有构造函数描述对象列表。与 getConstructors()方法不同的是，它除了可以获取公有的构造函数描述对象外，还可以获取私有的构造函数描述对象，代码如下。

```
01   package org.ddd.reflect.example18;
02   public class Bootstrap {
03       public static void main(String[] args) throws SecurityException,
04   NoSuchMethodException {
05           Class clazz = Person.class;
06           Constructor[] constructors = clazz.getDeclaredConstructors();
07           for(Constructor constructor : constructors){
08               System.out.println(constructor.toString());
09           }
10       }
11   }
```

运行结果如下。

```
01   public org.ddd.reflect.example18.Person()
02   public org.ddd.reflect.example18.Person(java.lang.String)
03   public org.ddd.reflect.example18.Person(java.lang.String,int)
04   protected org.ddd.reflect.example18.Person(boolean)
05   private org.ddd.reflect.example18.Person(java.util.Date)
```

此例中使用了 getDeclaredConstructors()方法来获取 Person 类的所有构造函数描述对象，并将这些对象打印出来。其运行结果显示的正是在 Person 类中定义的 5 个构造函数。

4.2.4 获取 Method 对象

Method 类的对象用于描述类的单个方法（不包括构造方法）。可以通过 Method 类来获取方法的访问权限、参数类型、返回值类型等信息。并且可以通过获取的 Method 对象来动态执行方法。

Java 中的方法有多种，如公有的（public）、受保护的（protected）、私有的（private）、抽象的（abstract）、静态的（static）等。但有些方法的修饰符可能并不常见，如 final、native。下面来说明这两个修饰符的具体含义。

1. final 方法

将方法声明为 final 有两个原因：①说明已经知道这个方法提供的功能满足要求，不需要进行扩展，也不允许任何从此类继承的类来覆写这个方法，但是仍然可以继承这个方法，也就是说可以直接使用；②允许编译器将所有对此方法的调用转化为 inline（行内）调用的机制，使得在调用 final 方法时，直接将方法主体插入到调用处，而不是进行例行的方法调用，如保存断点、压栈等，这样可能会使程序执行效率有所提高。然而当方法主体非常庞大时，或在多处调用此方法，那么调用的主体代码便会迅速膨胀，可能反而会影响效率，所以要慎用 final 进行方法定义。

2. native 方法

一个 native 方法就是一个 Java 调用非 Java 代码的接口。native 方法的实现由非 Java 语言实现，比如 C。这个特征并非 Java 所特有，很多其他的编程语言都有这一机制，比如在 C++ 中，你可以用 extern "C" 告知 C++ 编译器去调用一个 C 的函数。定义一个 native 方法时，并不提供实现体（有些像定义一个 Java interface），因为其实现体是由非 Java 语言在外面实现的。

Class 类同样提供了 4 个方法来获取方法的描述对象，内容如下。

1. getMethod(String name，Class... parameterTypes)

此方法用于获取指定名称和参数类型的公有方法描述对象。可获取的方法除了本身定义的方法外，还包含了继承自父类的方法。由于 Java 支持方法多态，因此会出现同名方法，所以获取一个方法描述对象时，必须同时指明方法名称和参数类型。如果没有参数可不设置，代码如下。

```
01  package org.ddd.reflect.example19;
02  public class Bootstrap {
03      public static void main(String[] args) throws SecurityException,
04  NoSuchMethodException {
05          Class clazz = Person.class;
06          Method method = clazz.getMethod("speak");
07          System.out.println(generateSignature(method));
08          method = clazz.getMethod("eat", String.class);
09          System.out.println(generateSignature(method));
10          method = clazz.getMethod("listen");
11          System.out.println(generateSignature(method));
12          method = clazz.getMethod("fly");
13          System.out.println(generateSignature(method));
14          method = clazz.getMethod("think");
15          System.out.println(generateSignature(method));
16          method = clazz.getMethod("userTool");              //不合法的调用
17          method = clazz.getMethod("userTool",String.class); //不合法的调用
18      }
19      public static String generateSignature(Method method)
```

```
20      {
21          StringBuilder sb = new StringBuilder();
22          if (Modifier.isPublic(method.getModifiers()))
23                                      sb.append("public ");
24          if (Modifier.isProtected(method.getModifiers()))
25                                      sb.append("protected ");
26          if (Modifier.isPrivate(method.getModifiers()))
27                                      sb.append("private ");
28          if (Modifier.isAbstract(method.getModifiers()))
29                                      sb.append("abstract ");
30          if (Modifier.isStatic(method.getModifiers()))
31                                      sb.append("static ");
32          if (Modifier.isFinal(method.getModifiers()))
33                                      sb.append("final ");
34          if (Modifier.isSynchronized(method.getModifiers()))
35                                      sb.append("synchronized ");
36          if (Modifier.isNative(method.getModifiers()))
37                                      sb.append("native ");
38          sb.append(method.getReturnType().getTypeName()).append(" ");
39          sb.append(method.getName());
40          sb.append("(");
41          for(Parameter parameter:method.getParameters())
42          {
43              sb.append(parameter.getType().getSimpleName()).append(" ");
44              //为了取得参数名称，必须 JDK8 以上，另外需要在编译时增加 -parameters
45              sb.append(parameter.getName());
46          }
47          sb.append(")");
48          return sb.toString();
49      }
50  }
```

运行结果如下。

```
01  public abstract void speak()
02  public void eat(String argo)
03  public static void listen()
04  public final void fly()
05  public native void think()
```

此例中使用了上一节的 Person 类，在 Bootstrap 中，使用 getMethod(String name,Class...parameterTypes)分别获取了继承自接口 Speakable 的 speak()方法、公有的 eat(String food)方法、静态公有的 listen()方法、final 的 fly()方法、native 的 think()方法。运行结果为获取的 Method 对象字符串输出。注意，由于 Person 类没有实现 Speakable 接口中的 speak()方法，因此打印出来的 speak()是 abstract 类型的。如果在 Person 类中实现了 speak()方法，它将显示

非抽象方法。在此例中,如果使用 getMethod(String name,Class... parameterTypes)来获取私有的或受保护的方法时,会抛出 Java.lang.NoSuchMethodException 异常。

2. getMethods()

此方法用于获取公有方法描述对象列表。在获取的列表中,不仅包括本身类定义的方法描述对象,还包含继承自父类或接口的方法描述对象,代码如下。

```
01  package org.ddd.reflect.example20;
02  import java.lang.reflect.Method;
03  import java.lang.reflect.Modifier;
04  import java.lang.reflect.Parameter;
05  public class Bootstrap {
06      public static void main(String[] args) throws SecurityException,
07  NoSuchMethodException {
08          Class clazz = Person.class;
09          Method[] methods = clazz.getMethods();
10          for(Method method : methods){
11              System.out.println(generateSignature(method));
12          }
13      }
14      public static String generateSignature(Method method)
15      {
16        //代码省略,实现参考前面同名代码
17      }
18  }
```

运行结果如下。

```
01  public static void listen()
02  public native void think()
03  public void eat(String argo)
04  public final void fly()
05  public final void wait()
06  public final void wait(long arg0int arg1)
07  public final native void wait(long arg0)
08  public boolean equals(Object arg0)
09  public String toString()
10  public native int hashCode()
11  public final native Class getClass()
12  public final native void notify()
13  public final native void notifyAll()
14  public abstract void speak()
15  public abstract void speak(String argo)
```

从上述运行结果中可以看出,在输出的函数列表中,除了在 Person 类中定义的方法外,

还包含了继承自父类及接口的方法，而且这些方法都是公有的。

3. getDeclaredMethod(String name, Class... parameterTypes)

此方法也用于获取指定名称和参数类型的方法描述对象。与方法 getMethod(String name, Class... parameterTypes)不同的是，此方法可以获取非公有的方法描述对象，代码如下。

```
01  package org.ddd.reflect.example21;
02  import java.lang.reflect.Method;
03  import java.lang.reflect.Modifier;
04  import java.lang.reflect.Parameter;
05  public class Bootstrap {
06      public static void main(String[] args) throws SecurityException,
07  NoSuchMethodException {
08          Class clazz = Person.class;
09          Method method = clazz.getDeclaredMethod("useTool");
10          System.out.println(generateSignature(method));
11          method = clazz.getDeclaredMethod("useTool", String.class);
12          System.out.println(generateSignature(method));
13      }
14      public static String generateSignature(Method method)
15      {
16          //代码省略,实现参考前面同名代码
17      }
18  }
```

运行结果如下。

```
01  protected void useTool()
02  private void useTool(String argo)
```

在此例中，用 getDeclaredMethod（String name, Class... parameterTypes）获取了 Person 类的受保护的方法 useTool()以及私有的方法 useTool(String tool)。运行结果打印了这两个方法的完整声明。

4. getDeclaredMethods()

此方法用于获取类本身定义的所有方法描述对象。注：获取的方法描述对象不包括继承自父类或接口的方法描述对象。此方法与 getMethods 不同的是，它只可以获取类本身定义的方法描述对象，而且获取的包括公有的、受保护的以及私有的方法描述对象，代码如下。

```
01  package org.ddd.reflect.example22;
02  import java.lang.reflect.Method;
03  import java.lang.reflect.Modifier;
04  import java.lang.reflect.Parameter;
```

```
05  public class Bootstrap {
06      public static void main(String[] args) throws SecurityException,
07  NoSuchMethodException {
08          Class clazz = Person.class;
09          Method[] methods = clazz.getDeclaredMethods();
10          for(Method method : methods){
11              System.out.println(generateSignature(method));
12          }
13      }
14      public static String generateSignature(Method method)
15      {
16          //代码省略,实现参考前面同名代码
17      }
18  }
```

运行结果如下。

```
01  protected abstract void listen(String argo)
02  public static void listen()
03  public final void fly()
04  public native void think()
05  public void eat(String argo)
06  private void useTool(String argo)
07  protected void useTool()
```

从上述运行结果可以看出,此方法获取了 Person 类定义的所有对象,包括公有的、受保护的以及私有的。

4.2.5 获取 Field 对象

Field 类的对象用于描述类的单个字段。可以通过 Field 对象来获取字段的访问权限、字段类型等信息。并且可以通过获取的 Field 对象来动态地修改字段值,代码如下。

```
01  package org.ddd.reflect.example23;
02  public class Person {
03      public String name;
04      protected boolean sex;
05      private int age;
06  }
```

此例中定义了一个 Person 类,并在类内部定义了 3 个属性:公有的属性 name、受保护的属性 sex 以及私有的属性 age。对应着这 3 个属性,分别有 3 个 Field 对象来描述。

Class 类同样提供了 4 种方式来获取 Field 对象,内容如下。

1. getField(String name)

此方法用于获取指定名称的 Field 对象。此属性必须在类内部已定义,而且必须是公

有的,否则会抛出 NoSuchFieldException 异常,代码如下。

```
01  package org.ddd.reflect.example24;
02  public class Bootstrap {
03      public static void main(String[] args) throws NoSuchFieldException {
04          Class clazz = Person.class;
05          Field field = clazz.getField("name");
06          System.out.println(field.toString());
07  //      field = clazz.getField("sex");        //不合法的调用
08  //      field = clazz.getField("age");        //不合法的调用
09      }
10  }
```

运行结果如下。

```
01  public java.lang.String org.ddd.reflect.example24.Person.name
```

此例中使用 getField(String name)获取了 Person 类的 name 属性描述对象 Field。并将获取的 Field 的对象以字符的形式打印出来。注意获取的属性必须是公有的,而且必须在类内部已定义,不可以用此方法获取继承自父类的属性描述对象。

2. getFields()

此方法用于获取指定类的公有属性描述对象的 Field 列表。如果指定的类没有公有属性,则返回一个空的 Field 数组,代码如下。

```
01  package org.ddd.reflect.example25;
02  public class Bootstrap {
03      public static void main(String[] args) throws NoSuchFieldException {
04          Class clazz = Person.class;
05          Field[] fields = clazz.getFields();
06          for(Field field : fields){
07              System.out.println(field.toString());
08          }
09      }
10  }
```

运行结果如下。

```
01  public java.lang.String org.ddd.reflect.example25.Person.name
```

此例中用 getFields()获取了 Person 类的所有公有属性描述列表。之后,使用一个 for 循环将这些公有属性的描述对象打印在屏幕上。

3. getDeclaredField(String name)

此方法返回一个 Field 对象,这个 Field 对象描述了指定名称的属性。这个属性不要求是公有的,但必须定义在类内部,代码如下。

```
01  package org.ddd.reflect.example26;
02  public class Bootstrap {
03      public static void main(String[] args) throws NoSuchFieldException {
04          Class clazz = Person.class;
05          Field field = clazz.getDeclaredField("name");
06          System.out.println(field.toString());
07          field = clazz.getDeclaredField("sex");
08          System.out.println(field.toString());
09          field = clazz.getDeclaredField("age");
10          System.out.println(field);
11      }
12  }
```

运行结果如下。

```
01  public java.lang.String org.ddd.reflect.example26.Person.name
02  protected boolean org.ddd.reflect.example26.Person.sex
03  private int org.ddd.reflect.example26.Person.age
```

此例中使用了 getDeclaredField(String name)方法分别获取了公有属性 name、受保护属性 sex 以及私有属性 age 的描述对象,并将它们分别打印出来。由此可以看出,此方法与 getField(String name)不同的是,它除了可以获取公有的属性外,还可以获取受保护的和私有的等非公有的属性描述对象。

4. getDeclaredFields()

此方法返回一个 Field 数组,该数组记录指定类的所有属性的描述对象。如果指定类没有属性,则返回一个空数组,代码如下。

```
01  package org.ddd.reflect.example27;
02  public class Bootstrap {
03      public static void main(String[] args) throws NoSuchFieldException {
04          Class clazz = Person.class;
05          Field[] fields = clazz.getDeclaredFields();
06          for(Field field : fields){
07              System.out.println(field.toString());
08          }
09      }
10  }
```

运行结果如下。

```
01  public java.lang.String org.ddd.reflect.example27.Person.name
02  protected boolean org.ddd.reflect.example27.Person.sex
03  private int org.ddd.reflect.example27.Person.age
```

从运行结果可以看出,方法 getDeclaredFields() 获取了类 Person 中定义的属性描述对象 Field 数组,该数组既包含了公有的属性描述对象,也包含了受保护的和私有的属性描述对象。

4.2.6 运行时类型识别

上两节内容分别阐述了类型信息的概念以及类型信息涉及的关键类。本节将讨论类型在实际编程中的应用,详细介绍类型信息的一个重要应用——运行时的类型识别。

运行时的类型识别,顾名思义就是在程序运行时动态地识别对象和类的信息。举例来说,比如从容器中获取了一个对象,那么判断这个对象所属类的过程就是类型识别的过程。

考虑下面一个问题:现在公司要临时发一笔奖金,但是不同职位的人获得的奖金不同,公司的员工对象全放到一个诸如 List 的容器中,要从容器中一个一个取出员工,并向其发放工资。如何知道取到的员工是经理还是普通员工呢? 该公司管理系统的人员组织如图 4-4 所示。

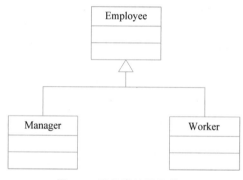

图 4-4　职员类的继承关系

在此例中,如果能对获取的对象进行类型识别,那么问题就迎刃而解了。当然类型识别的意义并不只在于此,它在类型转换、泛型约束等方面都有应用。

1. 关键字 instanceof

instanceof 是 Java 的一个二元关键字,用法与＞、＝、＆＆ 类似,表示某个对象是否是指定类的实例。生活中可能经常有这样的疑问:喜鹊是鸟吗? instanceof 的用法与此类似。比如我们想知道 employee 是不是 Employee 类的一个实例,就可通过 instanceof 进行提问,语法如下:employee instanceof Employee。这样的一个表达式返回一个 boolean 值,若为 true,则表示是指定类的一个实例,若返回 false,则表示不是指定类的实例。下面的实例演示了如何使用 instanceof,代码如下。

```
01  package org.ddd.reflect.example28;
02  public abstract class Employee {
03      protected int salary = 0;
04      public void addSalary(int amount){
05          this.salary += amount;
06      }
```

```
07      public abstract String toString();
08  }
09  public class Manager extends Employee {
10      @Override
11      public String toString() {
12          return "Manager's salary:    " + this.salary;
13      }
14  }
15  public class Worker extends Employee {
16      @Override
17      public String toString() {
18          return "Worker's salary:    " + this.salary;
19      }
20  }
21  public class Company {
22      /**随机生成一个 Employee 列表,其中包括 Manager 和 Worker
23       * @return employee 列表 */
24      public static List<Employee> getEmployees(){
25          List<Employee> employees = new ArrayList<Employee>();
26          Random random = new Random();
27          for(int i = 0; i<5; i++){
28              if(random.nextInt(5)>3){
29                  employees.add(new Manager());
30              }else{
31                  employees.add(new Worker());
32              }
33          }
34          return employees;
35      }
36  }
37  public class Bootstrap {
38      public static void main(String[] args) {
39          List<Employee> employees = Company.getEmployees();
40          for(Employee employee : employees){
41              if(employee instanceof Manager){
42                  employee.addSalary(5000);
43              }else{
44                  employee.addSalary(1000);
45              }
46              System.out.println(employee.toString());
47          }
48      }
49  }
```

运行结果如下。

```
01  Worker's salary:     1000
02  Worker's salary:     1000
03  Worker's salary:     1000
04  Manager's salary:    5000
05  Worker's salary:     1000
```

上面的代码定义了 5 个类 Employee、Manager、Worker、Company、Bootstrap。其中 Manager 和 Worker 类是 Employee 的子类。Employee 类定义了两个方法：一个是 addSalary(int amount)，用于增加员工工资；另一个是抽象的 toString() 方法，要求由子类来实现。在两个子类中，分别实现了父类的 toString() 方法。Company 类声明了一个获取员工列表的方法，此方法随机生成员工列表，模拟员工列表的未知性。在 Bootstrap 类中，首先获取了员工列表，接着一个一个地把员工取出，并判断员工的类型。如果是，则工资加 5000 元，如果是普通工人，则工资加 1000 元，最后输出员工信息。从输出信息可以看出，管理员的工资是 5000 元，而普通工人的工资是 1000 元。

值得说明的是，instanceof 的意思是某个对象是什么吗？比如，小李是员工吗？考虑这样一个问题，现在有一个 Manager 类的实例 manager，那么 manager 是 Employee 吗？答案是肯定的，即使是经理，他也是员工。下面来证实这一点，代码如下。

```
01  package org.ddd.reflect.example29;
02  public class Bootstrap {
03      public static void main(String[] args) {
04          Manager manager = new Manager();
05          if(manager instanceof Employee){
06              System.out.println("经理也是员工!");
07          }else{
08              System.out.println("经理不是员工!");
09          }
10      }
11  }
```

2. Class.isInstance()

现在有这样一个问题：员工对象被存放在一个诸如 List 的容器中，要统计每类员工的人数。因为公司经常有人员变动，所以员工类型经常变化。如果仍然使用上例中的 instanceof 关键字，那么每次员工类型变动的时候，都需要重新写一遍统计代码，这样做很烦琐，而且扩展性不强。有什么其他方法吗？下面介绍的方法将进一步提高程序的动态性。每个 Class 对象都有这样一个方法 isInstance()，用于判断指定的对象是不是类的一个实例。这样，上面这个问题就有解决方案了。假设有一个 Map，用于存放员工类型以及这种员工的数量，初始时的数量为零。由于每个类型都有一个 isInstance() 方法，那么只要把具体的员工对象传给它，让 Map 来进行判断和统计就可以了。以后员工类型变动时，也只需要修改员工类型 Map 即可，代码如下。

```
01  package org.ddd.reflect.example30;
02  public class Counter {
03      public static Map<Class,Integer> employeeTypes = new HashMap<Class,
04  Integer>();
05      public static void count(Employee employee){
06          for(Class clazz : employeeTypes.keySet()){
07              if(clazz.isInstance(employee)){
08                  int acount = employeeTypes.get(clazz)+1;
09                  employeeTypes.put(clazz, acount);
10              }
11          }
12      }
13      public static void addEmployeeType(Class clazz){
14          employeeTypes.put(clazz, 0);
15      }
16      public static void removeEmployeeType(Class clazz){
17          employeeTypes.remove(clazz);
18      }
19  }
```

Counter 类负责统计各种类型员工的数量以及管理员工的类型，可以通过此类来增加或移除员工类型，达到修改的目的。员工的类型以及人数存储在一个 Map＜Class，Integer＞中。当传入一个 Employee 类时，统计方法首先在键值表中找到该种类型的员工，然后修改员工的数量。应用的上下文类代码如下。

```
01  package org.ddd.reflect.example30;
02  public class Bootstrap {
03      public static void main(String[] args){
04          List<Employee> employees = Company.getEmployees();
05          Counter.addEmployeeType(Manager.class);
06          Counter.addEmployeeType(Worker.class);
07          for(Employee employee : employees){
08              Counter.count(employee);
09          }
10          for(Class clazz : Counter.employeeTypes.keySet()){
11              System.out.println(clazz.getCanonicalName() + " : " +
12  Counter.employeeTypes.get(clazz));
13          }
14      }
15  }
```

运行结果如下。

```
01  org.ddd.reflect.example30.Worker : 3
02  org.ddd.reflect.example30.Manager : 2
```

首先从公司获取了员工列表，然后在统计器中加入两种员工类型：Manager 和 Worker，让统计器统计这两类员工的数量，接着将员工一个一个地传给统计器，最后打印出统计结果，结果为经理 2 人、普通员工 3 人。

4.3 动态执行

扫一扫

Java 反射机制，是指在运行状态中，对于任意一个类，都能够知道这个类的所有属性和方法；对于任意一个对象，都能够调用它的任意一个方法，修改它的任意属性；这种动态获取的信息以及动态调用对象成员的功能称为 Java 语言的反射机制。

为什么需要反射？举个简单的例子：超市经常推出一些打折促销活动，由于每次促销的商品不同、打折的策略不同，导致程序需要经常变动。那么有没有一个办法能在不修改原有代码的基础上进行功能扩充呢？首先定义一个接口 Discounter，这个接口中有一个公开的抽象方法 discount(int price)，传入的参数为商品原有的单价，所有基础接口 Discounter 的类都拥有打折的功能。接着写一个配置文件，其中记录了有哪些打折策略；然后让程序读取这个配置文件，列出打折策略列表，让用户选择，如果现在新增一个打折策略，那么只需写一个类继承 Discounter 接口，然后在配置文件中增加一条记录就可以了。但配置文件记录的只是类的全类名，我们要根据这个类名字符串来获取类的实例。如何做呢？Java 反射机制提供了技术支撑。

上面的例子只是反射的一个小应用，有点像设计模式中的策略模式。在 Java 的其他领域（如类型信息获取、动态代理、动态执行方法等），反射也起着重要的作用。反射机制能让程序更加灵活、动态，Java 对反射提供支持的类主要包括 Class 类、java.lang.reflect 类库，其架构如图 4-5 所示。

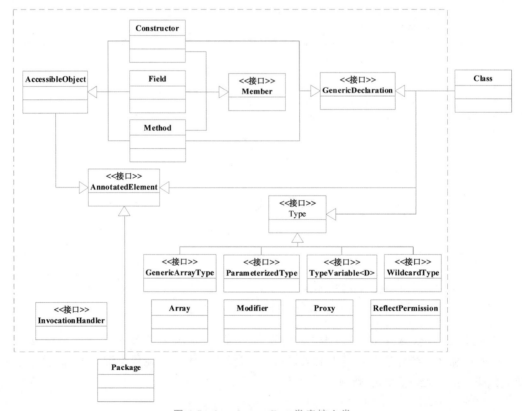

图 4-5　java.lang.reflect 类库核心类

4.3.1　深入反射

本节通过一个简单的例子来深入探索 Java 的反射机制。这个例子如下：在程序运行的过程中，我们获取到一个字符串 org.ddd.reflect.example31.Teacher，并且被告知这串字符串表示一个类，而且这个类继承了抽象的 Person 类。这个被编译好的类代码如下。

```
01  package org.ddd.reflect.example31;
02  public abstract class Person {
03      public abstract String toString();
04  }
05  public final class Teacher extends Person {
06      public String position;
07      private int salary;
08      public void speak(String message) {
09          System.out.println("Speak: " + message);
10      }
11      @Override
12      public String toString() {
13          return "[Position: " + position + " Salary: " + salary + "]";
14      }
15      private int getSalary(){
16          return this.salary;
17      }
18  }
```

操作要求如下。

① 显式地将这个类载入内存。

② 实例化这个类。

③ 执行方法 speak(String message)。

④ 修改属性 position。

⑤ 修改受保护属性 salary，以及执行私有方法 getSalary()。

这个例子只获取了一个字符串，要对这个字符串进行以上操作，在 Java 中如何操作呢？

4.3.2　显式加载指定类

Java 的 Class 类提供了显式加载的方法 forName(String name)，具体的使用方法如下。

```
01  package org.ddd.reflect.example32;
02  public class Bootstrap {
03      public static String className = "org.ddd.reflect.example31.Teacher";
04      public static void main(String[] args){
05          try {
06              System.out.println("开始加载类!");
07              Class clazz = Class.forName(className);
```

```
08              System.out.println("类加载完成!");
09          } catch (ClassNotFoundException e) {
10              e.printStackTrace();
11          }
12      }
13  }
```

运行结果如下。

```
01  开始加载类!
02  类加载完成!
```

此例定义了一个静态字符串 className，在 main( )函数中显式地加载了指定的类 Teacher，并将加载后该类的类型信息记录在 clazz 变量中。找不到指定的类时，会抛出 ClassNotFoundException 异常，指定的类名必须为全路径类名，包括完整的包名和类文件名。

4.3.3 通过反射实例化类

上一节使用 Class.forName(String name)加载指定类，这一节将通过获取的类型信息实例化该类，创建该类的对象。以下介绍两种动态创建对象的方法。

1. Class 类的 newInstance()方法

通过查询 Java 的 API，发现 Class 类拥有一个 newInstance( )方法，该方法用于创建指定类的实例对象。当拥有某个类的类型信息时，就可以实例化该类了。代码如下。

```
01  package org.ddd.reflect.example33;
02  public class Bootstrap {
03      public static String className = "org.ddd.reflect.example31.Teacher";
04      public static void main(String[] args){
05          try {
06              Class clazz = Class.forName(className);
07              Person person = (Person) clazz.newInstance();
08              System.out.println(person.toString());
09          } catch (Exception e) {
10              e.printStackTrace();
11          }
12      }
13  }
```

运行结果如下。

```
01  [Position: null Salary: 0]
```

这个例子加载了指定类的类名，接着调用 clazz 对象的 newInstance( )方法创建了指定

类的一个实例,由于知道指定类继承自 Person 类,因此将它进行向上转型为 Person 类,这样就拥有指定类的一个实例了。

2. Constructor 类的 newInstance()方法

new 关键字与构造方法一起可以构造类的新的实例,那么可不可以通过构造方法的描述对象实例化类呢?Constructor 类有一个方法叫 newInstance(Class… annotationClass),该方法用于使用指定参数类型的构造函数描述对象,实例化一个类。那么为什么有了 Class 类的 newInstance()方法,还需要 Constructor 类的 newInstance(Class… annotationClass)方法呢?从 Constructor 类的方法看,它需要传入若干个参数,这些参数表示构造函数的参数类型。这意味着可以获取有参的构造函数描述实例,这样也就可以执行有参的构造函数来实例化类。而这一点 Class 类的 newInstance()方法无法做到,它只能执行无参的构造函数。下面看看如何使用 Constructor 对象来实例化类,代码如下。

```
01  package org.ddd.reflect.example34;
02  public class Bootstrap {
03      public static String className = "org.ddd.reflect.example31.Teacher";
04      public static void main(String[] args) {
05          try {
06              Class clazz = Class.forName(className);
07              Constructor constructor = clazz.getConstructor();
08              Person person = (Person) constructor.newInstance();
09              System.out.println(person.toString());
10          } catch (Exception e) {
11              e.printStackTrace();
12          }
13      }
14  }
```

本例通过 clazz 对象获取了指定类的一个无参构造函数描述对象,然后使用这个描述对象实例化了一个对象,并将这个对象向上转型为 Person 型。

4.3.4 通过反射执行方法

这一节将介绍如何根据指定的方法名执行方法。4.3.1 节开始时,曾提出执行 speak(String message)方法,这个方法名叫作 speak,参数类型为 String.class。要想动态地执行 speak 方法,首先得获取描述该方法的 Method 对象。获取了 Method 对象后,Method 类拥有 invoke(Object obj,Object... args)方法,该方法可以执行指定对象的方法。该方法拥有两个参数:一个是指定的对象,表示在哪个对象上执行该方法;另一个是参数,即执行方法需要传入的参数。下面来看如何使用这个方法,代码如下。

```
01  package org.ddd.reflect.example35;
02  public class Bootstrap {
03      public static String className = "org.ddd.reflect.example31.Teacher";
```

```
04    public static void main(String[] args){
05        try {
06            Class clazz = Class.forName(className);
07            Constructor constructor = clazz.getConstructor();
08            Object teacher = constructor.newInstance();
09            Method method = clazz.getMethod("speak", String.class);
10            method.invoke(teacher, "Lesson one!");
11        } catch (Exception e) {
12            e.printStackTrace();
13        }
14    }
15 }
```

运行结果如下。

```
01  Speak: Lesson one!
```

此例首先加载了指定类 Teacher，获取了该类的无参构造方法描述对象，接着使用该 Constructor 对象构造了该类的一个实例 teacher，然后通过 Class 类的 getMethod 方法获取了指定的方法描述对象 method，然后调用 method 的 invoke 方法来执行对象 teacher 的 speak 方法，由于该方法需要传入一个字符串作为参数，因此需要传入一个字符串 "Lesson one!"。

上述关于反射的例子都是操作在公有方法上的，那么能不能通过反射来执行非公有的方法呢？当试图修改非公有的方法时，JVM 会抛出一个 IllegalAccessException 异常，提示不允许访问被 private 修饰的方法。那就没办法吗？ Field、Method 以及 Constructor 的父类 AccessibleObject 提供一个方法：setAccessible(boolean flag)，该方法用于设置访问对象的 accessible 标志，当该标志为 true 时，反射的对象在使用时取消了 Java 语言访问检查，此时就可顺利使用反射对象了。

4.3.5　通过反射修改属性

前文介绍了用于描述属性的 Field 类，Field 有一个方法 set(Object obj, Object value)，用于动态地给属性赋值。这个方法有两个参数：第一个参数表示要修改属性的对象，第二个参数表示修改后的值。同样，Field 有 get(Object obj) 方法，用于动态地获取属性的值。下面就介绍如何使用该方法，代码如下。

```
01 package org.ddd.reflect.example36;
02 public class Bootstrap {
03     public static String className = "org.ddd.reflect.example31.Teacher";
04     public static void main(String[] args){
05         try {
06             Class clazz = Class.forName(className);
```

```
07              Constructor constructor = clazz.getConstructor();
08              Object teacher = constructor.newInstance();
09              Field field = clazz.getField("position");
10              System.out.println(teacher.toString());
11              field.set(teacher, "Master");
12              System.out.println(teacher.toString());
13              System.out.println(field.get(teacher));
14          } catch (Exception e) {
15              e.printStackTrace();
16          }
17      }
18  }
```

运行结果如下。

```
01  [Position: null Salary: 0]
02  [Position: Master Salary: 0]
03  Master
```

运行结果为动态赋值前和动态赋值后 Person 对象的属性状态,从结果可以看出,person 的 position 属性由 null 变为了 Master。此例首先获取了用于描述属性 position 的 Field 对象 field,然后调用 field 的 set(teacher,"Master")方法。把 teacher 的 position 值修改成了 Master。然后通过 get(teacher)获取 teacher 对象的 position 属性的值。

由于 Field 类也继承了 AccessibleObject,因此通过反射访问私有属性时,也需要设置 accessible 标志,即 field.setAccessible(boolean flag)。

4.3.6　动态编译

Java 是一种强类型定义、静态类型的编译型语言,程序在执行前需要静态地编译成 class 文件,再通过类加载器加载到虚拟机(JVM)中执行。编译型语言相对于边解释边执行的解释型语言,不能在运行的时候修改代码,少了解释型语言的灵活性。例如,JavaScript 语言的 eval()函数能动态地传入表达式进行计算。

为了弥补静态语言的不足,Java 提供了类 JavaCompiler 来动态地把 Java 源代码编译成 class 文件,然后使用本章学习的类加载器加载到虚拟机(JVM)中,使用反射技术动态执行 Java 类中的方法。Java 语言中的动态编译技术能实现很多强大的功能,例如在 JavaEE 中的 JSP 技术就是通过动态地把 JSP 页面翻译成 Servlet 源代码,然后动态地编译成 Servlet 类,最后通过反射技术加载编译的 Servlet 执行。

下面的例子展示了如何通过 JavaCompiler 动态编译 Java 代码,并加载执行,代码如下。

```
01  package org.ddd.reflect.example37;
02  import javax.tools.JavaCompiler;
03  import javax.tools.ToolProvider;
04  public class JavaCompilerTest {
05      public static void main(String[] args) throws IOException,
06  ClassNotFoundException,
```

```
07    NoSuchMethodException, SecurityException, IllegalAccessException,
08    IllegalArgumentException, InvocationTargetException {
09          String string = "public class Hello {"
10                    + " public static void main(String []args)"
11                    + "{"
12                    + "System.out.println(\"Hello,this is dynamically compiled and
13    executed!\");"
14                    + "}"
15                    + "}";
16          File file = new File(System.getProperty("Java.io.tmpdir") +
17    File.separator+"Hello.Java");
18          if (!file.exists()) {
19              file.createNewFile();
20          }
21          byte[] bytes = string.getBytes();
22          FileOutputStream stream = new FileOutputStream(file);
23          stream.write(bytes, 0, bytes.length);
24          stream.close();
25          JavaCompiler JavaCompiler = ToolProvider.getSystemJavaCompiler();
26          int result = JavaCompiler.run(null, null, null,file.getAbsolutePath());
27          if(result == 0)
28          {
29              System.out.println("编译成功");
30        URL[]urls = new URL[]{new URL("file:/" +file.getParent().replace
31    ('\\', '/')+"/")};
32              URLClassLoader classLoader = new URLClassLoader(urls);
33              Class<?> clazz = classLoader.loadClass("Hello");
34              System.out.println("类名为:"+clazz.getName());
35              Method method = clazz.getDeclaredMethod("main", String[].class);
36              method.invoke(null,  (Object) new String[]{"aa","bb"});
37              classLoader.close();
38          }
39          else
40          {
41            System.err.println("编译出错,错误参加控制输出");
42          }
43      }
44  }
```

代码执行后输出结果如下。

```
01  编译成功
02  类名为:Hello
03  Hello,this is dynamically compiled and executed!
```

需要注意的是,ClassLoader 加载的类一直存在内存中,不会自动从内存中卸载,即使永远不再使用也是如此,并且也不能手工卸载,除非加载的 Class Loader 从内存中卸载。如果使用 JavaCompiler 动态编译生成的 Class,加载到内存后也不会卸载,这将导致内存泄漏,长期运行可能引起内存溢出。因此,使用动态编译的时候需要注意这个问题,不能滥用。

4.3.7 反射异常

1. ClassNotFoundException

抛出该异常的原因是未在命名空间内找到指定的类,有可能是因为类名错误,或者是类文件不存在。抛出该异常时请检查指定的类是否存在,或检查类名是否正确、是否完整(类名应为全类名,即简单类名加上完整包名)。

2. SecurityException

该异常是由安全管理器抛出的异常,指示存在安全侵犯。比如修改不允许修改的 accessible 标志时,会抛出 SecurityException 异常。

3. NoSuchMethodException

无法找到某一特定方法时,抛出该异常。有可能的原因是方法名错误,或者使用 getMethod 获取非公有方法,或是指定的方法不存在。抛出异常时,可打印出指定类的所有方法名,进行比较检查。

4. NoSuchFieldException

无法找到指定字段时,抛出该异常。有可能的原因是字段名错误,或者使用 getField 获取了非公有的字段,或是指定的字段不存在。抛出异常时,可打印指定类的所有字段名,进行比较检查。

5. IllegalArgumentException

抛出的异常表明向方法传递了一个不合法或不正确的参数。可获取 Method 对象的参数,进行比较检查。

6. InstantiationException

当应用程序试图使用 Class 类中的 newInstance 方法创建一个类的实例,而指定的类对象无法被实例化时,抛出该异常。实例化失败有很多原因,如实例化一个抽象类或接口,或者试图创建数组类的实例,而且该方法不能应用于基本类型。

7. IllegalAccessException

当应用程序试图通过反射创建一个实例(而不是数组)、设置或获取一个字段,或者调用一个方法,但当前正在执行的方法无法访问指定类、字段、方法或构造方法的定义时,抛出 IllegalAccessException。

4.4 动态代理

4.4.1 代理模式

　　存在这样一个问题：现有类 Person，该类继承了接口 Speakable，Speakable 中有个方法 speak(String message)，想知道 Person 类实现的 speak 方法何时执行。能不能把获取时间的代码加到 speak(String message) 内部？这样显然不太合适，原因如下：①这段代码本不应该属于 speak(String message) 的一部分，就不应该让它来执行；②如果此类已经编译且无法修改，那就无法修改原有的代码，也就无法在其内部增加代码。那该如何做呢？一般情况下，对该方法进行一次封装，重新写一个方法，在新方法中调用 speak(String message) 方法，并增加额外的代码。诸如此类的问题很多，比如限制外部非法访问、统计方法调用频率和开销等等，因此将此类方法的解决方法归结为一种模式，即代理模式，如图 4-6 所示。

图 4-6　代理模式

　　代理模式是指为目标对象提供一个代理对象，外部对目标对象的访问通过代理委托进行，以达到控制访问的目的。为保持行为的一致性，代理类通常与委托类实现同一接口，所以在访问者看来，两者没有区别。通过代理类这中间一层，能有效控制对委托类对象的直接访问，也可以很好地隐藏和保护委托类对象，同时也为实施不同控制策略预留了空间，从而在设计上获得了更大的灵活性，代码如下。

```
01  package org.ddd.reflect.example38;
02  public interface Speakable {
03      public void speak(String message);
04  }
05  public class Person implements Speakable {
06      @Override
07      public void speak(String message) {
08          System.out.println("Speak: " + message);
09      }
10  }
11  public class PersonProxy implements Speakable {
12      private Person person;
13      public PersonProxy(Person person){
14          this.person = person;
```

```
15      }
16      @Override
17      public void speak(String message) {
18          this.person.speak(message);
19          System.out.println("运行时间: " + System.currentTimeMillis());
20      }
21  }
22  public class Bootstrap {
23      public static void main(String[] args){
24          Person person = new Person();
25          PersonProxy proxy = new PersonProxy(person);
26          proxy.speak("Lesson one!");
27      }
28  }
```

运行结果如下。

```
01  Speak:      Lesson one!
02  运行时间: 1312690806671
```

本例定义了两个类 Person 和 PersonProxy,其中 PersonProxy 用作 Person 访问对象的代理。这两个类都继承了接口 Speakable。在外部(Bootstrap)访问的时候,调用的是 PersonProxy 类的 speak 方法,该方法对 Person 的 speak 进行了封装,调用 Person 的 speak 方法之后,打印了当前毫秒数。当然,如果需要也可以在方法访问前做一些预处理,如控制访问权限,在访问后进行消息转发等操作。

4.4.2　Java 动态代理

代理模式解决了很多问题,但同时也增加了一些负担,因为必须为委托类维护一个代理,不易管理而且增加了代码量。Java 动态代理机制的思想就更加先进一步。因为它可以动态地创建代理,并动态地处理代理方法的调用。Java 动态代理机制的出现,使得 Java 开发人员不用手工编写代理类,只要简单地指定一组接口及委托类对象,便能动态地获得代理类。代理类会负责将所有的方法调用分派到委托对象上反射执行,在分派执行的过程中,开发人员还可以按需调整委托类对象及其功能,这是一套非常灵活、有弹性的代理框架,如图 4-7 所示。

图 4-7 中的 Proxy 为动态代理的核心类,它负责创建所有代理类,并且它所创建的代理类都是它的子类,而且这些子类继承所代理的一组接口,因此它就可安全地转换成需要的类型,进行方法调用。InvocationHandler 是调用处理器接口,它自定义了一个 invoke 方法,用于集中处理在动态代理类对象上的方法调用,通常在该方法中实现对委托类的代理访问,图中 ProxyHandler 为该接口的一个实现,负责委托类代理访问。Proxied 即为委托类,该委托类与动态生成的代理类一同实现了一组代理接口,并且为调用处理器保存了该类的一个引用。

以下来写一个简单的动态代理实例,对动态代理机制进行详细说明,代码如下。

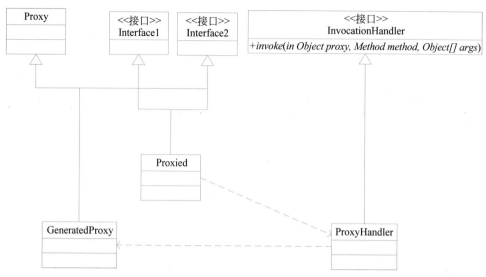

图 4-7　灵活的代理框架

调用处理器 LogHandler 的代码如下。

```
01  package org.ddd.reflect.example39;
02  import java.lang.reflect.InvocationHandler;
03  import java.lang.reflect.Method;
04  public class LogHandler implements InvocationHandler {
05      private Object proxied;
06      public LogHandler(Object proxied){
07          this.proxied = proxied;
08      }
09      public Object invoke(Object proxy, Method method, Object[] args)
10              throws Throwable {
11          method.invoke(this.proxied, args);
12          System.out.println("运行时间: " + System.currentTimeMillis());
13          return null;
14      }
15  }
```

动态代理的主程序如下。

```
01  import java.lang.reflect.Proxy;
02  public class Bootstrap {
03      public static void main(String[] args){
04          Person person = new Person();
05          Speakable speakable = (Speakable)Proxy.newProxyInstance(
06                  Speakable.class.getClassLoader(),
07                  new Class[]{Speakable.class}, new LogHandler(person));
08          speakable.speak("Lesson one!");
09          System.out.println(speakable.getClass().toGenericString());
10      }
11  }
```

运行结果如下。

```
01  Speak:    Lesson one!
02  运行时间：1608732307733
03  public final class com.sun.proxy.$Proxy0
```

此例各对象的相互调用过程如图 4-8 所示。定义了一个代理接口 Speakable，其内定义了 speak（String message）方法。类 Person 实现了接口 Speakable。LogHandler 为调用处理器，负责处理对委托对象的访问，它继承了 InvocationHandler 接口，并实现了 invoke（Object proxy，Method method，Object[] args）方法，该方法需要传入 3 个参数：第 1 个参数表示代理对象，即由 Java 动态生成的代理对象；第 2 个参数表示被执行的委托方法；第 3 个参数表示执行委托方法所需的参数。启动类 Bootstrap 首先实例化了一个委托对象，接着使用 Proxy 的静态方法 newProxyInstance（ClassLoader loader，Class[] class，InvocationHandler handler）；创建了一个动态代理实例，并将该实例转型为 Speakable，最后就可以正确调用代理类的 speak(String message)方法了。对象 speakable 是一个动态创建的类 com.sun.pr oxy.$Proxy0 的对象，类 $Proxy0 由 Java 自动创建，这是动态代理的名称来源。

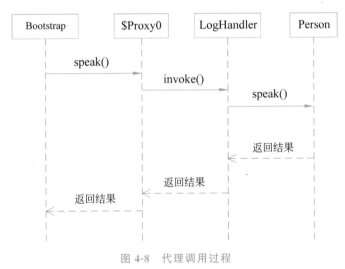

图 4-8　代理调用过程

4.4.3　动态代理的特点

动态生成的代理类特点如下。

（1）包。如果所代理的接口都是公有（public）的，那么它将被定义在顶层包（即包路径为空），如果所代理的接口中有非公有的接口（因为接口不能被定义为 protected 或 private，所以除 public 之外就是默认的 package 访问级别），那么它将被定义在该接口所在的包中（假设代理了 org.ddd.reflect 包中的某非公有接口 A，那么新生成的代理类所在的包就是 org.ddd.reflect），这样设计的目的是为了最大限度地保证动态代理类不会因为包管理的问题而无法被成功定义并访问。

（2）类修饰符。该代理类具有 final 和 public 修饰符，意味着它可以被所有的类访问，但是不能被再度继承。

（3）类名。格式是" $ ProxyN"，其中 N 是一个逐一递增的阿拉伯数字，代表 Proxy 类第 N 次生成的动态代理类，值得注意的是，并不是每次调用 Proxy 的静态方法创建动态代理类都会使得 N 值增加，原因是如果对同一组接口（包括接口排列的顺序相同）试图重复创建动态代理类，它会返回先前已经创建好的代理类的类对象，而不会再尝试去创建一个全新的代理类，这样可以节省不必要的代码重复生成，提高了代理类的创建效率。

（4）类继承关系。上文已经对动态生成的代理类进行了类关系说明，即动态生成的代理类继承了类 Proxy，并实现了所代理的所有接口。

实际上，每个动态代理实例都会关联一个调用处理器对象，可以通过 Proxy 提供的静态方法 getInvocationHandler 去获得代理类实例的调用处理器对象。在代理类实例上调用其代理的接口中所声明的方法时，这些方法最终都会由调用处理器的 invoke 方法执行。当代理的一组接口有重复声明的方法且该方法被调用时，代理类总是从排在最前面的接口中获取方法对象，并分派给调用处理器，而无论代理类实例是否正在以该接口（或继承于该接口的某子接口）的形式被外部引用，因为在代理类内部无法区分其当前的被引用类型。

至于被代理的接口，首先，不能有重复的接口，以避免动态代理类代码生成时的编译错误。其次，这些接口对于类装载器必须可见，否则类装载器将无法链接它们，将会导致类定义失败。再次，需被代理的所有非公有（public）的接口必须在同一个包中，否则代理类生成也会失败。最后，接口的数目不能超过 65535，这是 JVM 设定的限制。

4.4.4 扩展阅读之 AOP

AOP（aspect oriented programming）意为面向方面编程，是可以通过预编译方式和运行期动态代理实现在不修改源代码的情况下给程序动态统一添加功能的一种技术。AOP 实际是 GoF 设计模式的延续，设计模式孜孜不倦追求的是调用者和被调用者之间的解耦，AOP 也可以说是这种目标的一种实现。其主要的功能是日志记录、性能统计、安全控制、事务处理、异常处理等。

如果说面向对象编程是关注将需求功能划分为不同的并且相对独立的，封装良好的类，并让它们有着属于自己的行为，依靠继承和多态等来定义彼此的关系的话；那么面向方面编程则是希望能够将通用需求功能从不相关的类当中分离出来，使得很多类共享一个行为，一旦发生变化，不必修改很多类，而只需要修改这个行为即可。

面向方面编程是一个令人兴奋不已的新模式。就开发软件系统而言，它的影响力必将会和有着十数年应用历史的面向对象编程一样巨大。面向方面编程和面向对象编程不但不是互相竞争的技术，而且还是彼此很好的互补。面向对象编程主要用于为同一对象层次的公用行为建模。它的弱点是将公共行为应用于多个无关对象模型之间。而这恰恰是面向方面编程适合的地方。有了 AOP，我们可以定义交叉的关系，并将这些关系应用于跨模块的、彼此不同的对象模型。AOP 同时还可以让我们层次化功能，而不是嵌入功能，从而使得代码有更好的可读性，易于维护。它会和面向对象编程合作得很好。

Spring 中提供了面向方面编程的丰富支持，允许通过分离应用的业务逻辑与系统级服务（如审计（auditing）和事务（transaction）管理）进行内聚性的开发。应用对象只实现它们应该做的——完成业务逻辑——仅此而已。它们并不负责(甚至是意识)其他的系统及关注点,例如日志或事务支持。

4.5 依赖注入实例

考虑一个问题:当对象 A 需要使用对象 B 时,一般的情况下采用 new B()的方式获取一个实例来使用,称 A 在控制 B 的生成。显然这里存在一些问题,当对 B 的功能进行扩展,或换一种方法实现 C 时,A 就无法使用 C 了,因为在 A 的内部已经把 B 写死了(假设 A 无法更改或不易更改)。怎么解决这个问题呢? Spring 的核心概念控制反转正是为解决这一问题而生。为什么说控制反转了呢? 原有的程序是 A 在控制 B 的生成,而在 Spring 中则不是这样。在 Spring 中,A 只需为需要使用的功能定义一组接口,而具体的实现则从 Spring 中获取。换一种说法,现在是由 Spring 提供具体的实现实例,当 A 需要时,只需从 Spring 容器中提取即可。控制是不是反转了呢? 即由原来的使用对象控制转变为现在的 Spring 控制。对 Spring 该功能的另一种说法是依赖注入,何为依赖注入? A 需要使用 B 的功能,但是自己又不能直接实例化,它就只能依赖于 Spring 的注入,即把用户需要的实例注入用户实体中。

由此可知,现在编程是针对的接口,而不是具体的实现,即需要使用某功能时只需定义一组接口,具体的实现别人去做。这样对象之间的耦合是不是松散了很多呢? Spring 的一个重要动机就是低耦合。既然 Spring 要提供很多对象实现,就需要一个功能强大的对象管理功能,而且得提供注册功能,让实现对象能注册到 Spring 中。Spring 的对象管理功能由控制反转(inversion of control,IoC)容器来负责,接口 BeanFactory 即为 IoC 的具体表现。它的子类实现了 IoC 的基本功能。对于 Spring 中的对象注册,则提供了多种方式,如配置文件、标注等,当然也可以根据自己的需要扩展成自己的注册方式。把 Spring 的容器管理和对象注册结合起来的,一般情况下使用的都是上下文接口 ApplicationContext 的具体实现。现在就来写一个含有 IoC 的简单 Spring。内容如下。

1. 需求分析

(1) 设计一个含有 IoC 的简单 Spring,这个 Spring 中含有对象注册、对象管理以及暴露给外部的获取对象功能。

(2) 对象注册要求注册方式多样,可灵活扩展。

2. 项目设计

(1) 对于注册的对象,用一个类 BeanInfo 来描述其信息,包括名对象标识、全类名以及属性名及值的 Map 集合。

(2) 对于 IoC 容器,设定一个顶层接口 BeanFactory,该接口中定义通过对象名称获取对象的方法 getBean(String name)。AbstractBeanFactory 实现该接口,在该类中实现解析生成目标对象,以及获取目标对象方法,并在该类中添加注册器接口,以便能从注册器中读取注册的对象。

(3) 对于注册器来说,提供一个顶层的接口 SourceReader,并在其中添加加载用户注册的对象的方法 loadbeans(String path)，具体的实现根据不同的方式而定，本项目中需有一个默认的测试实现 XMLSourceReader，该对象负责模拟读取用户注册的对象，并把这些对象封装成 BeanInfo，放入一个 Map 中。

（4）最后设定一个上下文 XMLContext，该上下文负责选择使用哪种注册方式，并决定何时加载注册的对象。

依赖注入的系统架构如图 4-9 所示。

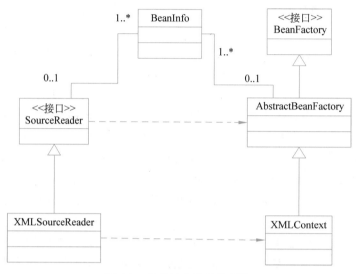

图 4-9　依赖注入的系统架构

3. 代码

（1）类 BeanInfo 的代码如下。

```
01  package org.ddd.reflect.example40;
02  //该类用于描述注册在容器中的对象
03  public class BeanInfo {
04      private String id;                          //对象的标识
05      private String type;                        //对象的类型,即全类名
06      private Map<String,Object> properties = new HashMap<String,Object>();
07                                                  //对象的属性及值的集合
08      public String getId() {
09          return id;
10      }
11      public void setId(String id) {
12          this.id = id;
13      }
14      public String getType() {
15          return type;
16      }
17      public void setType(String type) {
```

```
18          this.type = type;
19      }
20      public Map<String, Object> getProperties() {
21          return properties;
22      }
23      public void setProperties(Map<String, Object> properties) {
24          this.properties = properties;
25      }
26      public void addProperty(String name, Object value){
27          this.properties.put(name, value);
28      }
29 }
```

（2）接口 BeanFactory 的代码如下。

```
01 package org.ddd.reflect.example40;
02 /**
03  * IoC 容器的顶层接口
04  */
05 public interface BeanFactory {
06     /**
07      * 根据对象的名称标识来获取对象实例
08      * @param name 对象名称,即对象描述信息中的对象标识
09      * @return 指定名称的对象实例
10      */
11     Object getBean(String name);
12 }
```

（3）类 AbstractBeanFactory 的代码如下。

```
01 package org.ddd.reflect.example40;
02 /**
03  * 最顶层的 IoC 实现
04  * 该类负责从注册器中取出注册对象
05  * 实现从对象描述信息转换为对象实例的过程
06  * 实现根据名称获取对象的方法
07  */
08 public abstract class AbstractBeanFactory implements BeanFactory {
09     private String filePath;          //注册文件路径
10     private Map<String,BeanInfo> container; //注册对象信息 Map
11     protected SourceReader reader;                //对象注册读取器
12     public AbstractBeanFactory(String filePath){
13         this.filePath = filePath;
14     }
15     /**
```

```
16         * 该方法为抽象方法,需由子类实现,用于指定使用什么样的注册读取器
17         * @param reader 指定的注册读取器
18         */
19        protected abstract void setSourceReader(SourceReader reader);
20        //从注册读取器中读取注册对象的信息 MAP
21        public void registerBeans(){
22             this.container = this.reader.loadBeans(filePath);
23        }
24        //实现 BeanFactory 定义的根据名称获取指定对象的方法
25        @Override
26        public Object getBean(String name) {
27             BeanInfo beaninfo = this.container.get(name);
28                                            //根据对象名获取该对象的描述信息
29            if(beaninfo == null){
30    //如果容器中不存在该对象的描述信息,则返回 null,此处可以抛开一个异常
31                return null;
32            }
33    else{
34    //根据对象信息解析并生成指定对象实例,返回给用户
35                return this.parseBean(beaninfo);
36            }
37        }
38        /**
39         * 解析并生成对象实例
40         * 该方法主要通过反射完成,步骤如下:
41         * 1.根据类名,加载指定类,并获取该类的貌似 Class 对象 clazz
42         * 2.使用 Class 对象 clazz 实例化该类,获取一个对象,注意,这里实例化对象时,采用
43         * 的无参构造方法,因此要求注册的对象必须含有无参构造方法
44         * 3.逐个设置对象字段的值,这里采用 setter Method 方式,而不是直接使用 Field 对
45         * 象的原因是,用户有可能在 setter 对象中对注入的值进行额外处理,如格式化等
46         * 4.返回对象实例
47         * @param beaninfo 指定对象的描述信息
48         * @return
49         */
50        protected Object parseBean(BeanInfo beaninfo){
51          Class clazz;
52          try {
53              clazz = Class.forName(beaninfo.getType());
54                                          //根据对象的全类名指定类
55              Object bean = clazz.newInstance();
56                                       //使用注册对象的无参构造函数实例化对象实例
57              Method[] methods = clazz.getMethods();
58    //获取该类声明的所有公共方法,其实 Spring 获取的是所有方法,包括非公有的
59              for(String property : beaninfo.getProperties().keySet()){
```

```
60  //遍历对象的所有属性,进行赋值
61              String setter = "set" + StringUtil.firstCharToUp(property);
62  //获取属性的 setter 方法名称
63              for(Method method : methods){
64  //遍历该类的所有公有方法
65                  String methodName = method.getName();    //获取方法名称
66                  if(methodName.equals(setter)){
67  //比较方法名与属性的 setter 方法名是否相同,如果相同则进行赋值
68                      Object value = beaninfo.getProperties().get(property);
69  //从对象描述信息中获取该属性的值
70                      method.invoke(bean, value);     //通过反射对属性进行赋值
71                      continue;                       //对下一属性赋值
72                  }
73              }
74          }
75          return bean;                                //返回指定的对象
76      }
77  catch (Exception e) {
78          //TODO Auto-generated catch block
79          e.printStackTrace();
80      }
81      return null;
82  }
83 }
```

（4）接口 SourceReader 的代码如下。

```
01  package org.ddd.reflect.example40;
02  /**
03   * 注册读取器接口
04   * 负责读取用户注册的对象
05   * 继承该接口的类可以实现多种读取方式,如从配置文件中读取,根据标注读取,从网络中读取等
06   */
07  public interface SourceReader {
08      /**
09       * 读取用户注册的对象信息
10       * @param filePath 读取目录
11       * @return 注册对象信息 Map
12       */
13      Map<String,BeanInfo> loadBeans(String filePath);
14  }
```

（5）类 XMLSourceReader 的代码如下。

```
01  package org.ddd.reflect.example40;
```

```
02  /**
03   *  XML 注册读取器
04   *  该类继承了注册读取器接口,并模拟实现了读取注册对象信息的方法
05   */
06  public class XMLSourceReader implements SourceReader {
07      /**
08       *  实现读取注册对象信息方法
09       *  此处只是模拟测试使用,感兴趣的同学可以自己书写通过配置文件读取的实现
10       */
11      @Override
12      public Map<String, BeanInfo> loadBeans(String filePath) {
13          //初始化一个对象信息
14          BeanInfo beaninfo = new BeanInfo();
15          beaninfo.setId("Person");
16          beaninfo.setType("org.ddd.di.bean.Person");
17          beaninfo.addProperty("name", "Tim");
18          Map<String,BeanInfo> beans = new HashMap<String,BeanInfo>();
19                                              //初始化一个对象信息 Map
20          beans.put("Person", beaninfo);      //将对象信息注册到对象信息 Map 中
21          return beans;                       //返回对象信息 Map
22      }
23  }
```

（6）类 XMLContext 的代码如下。

```
01  package org.ddd.reflect.example40;
02  public class XMLContext extends AbstractBeanFactory{
03      /**
04       *  上下文的构造方法
05       *  该方法中指明注册读取器
06       *  并在构造该方法时一次性地加载注册的对象
07       *  @param filePath
08       */
09      public XMLContext(String filePath) {
10          super(filePath);
11          this.setSourceReader(new XMLSourceReader());
12                          //添加注册读取器,此处的注册读取器为 XMLSourceReader
13          this.registerBeans();               //加载注册的对象信息
14      }
15      //设置注册读取器
16      @Override
17      protected void setSourceReader(SourceReader reader) {
18          this.reader = reader;
19      }
20  }
```

（7）测试类的代码如下。

```
01  package org.ddd.reflect.example40;
02  //Speakable 接口
03  public interface Speakable {
04      public void speak(String message);
05  }
06  //Person 类
07  public class Person implements Speakable {
08      private String name;
09      public String getName() {
10          return name;
11      }
12      public void setName(String name) {
13          this.name = name;
14      }
15      @Override
16      public void speak(String message) {
17          System.out.println( this.name + " say: " + message);
18      }
19  }
20  //Bootstrap 类
21  public class Bootstrap {
22      public static void main(String[] args) {
23          BeanFactory factory = new XMLContext("beans.xml");
24          Speakable s = (Speakable)factory.getBean("Person");
25          s.speak("Lesson one!");
26      }
27  }
```

4.6 思考与练习

1. 创建 Person 类，Person 的属性有 String name（姓名）、String sex（性别）、Integer age（年龄）、String idNo（身份证号）、Boolean isMerried（是否已婚）。请生成相应的 getter、setter 方法，并创建两个构造方法：Person()、Person(String idNo)，把 Person 编译成 .class 文件。请通过反射技术为 Person 生成相应的 Java 代码，Java 代码中的方法体为空，即方法内部代码不用生成。请注意生成的 Java 代码的格式。

2. 请为第 1 题中的 Person 类创建实例（对象），并为每个属性赋值，然后采用反射技术，把创建的 Person 实例的属性值存入文本文件中，文本文件的格式如下。

```
idNo = 5122245566
name = 张小平
```

```
age = 23
sex = Male
isMerried = true
```

3.请采用反射技术,读取第2题生成的文本文件中的数据,把相应的值赋值给一个创建的 Person 实例。

4.请为第1题中的 Person 类创建代理类 PersonProxy,PersonProxy 在代理 Person 类的所有 setter 方法时,把方法的调用时间、方法名称写入文本文件,每一行日志的格式如下：

时间:2012-09-01 23:34:24;方法名称:setName;参数:张小平

5.请用动态代理技术完成第4题。

6.如果两个类有共同的公有方法,就可以从这两个类抽取一个接口,接口中包括共同的方法。例如两个类的代码如下。

```
01  Public class Person
02  {
03      private string name;
04      public void setName(String name)
05      {
06          this.name= name;
07      }
08      public void showMe()
09      {
10          System.out.println(this.name);
11      }
12  }
13  Public class Teacher
14  {
15      private string name;
16      public void setName(String name)
17      {
18          this.name= name;
19      }
20      public void showMe()
21      {
22          System.out.println(this.name);
23      }
24  }
```

可以从上面的两个类中抽取出接口,代码如下。

```
01  public interface PersonTeacher ()
02  {
```

```
03        public void setName(String name);
04        public void showMe();
05    }
```

请采用反射技术实现接口抽取功能。

7. 请采用反射技术为一个类的所有私有属性生成相应的 getter、setter 方法。

8. 思考 Java 的动态代理是怎么实现的。请试图设计动态代理功能，并实现核心的代码。（提示：如果在运行时能够把.java 的文件编译成.class 文件，是不是问题就可以解决？）

9. Java 是一种编译执行的语言，能否采用反射机制模拟解释执行语言？例如：解释执行以下代码。

```
01   Date currentDate = new Date();
02   SimpleDateFormat df=new SimpleDateFormat("yyyy-MM-dd hh:mm:ss");
03   String time=df.format(date);
04   System.out.println(time);
```

10. SQL 是一种数据操作语言，使用 SQL 的 Insert 语句就可以向数据库中新增数据，例如下面的 Insert 语句的功能是向数据库中添加一条人员记录：

```
insert into person(name,age,sex,ismarried ) values('洋洋',5,'male',false)
```

请写一个方法，为任何对象生成对应的 Insert 语句，方法的签名如下。

```
public String generateInsert(Object entity);
```

11. Java 中的 Map 类是用于存储键值对的容器对象，可以把一个对象的所有属性存储到 Map 对象的键值对中，或者把 Map 对象的键值对的值注入对象中。请编写一个方法，把第 1 题中 Person 对象的属性存入 Map 中，然后把 Map 对象中的值注入 Person 对象中，两个方法的签名分别如下。

```
01   public Map convertPerson2Map(Person person);
02   public Person convertMap2Person(Map personMap);
```

第5章 泛　型

在程序设计过程中,常出现数据类型不一样、对数据处理的过程和逻辑都一样的情况,应该如何实现这种程序呢? 如果为每种数据类型编写不同的程序,不仅工作量大,而且不满足代码重用的原则。这就需要泛型。从字面意思上看,泛型是编写的代码适用于广泛的类型。如何做到这点呢? 这需要引入参数化类型的概念。所谓的参数化类型,是指编写代码时,它所适用的类型并不立即指明,而是使用参数符号来代替,具体的适用类型延迟到用户使用时才指定。由于参数被延迟指定,因此在使用参数类型的时候,可以根据需要指定它适用的类型。

5.1 概述

JDK5 的新特性之一就是支持泛型,因此用 Java 编写的代码具有更加广泛的表达能力。当然,Java 泛型的作用不止于此,它还保证了程序的类型安全,并消除了一些烦琐的类型转换。然而,Java 的泛型也存在一些限制,大部分是由类型擦除导致的。

5.1.1 使用继承实现代码重用

扫一扫

引入泛型之前,一般的程序都使用多态与继承来提高代码的灵活性和重用性。最常见的用继承实现泛型的就是 List 容器: 由于 List 容器不像数组限制得那么严格,允许存放任何 Java 定义的类型,因此可以向容器中添加诸如牙刷、房子、课程这些不相关的对象;实现的方法很简单,List 存放的都是 Object 类型,由于 Java 中除了基本类型外的所有类都继承自 Object,因此可以添加任何类型到 List 中,代码如下。

```
01  package org.ddd.generic.example1;
02  public class GenericTest {
```

```
03      public static void main(String[] args) {
04          List listInteger = new ArrayList();
05          List listString = new ArrayList();
06          List listDate = new ArrayList();
07          listInteger.add(new Integer(1));
08          listString.add(new String("字符串"));
09          listDate.add(new Date());
10          listInteger.add(new String("字符串"));      //逻辑不正确,但语法正确,
11                                                      //这很容易引起错误
12          Integer i = (Integer)listInteger.get(0);
13          String str = (String)listString.get(0);
14          Date date = (Date)listDate.get(0);
15          System.out.println("第一个数组中存放的是数字:" + i);
16          System.out.println("第二个数组中存放的是字符串:" + str);
17          System.out.println("第三个数组中存放的是日期:" + date.toString());
18      }
19  }
```

运行结果如下。

```
01  第一个数组中存放的是数字:1
02  第二个数组中存放的是字符串:字符串
03  第三个数组中存放的是日期:Tue Aug 09 11:03:48 CST 2011
```

这个例子定义了 3 个 List 容器 list1、list2、list3,并分别向其中存放 Integer 类型的数组、String 类型的字符串以及 Date 类型的日期。接着获取这些容器中的元素,并将其打印在屏幕上。从这个例子可以看出,List 容器的设计并没有针对某个具体的类,可以向其中存放任何继承自 Object 的对象。

继承可以实现代码的重用,但是,Java 满足里氏代换原则(任何父类可以出现的地方,子类一定可以出现),因此父类出现的地方都可以用子类代替,并且没有办法限制具体使用哪个子类。在一些场景中容易产生错误,如例子中的第 10 行,很容易产生类型转换的错误。Java 作为一种强类型的语言,对类型有严格的检查,但是这里失去了作用,这就需要使用泛型。

5.1.2　泛型代码

使用继承实现的 List 虽然可以适用于很多类型,但也存在一些问题,最显而易见的就是当从 List 中取出元素时,必须显式地将其转型成需要的类型。有时可以确定 List 中存放的类型,比如规定在 List 中只允许存放 Integer 类型时,明明知道取出的必然是 Integer 类型,但是每次获取元素时仍然需要显式转换,显然这些转型的代码很烦琐,而且没有必要。还存在其他问题,比如当试图在只允许存放 Integer 的 List 中添加字符串类型时,编译器并不会报错,这样错误就会在从 List 中取出该元素并将其转换成 Integer 时发生。显然,这种可能出现的情况是无法接受的。针对以上可能出现的情况,泛型机制很好地解决了这些问

题，代码如下。

```
01  package org.ddd.generic.example2;
02  public class GenericTest {
03      public static void main(String[] args) {
04          List<Integer> list1 = new ArrayList<Integer>();
05          List<String> list2 = new ArrayList<String>();
06          List<Date> list3 = new ArrayList<Date>();
07          list1.add(new Integer(1));
08  //        list1.add(new String("测试"));          //编译错误
09          list2.add(new String("字符串"));
10          list3.add(new Date());
11          Integer i = list1.get(0);
12          String str = list2.get(0);
13          Date date = list3.get(0);
14          System.out.println("第一个数组中存放的是数字:" + i);
15          System.out.println("第二个数组中存放的是字符串:" + str);
16          System.out.println("第三个数组中存放的是日期:" +
17  date.toString());
18      }
19  }
```

运行结果如下。

```
01  第一个数组中存放的是数字:1
02  第二个数组中存放的是字符串:字符串
03  第三个数组中存放的是日期:Tue Aug 09 11:03:48 CST 2011
```

以上例子定义了 Java 5 出现的类型参数化 List：List<Integer> list1、List<String> list2、List<Date> list3。使用参数化类型定义 List 后，显而易见的变化就是泛型机制限制了 List 容器中元素的类型，当试图在 list1 中添加 String 类型时，编译器会提示 The method add(Integer) in the type List<Integer> is not applicable for the arguments (String)的错误，提示在 List<Integer>容器中添加 String 类型的元素是非法的。

5.1.3　算法与数据类型解耦

Java 语言是一种强类型语言。强类型语言通常是指在编译或运行时，数据的类型有较为严格的区分，不同数据类型的对象在转型时需要严格的兼容性检查。例如：类型 Integer 和类型 String 是两种不同的类型，编译以下代码时，Java 编译器在进行兼容性检查时将提示错误。

```
01  Integer age;
02  String ageString = "23";
03  age = ageString;
```

强类型的语言对提高程序的健壮性和开发效率都有利,但强类型语言导致一个问题:数据类型与算法在编译时绑定,这意味着必须为不同的数据类型编写相同逻辑的代码,例如比较两个数,必须为不同的数据类型编写如下代码。

```
01  public Integer compare(Integer a1,Integer a2)
02  {
03      return a1-a2;
04  }
05  public Float compare(Float a1, Float a2)
06  {
07      return a1-a2;
08  }
09  public Double compare(Double a1, Double a2)
10  {
11      return a1-a2;
12  }
```

以上代码是丑陋的(任何重复代码,或者重复模式的代码都是丑陋的)。

在软件开发过程中,经常出现这种情况:同一个算法适合所有数据类型,或者几种数据类型,而不是某一种具体数据类型,即编写通用的代码。继承是解决这个问题的方法之一:为适用这一算法的多种数据类型,抽象一个基类(或者接口),针对基类(或者接口)编写算法。但在实际程序设计过程中,专门为特定的算法修改数据类型的设计不是好的习惯。另外,如果使用已经设计好的数据类型,就没有办法解决问题了。例如上面减法的例子,不可能再为 Integer、Float、Double 添加基类或者接口。泛型是解决"数据类型与算法在编译时绑定"问题的有效方法之一。泛型的最大价值在于:在保证类型安全的前提下,把算法与数据类型解耦。

5.2　泛型类型

上一节介绍了泛型的概念及特点,本节将介绍如何定义泛型类型。

5.2.1　泛型类

扫一扫

泛型类是指该类使用的参数类型作用于整个类,即在类的内部任何地方(不包括静态代码区域)都可把参数类型当作一个真实类型来使用,比如用它作为返回值、定义变量等。泛型类的定义很简单,只需在定义类的时候在类名后加入<T>这样一句代码即可,其中 T 是一个参数,是可变的,代码如下。

```
01  package org.ddd.generic.example4;
02  public class Person<T> {
03      protected T t;
04      public Person(T t){
```

```
05          this.t = t;
06      }
07      public String toString(){
08          return "变量 t 的类型是:" + t.getClass().getCanonicalName();
09      }
10  }
```

以上例子定义了泛型类 Person。定义泛型类与普通类的区别在于：在泛型类中使用的类型参数必须在类名后指明，指明的方式就是采用<T>这种方式。当然，也可以为一个类指明多个类型参数，代码如下。

```
01  package org.ddd.generic.example4;
02  public class Teacher<V,S> extends Person {
03      protected V v;
04      private S s;
05      public Teacher(Object t) {
06          super(t);
07      }
08      public void set(V v, S s) {
09          this.v = v;
10          this.s = s;
11      }
12      public String toString() {
13          return super.toString()+"\n"+
14              "变量 v 的类型是:" + v.getClass().getCanonicalName()+"\n"+
15              "变量 s 的类型是:" + s.getClass().getCanonicalName()+"\n";
16      }
17  }
```

定义方式很简单，但定义的时候会出现一个小问题：定义 Teacher 类的时候，编译器给出一个错误提示：由于 Person 类没有定义无参构造函数，因此要求实现一个与父类参数相同的构造函数。这本无可厚非，但当尝试定义一个 T 类型的构造函数时，发现子类中已经无法使用类型参数 T 了，那怎么办呢？看看实现的代码，使用 Object 代替 T，这样做的原因将在讨论泛型擦除时说明。

子类可不可以使用父类的类型参数呢？可以，但需要进行一点修改，代码如下。

```
01  package org.ddd.generic.example5;
02  public class Teacher<V,S> extends Person<V> {
03      protected V v;
04      private S s;
05      public Teacher(V t) {
06          super(t);
07      }
08      public void set(V v, S s) {
```

```
09              this.v = v;
10              this.s = s;
11      }
12      public String toString(){
13          return super.toString()+"\n"+
14                  "变量 v 的类型是:" + v.getClass().getCanonicalName()+"\n"+
15                  "变量 s 的类型是:" + s.getClass().getCanonicalName()+"\n";
16      }
17  }
```

只是将 extends 后的 Person 改为了 Person<V>,子类就可以与父类一起共享类型参数 V 了,Person 的类型参数 T 被指定为类型参数 V 的类型。这时已经不需要使用 Object 来定义参数了。

泛型类的使用方法也很简单,只需在构造的时候指明参数类型即可,代码如下。

```
01  package org.ddd.generic.example6;
02  public class GenericTest<T> {
03      public static void  main(String[] args){
04          Person<Integer> person = new Person<Integer>(5);
05          System.out.println("person======\n"+person);
06          //实际的类型也可以不指定,编译器能自动推断出实际的类型
07          Person<String> person1 = new Person<>("字符串");
08          System.out.println("person1======\n"+person1);
09          Teacher<String, Date> teacher = new Teacher<>("字符串");
10          teacher.set("xcy",new Date());
11          System.out.println("teacher======\n"+teacher);
12          //person = person1;                       //报类型不兼容错误
13      }
14  }
```

输出结果如下。

```
01  person======
02  变量 t 的类型是:java.lang.Integer
03  person1======
04  变量 t 的类型是:java.lang.String
05  teacher======
06  变量 t 的类型是:java.lang.String
07  变量 v 的类型是:java.lang.String
08  变量 s 的类型是:java.util.Date
```

以上例子首先定义了一个 Person 类的对象,并指明其参数类型为 Integer,然后在 Person 的 toString 方法中输出了传入的参数类型。然后定义另外一个 Person 类的对象,并指明其参数类型为 String。这里使用了菱形语法,即在构建泛型类的对象时不指定具体的

类型参数,而是由编译器根据上下文进行推断,在这个例子中,编译器根据变量 person1 的类型 Person<String>可以推断出类型参数的类为 String。

例子的最后试图把类型为 Person<String>的对象赋值给类型为 Person<Integer>的变量,编译器会报类型不匹配的语法错误,说明 Person<String>、Person<Integer>虽然都是来自于同一个泛型类,但是是不兼容的类型。

5.2.2 泛型方法

泛型方法是在方法上声明类型参数,它只可作用于声明它的方法上。

泛型方法中类型参数的定义与泛型类相同,都是通过< >中加入某一参数,如<T>来定义,但放的位置有所不同,以下代码定义了一个泛型方法。

```
01  package org.ddd.generic.example7;
02  public class Factory {
03      public <T> T generator(Class<T> t) throws Exception{
04          return t.newInstance();
05      }
06  }
```

下面来分析这段代码:首先是 public 后的<T>,作用是为该方法声明一个类型参数 T,声明该类型参数后,方法中就可以使用 T 作为一种类型使用了;接着是<T>后的 T,作用是声明方法的返回值类型,即参数 T 型;该方法的参数为 Class<T> t,即 T 的类型信息;最后返回的是通过反射方法 newInstance()创建的 T 类的一个实例。

这个例子充分说明了反射与泛型联合使用时的强大功能,可以使用该方法创建任何需要的对象,这一点也正是泛型优点的体现。

泛型方法的使用与普通方法一样,你甚至感觉不出使用的是功能强大的泛型。实例代码如下。

```
01  package org.ddd.generic.example3_8;
02  public class GenericTest<T> {
03      public static void  main(String[] args) throws Exception{
04          Factory factory = new Factory();
05          Date date = factory.generator(Date.class);
06          System.out.println(date.toString());
07          Button button = factory.generator(Button.class);
08          System.out.println(button.toString());
09      }
10  }
```

输出结果如下。

```
01  Tue Aug 09 17:18:55 CST 2011
02  java.awt.Button[button0,0,0,0x0,invalid,slabel=]
```

代码简洁而优美、灵活而强大。可以使用该方法生成任何继承自 Object 类的实例,当然前提是该类有无参的构造方法。使用该方法时,你无须为那些烦琐的转型代码而烦恼,泛型系统确保了类型的正确性。

5.2.3　泛型接口

泛型除了可以作用在类和方法上,还可以应用于接口上,其定义如下。

```
01  package org.ddd.generic.example9;
02  public interface Factory<T> {
03      public T create();
04  }
```

泛型接口的定义与泛型类的定义相似,那么为什么还需要泛型接口呢?拿工厂的例子来说,不同工厂的生产方式各不一样,装载的零件也不相同,因此实现的方式也会各不相同,所以需要在具体的工厂中实现它独有的生产方式,代码如下。

```
01  package org.ddd.generic.example10;
02  public class Car {
03  }
04  public class Computer {
05  }
06  public class CarFactory implements Factory<Car> {
07      @Override
08      public Car create() {
09          System.out.println("装载发动机!");
10          System.out.println("装载座椅!");
11          System.out.println("装载轮子!");
12          return new Car();
13      }
14  }
15  public class ComputerFactory implements Factory<Computer> {
16      @Override
17      public Computer create() {
18          System.out.println("装载主板!");
19          System.out.println("装载 CPU!");
20          System.out.println("装载内存");
21          return new Computer();
22      }
23  }
24  public class GenericTest {
25      public static void  main(String[] args) throws Exception{
26          Factory<Car> carFactory = new CarFactory();
27          Factory<Computer> computerFactory = new ComputerFactory();
28          System.out.println("======开始生产汽车!=======");
```

```
29          carFactory.create();
30          System.out.println("=====开始生产电脑!========");
31          computerFactory.create();
32      }
33  }
```

输出结果如下。

```
01  ======开始生产汽车!=======
02  装载发动机!
03  装载座椅!
04  装载轮子!
05  =====开始生产电脑!========
06  装载主板!
07  装载CPU!
08  装载内存
```

以上例子实现了两个具体的工厂 CarFactory 和 ComputerFactory，它们都实现了泛型接口 Factory<T>，并在实现的时候指明了工厂所生成的具体类型，指明的方式只需将原有的类型参数 T 替换为具体的类型。如对 CarFactory 来说，将原有的 Factory<T>替换成 Factory<Car>。这样当覆盖接口中的方法 create 时，生成的产品就是 Car 类型了。在测试类中分别声明了 CarFactory 和 ComputerFactory，并使用这两个工厂分别生产了一件产品。

5.2.4　泛型与继承

泛型的继承容易给人一个误区，考虑下面的代码合法吗？

```
01  public class GenericTest {
02      public static void  main(String[] args) throws Exception{
03          Zoo<Animal> zoo = new Zoo<Animal>(new Animal());
04          Zoo<Bird> birdZoo = new Zoo<Bird>(new Bird());
05          zoo = birdZoo;
06      }
07  }
```

直觉可能告诉你合法，因为 Animal 是 Bird 的父类，那么 Zoo<Animal>就是 Zoo<Bird>的父类。但事实并非如此，当试图将 birdZoo 赋值给 zoo 时，编译器抛出一个错误：Type mismatch：cannot convert from Zoo<Bird> to Zoo<Animal>，提示这样赋值不合法。其实 Zoo<Animal>与 Zoo<Bird>什么关系也没有，为什么要这样设计呢？是为了确保泛型的类型安全。假如编译器允许这样赋值，由于 Fish 也是 Animal 的子类，因此在 zoo 中添加一个 Fish 完全合理，但是这对 birdZoo 就不可接受了，因为你通过 zoo 的引用向 Zoo<Bird>中添加了 Fish 的实例。这样当运行获取该实例时，把它当作 Bird 来使用，显然是不合理的。

5.3　通配符

使用泛型实例时,需要为泛型指定具体的类型参数。如当使用 List 实例时,需要指明 List 中需要存放的类型 List<Integer>,然而有时泛型实例的作用域可能更加广泛,无法指明具体的参数类型。那么 Java 泛型机制是如何解决的呢? Java 设计者很聪明地设计了一种类型:通配符类型。它表示任何类型,通配符类型的符号是"?",因此通配符类型可应用于所有继承自 Object 的类上。

5.3.1　通配符的使用

扫一扫

当无法确定泛型类的具体参数类型时,一般使用通配符类型代替,以下代码演示了如何使用通配符类型。

```
01  package org.ddd.generic.example11;
02  public class GenericTest<T> {
03    public static void  main(String[] args) throws Exception{
04      Class<?> clazz = Integer.class;
05      System.out.println(clazz.getCanonicalName());
06      clazz = String.class;
07      System.out.println(clazz.getCanonicalName());
08      clazz = Date.class;
09      System.out.println(clazz.getCanonicalName());
10    }
11  }
```

输出结果如下。

```
01  java.lang.Integer
02  java.lang.String
03  java.util.Date
```

以上例子在创建 Class 对象 clazz 时使用了通配符类型"?",随后分别对其赋予 Integer .class、String.class、Date.class,这 3 个类型分别为 Class<Integer>、Class<String>以及 Class<Date>。可以看出使用通配符类型"?"后,clazz 对象就可以表示各种不同类型。使用通配符类型 Class<?>与原生类型 Class 的区别是:前者表明是因为暂时无法确定参数类型而使用了通配符类型,表示适合任何类型,而后者则可能是由于程序员疏忽或其他原因而没有指明参数类型,因此 Java 编译器会提出警告。

5.3.2　通配符的捕获

考虑下面的问题:现有一个方法用于交换 List 中的两个元素,由于事先不知道 List 中存放的元素类型,所以将参数设置成了含有通配符的实例,如 List<?> list。由于并不知道通配符代表的具体类型，因此临时存储 list 中的元素变得困难，因为 Java 不允许声明通配符变量，即 ？a 这样声明对象是不合法的。那么怎么做呢？有一种巧妙的解决方案，其实现代码如下。

```
01  package org.ddd.generic.example12;
02  public class Tool {
03      public void exchange(List<?> list, int i, int j){
04  //          ? t = list.get(i);                      //不合法
05          this.exchangeT(list, i, j);
06      }
07      public <T> void exchangeT(List<T> list, int i, int j){
08          T t = list.get(i);
09          list.set(i, list.get(j));
10          list.set(j, t);
11      }
12  }
13  public class GenericTest<T> {
14      public static void  main(String[] args){
15          Tool tool = new Tool();
16          List<Integer> list = new ArrayList<Integer>();
17          list.add(3);
18          list.add(5);
19          tool.exchange(list, 0, 1);
20      }
21  }
```

以上例子中的参数 T 捕获了通配符，它并不知道通配符表示的具体类型，但可以确定运行时通配符表示的类型肯定是具体类型。对编译器来说，可能会推断出参数所代表的具体类型，并将通配符转换成具体类型。

5.4　泛型边界

边界是指为某一区域划定一个界限，在界限内是允许的，超出了界限就不合法了。Java 的泛型边界是指为泛型参数指定范围，在范围内可以合法访问，超出这个边界就是非法访问。

Java 泛型系统允许使用 extends 和 super 关键字设置边界。前者设定上行边界，即指明参数类型的顶层类，限定实例化泛型类时传入的具体类型，只能是继承自顶层类的。后者设置下行边界，即指定参数类型的底层类，限定传入的参数类型只能是设定类的父类。但设定下行边界有一定的限制，必须与通配符联用。

5.4.1　含边界的泛型类

为什么要定义含边界的泛型类呢？仍以工厂的例子来说明，对于汽车（Car）工厂来说，它能生产的产品只能是汽车(Car),如果让它生产计算机(Computer),显然就不合理了。对于汽车(Car)工厂来说,还存在下列问题,对于不同品牌的汽车,除了有轮子、发动机、座椅零件外,还要有品牌标识,这样各种品牌的汽车就不同了,因此对于汽车工厂来说,除了能生产通用的汽车之外,还应能生产具体品牌的汽车。如何做呢? Java 泛型的边界提供了解决方案,代码如下。

```
01  package org.ddd.generic.example13;
02  public class Car {
03  }
04  public class BenzCar extends Car {
05      public BenzCar(){
06          System.out.println("生产奔驰汽车!");
07      }
08  }
09  public class BMWCar extends Car {
10      public BMWCar(){
11          System.out.println("生产宝马汽车!");
12      }
13  }
14  public class CarFactory<T extends Car>{
15      public T create(Class<T> clazz) throws Exception {
16          System.out.println("装载发动机!");
17          System.out.println("装载座椅!");
18          System.out.println("装载轮子!");
19          return clazz.newInstance();
20      }
21  }
```

编译后的代码如下。

```
01  package org.ddd.generic.example13;
02  public class GenericTest {
03      public static void  main(String[] args) throws Exception{
04          CarFactory<BenzCar> benzFactory = new CarFactory<BenzCar>();
05          CarFactory<BMWCar> BMWFactory = new CarFactory<BMWCar>();
06          System.out.println("====开始生产奔驰汽车====");
07          benzFactory.create(BenzCar.class);
08          System.out.println("====开始生产宝马汽车====");
09          BMWFactory.create(BMWCar.class);
10      }
11  }
```

输出结果如下。

```
01  ====开始生产奔驰汽车====
```

02 装载发动机！

03 装载座椅！

04 装载轮子！

05 生产奔驰汽车！

06 ====开始生产宝马汽车====

07 装载发动机！

08 装载座椅！

09 装载轮子！

10 生产宝马汽车！

以上例子定义了两个品牌的汽车：BMWCar 和 BenzCar，它们都继承了抽象的 Car。汽车工厂 CarFactory 被声明成了泛型类，可以发现声明的泛型参数 CarFactory＜T extends Car＞与以前的 CarFactory＜T＞有所不同，这里使用了 extends 关键字，这就是类型边界的声明方式，限定了传入的类型参数只能是继承自 car 类的。测试类 GenericTest 中声明了两个汽车工厂，分别指明其参数类型为 BenzCar 和 BMWCar，由于这两个类都继承了 Car，因此这种声明方式是允许的。

5.4.2　含边界的泛型方法

含边界的泛型方法定义与泛型类定义类似，只需在参数类型声明时使用 extends 关键字，具体的使用方法如下。

```
01 package org.ddd.generic.example14;
02 public class Sortor {
03     public <V extends Comparable<V>> V getMax(V x, V y){
04         if(x.compareTo(y) > 0){
05             return x;
06         }else{
07             return y;
08         }
09     }
10 }
11 public class GenericTest<T> {
12     public static void  main(String[] args) throws Exception{
13         Sortor sortor = new Sortor();
14         System.out.println("最大整数是： " + sortor.getMax(3, 5));
15         System.out.println("最大小数是： " + sortor.getMax(3.5D, 5.5D));
16         System.out.println("最大字符串是： " + sortor.getMax("ABC", "AFC"));
17         //下面的语句报语法错误，因为类 Car 没有实现 Comparable 接口
18         //System.out.println("最大的车是： " + sortor.getMax(new Car(),
19 new Car()));
20     }
21 }
```

输出结果如下。

```
01  最大整数是: 5
02  最大小数是: 5.5
03  最大字符串是: AFC
```

这是一个简单的例子,在 Sortor 类中定义了一个泛型方法 getMax,该方法声明的参数类型是<V extends Comparable >,表示传入的类型参数必须实现 Comparable 接口。可见在泛型边界限定的 extends 与继承时的 extends 在功能上是有区别的,泛型边界限定的 extends 既可以用于类,也可以用于接口。

由于 Integer、Double、String 都实现了 Comparable 接口,所以可以作为方法 getMax 的泛型参数的值,但类 Car 没有实现 Comparable 接口,因此编译器在类型检查的时候不能通过,会报语法错误。

5.4.3　多边界

Java 泛型还允许为参数类型设置多个边界,设置的代码如下。

```
01  package org.ddd.generic.example15;
02  public class Bird  extends Animal {
03  }
04  public interface Speakable {
05      public String speak();
06  }
07  public interface Flyable {
08  }
09  public class Parrot extends Bird implements Speakable, Flyable {
10      @Override
11      public String speak() {
12          return "我是一只鹦鹉!";
13      }
14  }
15  public class Factory<T extends Bird&Speakable&Flyable> {
16      public T create(Class<T> t) throws Exception{
17          return t.newInstance();
18      }
19  }
20  public class GenericTest<T> {
21      public static void  main(String[] args) throws Exception{
22          Factory<Parrot> factory = new Factory<Parrot>();
23          Parrot p = factory.create(Parrot.class);
24          System.out.println(p.speak());
25      }
26  }
```

输出结果如下。

01 我是一只鹦鹉！

这个例子定义了一个多边界的泛型 Factory，其表现方式为 Factory＜T extends Bird&Speakable&Flyable＞，表示传入的参数类型必须同时继承自 Bird，实现 Speakable 和 Flyable 两个接口。类 Bird、接口 Speakable、接口 Flyable 构成了泛型共同的上界。上界只能有一个是类，其他的必须是接口，并且类需要放在第一个。

5.4.4 通配符与边界

除了可以在泛型类和泛型方法定义时进行边界限定，还可以对泛型实例进行边界限定。对泛型实例的边界限定需要与通配符一起使用，代码如下。

```
01  package org.ddd.generic.example16;
02  public class Animal {
03  }
04  public class Bird extends Animal {
05  }
06  public class Fish extends Animal {
07  }
08  public class Zoo<T> {
09      private T t;
10      public Zoo(T t){
11          this.t = t;
12      }
13      public T pop(){
14          return this.t;
15      }
16  }
17  public class GenericTest {
18      public static void  main(String[] args) throws Exception{
19          Zoo<? extends Animal> zoo = new Zoo<Bird>(new Bird());
20          zoo = new Zoo<Fish>(new Fish());
21  //      zoo = new Zoo<Integer>(5);          //不合法
22      }
23  }
```

以上例子在实例化参数类 Zoo 时使用了通配符与 extends 关键字，对类型参数进行了限制：Zoo＜? extends Animal＞ zoo，限定了实例 zoo 中持有的对象只能是 Animal 的子类。注意：创建具体实例时，必须指明具体的参数类型，如 zoo ＝ new Zoo＜Bird＞(new Bird())，这里就不能使用＜? extends Animal＞了，而必须使用像 Bird 这样具体的参数。

除了可以使用通配符与 extends 关键字限制参数类型范围外，还可以使用通配符与 super 关键字联用，限定参数类型的范围，代码如下。

```
01  package org.ddd.generic.example17;
```

```
02  public class GenericTest {
03      public static void  main(String[] args) throws Exception{
04          Zoo<? super Bird> zoo = new Zoo<Bird>(new Bird());
05          zoo = new Zoo<Animal>(new Animal());
06  //       zoo = new Zoo<Fish>(new Fish());     //不合法
07      }
08  }
```

以上例子使用通配符和 super 关键字共同为声明的实例限定了参数范围：Zoo<?
super Bird> zoo，表明实例化时传入的参数只能是 Bird 类或其父类，那么可以把 Zoo
<Animal>、Zoo<Object>的对象赋值给 zoo，但是 Zoo< Parrot>的对象就是不兼容的
（Parrot 是 Bird 的子类）。

5.5 泛型擦除

扫一扫

泛型擦除是指泛型代码在编译后都会被擦除成原生类型。如 Zoo<Fish>和 Zoo
<Bird>，实质上在运行时是同一种类型，即原生类型 Zoo。这就意味着运行时 Java 并不存
在类型参数这一概念，因此你将无法获取任何相关的类型参数信息。

以下代码证实擦除及其后果。其中创建了两个泛型对象 fishZoo、birdZoo，然后输出对
象的实际类型。

```
01  package org.ddd.generic.example18;
02  public class GenericTest {
03      public static void  main(String[] args) throws Exception{
04          Zoo<Fish> fishZoo = new Zoo<Fish>(new Fish());
05          Zoo<Bird> birdZoo = new Zoo<Bird>(new Bird());
06          System.out.println("Zoo<Fish>的类型为:"+fishZoo.getClass());
07          System.out.println("Zoo<Bird>的类型为:"+birdZoo.getClass());
08          boolean isSampleClass = fishZoo.getClass().equals(birdZoo.getClass());
09          System.out.println("两者的类型相同:" + isSampleClass);
10      }
11  }
```

输出结果如下。

```
01  Zoo<Fish>的类型为:class org.ddd.code.example3_18.Zoo
02  Zoo<Bird>的类型为:class org.ddd.code.example3_18.Zoo
03  两者的类型相同:true
```

运行结果证明泛型代码在擦除后都成为原生类型，因此 fishZoo 和 birdZoo 的类型相
同。既然 Zoo<Fish>和 Zoo<Bird>是同一类型，为什么在 Zoo<Fish>中添加 Bird 是非
法的，而在 Zoo<Bird>中却是合法的呢？这是因为 Java 编译器保证了一点，编译器在类型

参数擦除之前对泛型的类型进行了安全验证，以确保泛型的类型安全。

5.5.1　为何要擦除

擦除并不是一种语言特性，而是Java泛型实现的一种折中办法。因为在JDK5中引入泛型，因此这种折中是必需的。擦除的核心动机是使得泛化的代码可以使用非泛化的类库，反之依然，这称之为"迁移性兼容"。因此，Java泛型必须支持向后兼容性，即现有的代码和类库依然合法，而且与在没有泛型的JDK上运行效果一致。为了让非泛型代码和泛型代码共存，擦除成为一种可靠实用的方法。

5.5.2　如何擦除

以下例子是Zoo<T>类。

```
01  package org.ddd.generic.example16;
02  public class Zoo<T> {
03      private T t;
04      public Zoo(T t){
05          this.t = t;
06      }
07      public T pop(){
08          return this.t;
09      }
10  }
```

经过编译后，它将被翻译成以下形式。

```
01  public class Zoo
02  {
03      public Zoo(Object t)
04      {
05          this.t = t;
06      }
07      public Object pop()
08      {
09          return t;
10      }
11      private Object t;
12  }
```

翻译后即为原来泛型类Zoo<T>的原生类型Zoo。通过比较会发现，原有的类型参数消失了，取代类型参数的变成了Object，这就是擦除的实质，即将原有的类型参数替换成非泛化的上界。由于Zoo<T>没有指明上界，因此被擦除成了Object类型。以下例子为类型参数指明了上界，代码如下。

```
01  package org.ddd.generic.example19;
02  public class Zoo<T extends Animal> {
03      private T t;
04      public Zoo(T t){
05          this.t = t;
06      }
07      public T pop(){
08          return this.t;
09      }
10  }
```

编译后,它将被翻译成以下形式。

```
01  public class Zoo
02  {
03      public Zoo(Animal t)
04      {
05          this.t = t;
06      }
07      public Animal pop()
08      {
09          return t;
10      }
11      private Animal t;
12  }
```

对于指明上界的泛型,类型参数将擦除其指明的上界,这个例子指明的 Zoo 参数类型的上界为 Animal：Zoo<T extends Animal>,因此擦除是使用 Animal 对类型参数进行替换。

5.5.3　多边界擦除

对于单边界的泛型,擦除时使用其上界替换参数类型。那对于多边界的泛型呢？这与边界声明的顺序有关,Java 编译器将选择排在前面的边界进行参数替换,下面的实例说明了这点,代码如下。

```
01  package org.ddd.generic.example20;
02  public class Zoo<T extends Flyable&Speakable> {
03      private T t;
04      public Zoo(T t){
05          this.t = t;
06      }
07      public T pop(){
08          return this.t;
09      }
10  }
```

经过编译后，被翻译成的代码如下。

```
01  public class Zoo
02  {
03      public Zoo(Flyable t)
04      {
05          this.t = t;
06      }
07      public Flyable pop()
08      {
09          return t;
10      }
11      private Flyable t;
12  }
```

以上例子定义一个多边界的参数类 Zoo，它有两个边界 Flyable 和 Speakable。擦除时使用排在前面的边界 Flyable 进行边界替换。当改变边界的顺序时，编译后的代码就不一样了，代码如下。

```
01  public class Zoo<T extends Speakable&Flyable> {
02      private T t;
03      public Zoo(T t){
04          this.t = t;
05      }
06      public T pop(){
07          return this.t;
08      }
09  }
```

经过编译后，被翻译成的代码如下。

```
01  public class Zoo
02  {
03      public Zoo(Speakable t)
04      {
05          this.t = t;
06      }
07      public Speakable pop()
08      {
09          return t;
10      }
11      private Speakable t;
12  }
```

翻译后的代码就与第一次编译的代码不同了，当把边界 Speakable 排在前面时，编译器将使用 Speakable 进行泛型擦除。

5.5.4　擦除限制

擦除机制使得泛型类在运行时丢失了泛型信息,因此一些被认为是理所当然的功能,在 Java 泛型系统中得不到支持。

1. 类型参数的实例化

考虑下面的代码。

```
01  public class Zoo<T> {
02      public T create()
03      {
04          return new T();
05      }
06  }
```

为了保证类型安全,Java 并不允许使用类型参数类实例化对象。因为运行时参数类型信息被擦除,无法确定类型参数 T 所代表的具体的类型是否拥有无参的构造函数,甚至无法确定 T 所代表的具体类型,所以不能实例化类型参数类。以下代码也是不可以的。

```
01  public class Zoo<T> {
02      public T create()
03      {
04          return T.class.newInstance();
05      }
06  }
```

因为经过擦除后 T 实际变为 Object,T.class 变为 Object.class。因为 Object 是不能实例化的,因此上面的代码不能正常运行。但是可以使用如下方式:

```
01  public class Zoo2<T> {
02      public T create(Class<T> clazz)
03      {
04          return clazz.newInstance();
05      }
06      public static void main(String[] args) {
07          Zoo2<Bird> zoo = new Zoo2();
08          Zoo.create(Bird.class);              //这是正确的
09      }
10  }
```

类 Class 是泛型类,例如 Class<Bird> 可以存储 Bird.class 的类型信息。上面代码中参数 clazz 的实际值为 Bird.class,Bird.class.newInstance() 是正确的,所以代码中 clazz.newInstance() 也是正确的。

2. instanceof 判断类型

下面的代码看上去没有问题，但 JVM 总是提示"Cannot perform instanceof check against parameterized type X，Use instead its raw form Zoo since generic type information will be erased at runtime"的错误，提示 instanceof 不能用于参数化类型的判断上，建议我们使用原生类型，因为类型信息将在运行时被擦除，代码如下。

```
01  Zoo<Bird> birdZoo = new Zoo<Bird>();
02  if(birdZoo instanceof Zoo<Bird>){…}
```

此例声明了一个 Zoo＜Bird＞对象 birdZoo，然后用 instanceof 判断这个对象是不是 Zoo＜Bird＞类型的，但这段代码却无法编译通过。产生编译错误的原因仍然是擦除。对于一个泛型类来说，即使其参数类型有多种，但运行时它们都共享着一个原生对象。因此如果这段代码允许编译，运行时它所展现的就是如下形式。

```
01  Zoo birdZoo = new Zoo();
02  if(birdZoo instanceof Zoo){…}
```

返回的结果一定是 true，但这样会造成一些问题，比如下面这段代码。

```
01  Zoo<Fish> birdZoo = new Zoo<Fish>();
02  if(birdZoo instanceof Zoo<Bird>){…}
```

由于擦除的原因，这段代码运行时表现的形式将与第一段代码相同，返回的结果仍然是 true，这不是期望的结果，因此加上泛型约束的类型判断没有了意义。但并不意味着 instanceof 不能与泛型同时存在，以下就是个例外。

```
01  Zoo<Bird> birdZoo = new Zoo<Bird>();
02  if(birdZoo instanceof Zoo<?>){System.out.println("success");}
```

这个例外就是通配符，instanceof 判断中允许使用参数类型为通配符的泛型，因为使用通配符类型并不存在以上争议。

3. 抛出或捕获参数类型信息

在 Java 异常系统中，泛型类对象是不能被抛出或捕获的，因为泛型类是不能继承或实现 Throwable 接口及其子类的。下面的代码将无法编译通过。

```
01  public class GenericException<T> extends Exception {
02  }
```

会得到一个"The generic class GenericException＜T＞ may not subclass Java.lang. Throwable"的错误提示，而且类型参数也不能使用在 catch 中捕获的对象。例如，下面的代码 JVM 会提示"No exception of type T can be thrown; an exception type must be a subclass of Throwable"的错误，提示没有 T 这种异常可以被抛出。

```
01  public class GenericException<T> {
02      public void excetionTest(){
03          try{
04          }catch(T t){
05          }
06      }
07  }
```

但是 JVM 却允许在异常的处理中使用类型参数。如下面的代码是被允许的。

```
01  public class GenericException<T> {
02      public void excetionTest(){
03          try{
04          }catch(Exception e){
05              T t;
06          }
07      }
08  }
```

5.5.5　擦除冲突

泛型的擦除有可能导致与多态发生冲突,以下代码显示这一冲突的发生过程。

```
01  public class Animal<T> {
02      public void set(T t){}
03  }
04  public class Bird extends Animal<String>{
05      public void set(String name){}
06  }
07  public class GenericTest {
08      public static void main(String[] args) {
09          Bird bird = new Bird();
10          Animal<String> animal = bird;
11          animal.set("bird");
12      }
13  }
```

以上例子定义了一个泛型类 Animal,并声明了一个泛型方法 set(T t),它有一个子类 Bird,Bird 类继承了 Animal,并指明了 Animal 的参数类型为 String,在 Bird 内部定义了一个方法 set(String name)。接着在测试类中创建了一个 Bird 对象 bird,然后声明了一个 Animal<String>的引用 animal,让引用 animal 指向 bird 对象。最后调用 animal 的 set 方法。问题出现了,由于 Java 的方法调用采用的是动态绑定的方式,所以呈现出多态性。但擦除造成了一个问题:由于擦除的原因,泛型方法 set(T t)将被擦除成 set(Object t),而在子类中存在方法 set(String name),本意是让子类的 set 方法覆盖父类的 set 方法,但擦除导致成了两个不同的方法，类型擦除与多态产生了冲突。Java 是如何解决这一冲突的呢？Java 编译器会在子类中生成一个桥方法。此例中 Bird 类经过编译后的代码如下。

```
01  public class Bird extends Animal
02  {
03      public Bird()
04      {
05      }
06      public void set(String name)
07      {
08          super.set(name);
09      }
10      public volatile void set(Object obj)
11      {
12          set((String)obj);
13      }
14  }
```

可以看出，编译后的代码在 Bird 中增加了方法 public volatile void set(Object obj)，该方法是对 set(String name)的一次包装，在其内部调用了 set(String name)。当通过指向子类的父类引用 animal 调用 set("bird")时，JVM 会首先调用桥方法，然后由桥方法调用子类 Bird 的 set(String name)方法。

还有另一种多态冲突，看看下面的例子，代码如下。

```
01  package org.ddd.generic.example3_21;
02  public class Animal<T> {
03      public T get(){return null;}
04  }
05  public class Bird extends Animal<String>{
06      public String get(){return null;}
07  }
08  public class GenericTest {
09      public static void main(String[] args) {
10          Bird bird = new Bird();
11          Animal<String> animal = bird;
12          animal.get();
13      }
14  }
```

想一想，此例中通过 animal 调用的 get 是谁的方法呢？因为 Animal 中与 Bird 类中都有 get 方法，而且参数类型也一样，这必然导致多态冲突。这种冲突的解决方案与上例相同，仍然产生一个桥方法。Bird 类编译后的代码如下。

```
01  public class Bird extends Animal
02  {
03      public Bird()
```

```
04        {
05        }
07        public String get()
07        {
08            return null;
09        }
10        public volatile Object get()
11        {
12            return get();
13        }
14    }
```

同样生成了一个桥方法 public volatile Object get(),用于覆盖父类的 get 方法。当调用 animal 的 get 方法时,JVM 会调用这个桥方法,通过桥方法调用 Bird 中定义的 public String get()方法。你可能会感觉奇怪,编写 Java 代码时,参数一样、方法名相同的方法是不允许同时出现的,但在虚拟机中,确定一个方法还要根据返回值,所以会出现这种情况。

5.5.6　类型安全和转换

类型擦除导致了运行时类型信息的丧失,那么 Java 是如何保证类型安全和取消不必要的转换的呢? 其实这点很好理解,它把类型安全控制和类型转换放到了编译时进行。看看如下代码。

```
01  package org.ddd.generic.example22;
02  public class GenericTest {
03      public static void main(String[] args) {
04          List<Integer> list = new ArrayList<Integer>();
05          list.add(3);
06          Integer i = list.get(0);
07      }
08  }
```

经过编译后的代码如下。

```
01  public class GenericTest
02  {
03      public GenericTest()
04      {
05      }
06      public static void main(String args[])
07      {
08          List list = new ArrayList();
09          list.add(Integer.valueOf(3));
10          Integer i = (Integer)list.get(0);
```

```
11        }
12   }
```

注意，经过编译后，从 list 中取出元素时，编译器自动增加了转型代码，这就是使用 list 时无须手动转型的原因。可以推断，在编译的时候，编译器也做了其他泛型操作，以确保类型安全。

5.5.7　泛型数组

Java 中不能声明泛型类数组，比如 List＜Integer＞[] list ＝ new ArrayList＜String＞[2] 的编译是无法通过的。为什么禁止声明泛型实例数组呢？这是因为擦除后 List＜Integer＞[] 将会被擦除成 List[]，如果要允许声明泛型数组，可以这样做：

```
Object[] objects = list;
objects[0] = new ArrayList<String>();
```

这样做显然没有问题，编译时将无法检测出错误，但运行时会导致错误，因此 Java 不允许声明泛型对象数组是可以理解的。

5.5.8　再说通配符与边界

通配符给泛型代码的编写带来了一丝新意，也解决了一些问题。但仍有一些限制，考虑以下代码。

```
01   public class GenericTest {
02       public static void main(String[] args) {
03           List<? extends Number> list = new ArrayList<Integer>();
04           Number number = new Integer(3);
05           Integer integer = new Integer(5);
06           list.add(number);              //不合法
07           list.add(integer);             //不合法
08       }
09   }
```

以上代码看上去没有问题，声明了一个 List＜? extends Number＞ list 对象，然后用 ArrayList＜Integer＞实例进行赋值，接着声明了两个变量：一个是 Number 类型的（由于 Number 是抽象类，不能进行实例化，所以使用 Integer 进行赋值）；另一个变量是 Integer 类型。这是完全合法的。但当向数组中添加元素时，却出现了问题，提示的错误很诡异：The method add(capture♯1-of ? extends Number) in the type List＜capture♯1-of ? extends Number＞ is not applicable for the arguments (Number)。因为对 list 来说，它的类型参数不是具体的某一类型，而是一个范围，它既可能是 Integer，也可能是 Float，抑或是 Double，因此在其内部添加具体元素时，可能造成类型错误，而无法保证类型安全。不能增加 Number 的原因也是如此，因为无法确定父类 Number 所指向的具体类型。

通配符和边界共同使用可以确定、限制类型参数的范围。但有些问题可能会让人产生疑惑,讨论以下代码。

```
01   package org.ddd.generic.example23;
02   public class Animal {
03   }
04   public class Bird extends Animal{
05   }
06   public class Parrot extends Bird {
07   }
08   public class Tool {
09       public void addList(List<? super Bird> list){
10           list.add(new Parrot());
11           list.add(new Bird());
12   //        list.add(new Animal());              //不合法
13       }
14   }
```

以上例子首先定义了 3 个具有层次关系的类 Animal、Bird、Parrot,接着定义一个工具类 Tool,其中声明了一个方法 addList(List<? super Bird> list)。在 addList 内部会发现奥妙,编译器运行时允许向 list 中添加 Bird 及其子类,却不允许添加 Bird 的父类 Animal,这是因为<? super Bird>表示参数类型是 Bird 或其父类。在一个容器中,可以添加限定参数类型的子类,却不允许在子类容器中添加父类的引用。因此,list 的参数类型可能是 Bird 或其父类,但存在一定的不确定性,因此可以添加 Bird 及其子类实例。

5.5.9　擦除总结

擦除使 Java 程序在运行时丧失了类型变量的具体信息,因此使用泛型时要牢记以下内容:

① 虚拟机中没有泛型,只有普通的类和方法。
② 所有的类型参数都将被擦除成边界。
③ 为确保多态,必要时合成了桥方法。
④ 类型安全检查和类型转换是在编译时进行的,必要时插入额外代码。

5.6　泛型与反射

反射是在运行时读取类的信息,动态执行方法,那么运行时能不能得到泛型相关的信息呢? 在泛型擦除一节已经讨论过,Java 为了保持向下兼容,泛型相关的类型信息被擦除,运行时不能获取太多的泛型类型信息。但是,在一些特殊应用中,运行时获取泛型的相关信息又有非常重要的价值,例如,Java 对象与 JSON(一种对象序列化的数据格式)之间的转换。

5.6.1　泛型化的 Class 类

Class 类用来存储类的信息,是一个泛型类。例如,Bird.class 返回的是一个 Class 的对象,记录了类 Bird 的相关信息,实际上 Bird.class 返回的是泛型类 Class＜Bird＞的实例。

Class 是一个泛型类,调用类 Class 的方法非常重要,避免了强制类型转换。例如,在下面的代码中,newInstance()是一个泛型方法,泛型参数实际的类型是 Bird,因此,clazz.newInstance()返回的类型是 Bird,赋值给变量 bird 就不需要强制类型转换了。

```
01  package org.ddd.generic.example24;
02  public class GenericClass {
03      public static void main(String[] args) throws Exception{
04          Class<Bird> clazz = Bird.class;
05          Bird bird = clazz.newInstance();
06          Constructor<Bird> constructor = clazz.getConstructor();
07          Bird  bird1 = constructor.newInstance();
08      }
09  }
```

类 Class 的方法 getConstructor()返回类的无参构造函数,这个方法也是个泛型方法,本例中返回的类型为 Constructor＜Bird＞,当然类 Constructor 也是泛型类。

5.6.2　读取泛型参数

泛型擦除是 Java 泛型的突出特点,但是 Java 在保证兼容的情况下,运行时仍然保留了泛型的一些信息,例如运行时可以通过反射读取泛型参数。以下例子中,通过类 Class 的 getTypeParameters()获得类泛型参数,代码如下。

```
01  package org.ddd.generic.example25;
02  public class Zoo<A extends Animal> {
03  }
04  public class GenericTest {
05      public static void  main(String[] args) throws Exception{
06          Zoo<Fish> fishZoo = new Zoo<Fish>();
07          Zoo<Bird > birdZoo = new Zoo<Bird>();
08          Zoo<? extends Animal> animalZoo = new Zoo<Animal>();
09          Person person = new Person();
10          TypeVariable[] fishTypes = fishZoo.getClass().getTypeParameters();
11          TypeVariable[] birdTypes = fishZoo.getClass().getTypeParameters();
12          TypeVariable[] animalTypes = animalZoo.getClass().getTypeParameters();
13          TypeVariable[] personTypes = person.getClass().getTypeParameters();
14          System.out.println("fishZoo 的参数类型是:" +
15  Arrays.toString(fishTypes)+ ", 上界为:"+
16      fishTypes[0].getBounds()[0]);
17          System.out.println("birdZoo 的参数类型是:" +
18  Arrays.toString(birdTypes)+ ", 上界为:"+
19      birdTypes[0].getBounds()[0]);
20          System.out.println("animalZoo 的参数类型是:" +
```

```
21  Arrays.toString(animalTypes)+ ", 上界为:"+
22    animalTypes[0].getBounds()[0]);
23        System.out.println("person 的参数类型是:" +
24  Arrays.toString(personTypes));
25      }
26  }
```

输出结果如下。

```
01  fishZoo 的参数类型是:[A], 上界为:class org.ddd.code.example3_25.Animal
02  birdZoo 的参数类型是:[A], 上界为:class org.ddd.code.example3_25.Animal
03  animalZoo 的参数类型是:[A], 上界为:class org.ddd.code.example3_25.Animal
04  person 的参数类型是:[]
```

本例通过 getTypeParameters()返回了泛型类 Zoo 的泛型类型变量 TypeVariable,通过类型变量获取到类 Zoo 的泛型变量 A,并且获取到 A 的泛型上界为 Animal。

非常遗憾的是,以上例子无法得到泛型变量 A 的实际类型,无法通过 TypeVariable 得到任何关于 Fish、Bird 的信息,因为这些信息在运行时已经被擦除,以保持向下兼容。但是,在一些特殊情况下,获得泛型变量的实际类型又非常重要,如希望根据不同泛型变量的实际类型执行不同的操作。在这种两难的选择中,Java 设计了一种特殊机制来获取泛型变量的实际类型,即通过构建一个泛型类的子类来保留泛型变量的实际类型,以下例子演示了具体细节,代码如下。

```
01  package org.ddd.generic.example26;
02  public class GenericTypeRetain {
03      public static void main(String[] args) {
04          ArrayList<HashMap<String,Bird>> birds = new
05  ArrayList<HashMap<String,Bird>>() {};
06          ParameterizedType type =
07  getSuperclassTypeParameter(birds.getClass());
08          System.out.println("birds 的类型是:" +
09  birds.getClass().toString());
10          System.out.println("birds 的参数类型是:" + type.toString());
11          ParameterizedType type1  =
12  (ParameterizedType)type.getActualTypeArguments()[0];
13          System.out.println("birds 的类型参数的参数类型是:" + type1);
14          Type type21= type1.getActualTypeArguments()[0];
15          Type type22= type1.getActualTypeArguments()[1];
16          System.out.println("birds 的类型参数的参数类型是:"
17  +type21.toString());
18          System.out.println("birds 的类型参数的参数类型是:" +
19  type22.toString());
20      }
21      static ParameterizedType getSuperclassTypeParameter(Class<?>
```

```
22  subclass) {
23          Type superclass = subclass.getGenericSuperclass();
24          if (superclass instanceof ParameterizedType) {
25              ParameterizedType parameterized = (ParameterizedType)
26  superclass;
27              return  parameterized;
28          }
29          else
30          {
31              throw new RuntimeException("不是参数化的类型");
32          }
33      }
34  }
```

输出结果如下。

```
01  birds 的类型是:class org.ddd.code.example3_26.GenericTypeRetain$1
02  birds 的参数类型是:java.util.ArrayList<java.util.HashMap<java.lang.String,
03  org.ddd.code.example3_26.Bird>>
04  birds 的类型参数的参数类型是:java.util.HashMap<java.lang.String,
05  org.ddd.code.example3_26.Bird>
06  birds 的类型参数的参数类型是:class java.lang.String
07  birds 的类型参数的参数类型是:class org.ddd.code.example3_26.Bird
```

以上例子试图在运行时保持泛型类 ArrayList 的泛型参数的实际类型 HashMap
<String,Bird>。其中关键的代码是 new ArrayList<HashMap<String,Bird>>() {}。
特别注意后面的大括号,如果没有这个大括号,代码就创建了一个类 ArrayList 的实例,泛
型参数的类型 HashMap<String,Bird>将被擦除。但是加了大括号后,语句就是创建一个
ArrayList 的匿名子类,并且创建一个这个子类的对象。通过这种特殊机制,泛型参数的实
际类型被保留下来。

通过 Class 的 getGenericSuperclass()方法获取到泛型化的父类的信息,用 ParameterizedType
表示泛型化的类型信息,通过它的 getActualTypeArguments()方法就可以获取到泛型类的
泛型参数的实际类型。

以上代码输出了所有泛型参数的实际类型。

5.6.3　泛型参数类型的应用

通过在运行时获取泛型参数的实际类型,能创建一些特别的应用,例如 JSON 数据到
Java 对象的映射。JSON 是一种存储对象的文本数据格式,下面的 JSON 就表示一个 Bird
对象的数组:

```
[{name:'翠鸟',weight:80},{name:'海鸥',weight:1000},{name:'啄木鸟',weight:500}]
```

JSON 字符串中并没有存储数据的对象的类型,如果要把 JSON 字符串转为期望的任意

Java 对象时,就遇到了困难。通过反射可以获得 Java 期望的对象的类型,但是如果期望的类是泛型类,泛型参数的实际类型在运行时又会被擦除,这时反射就会遇到问题了。为了解决这个问题,就需要用到前面讲到的使用父类记录泛型参数的实际类型的特殊机制,代码如下。

```
01  package org.ddd.generic.example27;
02  public class TypeReference<T> {
03      private Type type;
04      protected TypeReference() {
05          //获取当前对象的直接父类的类型
06          Type superClass = getClass().getGenericSuperclass();
07          this.type = ((ParameterizedType)
08  superClass).getActualTypeArguments()[0];
09      }
10      public Type getType() {
11          return this.type;
12      }
13  }
14  public class JSON {
15      public static void main(String[] args) throws Exception  {
16          //当新建这个类的时候,实际上是创建了一个匿名内部类。即 TypeReference 的
17          //子类,泛型参数限定为 Object
18          TypeReference<ArrayList<Bird>> typeReference = new
19  TypeReference<ArrayList<Bird>>() {};
20          Object object = parseObject("[{name:'翠鸟',weight:80},{name:
21  '海鸥',weight:1000},{name:'啄木鸟',weight:500}]", typeReference);
22      }
23      public static Object parseObject(String json, TypeReference<?>
24  typeReference) throws Exception {
25          Type superclass = typeReference.getType();
26          ParameterizedType parameterizedType = (ParameterizedType) superclass;
27          Object object = null;
28          Class type = (Class) parameterizedType.getRawType();
29          if (type == ArrayList.class) {
30              ArrayList objects = (ArrayList) type.newInstance();
31              Class type1 = (Class)
32  (parameterizedType.getActualTypeArguments()[0]);
33              json = json.trim();
34              json = json.substring(1, json.length() - 2);
35              String[] items = json.split(",");
36              for (String item : items) {
37                  Object object2 = type1.newInstance();
38                  item = item.trim();
39                  item = item.substring(1, item.length() - 2);
40                  String[] items1 = item.split(",");
```

```
41              for (String item1 : items1) {
42                  String[] nameValue = item1.split(":");
43                  Field field =
44      type1.getDeclaredField(nameValue[0].trim());
45                  field.setAccessible(true);
46                  field.set(object2, nameValue[1]);
47              }
48              objects.add(object2);
49          }
50          object = objects;
51      }
52      return object;
53    }
54  }
```

在以上代码中，方法 parseObject() 传入 JSON 格式的字符串，返回转换后的 Java 对象。为了指定转换的 Java 对象的类型，创建泛型类 TypeReference，通过 TypeReference 泛型参数的值来指定 JSON 需要转换成的对象的类型。在以上代码中，new TypeReference<ArrayList<Bird>>() {}创建了一个 TypeReference 的匿名子类的对象，这个对象的类的父类记录了泛型参数的实际类型 ArrayList<Bird>，有了具体类型，就可以通过反射创建具体的对象了。

一些常用的 JSON 类库都使用这个例子中使用的技术，例如 Google 开发的 Gson 库、阿里巴巴开发的 Fastjson 库。在 Gson 库中，与类 TypeReference 功能相同的类被取名为 TypeToken。

必须指出的是，Java 通过父类来记录泛型参数的实际类型，从技术设计简洁的角度来说这不是一种好的设计。

5.7 思考与练习

1. 请思考继承为什么不能代替泛型。

2. 请思考 Java 为什么在编译时要擦除泛型信息，如果不擦除泛型信息，有什么样的优点和缺点？

3. 请思考为什么编写不与具体类型绑定的代码是必需的。

4. 编写简单的学生、教师管理程序，学生类、教师类有公共的父类：Person，请添加相关属性。写泛型类 Person Manager<T>，实现对学生、教师进行管理。PersonManager 有方法：add(T t)、remove(T t)、findById(int id)、update(T t)、findAll()。根据需要添加其他方法。通过键盘选择是对学生进行管理还是对教师进行管理，所有必需的信息都通过键盘录入。录入的数据存储在 List 对象中。

5. 在 Java 中，Map 接口是用于存储键值对的容器。请熟悉 Map 接口的方法，并编写名为 SimpleMap 的类，实现 Map 接口。

第**6**章 注　解

6.1　概述

6.1.1　什么是注解

扫一扫

　　JDK5 增加了很多新特性,注解就是其中之一。注解使得代码变得简洁易懂,而且减轻了因配置文件过于烦琐而带来的问题。

　　注解(也被称为元数据)是指程序功能外,在代码中添加的额外信息,这些信息可以用来修饰、标识功能代码,但不影响代码运行。注解需要由注解处理器进行解释,并根据特定注解完成不同的功能规定。注解的语法很简单,只需在注解名前加上@,就可以在程序中使用,如@Override。

　　开发 Java 程序,尤其是 Java EE 应用的时候,总是免不了与各种配置文件打交道。以 Java EE 中典型的 S(pring)S(truts)H(ibernate)架构为例,Spring、Struts 和 Hibernate 这三个框架都有自己的 XML 格式的配置文件。这些配置文件需要与 Java 源代码保存同步,否则就可能出现错误,而且这些错误有可能到了运行时才被发现。把同一份信息保存在两个地方,不仅麻烦而且极易造成错误。理想的情况是在一个地方维护这些信息就好了。其他部分所需的信息通过自动方式来生成。

　　配置文件的好处在于进一步降低耦合,使应用更易于扩展,即使对配置文件进行修改,也不需要对工程进行修改和重新编译。缺点也是显而易见的,配置文件读取和解析需要花费一定的时间,配置文件过多时难以管理,IDE 无法对配置的正确性进行校验,给测试增加了难度。基于以上原因,从 JDK5 开始提供了 Annotation(注释、标注),用来修饰应用程序的元素(类、方法、属性、参数、本地变量、包、元数据)。注解可以提供用来完整地描述程序所需的信息,而这些信息是无法用 Java 来表达的。因此,注解能够以由编译器来测试和验证的格式存储有关程序的额外信息。注解可以用来生成描述符文件，甚至是新的类定义，并且有助于减轻编写样板代码的负担。使用注解，可以将这些元数据保存在 Java 源代码中，并利用 annotation API 为注解构造处理工具，同时，注解的优点还包括：更加干净易读的代码，编译器类型检查等。虽然 Java 预先定义了一些注解，但一般来说，主要还是需要程序员自己添加新的注解，并且按自己的方式使用它们。

　　每当创建描述符性质的类或接口时，一旦其中包含重复性的工作，就可以考虑使用注解来简化与自动化该过程。例如，在 Enterprise JavaBean(EJB)中存在许多额外的工作，EJB3.0 就是用注解来消除它们。注解甚至可以代替现存的一些系统，如 Xdoclet，它是一个独立的文档化工具，专门设计用来生成类似注解一样的文档。与之相比较，注解是语言级的概念，一旦构造出来，就享有编译器的类型检查。注解是在实际的源代码级别保存所有信息，而不是某种注释性的文字，这使得代码更简洁，且便于维护，通过使用扩展的注解 API 或外部字节码工具类库，程序员拥有对源代码以及字节码强大的检查与操作能力。

6.1.2　注解的作用

1. 编译检查

- Annotation 具有"让编译器进行编译检查的作用"。例如，@SuppressWarnings、@Deprecated 和@Override 都具有编译检查作用。
- 在反射中使用 Annotation。在反射的 Class、Method、Field 等函数中，有许多与Annotation 相关的接口。这也意味着可以在反射中解析并使用 Annotation。
- 根据 Annotation 生成帮助文档。通过给 Annotation 注解加上@Documented 标签，能使该 Annotation 标签出现在 Javadoc 中。
- 帮忙查看代码。通过@Override、@Deprecated 等，能很方便地了解程序的大致结构。

　　另外，也可以通过自定义 Annotation 来实现一些功能。

2. 注解处理器

　　如果没有用来读取注解的方法和工作，注解也就不会比注释更有用处了。使用注解的过程中，很重要的一部分就是使用注解处理器。Java SE5 扩展了反射机制的 API，以帮助程序员快速地构造自定义注解处理器。

3. 在框架中的作用

　　JDK 5 中引入了源代码中的注解(annotation)这一机制。注解使得 Java 源代码中不但可以包含功能性的实现代码，还可以添加元数据。注解的功能类似于代码中的注释，不同的是注解不是提供代码功能的说明，而是实现程序功能的重要组成部分。Java 注解已经在很多框架中得到了广泛使用，用来简化程序中的配置。

　　因为注解大多都有自己的配置参数，而配置参数以名值对的方式出现，所以从某种角度来说，可以把注解看成是一个 XML 元素，该元素可以有不同的预定义的属性。而属性的值是可以在声明该元素的时候自行指定的。在代码中使用注解，就相当于把一部分元数据从XML 文件移到了代码本身之中，在一个地方管理和维护。

由此可知,Java 注解的主要作用之一,就是跟踪代码依赖性,实现替代配置文件功能。比较常见的是 Spring 等框架中的基于注解的配置。现在的框架很多都使用了这种方式来减少配置文件的数量。秉持的原则是与具体场景相关的配置应该使用注解的方式与数据关联,与具体场景无关的配置放于配置文件中。另一方面,还可以在通过设置注解的 @ Retention 级别,在运行时使用反射,对不同的注解进行处理。

6.1.3　Java 常用注解

1. @Override

表示当前定义的方法将覆盖父类的同名、同参数方法,如果定义的方法名在父类中找不到,编译器将会提示 must override or implement a supertype method 错误。

2. @SuppressWarnings

关闭无须关心的警告信息,该注解可用于整个类上,也可以用于方法上。该注解只在 JDK5 之后的版本中才起作用,之前的版本也可以使用该注解,但是不起作用。

3. @Deprecated

使用该注解来声明方法或类已过时,不鼓励使用这样的方法或类,因为这可能存在风险,或者有更好的选择。

4. @Resource

该注解就是把一个 bean 注入当前的类中,可以不必通过配置文件或导包的方式注入就可以使用该 bean。

6.1.4　注解的使用方法

注解的使用方法与修饰符类似,非常简单,下面的例子介绍了注解在不同作用域上的使用方法,这些例子中使用了 6.1.3 节中介绍的三种常用注解,以加深读者对这三种注解的理解。

1. 在类上使用注解

作用在类上的注解一般用于声明和描述类的性质,将作用于整个类。

举例代码如下。

```
01  @Deprecated
02  public abstract class Person{
03  }
```

以上例子使用了注解@Deprecated,表示该类已过时,Java 不建议使用该类。可以看出注解的使用方法很简单,就像修饰符一样。

2. 在方法上使用注解

作用在方法上的注解只对目标方法起作用。

举例代码如下。

```
01  public class Person {
02      @Deprecated
03      public void speak(String message){}
04      @Override
05      public String toString(){
06          return "This is a person!";
07      }
08  }
```

以上例子定义了两个方法：第一个方法 speak（String message）声明了注解@Deprecated，表示该方法已过时，不建议使用；第二个方法 toString（）覆盖了 Object 的 toString（）方法，因此在方法上使用了注解@Override，注意声明此注解后，被覆盖的方法名必须在父类中存在，由于疏忽或父类不存在的方法，将无法编译通过。

3. 在属性上使用注解

注解还可以声明在属性上，举例代码如下。

```
01  public class Person {
02      @Deprecated
03      public String name;
04  }
```

以上例子在属性 name 上声明了注解@Deprecated，表示该属性已过时，不建议使用该属性，如果使用了该属性，编译器将抛出警告信息。

4. 为注解设置参数

注解中还可以设置参数，用于表示某些特定的操作，举例代码如下。

```
01  public class Person {
02      @SuppressWarnings(value = "unused")
03      private String name;
04      public void speak(String message) {
05          @SuppressWarnings({"unchecked","unused"})
06          List list = new ArrayList();
07          System.out.println("Speak: " + message);
08      }
09  }
```

以上例子为了演示注解的功能，所以添加了很多注解，一般情况下无须这样使用。在 Person 类的 name 属性上声明了注解@SuppressWarnings（value ＝ "unused"），其中添加使用了参数 value，并为其赋值"unused"，表明在这个属性上无须抛出未使用警告。接着在方法 speak 的内部定义了一个局部变量 list，在 list 上声明了注解@SuppressWarnings（{"unchecked"，"unused"}），表明此局部变量无须抛出检测警告和未使用警告，注意这里的注解也设置了参数，但是没有显式地指明为哪个变量设定参数，这种用法将在以后说明。为注解声明参数的原因是注解处理器可以根据不同类型的参数做出不同性质的操作。

6.2　自定义注解

除了 Java 定义的注解外,用户也可以根据自身需求定义注解,用于处理特定需求。

6.2.1　元注解

元注解是 Java 定义的用于创建注解的工具,它们本身也是注解。Java 中的元注解包括
5 个,分别如下。

扫一扫

1. @Target

@Target 注解表明了自定义注解的作用域。可能的作用域被定义在一个枚举类型中:
ElementType。ElementType 中的常量值如下。

（1）ElementType.ANNOTATION_TYPE:作用在注解类型上的注解。

（2）ElementType.CONSTRUCTOR:作用在构造方法上的注解。

（3）ElementType.FIELD:作用在属性上的注解。

（4）ElementType.LOCAL_VARIABLE:作用在本地变量上的注解。

（5）ElementType.METHOD:作用在方法上的注解。

（6）ElementType.PACKAGE:作用在包上的注解。

（7）ElementType.PARAMETER:作用在参数上的注解。

（8）ElementType.TYPE:作用在类、接口或枚举上的注解。

2. @Retention

@Retention 用于声明注解信息的保留策略,可选的级别被存放在枚举 RetentionPolicy
中,该枚举中的常量值如下。

（1）RetentionPolicy.SOURCE:注解信息仅保留在源文件中,编译时将丢弃注解信息。

（2）RetentionPolicy.CLASS:注解信息将被编译进 Class 文件中,但这些注解信息在运
行时将丢弃。

（3）RetentionPolicy.RUNTIME:注解信息将被保留到运行时,可以通过反射来读取
这些注解信息。

3. @Documented

@Documented 注解表明制作 Javadoc 时,是否将注解信息加入文档。如果注解在声明
时使用了@Documented,则在制作 Javadoc 时注解信息会加入 Javadoc。

4. @Inherited

@Inherited 注解表明注解是否会被子类继承,默认情况是不继承的。当注解在声明
时,使用了@Inherited 注解,则该注解会被使用了该注解的类的子类所继承。

5. @Repeatable

@Repeatable 注解是用于声明其他类型注解的元注解,来表示这个声明的注解是可重

复的。@Repeatable 的值是另一个注解，其可以通过另一个注解的值来包含这个可重复的注解。

6.2.2 自定义注解

自定义注解是在上一节介绍的 Java 元注解基础上构建的。注解的定义跟接口很相似，而且注解类型编译后也会产生一个 Class 文件，这与接口和类无异。以下例子定义了一个简单的注解。代码如下。

```
01  import java.lang.annotation.ElementType;
02  import java.lang.annotation.Retention;
03  import java.lang.annotation.RetentionPolicy;
04  import java.lang.annotation.Target;
05  @Target(ElementType.METHOD)
06  @Retention(RetentionPolicy.RUNTIME)
07  public @interface Test {
08  }
```

以上例子定义了一个注解@Test。可以看到注解@Test 很像一个没有方法的接口，它的定义方式也很像接口。只不过在 interface 前加了一个"@"。在这个注解上使用了两个元注解：其中@Target 表示注解@Test 的作用范围，此处声明为 ElementType。METHOD 表明这是一个作用在方法上的注解，而@Retention 表明注解@Test 的保留策略，此处声明为 RetentionPolicy.RUNTIME，表明这些注解信息将被保留到运行时。

注解中有时还会保留一些参数，用户使用注解时可以为这些参数指定具体的值。当分析处理注解时，程序或工具可以利用这些值进行特定操作。在注解中声明参数与在类中有所区别，它看起来更像是声明方法。以下代码表明了如何为注解声明参数。

```
01  @Target(ElementType.TYPE)
02  @Retention(RetentionPolicy.RUNTIME)
03  public @interface Entity {
04      public int type() default -1;
05      public String name();
06  }
```

以上例子定义了一个注解@Entity。它的作用域是 ElementType.TYPE，表明它可以作用在类、接口或枚举上，它的保留策略是 RetentionPolicy.RUNTIME，表明注解@Entity 的信息将会被保留到运行时。重要的一点是，这个注解中定义了两个参数 type 和 name，它们的声明方法看上去有点古怪。第一个参数 type 类型是 int，它有默认值-1；第二个参数 name 是 String 类型，没有指明的默认值，对于没有指明默认值的参数，使用时必须指明具体的值。以下代码介绍了如何使用这些自定义的注解。

```
01  @Entity(name = "Person")
02  public class Person {
```

```
03      @Test
04      public void speak(String message){}
05  }
```

以上例子使用了 6.2.2 小节开始的两个例子中定义的注解。在 Person 类上使用了
@Entity 注解,并为这个注解的 name 参数指明了值"Person";在方法 speak 上使用了 6.2.2
小节中第一个例子中的@Test 的注解。可以看出自定义的注释与 Java 定义的注释使用方
法相同。

6.2.3 注解参数说明

编译器对注解的参数要求很高,因此声明参数时必须满足以下条件。

1. 参数类型必须使用指定的参数类型

注解参数只能使用指定的类型,这些类型如下。

所有基本类型,包括(int,float,boolean);String;Class;enum;Annotation 以及以上类
型的数组。

如果使用了其他类型,编译器就会抛出错误,也不允许使用任何包装类型。注解也可以
作为参数类型,这意味着注解可以嵌套。以下是一个注解嵌套的例子。

```
01  @Target(ElementType.FIELD)
02  @Retention(RetentionPolicy.RUNTIME)
03  public @interface ID {
04      public String value() default "id";
05  }
06  @Target(ElementType.TYPE)
07  @Retention(RetentionPolicy.RUNTIME)
08  public @interface Entity {
09      public String name() default "";
10      public ID id() default @ID("id");
11  }
```

以上例子首先定义了一个注解@ID,接着在注解@Entity 中使用了该注解作为参数。
这种定义有助于扩展注解,但如果注解比较复杂,嵌套就会变得很烦琐。因此,Java 允许在
一个元素上定义多个注解,这些注解是平行的,但要求这些注解的类型不能重复。

2. 注解参数的赋值要求

编译器要求注解的参数不能是不确定值,即要么在定义注解的时候就赋值,要么在使用
的时候赋值。如果定义一个参数而未赋值,则编译器会抛出一个错误:The annotation
must define the attribute value。

这里有必要对注解参数的快捷方式进行说明。何谓快捷方式呢?如果程序员在注解中
定义了参数 value,并且在使用时 value 参数是唯一需要赋值的参数,则无须指出参数名称,
直接在括号中填入参数值即可。

举例代码如下。

```
01  @Target(ElementType.FIELD)
02  @Retention(RetentionPolicy.RUNTIME)
03  public @interface ID {
04      public String value();
05      public String description() default "";
06  }
07  public class Person {
08      @ID("personID")
09      private Integer id;
10  }
```

以上例子中定义了一个注解@ID，其中拥有一个参数 value，可以看出在使用该注解的时候，并没有显式地指明对哪个参数赋值，它将自动对 value 进行赋值，这就是注解参数的快捷方式。

扫一扫

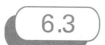 注解处理

6.3.1 Runtime 级注解处理

使用 Annotation 接口来代表程序元素前面的注解，该接口是所有 Annotation 类型的父接口。除此之外，Java 在 java.lang.reflect 包下新增了 AnnotatedElement 接口，该接口代表程序中可以接收注解的程序元素，该接口主要有如下几个实现类。

① Class：类定义。

② Constructor：构造器定义。

③ Field：类的成员变量定义。

④ Method：类的方法定义。

⑤ Package：类的包定义。

java.lang.reflect 包下主要包含一些实现反射功能的工具类。实际上，java.lang.reflect 包中所有提供的反射的 API 扩充了读取运行时 Annotation 信息的能力。当一个 Annotation 类型被定义为运行时的 Annotation 后，该注解才能在运行时可见，当 class 文件被装载时，被保存在 class 文件中的 Annotation 才能被虚拟机读取。

AnnotatedElement 接口是所有程序元素（Class、Method 和 Constructor）的父接口，所以程序通过反射获取了某个类的 AnnotatedElement 对象之后，程序就可以调用该对象的如下四个方法来访问 Annotation 信息。

方法 1：＜T extends Annotation＞ T getAnnotation（Class＜T＞ annotationClass）：返回该程序元素上存在的、指定类型的注解，如果该类型注解不存在，则返回 null。

方法 2：Annotation[] getAnnotations()：返回该程序元素上存在的所有注解。

方法 3：boolean is AnnotationPresent（Class＜?extends Annotation＞ annotationClass）：判断该程序元素上是否包含指定类型的注解，存在则返回 true，否则返回 false。

方法 4：Annotation[] getDeclaredAnnotations()：返回直接存在于此元素上的所有注释。与此接口中的其他方法不同,该方法将忽略继承的注释。如果没有注释直接存在于此元素上,则返回长度为零的一个数组。该方法的调用者可以随意修改返回的数组;这不会对其他调用者返回的数组产生任何影响。

6.3.2　Source 级注解处理

由于注解处理已经被集成到了 Java 编译器中,因此在编译过程中,可以通过以下命令调用注解处理器。

```
javac -processor ProcessorClassName1, ProcessorClassName2, ⋯ sourceFiles
```

编译器会定位源文件中的注解。每个注解处理器会依次执行。注意,注解处理器只能产生新的源文件,无法修改已有的源文件。

6.4　接口生成实例

如果没有读取分析注解的工具,注解的作用将大大减少。注解的应用中很重要的一部分就是注解处理器的编写与使用。JDK5 扩展了反射机制的 API,可以帮助程序员有效地创建这类工具,它还提供了一个外部工具 Apt,帮助程序员分析处理注解。

本节将实现一个简单的注解处理器,该注解处理器用于提取指定类的公共方法,然后构建一个抽象接口类。

首先需要定义一个注解,该注解用于表明哪些类需要进行接口抽取。其定义代码如下。

```
01   @Target(ElementType.TYPE)
02   @Retention(RetentionPolicy.RUNTIME)
03   public @interface ExtractInterface {
04       public String value();
05   }
```

注解是作用在类上的,因此@Target 的参数值是 ElementType.TYPE,又因需要使用反射读取其信息,因此注解信息的保留策略为运行时。这个注解中定义了一个快捷参数 value(),该参数在使用时必须赋值,表示即将要抽象出的接口名称。

接着就要编写本节最重要的一个类：注解处理器。注解处理器继承自注解处理器接口,该接口只拥有一个方法 process(Class<?> clazz),供外部使用,这个暴露在外部的方法是注解处理器的外部调用接口。下面是注解处理器接口代码。

```
01   public interface AnnotationProcessor {
02       public boolean process(Class<?> clazz) throws Exception;
03   }
```

注解处理器继承该接口,并实现暴露的 process 方法,其实现流程如图 6-1 所示。

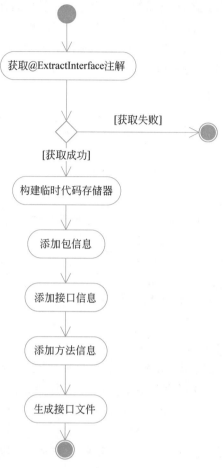

图 6-1　注解处理器继承接口的实现流程

注解处理器会首先分析指定类是否含有@ExtractInterface注解，如果不存在，则处理结束，如果存在，则继续。接着构建一个代码的临时存储器，这个例子中将使用StringBuilder，然后向临时存储器中添加包信息、接口信息、方法信息，最后生成接口文件。

注解处理器的具体实现代码如下。

```
01  public class ExtractProcessor implements AnnotationProcessor{
02  public boolean process(Class<?> clazz) throws Exception{…}
03  private ExtractInterface getExcactInterface(Class<?> clazz){…}
04  private StringBuilder addPackage(StringBuilder sb, Class<?> clazz){…}
05  private StringBuilder addInterface(StringBuilder sb,
06  ExtractInterface anno){…}
06  private StringBuilder addMethod(StringBuilder sb, Method method){…}
07  private File createFile(StringBuilder sb, Class<?> clazz,
08  ExtractInterface ext) throws Exception{…}
09  }
```

以上代码只显示了类的结构，并没有实现过程，具体实现过程将在下面介绍方法时说明。这个类继承了处理器接口 AnnotationProcessor,在类内部定义了以下 6 个方法。

① process(Class<?> clazz)。

② getExcactInterface(Class<?> clazz)。

③ addPackage(StringBuilder sb,Class<?> clazz)。

④ addInterface(StringBuilder sb,ExtractInterface anno)。

⑤ addMethod(StringBuilder sb,Method method)。

⑥ createFile(StringBuilder sb,Class<?> clazz,ExtractInterface ext)。

这些方法的作用各不相同,它们共同协作完成注解处理器的功能。下面逐一介绍这些方法的原理及实现。

1. process(Class< ? > clazz)

这个方法是接口中 process 方法的具体实现,是暴露在外部的接口,供外部调用。它的功能就是使用其他的工具方法分析并处理注解,完成指定的工作。其实现代码如下。

```
01  /**
02   * 暴露的外部接口方法,使用该方法需要传入指定类的 Class 对象
03   * 处理的流程如下:
04   * 1. 获取@ExtractInterface 注解
05   * 2. 如果该注解类拥有指定注解,则创建一个 StringBuilder,用于临时存放生成
代码
06   * 3. 在 StringBuilder 中添加包信息
07   * 4. 在 StringBuilder 中添加接口信息
08   * 5. 遍历指定类声明的方法集合,并在 StringBuilder 中加入公共方法信息
09   * 6. 生成接口文件
10   * /
11  public boolean process(Class<?> clazz) throws Exception {
12      ExtractInterface ann = this.getExcactInterface(clazz);
13      if(ann != null){
14          StringBuilder sb = new StringBuilder();
15          this.addPackage(sb, clazz);
16          this.addInterface(sb, ann);
17          Method[] methods = clazz.getDeclaredMethods();
18          for(Method  method : methods){             //遍历指定类声明的方法
19              if(method.getModifiers() == Modifier.PUBLIC){  //如果获取的方法为公
20                                                             //共方法
21                  sb = this.addMethod(sb, method);   //添加方法信息
22              }
23          }
24          sb.append("}");
25          this.createFile(sb, clazz,ann);            //创建接口文件
26          return true;
27      }
28      return false;
29  }
```

该方法的参数是指定类的 Class 对象，比如 Person 类要抽取接口，则该类即为 Class＜Person＞的实例。该方法返回一个布尔值，表示抽取接口成功或失败。在方法内部，首先使用工具方法 getExcactInterface 获取该指定类上的 @ExtractInterface 注解，如果该类上有注解，则返回注解实例，否则返回 null，如果返回的不是 null，则表明该类上声明了注解 @ExtractInterface，需要对该类进行接口抽取。接口抽取的过程如下：首先定义一个字符串容器，用于存储生成的临时代码，接着调用 addPackage 向生成的代码中添加包信息，然后在生成的代码中添加接口信息，接着获取在该类中声明的所有方法。遍历这些方法，如果是公有的，则在接口生成代码中添加该方法信息。最后生成接口文件。

2. getExcactInterface(Class<？> clazz)

该方法用于获取指定类上的 @ExtractInterface，如果指定类上声明了该注解，则返回注解实例，否则返回 null。该方法的实现代码如下。

```
01   /**
02       * 获取 @ExtractInterface 注解，使用该方法需要传入指定类的 Class 对象
03       * 处理流程如下：
04       * 1.遍历该类上的所有注解
05       * 2.如果注解的类型为 @ExtractInterface，则返回该注解，负责返回 null
06       * @param clazz 指定类的 Class 对象
07       * @return 类上声明的 @ExtractInterface 注解
08       * */
09   private ExtractInterface getExcactInterface(Class<?> clazz){
10       Annotation[] annotations = clazz.getAnnotations();
11       for(Annotation annotation : annotations){
12           if(annotation.annotationType() == ExtractInterface.class)
13           {
14               return (ExtractInterface)annotation;
15           }
16       }
17       return null;
18   }
```

该方法需要传入指定类的 Class 对象作为参数，返回注解 @ExtractInterface 的一个实例。方法内部首先获取了指定类上声明的所有注解实例，然后遍历这些注解，如果注解是 @ExtractInterface 类型的，则返回该注解实例，如果没有找到这种类型的注解，则返回 null。

3. addPackage(StringBuilder sb，Class<？> clazz)

该方法用于在临时存储器中生成代码，添加包信息，包的信息包括关键字 package 和包的名称，当然最后还需要一个";"结尾。实现代码如下。

```
01       /**
02       * 向 StringBuilder 中添加包信息，使用该类需要传入 StringBuilder 和指定
03       * 类的 Class 对象
04       * */
```

```
05  private StringBuilder addPackage(StringBuilder sb, Class<?> clazz){
06      sb.append("package ");
07      sb.append(clazz.getPackage().getName());
08      sb.append(";");
09      sb.append("\n");
10      return sb;
11  }
```

这个方法很简单,只是简单的字符串处理,按先后顺序分别添加关键字"package"、包名(通过反射获取)、结束符";"以及一个换行字符。

4. addInterface(StringBuilder sb, ExtractInterface anno)

该方法用于在代码临时存储器中添加接口信息,包括接口的修饰符(本例中规定全是public)、接口关键字 interface 以及接口的名称,接口的名称由用户指定,存储在注解中。该方法的实现代码如下。

```
01  /**
02   * 向 StringBuilder 中添加接口信息,使用该类需要传入 StringBuilder 和
03   * @ExtractInterface 注解对象
04   */
05  private StringBuilder addInterface(StringBuilder sb, ExtractInterface
06  anno){
07      sb.append("public  interface ");
08      sb.append(anno.value());  //根据@ExtractInterface 的 value 参数来确定接口名称
09      sb.append("{");
10      sb.append("\n");
11      return sb;
12  }
```

该方法需要传入临时代码存储器以及注解@ExtractInterface 实例作为参数,返回填充后的临时代码存储器。这个方法的实现过程也很简单,首先在代码临时存储器中添加修饰符及接口关键字"public interface",接着获取注解中的参数 value,该参数由用户使用时指定。注意注解的参数获取与类有些不同,看上去更像是访问方法。注解中的参数是用户为生成的接口指定的名称。最后再向临时代码存储器中加入内容开始符"{"和换行符"/n"。

5. addMethod(StringBuilder sb, Method method)

该方法的功能是向临时代码存储器中添加抽象方法信息。方法的信息一般包括方法修饰符、返回值、方法名、参数类型及参数等。这个方法的实现较上两个方法复杂,其实现代码如下。

```
01  /**
02   * 向 StringBuilder 中添加方法信息,使用该方法传入 StringBuilder 和指定
03   * 的方法
```

```
04          * 处理流程如下：
05          * 1.添加修饰符
06          * 2.添加返回值类型
07          * 3.添加方法名称
08          * 4.遍历参数类型,并向 StringBuilder 中添加参数
09          */
10   private StringBuilder addMethod(StringBuilder sb, Method method){
11       sb.append(TAB + "public ");
12   sb.append(method.getReturnType().getCanonicalName() + BLANK);
13   //添加返回值类型
14       sb.append(method.getName() + BLANK);        //添加方法名
15       sb.append("(");
16       Class[] paras = method.getParameterTypes();       //获取参数类型集合
17       String arg = "arg";                              //参数名的前半部分
18       Integer argIndex = 0;                            //参数索引
19       for(Class<?> para : paras){                      //遍历方法的参数类型
20           sb.append(para.getCanonicalName() + BLANK);
21           //添加参数类型
22           sb.append(arg + argIndex);
23           //添加参数名称,参数名称由 arg+索引组成
24           sb.append("," + BLANK);
25               argIndex ++;
26           }
27           if(argIndex > 0){                            //去除多余的逗号和空格
28               sb = new StringBuilder(sb.substring(0, sb.length() - 2));
29           }
30           sb.append(")");
31           sb.append(";");
32           sb.append("\n");
33           return sb;
34       }
35       public static final String TAB = "\t";
36       public static final String BLANK = " ";
```

　　这个方法需要传入临时代码存储器和 Method 对象,并返回填充后的临时代码存储器。该方法的处理流程是：首先向方法中添加修饰符 public,为了代码整洁,在方法前加入一个制表符 TAB,这个常量类内部已定义,同时定义的常量还有 BLANK,用于表示空格。接着向临时代码存储器中添加了返回值类型,返回值类型通过反射获取 method.getReturnType().getCanonicalName(),Method 的 getReturnType() 方法返回指定方法的返回值类型的 Class 对象,通过该 Class 对象获取返回值的全名。接着向临时代码存储器中加入方法名和左括号"(",在括号内部添加参数类型及参数名称。添加参数的流程如下：首先获取指定方法的参数类型集合。这个集合中包含指定方法所有参数类型的 Class 对象。然后定义所有参数名称的前半部分,这里规定参数名称的格式为"arg"加上参数索引,索引从 0 开始,接着

遍历指定方法的所有参数类型,逐一向临时代码存储器中添加参数信息。遍历完成后,如果发现参数的个数大于 0,则去除多余的逗号和空格,最后添加闭括号、结束符";"以及换行符"\n"。

6. createFile(StringBuilder sb, Class< ?> clazz, ExtractInterface ext)

该方法用于创建接口文件,并向接口文件中填充接口信息,实现代码如下。

```
01  /**
02   * 创建接口文件
03   */
04  private void createFile(StringBuilder sb, Class<?> clazz,
05  ExtractInterface ext) throws Exception{
06      String path = clazz.getPackage().getName();
07      path = path.replace(".", "\\");
08      String url = System.getProperty("user.dir") + "\\src\\" + path +
09      "\\"  + ext.value() + ".Java";
10      FileOutputStream fileWriter = new FileOutputStream(url);
11      fileWriter.write(sb.toString().getBytes("UTF-8"));
12      fileWriter.flush();
13      fileWriter.close();
14      System.out.println(url);
15  }
```

该方法需要传入临时代码存储器、指定类的 Class 对象以及注解实例。方法的实现过程如下:因需要将接口文件与指定类放到同一个文件夹下,所以首先获取了指定类的包名,然后将包名中的"."替换成了"\",接着生成接口文件的绝对路径,绝对路径由项目路径加上源文件根路径"\src\"(如果为 maven 项目,则将源文件根路径改为"\\src\\main\\java\\")和包路径及文件类型组成。最后再根据文件绝对路径生成接口文件。以下代码为注解处理器测试代码。

```
01  @ExtractInterface("IPerson")
02  public class Person {
03      public void speak(String message){
04          System.out.println(message);
05      }
06      public void useTool(String toolName){
07          System.out.println(toolName);
08      }
09  }
10  public class AnnotationTest {
11      public static void main(String[] args) throws Exception {
12          AnnotationProcessor processor = new ExtractProcessor();
13          processor.process(Person.class);
14      }
15  }
```

测试代码中首先定义了一个 Person 类，在 Person 类上添加了注解@ExtractInterface ("IPerson")，此处设置了注解的参数 value 的值为 IPerson，表示声明的接口将以此命名。Person 类中定义了两个公有方法：speak 和 useTool。在测试类 AnnotationTest 中首先声明了注解处理器实例，然后调用处理的 process 方法生成指定接口。生成的接口内容如下。

```
01  public  interface IPerson{
02      public void speak (java.lang.String arg0);
03      public void useTool (java.lang.String arg0);
04  }
```

所生成的接口与类 Person 放在同一目录下，且定义了两个抽象方法 Speak 和 userTool。

6.5 对象关系映射（ORM）实例

扫一扫

关系数据库在存储、查询效率方面有明显的优势，但是 Java 编程时使用面向对象的方式更加容易理解。当使用一种面向对象的编程语言进行应用开发时，从项目一开始就采用的是面向对象分析、面向对象设计、面向对象编程，但到了持久层数据库访问时，又必须重返关系数据库的访问方式。于是需要一种可以把关系型数据库包装成面向对象模型的工具，称为对象/关系数据库映射（Object Relational Mapping，ORM）。ORM 使得应用程序无须直接访问底层数据库，而是以面向对象的方式来操作持久化对象（如创建、修改、删除等），而 ORM 框架则将这些面向对象的操作转化成底层的 SQL 操作。

下面是一个注解应用的实例：通过扫描指定路径下的所有类找到含有指定注解的实体，解析这些实体类，并生成对应的 SQL 命令。

6.5.1 定义注解

首先需要定义注解来指明哪些类需要映射成数据库中的表，其次还需要定义注解来指明哪些属性需要映射成数据库中的字段，哪个字段是主键。这些注解的定义代码如下。

```
01  @Target(ElementType.TYPE)
02  @Retention(RetentionPolicy.RUNTIME)
03  public @interface Entity {
04      public String value() default "";
05  }
```

该注解使用在类上，用于指明类需要映射成数据库表（table），它有个参数 value，用于表示映射成数据库表的名字，代码如下。

```
01  @Target(ElementType.FIELD)
02  @Retention(RetentionPolicy.RUNTIME)
03  public @interface Column {
```

```
04      public String value() default "";
05      public boolean nullable() default true;
06      public int length() default -1;
07  }
```

该注解用于指明实体类中的属性需要映射成数据库中的字段。注解中还定义了一些参数,其中参数 value 表示映射成的字段名称。nullable 与 length 是约束性条件,分别表示可不可以为空和字段长度,代码如下。

```
01  @Target(ElementType.FIELD)
02  @Retention(RetentionPolicy.RUNTIME)
03  public @interface ID {
04      public String value() default "";
05  }
```

该注解用于属性上,表示指定属性作为映射表的主键。其中参数 value 表示映射成的主键名称。

6.5.2 相关工具类

除了以上注解外,还需要一些工具类。

用来描述数据库中字段信息的类 ColumnInfo。该类除了描述字段信息外,还有解析属性、描述信息 Field 对象的功能以及生成对应的 SQL 语句的功能,其关键代码如下。

```
01  /**
02   * 字段信息,用于描述数据库中某一字段
03   */
04  public class ColumnInfo {
05      private String columnName;              //字段名称
06      private Class<?> type;                  //字段类型
07      private boolean isID = false;           //是否是主键
08      private boolean nullable = true;        //是否可以为空
09      private int length = 32;                //字段长度
10      private boolean needPersist = false;    //该字段是否需要保存到数据库中
11      public ColumnInfo parse(Field field){…};
12      @Override
13      public String toString(…){}
14  }
```

该类中定义了一些属性,用于描述字段信息,如 columnName 表示字段名称,type 表示字段的类型,length 表示字段的长度等。此外还有以下两个主要方法。

(1) public ColumnInfo parse(Field field)。

该方法的功能是将属性对应的 Field 对象转换成字段信息对象,其实现代码如下。

```
01  /**
02      * 根据属性描述对象 Field,解析字段信息
03      * 其解析的流程如下:
04      * 1.获取 Field 对象的名称,作为字段名称
05      * 2.获取 Field 对象的类型,作为字段的类型
06      * 3.获取该属性上声明的注解集合,并遍历这些注解
07      * 4.如果注解是@Column,则表明该属性应映射成数据库中的字段
08      * 5.如果注解是@ID,则表明该属性作为数据库中表的主键
09      * 6.最后判断该属性是否需要持久化,如需要返回解析后的字段信息对象,否
10      * 则返回 null
11      */
12  public static ColumnInfo parse(Field field){
13      ColumnInfo column = new ColumnInfo();
14      column.columnName = field.getName();
15      column.type = field.getType();
16      Annotation[] annotations = field.getAnnotations();
17      for(Annotation annotation : annotations){
18          if(annotation.annotationType().equals(Column.class)){ //如果注解是@Column
19              column.needPersist = true;              //设置成需要持久化存储
20              Column columnAnno = (Column)annotation;
21              if(!columnAnno.value().equals("")){ //若 value 不为空,则将字段名
22                                                  //设置成为注解 value 的参数值
23                  column.columnName = columnAnno.value();
24              }
25              column.nullable = columnAnno.nullable();
26              if(columnAnno.length() != -1){ //若 length 不为空,则设置字段的长度值
27                  column.length = columnAnno.length();
28              }
29          }else if(annotation.annotationType().equals(ID.class)){
30              column.needPersist = true;
31              ID id = (ID)annotation;
32              column.isID = true;
33              if(!id.value().equals("")){ //如果用户设置了 value 值,则以 value
34                                          //值作为字段名
35                  column.columnName = id.value();
36              }
37          }
38      }
39      if(column.needPersist){
40          return column;
41      }else{
42          return null;
43      }
44  }
```

Field 对象表示属性信息,其 getName 方法可获取属性名称,getType 方法可获取属性类型,getAnnotations 方法可获取属性上声明的注解集合。在遍历注解的循环内,先判断注解是不是所需的@Column 或@ID,如果否,则抛弃,如果是,则设置字段属性;再判定该字段是不是需要持久化字段,如果否,返回 null,如果是,返回解析后的属性信息对象。

(2) public String toString()。

toString 方法用于将字段信息对象输出成 SQL 语句,其实现代码如下。

```
01  //输出成 sql 字符串
02  @Override
03  public String toString(){
04      StringBuilder sql = new StringBuilder(columnName);
05      if(this.type.equals(String.class)){
06          sql.append(Symbol.BLANK + "VARCHAR(" + this.length + ")");
07      }else if(this.type.equals(Integer.class)){
08          sql.append(Symbol.BLANK + "INT");
09      }
10          if(this.isID){
11          sql.append(Symbol.BLANK + "PRIMARY KEY");
12      }
13      if(!this.isNullable()){
14          sql.append(Symbol.BLANK + "NOT NULL");
15      }
16      sql.append(";");
17      return sql.toString();
18  }
```

该方法首先定义一个 StringBuilder 对象 sql 作为输出 sql 语句的存储器。然后根据字段的名称、类型、是否是注解、是否可以为空生成 SQL 语句。注意这里只处理了字符串 String 类型和整型 Integer。实现的过程并不复杂,详见 SQL 的基本格式。

用来描述表信息的类 TableInfo,该类中记录了表名以及该表映射的实体,以及表中的字段信息。当然,它还有将类型信息转换成表信息以及输出 SQL 语句的功能,其实现的代码如下。

```
01  public class TableInfo {
02      private String tableName;   //表的名称
03      private Class<?> clazz;                      //该表对应的实体类型信息类
04      private boolean needPersist = false;         //是否需要持久化存储
05      private Map<String,ColumnInfo> columns = new HashMap<String,
06      ColumnInfo>();                               //该表中的所有字段信息
07  }
```

除了这些表的描述信息外,还有以下几个重要方法。

① public TableInfo parse(Class<?> clazz)。

该方法的功能是将类型信息对象转换成对应的表信息对象,关键的实现代码如下。

```
01  public static TableInfo parse(Class<?> clazz){
02      TableInfo table = new TableInfo();
03      table.clazz = clazz;
04      table.tableName = table.clazz.getSimpleName();
05      Annotation[] annotations = table.clazz.getAnnotations();
06      for(Annotation annotation : annotations){
07          if(annotation.annotationType().equals(Entity.class)){      //如果包含
08  //@Entity注解,则表明此实体需要持久化存储
09              table.needPersist = true;         //持久化存储标志,设为 true
10              Entity entity = (Entity)annotation;
11              if(!entity.value().equals("")){
12                  table.tableName = entity.value();
13              }
14              break;
15          }
16      }
17      if(table.needPersist){                    //如果需要持久化存储,遍历生成字段信息
18          Field[] fields = table.clazz.getDeclaredFields();
19          for(Field field : fields){
20              ColumnInfo column = ColumnInfo.parse(field);
21              if(column != null){
22                  table.columns.put(field.getName(), column);
23              }
24          }
25          return table;
26      }
27      else                                      //不需要持久化存储,则返回 null
28      {
29          return null;
30      }
31  }
```

其处理流程如下。

- 根据类型信息,获取实体类的简单名称作为表名。
- 获取在该类上使用的注解集合。
- 遍历这些集合。
- 如果发现这些集合中含有@Entity注解,则表明该实体需要持久化存储,然后获取 @Entity 注解的参数 value。
- 如果参数不为空,则将表名设为此参数值,跳出循环。
- 如果没有找到该注解,则说明此实体不需要持久化存储,则返回 null。
- 如果该实体需要持久化存储,则遍历该实体类型信息的所有属性描述对象列表,并 将它们转换成表的字段信息对象,添加到字段信息 map 中。
- 最后返回解析好的表信息实体。

② public String toString()。

该方法的功能是将表信息对象输入成 SQL 语句,其实现代码如下。

```
01  @Override
02  public String toString(){
03      StringBuilder sql = new StringBuilder();
04      sql.append(Symbol.LINE);
05      sql.append("CREATE TABLE ");
06      sql.append(this.tableName + Symbol.BLANK);
07      sql.append("(");
08      for(ColumnInfo column : this.columns.values()){
09          sql.append(Symbol.LINE);
10          sql.append(Symbol.TAB);
11          sql.append(column.toString());
12      }
13      sql.append(Symbol.LINE);
14      sql.append(");");
15      return sql.toString();
16  }
```

方法内首先创建了一个 StringBuilder 对象,用于存储 SQL 语句,然后添加 Create table 字符串表示创建表,接着添加表名和字段信息。

③ public boolean isNullable()。

该方法的功能是判断数据库中某一字段是否可以为空,如果可以为空则返回 true,否则返回 false,其实现代码如下。

```
01  public boolean isNullable(){
02      return  (this.nullable == true) ? true:false;
03  }
```

除了这两个工具类以外还有 3 个类,分别是 Symbol、Scanner、ClassFileLoader。

① Symbol。

该类内定义了一些常量,如 BLANK 表示空格字符串、TAB 表示制表符、LINE 表示换行符。代码如下。

```
01  public class Symbol {
02      public static final String BLANK = " ";
03      public static final String TAB = "\t";
04      public static final String LINE = "\n";
05  }
```

② Scanner。

该类用于扫描指定路径下的所有.class 文件,用户可以通过该类获取指定路径下的所有 class 文件列表。

③ ClassFileLoader。

该类主要用于加载指定的 class 文件，并返回对应的类型信息 Class 对象。

6.5.3 注解处理器

注解处理器是一个预先定义的接口 IProcessor，其定义代码如下。

```
01  public interface IProcessor {
02      public String process(String url) throws Exception;
03  }
```

该接口定义了一个方法 process()，供外部调用。数据映射注解处理器对该方法进行了实现，其实现代码如下。

```
01  public class TableProcessor implements IProcessor {
02      public String process(String url) throws Exception {
03          List<File> classFiles = Scanner.getClassFiles(url);
04          StringBuilder sql = new StringBuilder();
05          for(File file : classFiles){
06              Class<?> clazz = ClassFileLoader.loadClass(file);
07              TableInfo table = TableInfo.parse(clazz);
08              if(table != null)
09                  sql.append(table.toString());
10          }
11          return sql.toString();
12      }
13  }
```

TableProcessor 的 process 方法首先根据指定的路径查找路径下的所有.class 文件，然后逐一加载这些文件，并将加载的 class 对象转换成表信息对象，如果转换成功，则将表信息输出成字符串，添加到 SQL 语句中，否则丢弃。处理器的测试代码如下。

```
01  @Entity("People")
02  public class Person {
03      @ID
04      @Column(nullable = false)
05      private Integer id;
06      @Column(nullable = false, length = 16)
07      private String name;
08      public Integer getId() {
09          return id;
10      }
11      public void setId(Integer id) {
12          this.id = id;
13      }
14      public String getName() {
```

```
15          return name;
16      }
17      public void setName(String name) {
18          this.name = name;
19      }
20  }
21  public class AnnotationTest {
22      public static void main(String[] args) throws Exception {
23          TableProcessor processor = new TableProcessor();
24          String sql = processor.process(System.getProperty("user.dir"));
25          System.out.println(sql);
26      }
27  }
```

输出结果如下。

```
CREATE TABLE People (
    id INT PRIMARY KEY NOT NULL;
    name VARCHAR(16) NOT NULL;
);
```

在这段测试代码中,首先声明了一个 Person 类,并在该类上声明了注解@Entity,表明该类需要映射成数据库中的一张表。Person 类内部定义了一些属性,并分别加上了注解@Column 和@ID,表明这些字段需要存储。在测试类 AnnotationTest 中创建了一个注解处理器对象,并调用它的处理注解方法,该方法会根据指定的路径查找并分析类,创建 SQL 语句。最后输出 SQL 语句。

6.6　思考与练习

1. 创建 Person 类,Person 的属性如下。

```
String name 姓名
String sex 性别
Integer age 年龄
String idNo 身份证号
Boolean isMerried 是否已婚
```

请生成相应的 getter、setter 方法。请编写注解@Label,表示所注解对象的中文名称,请把@Label 注解标注在 Person 类和 Person 的每个属性上面。请编写 PersonInput 类,负责提示录入人员的相关属性,提示必须是注解 @Label 所标注的中文名称。请编写 PersonDisplay,负责显示人员信息,显示时的属性名称必须为注解@Label 所标注的中文名称,PersonInput 类与 PersonDisplay 类实现了共同的接口 PersonAction,接口 PersonAction

有方法 process，方法 process 的签名如下。

```
public Person process(Person person);
```

2. 在第 1 题的基础上编写注解@Column，属性有 Label，表示类的属性的显示名称，Nullable 表示是否允许属性值为空，MaxLength 表示文本属性的最大长度，MinLength 表示文本属性的最小长度，MaxValue 表示最大值，MinValue 表示最小值，把注解@Column 加在 Person 类的每个属性上，在输入 Person 时根据注解@Column 的配置进行校验。第 1 题的@Label 只标注在类上。请实现 Person 的增、删、改、查功能。

3. 在 4.5 节的例子中，根据注解生成数据库表的创建语句。请在 4.5 节例子的基础上生成数据库表的删除、新增、修改 SQL 语句。

4. 请思考注解还可以应用到哪些场景。

5. 请设计一个注解，用于标注类的方法可以调用的权限（即标注方法只有在用户登录后，有指定权限的人员才可以调用），结合第 3 章的动态代理，在方法调用时进行安全检查。

6. 元注解都有哪些？简述它们各自的作用与使用场景。

第7章 序列化

7.1 概述

简单来说，序列化就是一种用来处理对象流的机制。所谓对象流，就是将对象的内容进行流化，即转化成字节流。可以对流化后的对象进行读写操作，也可将流化后的对象传输于网络之间（要想将对象传输于网络，必须进行流化）。在对对象流进行读写操作时会引发一些问题，而序列化机制正是用来解决这些问题的。

Java 程序的对象在运行时存于内存中，如果 Java 程序的进程终止了，该进程使用的内存将被收回，该进程创建的对象将被销毁。然而，有时在进程终止后，保存 Java 对象信息仍然非常有用，例如，远程方法调用（remote method invocation，RMI）需要有能持久化对象的支持。在远程方法调用中，需要在网络上传送对象，因网络上传送的对象并不依赖于某个进程的内存，因此它需要序列化，而且网络传送要求将数据转换成字节流序列。

上面已经说明序列化就是将对象转换成字节流，通过某种载体保存下来，以便下次使用的时候能重新获取对象的信息。那么序列化的流程是什么呢？

如图 7-1 所示，Java 的序列化的流程如下。

图 7-1　序列化流程

（1）根据某种序列化算法（用户可以使用自定义的序列化算法，也可以使用 JDK 提供的序列化算法），将对象转换成字节流。

（2）将字节流写入到流载体中。

（3）使用输出流存储或传输对象序列。

对象序列化成字节流存储或传输后，当下次使用它时，需要将其重构回原来的样子，这个过程称为反序列化，即序列化的逆过程。反序列化的流程如图 7-2 所示。

图 7-2　反序列化流程

（1）首先从存储介质中读取对象的字节流。

（2）将字节流读取到输入流载体中。

（3）通过反序列化算法将字节流翻译成对象。

7.2　对象序列化

扫一扫

在 Java 中并不是所有的类都需要进行序列化，有以下两个原因。

（1）安全问题。Java 中有的类属于敏感类，此类的对象数据不便对外公开，而序列化的对象数据很容易进行破解，无法保证其数据的安全性，因此一般这种类型的对象不会进行序列化。

（2）资源问题。可以使用序列化字节流创建对象，而且这种创建是不受限制的，有时过多地创建对象会造成很大的资源问题，因此此类对象也不适宜进行序列化。

既然 Java 中并不是所有的类都需要进行序列化，那如何标识哪些类需要序列化，哪些类不需要序列化呢？Java 提供了两个标识用于声明序列化类，即 Serializable 和 Externalizable。只要继承这两个接口中的任何一个，类的对象都将可以进行序列化。

7.2.1　序列化实例

本节将介绍 Java 是如何进行序列化编程的，并说明其序列化过程中对象的哪些成员将被序列化，哪些无须序列化，以及具有层次关系和引用关系的对象序列化过程。

Java 是如何为序列化提供编程支持的呢？看下面的实例，代码如下。

```
01  public class Person implements Serializable {
02      private static final long serialVersionUID = 1L;
03      private String name = "simple";
04      private Integer age = 15;
05      public String getName(){
```

```
06          return this.name;
07      }}
```

首先定义一个可序列化的类 Person。Person 继承了 Serializable 接口,也就贴上了可序列化标识。类定义了一个长整型常量 serialVersionUID,该字段作为序列化类的一个标识。接着定义了两个属性,一个是字符串类型的 name,另一个是整型的 age。然后定义了一个方法 getName,用于返回 Person 的 name 属性。

接下来实现一个工具类,该工具类能够将对象序列化成字节流,然后保存到指定文件中,即序列化;也可以从文件中读取对象的字节流转换成对象,即反序列化。此外,类中还定义了一个工具方法,用于打印存储序列化文件的文件信息。代码如下。

```
01 package org.ddd.serialize.example1;
02 public class SerializeTool {
03     public static void serialize(Object obj, String fileName) throws
04 Exception{…}
05     public static Object deSerialize(String fileName) throws Exception{…}
06     public static void printFileInfo(String fileName) {…}
07 }
```

序列化方法如下。

```
01 package org.ddd.serialize.example1;
02     /**
03     * 将对象序列化,并存在本地文件中
04     * @param obj 被序列化的对象
05     * @param fileName 存储的本地文件名
06     * /
07 public static void serialize(Object obj, String fileName) throws Exception{
08     File file = new File(fileName); //新建一个本地文件,用于存储序列化的对象字节流
09     FileOutputStream output = new FileOutputStream(file);      //文件输出流
10     ObjectOutputStream oos = new ObjectOutputStream(output);    //对象输出流
11     oos.writeObject(obj);                      //将对象写入对象输出流中
12     oos.flush();                               //提交对象输入流
13     oos.close();
14     output.close();
15 }
```

在序列化方法中,首先根据指定的文件名定义一个新文件 file。然后声明一个文件输出流 FileOutputStream output,负责将字节流写入到文件中。接着定义一个对象输出流 ObjectOutputStream oos,负责将对象序列化成字节流,写入到文件输出流中。接下来就是调用对象输出流 oos 的 writeObject(Object obj)方法,将对象序列化成字节流。序列化的过程请参阅具体的序列化算法。最后提交数据,关闭输出流。

接下来是反序列化方法,其过程与序列化相反,代码如下。

```
01  package org.ddd.serialize.example1;
02  public static Object deSerialize(String fileName) throws Exception{
03      File file = new File(fileName);
04      FileInputStream input = new FileInputStream(file);
05      ObjectInputStream ois = new ObjectInputStream(input);
06      Object obj = ois.readObject();              //从对象输入流中读取对象
07      ois.close();
08      input.close();
09      return obj;
10  }
```

在反序列化方法中，首先根据指定文件名，获取存储字节流的文件，接着定义一个文件输入流 FileInputStream input，用于从文件中读取字节流，然后定义了一个对象输入流 ObjectInputStream ois，用于将字节流转换成对象（转换的过程请参见具体的反序列化方法）。接着调用对象输入流 ObjectInputStream 的 readObject()方法，取出存储的序列化对象，最后关闭输入流。

介绍了序列化方法和反序列化方法后，接着介绍一个工具方法，该方法用于打印文件名及其文件的大小，实现代码如下。

```
01      /**
02       * 打印指定文件的文件信息，包括文件名、文件大小等
03       * @param fileName 本地文件名
04       */
05  public static void printFileInfo(String fileName) {
06      File file = new File(fileName);                    //获取本地文件
07      System.out.println("---------------------------");
08      System.out.println("<FileName>:    " + fileName);   //打印文件名
09      System.out.println("<FileSize>:    " + file.length() + " bytes");
10                                                          //打印文件大小
11      System.out.println("---------------------------");
12  }
```

定义完工具类后，下面的测试类对 Person 的实例进行了序列化和反序列化的操作，代码如下。

```
01  public class SerializeTest {
02      public static void main(String[] args) throws Exception{
03          Person p = new Person();
04          SerializeTool.serialize(p, "person");
05          SerializeTool.printFileInfo("person");
06          Object obj = SerializeTool.deSerialize("person");
07          Person dep = (Person)obj;
08          System.out.println("Peron Name: " + dep.getName());
09      }
10  }
```

在测试类中,首先创建了 Person 类的一个实例 p,接着使用序列化工具将对象 p 进行序列化,并存储在本地文件中,文件名为"person"。然后打印序列化后对象 p 存储的文件信息。接着使用序列化工具,从本地存储的序列化文件中读取序列化的对象,并将其转换成 Person 类型。最后打印反序列化后对象的 Name 属性值。运行结果如下。

```
01  ----------------------------
02  <FileName>: person
03  <FileSize>: 192 bytes
04  ----------------------------
05  Peron Name: simple
```

可以在项目的根目录下找到存储的序列化文件。

7.2.2　需要序列化的类成员

对象序列化时是不是所有成员都要转换成二进制的字节序列呢? 答案是否定的。为了节省存储或传输空间以及提高序列化效率,有些不必要的成员是无须序列化的,那么哪些成员无须序列化呢?

(1) 静态变量。因静态变量属于类的属性,它并不属于某个具体实例,因此在序列化的时候无须进行序列化,反序列化时,可以直接获取类的静态成员引用。

(2) 方法。方法只是一系列的操作集合,方法不会依赖于对象,不会因对象的不同而操作不同,反序列化时,也可从类中直接获取方法信息。

上述两类成员无须进行序列化,但普通属性必须进行序列化,属性值依赖于具体的对象,不同对象的状态正是通过属性体现出来的。下面将用一些实例来证明上述结论。

请看下面这个实例。

证明 1:普通变量序列化。

证明过程:在原有的 Person 类的基础上,将 age 属性去掉,观察序列化后存储文件的大小,修改后的 Person 类如下。

```
01  package org.ddd.serialize.example2;
02  public class Person implements Serializable {
03      private static final long serialVersionUID = 1L;
04      private String name = "simple";
05      public String getName(){
06          return this.name;
07      }
08  }
```

测试类如下。

```
01  public class SerializeTest {
02      public static void main(String[] args) throws Exception{
03          Person p = new Person();
```

```
04        SerializeTool.serialize(p,"person");
05        SerializeTool.printFileInfo("person");
06    }}
```

在测试类中，仍然使用了 7.2.1 节中定义的序列化工具，对对象进行序列化，并存储在本地文件中，运行结果如下。

```
01    ----------------------------
02    <FileName>:    person
03    <FileSize>:    92 bytes
04    ----------------------------
```

与 7.2.1 节中的运行结果相比，存储文件的大小由 192B 变为了 92B，可以看出普通属性的减少对序列化后的文件大小有影响，因此可以说明，普通属性需要进行序列化。

证明 2：静态变量不需要进行序列化。

证明过程：在 Person 中增加一个静态变量，然后序列化 Person，观察存储文件大小是否变化，Person 的代码如下。

```
01    package org.ddd.serialize.example2;
02    public class Person implements Serializable {
03        private static final long serialVersionUID = 1L;
04        private String name = "simple";
05         //新增加的静态属性
06        public static String type = "human";
07        public String getName(){
08            return this.name;
09        }}
```

重新运行测试类 SerializeTest，运行结果如下。

```
01    ----------------------------
02    <FileName>: person
03    <FileSize>: 92 bytes
04    ----------------------------
```

通过对比发现，增加静态变量后，Person 类序列化后存储的文件大小并未改变，因此可以说明，静态变量并不会被序列化。

证明 3：方法不会被序列化。

证明过程：将 Person 类中的 getName 方法去掉，观察序列化后文件的大小是否发生变化，修改后的 Person 代码如下。

```
01    public class Person implements Serializable {
02        private static final long serialVersionUID = 1L;
03        private String name = "simple";
```

```
04        //新增加的静态属性
05        public static String type = "human";
06    }
```

重新运行测试类 SerializeTest,运行结果如下。

```
01    ----------------------------
02    <FileName>: person
03    <FileSize>: 92 bytes
04    ----------------------------
```

通过对比发现,增加静态变量后,Person 类序列化后存储的文件大小并未改变,因此可以说明,方法并不会被序列化。

7.2.3 继承关系序列化

子类序列化的时候,会不会序列化父类的成员呢? 先看看没有继承父类时子类的序列化文件大小,然后比较有继承关系后序列化文件大小是否发生变化。

首先定义个类 Teacher,用于测试,代码如下。

```
01    package org.ddd.serialize.example3;
02    public class Teacher implements Serializable {
03        private static final long serialVersionUID = 1L;
04        private String position = "无";
05    }
```

修改一下测试类 SerializeTest,将其代码修改如下。

```
01    public class SerializeTest {
02        public static void main(String[] args) throws Exception{
03            Teacher t = new Teacher();
04            SerializeTool.serialize(t,"teacher");
05            SerializeTool.printFileInfo("teacher");
06        }
07    }
```

运行测试类 SerializeTest,获取的结果如下。

```
01    ----------------------------
02    <FileName>: teacher
03    <FileSize>: 94 bytes
04    ----------------------------
```

下面讨论其继承父类后序列化文件的大小是否变化。继承的父类分以下两种情况。

(1)父类也实现了序列化接口。

(2)父类没有实现序列化接口。

对第一种情况，父类也实现了序列化接口，需要修改一下 Person 类和 Teacher 类，让 Teacher 类继承 Person 类。代码如下。

```
01  public class Person implements Serializable {
02      private static final long serialVersionUID = 1L;
03      private String name = "simple";
04  }
05  public class Teacher extends Person implements Serializable {
06      private static final long serialVersionUID = 1L;
07      private String position = "无";
08  }
```

运行测试类 SerializeTest，获取的结果如下。

```
01  ----------------------------
02  <FileName>: teacher
03  <FileSize>: 164 bytes
04  ----------------------------
```

通过比较发现序列化后，文件的大小由 94B 变为了 164B，可知当继承的类也实现了序列化接口时，子类序列化，父类的状态也将被序列化。

再来看看第二种情况，修改一下 Person 类，让其不实现 Serializable 接口，代码如下。

```
01  public class Person {
02      private static final long serialVersionUID = 1L;
03      private String name = "simple";
04  }
05  public class Teacher extends Person implements Serializable {
06      private static final long serialVersionUID = 1L;
07      private String position = "无";
08  }
```

运行测试类 SerializeTest，获取的结果如下。

```
01  ----------------------------
02  <FileName>: teacher
03  <FileSize>: 94 bytes
04  ----------------------------
```

当父类不实现接口 Serializable 后，序列化后的文件与不继承父类序列化后的文件大小相同，因此可以说明，当父类没有实现 Serializable 接口时，父类将不会被序列化。

7.2.4 引用关系序列化

如果对一个实现了序列化接口的类进行序列化操作，会不会序列化它引用的对象呢？答案是肯定，但是引用类必须也实现了序列化接口，以下例子证明了这一点。

```
01  package org.ddd.serialize.example4;
02  public class Person implements Serializable{
03      private String name = "simple";
04      private Tool tool = new Tool();
05  }
06  public class Tool implements Serializable{
07  }
08  public class SerializeTest {
09      public static void main(String[] args) throws Exception{
10          Person p = new Person();
11          SerializeTool.serialize(p,"person");
12          SerializeTool.printFileInfo("person");
13      }
14  }
```

运行结果如下。

```
01  ----------------------------
02  <FileName>: person
03  <FileSize>: 185 bytes
04  ----------------------------
```

现在在 Tool 类内增加一个属性,观察序列化后的文件大小是否发生变化,如果发生了变化,则说明引用类也进行了序列化。修改后的 Tool 类代码如下。

```
01  public class Tool implements Serializable{
02      private String toolName = "knife";
03  }
```

现在重新运行测试类 SerializeTest,运行的结果如下。

```
01  ----------------------------
02  <FileName>: person
03  <FileSize>: 209 bytes
04  ----------------------------
```

通过对比发现,序列化后的文件由原来的 185B 变为了 209B,这说明引用类 Tool 也进行了序列化。

需要特别说明的是,当引用类没有实现 Serializable 接口时,JVM 将会抛出 java.io.NotSerializableException,提示引用类也需要实现 Serializable 接口。

7.2.5　保护敏感数据

一个类加上序列化标识 Serializable 后,该类对象的所有属性信息将被序列化,然后进行本地存储或网络传输。然而,有时对象中的某些字段属于敏感信息,不应暴露出来。如果对其也进行序列化,容易被破解,从而造成安全隐患,例如常见的密码字段。那么如何让某些字段在对象序列化时不进行序列化呢?Java 提供了一个关键字 transient,即瞬时关键字。该关键字可以关闭字段的序列化,这样受保护的信息就不会因为序列化而对外暴露,其使用方法很简单,代码如下。

```
01  transient private String password;
```

只要在字段声明前加入该关键字即可。

7.2.6 序列化标识 ID

试想一下这样的场景:两端进行网络传输序列化对象,由于某种原因导致两端使用的类的版本不同,假设接收方的类被删除了几个字段。当发送方将对象的序列化字节流发送到接收方时,由于接收方的类少了几个字段,而无法解析。即用旧的对象字节序列来创建新的对象。那么 Java 是如何解决这一问题的呢?Java 要求实现序列化接口的类都必须声明一个 serialVersionUID 静态属性,如果没有该属性,JVM 也会自动声明该属性,并为该属性赋值。该属性的值是唯一的,用于标识不同的序列化类。只有类的序列化标识完全相同,Java 才会进行反序列化工作,这就是序列化标识的作用。

虽然 Java 会自动为该标识赋值,但是建议大家自己显式地为该字段赋值,原因如下。

(1) Java 生成的标识过于复杂,不易阅读和理解。

(2) 不同的 JDK 可能生成的标识会不一样,导致无法兼容。

(3) 有时修改类时,无须修改此标识。

7.2.7 自定义序列化

本节将介绍 Java 序列化的两个重要接口 Serializable 和 Externalizable。前一个接口 Serializable 是一种 mark interface,即标记接口,它没有任何的属性或方法,仅用于表示序列化语义;后一个接口 Externalizable 继承自 Serializable,但它的内部定义了两个方法,用于制定自定义序列化策略。本节将通过实例来说明这两个类在序列化过程中的用途,并讨论如何制定自定义序列化。

Serializable 接口中并未定义任何方法或字段,然而有时需要对序列化的对象做一些特殊的处理,以满足特定的功能需求,例如安全限制、传输描述信息等。那么 Java 如何实现呢?Java 提供了一套特殊的机制,用于解决这些特定的问题。

进行序列化传输时,有时不仅需要对象本身的数据,还需要传输一些额外的辅助信息,以保证信息的安全、完整和正确。那么 Java 是如何让我们做到这一点的呢?Java 提供了一套有效的机制,允许在序列化和反序列化时使用定制的方法进行相应的处理。当传输的双方协定好序列化策略后,只要在需要传输的序列化类中添加一组方法来实现这组策略,在序列化时便会自动调用这些规定好的方法进行序列化和反序列化。这组方法如下。

(1) private void writeObject(Java.io.ObjectOutputStream out) throws IOException。

(2) private void readObject(Java.io.ObjectInputStream in) throws IOException,ClassNotFoundException。

这两个方法的作用分别是将特定的对象写入到输出流中以及从输入流中恢复特定的对

象,通过这两个方法,用户即可实现自定义的序列化。以下实例说明了如何使用这两个方法,代码如下。

```
01  package org.ddd.serialize.example5;
02  public class Person implements Serializable {
03      private static final long serialVersionUID = 1L;
04      private String name;
05      public String getName() {
06          return name;
07      }
08      public void setName(String name) {
09          this.name = name;
10      }
11      private void writeObject(ObjectOutputStream out) throws IOException{
12          out.defaultWriteObject();
13          Date date = new Date();
14          out.writeObject(date);
15      }
16      private void readObject(ObjectInputStream in) throws IOException,
17  ClassNotFoundException{
18          in.defaultReadObject();
19          Date date = (Date)in.readObject();
20          Date now = new Date();
21          long offset = now.getTime() - date.getTime();
22          if(offset < 100){
23              System.out.println("在正常时间内接收到序列化对象!");
24          }else{
25              System.err.println("数据传输时间过长,请注意!");
26          }
27      }}
```

上述代码定义了一个实现了序列化接口的类 Person。这个类中定义两个特殊的方法,分别是私有的 writeObject(ObjectOutputStream out)和私有的 readObject(ObjectInputStream in)。其中 writeObject(ObjectOutputStream out)的作用是将对象序列化后写入到输出流中。写入的数据除了对象本身外,还额外地添加了一个日期属性,该属性表示序列化的时间,用于计算序列化和反序列化之间的时间差。在该方法的内部可以看到有以下两句重要的代码。

(1) out.defaultWriteObject():将对象数据以默认的方式写入到输出流中。

(2) out.writeObject(date):将日期对象写入输出流中。

上述两个方法实现用户定制的序列化,如果需要,可以根据自己的需要来决定传输对象的哪些属性,添加哪些额外信息。

readObject(ObjectInputStream in)方法的作用与 writeObject(ObjectOutputStream out)的作用相反。按约定的序列化规则,从输入流中读取对象。该方法首先读取了默认的对象数据,然后读取了序列化时间对象。比较读取的序列化时间和当前时间,获取时间差,如果时间差过大，则认为传输时间过长，可能为坏数据，需要进行相应的处理。

测试代码分为发送端（Client）和接收端（Server），代码如下。

```
01  public class Server {
02    public static void main(String[] args) throws Exception{
03        ServerSocket server = new ServerSocket(8010);
04        Socket socket = server.accept();
05        System.out.println("请求已接收");
06        InputStream in = socket.getInputStream();
07        ObjectInputStream objIn = new ObjectInputStream(in);
08        Person person = (Person)objIn.readObject();
09        System.out.println("姓名:" + person.getName());
10        objIn.close();
11        in.close();
12        socket.close();
13        server.close();
14    }}
15  public class Client {
16    public static void main(String[] args) throws Exception{
17        Socket socket = new Socket("127.0.0.1",8010);
18        OutputStream out = socket.getOutputStream();
19        Person person = new Person();
20        person.setName("Simple");
21        ObjectOutputStream objOut = new ObjectOutputStream(out);
22        objOut.writeObject(person);
23        objOut.flush();
24        objOut.close();
25        out.close();
26        socket.close();
27    }}
```

接收端 Server 监听 8010 端口，接收发送端发送过来的序列化数据。然后通过 ObjectInputStream 读取序列化对象，并输出传输对象的姓名。发送端首先连接到指定 IP 地址的 8010 端口。接着将指定的对象写入到输出流中，最后发送到接收端。

你可能会存在疑问：接收端和发送端都未使用 Person 类中定义的两个方法，而且这两个方法是私有的，它们是如何实现自定义序列化的呢？它们都是通过反射被调用的。

7.2.8　Externalizable 接口

Externalizable 接口继承自 Serializable 接口，与 Serializable 接口不同的是，它内部定义了两个方法，用于制定序列化策略和反序列化策略，这两个方法是 readExternal 和 writeExternal。它的运行过程是，序列化时使用 writeExternal 方法，将对象写入输出流中，反序列化时，Java 虚拟机首先使用一个无参的构造方法实例化一个对象，然后调用该对象的 readExternal 方法反序列化一个新对象，因此要求序列化类必须拥有无参的构造函数。此外，还可以使用

writeReplace 和 readResolve 这两个方法来替换序列化和反序列化的对象。

下面的例子演示了 Externalizable 的使用方法。

```
01  package org.ddd.serialize.example8;
02  public class Person implements Externalizable {
03      private String name;
04      public String getName() {
05          return name;
06      }
07      public void setName(String name) {
08          this.name = name;
09      }
10      @Override
11      public void readExternal(ObjectInput in) throws IOException,
12              ClassNotFoundException {
13          this.name = in.readLine();
14      }
15      @Override
16      public void writeExternal(ObjectOutput out) throws IOException {
17          out.write(this.name.getBytes());
18      }
19  }
```

Person 类继承了接口 Externalizable，并实现了其内部定义的两个方法。在方法 writeExternal 中，将 name 字段的值写入到输出流中。在方法 readExternal 中，读取了输入流中的一行字符串数据，该字符串数据即为 name 字段值。

下面使用 7.2.7 小节中的第 1 个例子中的测试类 Server 和 Client 进行测试，测试结果如下。

```
01  请求已接收
02  传输时间为:83
03  姓名:Simple
```

实现 Externalizable 接口的序列化类需要由用户决定传输哪些数据，并制定相应的规则。这样可以提高序列化的效率，也可以保证序列化的安全性。但这种方式要比 Serializable 方式复杂得多。表 7-1 列出了使用 Serializable 接口和 Externalizable 接口的异同。

表 7-1　Serializable 接口和 Externalizable 接口的异同

接口名称	区　别		
	实现复杂度	执行效率	保存信息
Serializable 接口	实现简单，Java 对其有内建支持	所有对象由 Java 统一保存，性能较低	保存时占用空间大
Externalizable 接口	实现复杂，由开发人员自己完成	开发人员决定哪个对象保存，可能造成速度提升	部分存储，可能减少使用空间

7.3 XML

扫一扫

XML 是 extensible markup language（可扩展标识语言）的简写，目前推荐遵循的是 W3C 于 2000 年 10 月 6 日发布的 XML1.0。和 HTML 一样，XML 也是来源于 SGML，但 XML 是一种能定义其他语言的语言，XML 以其强大的扩张性来满足开发者在网络上组织和发布大量信息的需要。后来，由于其使用方便而被逐渐用于网络数据的转换和描述。XML 与 HTML 很相似，不同之处在于：HTML 有固定的标签，而 XML 允许使用者定义自己的标签。

下面是一个简单的 XML 文件，代码如下。

```
01  <sites>
02      <entry>
03          <name>163</name><url>163.com</url>
04      </entry>
05      <entry>
06          <name>SOHU</name><url>sohu.com</url>
07      </entry>
08      <entry>
09          <name>YAHOO</name><url>yahoo.com</url>
10      </entry>
11  </sites>
```

Java 语言对 XML 格式文件的操作有很好的支持，能够很方便地让 Java 的使用者对 XML 文件进行读写操作，JDK 中对 XML 文件的操作有相关的支持。

7.3.1 DOM

DOM（document object model）是解析 XML 的底层接口之一（另一种是 SAX），DOM 是通用的，它用与平台和语言无关的方式表示 XML 文档的官方 W3C 标准。DOM 是以层次结构组织节点或信息片断的集合。这个层次结构允许开发人员在树中寻找特定信息。分析该结构通常需要加载整个文档和构造层次结构，然后才能做其他工作。由于它是基于信息层次的，因而 DOM 被认为是基于树或基于对象的。DOM 以及广义的基于树的处理具有几个优点。首先，由于树在内存中是持久的，因此可以修改它，以便应用程序能对数据和结构做出更改。它还可以在任何时候在树中上下导航，而不是像 SAX 那样是一次性的处理。DOM 使用起来也要简单得多。

下面是一个简单地使用 JDK 自带的相关类读写 XML 的简单例子。

要读取的 XML 文件内容如下。

```
01  <?xml version="1.0" encoding="UTF-8"?>
02  <book>
```

```
03      <title>计算机学院必修课</title>
.04     <page id="1">
05          <title>基础篇</title>
06          <name>大学计算机基础</name>
07      </page>
08      <page id="2">
09          <title>进阶篇(1)</title>
10          <name>C 语言</name>
11      </page>
12      <page id="3">
13          <title>进阶篇(2)</title>
14          <name>Java 编程</name>
15      </page>
16      <page id="4">
17          <title>高级篇</title>
18          <name>软件体系结构</name>
19      </page>
20  </book>
```

Java 代码如下。

```
01  package org.ddd.serialize.example9;
02  public class ReadXML_JDK {
03      public static void main(String[] args) {
04          DocumentBuilderFactory dbFactory =
05  DocumentBuilderFactory.newInstance();              //文档解析工厂
06          DocumentBuilder db = null;                    //文件构造器
07          try {
08              db = dbFactory.newDocumentBuilder();
09              Document document= db.parse(new
10  File(System.getProperty("user.dir") + File.separator  + "book.xml"));
11              Element eroot = document.getDocumentElement();
12                                                      //得到根节点 book
13              System.out.println("根节点名字:" + eroot.getTagName());
14              System.out.println("****下面遍历 XML 元素****");
15              NodeList nodeList = eroot.getElementsByTagName("page");
16              /* 循环取 XML 文件的内容 */
17              for(int i = 0;i<nodeList.getLength();i++){
18                  Element element1 = (Element) nodeList.item(i);
19                  String s_id = element1.getAttribute("id");
20                  NodeList titleList = element1.getElementsByTagName("title");
21                  Element element2 = (Element) titleList.item(0);
22                  String s_title = element2.getTextContent();
23                  NodeList nameList= element1.getElementsByTagName("name");
```

```
24              Element element3 = (Element) nameList.item(0);
25              String s_name = element3.getTextContent();
26              System.out.println("ID:"+s_id+"标题:"+s_title+
27  "姓名:"+s_name);
28              }
29          } catch (ParserConfigurationException e) {
30              e.printStackTrace();
31          } catch (SAXException e) {
32              e.printStackTrace();
33          } catch (IOException e) {
34              e.printStackTrace();
35          }
36      }
37  }
```

上述代码的运行结果如下。

```
根节点名字:book
****下面遍历 XML 元素****
ID:1 标题:基础篇姓名:大学计算机基础
ID:2 标题:进阶篇(1)姓名:C 语言
ID:3 标题:进阶篇(2)姓名:Java 编程
ID:4 标题:高级篇姓名:软件体系结构
```

写 XML 文件的 Java 代码如下。

```
01  public class WriteXML_JDK {
02      public static void main(String[] args) {
03          DocumentBuilderFactory dbFactory =
04  DocumentBuilderFactory.newInstance();
05          DocumentBuilder db = null;
06          Document document;
07          try {
08              db = dbFactory.newDocumentBuilder();
09              document = db.newDocument();
10              Element root = document.createElement("Course");    //创建根节点元素
11              document.appendChild(root);
12              Element element1 = document.createElement("姓名");
13              element1.appendChild(document.createTextNode("张三"));
14              root.appendChild(element1);
15              Element element2 = document.createElement("Java 基础");
16              element2.appendChild(document.createTextNode("95"));
17              root.appendChild(element2);
18              Element element3 = document.createElement("高级 Java");
19              element3.appendChild(document.createTextNode("95"));
```

```
20              root.appendChild(element3);
21              Element element4 = document.createElement("数据结构");
22              element4.appendChild(document.createTextNode("89"));
23              root.appendChild(element4);
24              TransformerFactory tf = TransformerFactory.newInstance();
25              Transformer transformer = tf.newTransformer();
26              DOMSource source = new DOMSource(document);//document object model
27              transformer.setOutputProperty(OutputKeys.ENCODING,"UTF-8");
28 //设置转换中实际输出的相关属性
29              transformer.setOutputProperty(OutputKeys.INDENT, "yes");
30              PrintWriter pw = new PrintWriter(new
31 FileOutputStream(new File(System.getProperty("user.dir") +
32 File.separator+ "Course.xml")));
33              StreamResult result = new
34 StreamResult(pw);//streamResult 充当转换结果的持有者构建一个转换的结果保存集
35              transformer.transform(source, result);
36              System.out.println("输出成功");
37          } catch (ParserConfigurationException e) {
38              e.printStackTrace();
39          } catch (TransformerConfigurationException e) {
40              e.printStackTrace();
41          } catch (FileNotFoundException e) {
42              e.printStackTrace();
43          } catch (TransformerException e) {
44              e.printStackTrace();
45          }
46      }
47 }
```

生成的 Course.xml 的内容如下。

```
01 <?xml version="1.0" encoding="UTF-8" standalone="no"?>
02 <Course>
03 <姓名>张三</姓名>
04 <Java 基础>95</Java 基础>
05 <高级 Java>95</高级 Java>
06 <数据结构>89</数据结构>
07 </Course>
```

7.3.2　SAX

　　DOM 处理 XML 文件相当方便容易,但是,对于特别大的文档,解析和加载整个文档可能很慢且很耗资源,因此使用其他手段(事件模型)来处理这样的数据会更好。基于事件的模型(如 SAX,其处理的方式和流处理的方式很相似)的优点是能够马上开始分析,而不必等待所有数据被处理完。由于应用程序只在读取数据时检查数据,因此不需要将数据存储在内存中,这对于大型文档来说是一个巨大的优点。事实上,程序不必要解析整个文档,可以在某个条件满足的时候就停止,所以处理大型文档 SAX 比 DOM 快许多。

SAX 解析 XML 文件例子的关键代码如下。

XML 文件如下。

```
01  <?xml version="1.0" encoding="UTF-8"?>
02  <books>
03    <book BNK="156516516516516">
04        <name addr="address">重庆师范大学</name>
05        <price>60.00</price>
06    </book>
07  </books>
```

SAX 解析 XML 文件例子的关键代码如下。

```
01  package org.ddd.serialize.example10;
02  public class ReadXML_JDK {
03      public ReadXML_JDK() throws ParserConfigurationException,
04  SAXException, IOException{
05          SAXParserFactory saxfac = SAXParserFactory.newInstance();
06          SAXParser saxparser = saxfac.newSAXParser();
07          InputStream is = new
08  FileInputStream(System.getProperty("user.dir") + File.separator
09  + "library.xml");
10          saxparser.parse(is,new MySAXHandler());
11      }
12      public static void main(String[] args) throws
13  ParserConfigurationException, SAXException, IOException {
14          new ReadXML_JDK();
15      }
16  }
```

```
01  package org.ddd.serialize.example10;
02  public class MySAXHandler extends DefaultHandler {
03      private boolean hasAttribute = false;
04      private Attributes attributes = null;
05      private int no=1;
06      //SAX 开始解析文档时会调用本方法
07      public void startDocument() throws SAXException {
08          System.out.println("文档开始打印了");
09      }
10      //SAX 解析文档结束时会回调本方法
11      public void endDocument() throws SAXException {
```

```
12        System.out.println("文档打印结束了");
13    }
14    /*
15     * SAX 解析每个标签元素时会回调本方法
16     * 根节点 <books></books> 它的 qName 为"books" 最底层节点
17     * <price>60.00</price>
18     * 它的 qName 为"price"
19     * 知道这一点,下面的程序就好解释了,当遇到根元素"books"时,什么也不做就跳过,
20     * 当遇到"book"元素时,就打印出它的属性(它只有一个属性<book BNK=
21     * "156516516516516"></book>)。
22     * 当是其他节点时(这只剩下最底层的两个节点 name 和"price"了),就把它的属性取
23     * 出来存到 this.attributes 域中,结束元素事件方便处理
24     */
25    public void startElement(String uri, String localName, String
26  qName, Attributes attributes) throws SAXException {
27        System.out.println((no++)+".开始处理元素:"+qName);
28        if (qName.equals("books")) {
29            return;
30        }
31        if (qName.equals("book")) {
32            System.out.println("元素:"+qName+"\t 属
33  性:"+attributes.getQName(0) + "\t 值:" + attributes.getValue(0));
34        }
35        if (attributes.getLength() > 0) {
36            this.attributes = attributes;
37            this.hasAttribute = true;
38        }
39    }
40    //SAX 解析每个标签结束时都会回调本方法
41    public void endElement(String uri, String localName, String
42  qName) throws SAXException {
43        if (hasAttribute && (attributes != null)) {
44            for (int i = 0; i < attributes.getLength(); i++) {
45                System.out.println("元素:"+qName+"\t 属
46  性:"+attributes.getQName(i) + "\t 值:" + attributes.getValue(i));
47            }
48        }
49        System.out.println((no++)+".结束处理元素:"+qName);
50    }
51    //SAX 解析每一块文本内容时都会回调本方法,空格、换行、开标签的标签头也
52    //会被视为文本
53    public void characters(char[] ch, int start, int length) throws SAXException {
54        System.out.println("内容:"+new String(ch, start, length));
55    }
56 }
```

以上代码的输出结果如下。

```
01  文档开始打印了
02  1.开始处理元素:books
03  内容:
04  2.开始处理元素:book
05  元素:book    属性:BNK    值:156516516516516
06  内容:
07  3.开始处理元素:name
08  内容:重庆师范大学
09  元素:name    属性:addr    值:address
10  4.结束处理元素:name
11  内容:
12  5.开始处理元素:price
13  内容:60.00
14  6.结束处理元素:price
15  内容:
16  7.结束处理元素:book
17  内容:
18  8.结束处理元素:books
19  文档打印结束了
```

选择 DOM，还是 SAX？

（1）DOM 采用建立树形结构的方式访问 XML 文档，而 SAX 采用的是事件模型。

（2）DOM 解析器把 XML 文档转化为一个包含其内容的树，并可以对树进行遍历。用 DOM 解析模型的优点是编程容易，开发人员只需要调用建树的指令，然后利用 navigation APIs 访问所需的树节点来完成任务。可以很容易地添加和修改树中的元素。然而由于使用 DOM 解析器的时候需要处理整个 XML 文档，所以对性能和内存的要求比较高，尤其是遇到很大的 XML 文件的时候。由于遍历能力强，DOM 解析器常用于 XML 文档需要频繁改变的服务中。

（3）SAX 解析器采用基于事件的模型，它在解析 XML 文档的时候可以触发一系列事件，当发现给定的 tag 的时候，它可以激活一个回调方法，告诉该方法指定的标签已经找到。SAX 对内存的要求通常会比较低，因为它让开发人员自己来决定要处理的 tag。特别是当开发人员只需要处理文档中所包含的部分数据时，SAX 这种扩展能力得到了更好的体现。但用 SAX 解析器的时候，编码工作会比较困难，而且很难同时访问同一个文档中的多处不同数据。

7.3.3 JDOM

对于 XML 文件的操作，还有一种是 JDOM。JDOM 和 DOM 的不同在于：JDOM 使用的是具体类，而不是接口，限制了灵活性。JDOM 自身不包含解析器；通常使用 SAX2 解析器来解析和验证输入 XML 文档（尽管它还可以将以前构造的 DOM 表示作为输入）；包含一些转换器，以将 JDOM 表示输出成 SAX2 事件流、DOM 模型或 XML 文本文档；JDOM

是在 Apache 许可证变体下发布的开放源码,程序运行需要导入 jdom.jar。

读 XML 文件代码如下。

XML 文件如下。

```
01  <?xml version="1.0" encoding="UTF-8"?>
02  <book>
03      <title>计算机学院必修课</title>
04      <page id="1">
05          <title>基础篇</title>
06          <name>大学计算机基础</name>
07      </page>
08      <page id="2">
09          <title>进阶篇(1)</title>
10          <name>C 语言</name>
11      </page>
12      <page id="3">
13          <title>进阶篇(2)</title>
14          <name>Java 编程</name>
15      </page>
16      <page id="4">
17          <title>高级篇</title>
18          <name>软件体系结构</name>
19      </page>
20  </book>
```

代码说明 java 代码如下。

```
01  package org.ddd.serialize.example11;
02  import org.jdom.Document;
03  import org.jdom.Element;
04  import org.jdom.JDOMException;
05  import org.jdom.input.SAXBuilder;
06  …
07  public ReadXML_jdom() {
08          String xmlpath = System.getProperty("user.dir") +
09  File.separator  + "book.xml";
10          SAXBuilder builder = new SAXBuilder(false);
11          try {
12              Document doc = builder.build(new File(xmlpath));
13              Element root = doc.getRootElement();
14              Element bookTitle = root.getChild("title");
15              System.out.println("title:"+bookTitle.getText());
16              List<Element> booklist =
17  (List<Element>)root.getChildren("page");
18                  for(Iterator<Element> iter = booklist.iterator();iter.hasNext();) {
```

```
19                  Element book = iter.next();
20                  String id = book.getAttributeValue("id");
21                  String title = book.getChildText("title");
22                  String name = book.getChildTextTrim("name");
23                  System.out.println("id:"+id+"\t"+"title:"+title+"\t"+
24  "name:"+name);
25              }
26          } catch (JDOMException e) {
27              e.printStackTrace();
28          } catch (IOException e) {
29              e.printStackTrace();
30          }
31  }
```

JDOM 写 XML 文件如下。

```
01  import org.jdom.Document;
02  import org.jdom.Element;
03  import org.jdom.JDOMException;
04  import org.jdom.input.SAXBuilder;
05  ···
06  public static void main(String[] args) {
07      Document doc;
08      try {
09          doc = new Document();
10          Element root = new Element("teacher");
11          doc.setRootElement(root);
12          Element name = new Element("name");
13          root.addContent(name);
14          Element age = new Element("age");
15          root.addContent(age);
16          Element birthplace = new Element("birthplace");
17          root.addContent(birthplace);
18          Attribute attri = new Attribute("id", "0001");
19          name.setAttribute(attri);
20          name.setText("张三");
21          age.setText("22");
22          birthplace.setText("重庆");
23          XMLOutputter out = new XMLOutputter();//用于输出 JDOM 文档
24          Format format = Format.getPrettyFormat();
25          format.setEncoding("UTF-8");
26          out.setFormat(format);
27          OutputStream os = new FileOutputStream(System.getProperty("user.dir")
28                          + File.separator + "jdom.xml");
29          out.output(doc, os);
```

```
30          System.out.println("创建文件成功");
31      } catch (IOException e) {
32          e.printStackTrace();
33      }
34  }
```

输出结果如下。

```
01  <?xml version="1.0" encoding="UTF-8"?>
02  <teacher>
03    <name id="0001">张三</name>
04    <age>22</age>
05    <birthplace>重庆</birthplace>
06  </teacher>
```

7.3.4 DOM4J

虽然 DOM4J 代表了独立的开发结果，但是最初它是 JDOM 的一种智能分支。它合并了许多超出基本 XML 文档表示的功能，包括集成的 XPath 支持、XML Schema 支持以及用于大文档或流化文档的基于事件的处理。它还提供了构建文档表示的选项，通过 DOM4J API 和标准 DOM 接口具有并行访问功能。为支持所有这些功能，DOM4J 使用接口和抽象基本类方法。DOM4J 大量使用了 API 中的 Collections 类，但是在许多情况下，它还提供了一些替代方法，以允许更好的性能或更直接的编码方法。直接的好处是，虽然 DOM4J 付出了更复杂的 API 的代价，但是它提供了比 JDOM 更多的灵活性。

在增加灵活性、XPath 集成和对大文档处理的目标时，DOM4J 的目标与 JDOM 是一样的：针对 Java 开发者的易用性和直观性操作。它还致力于成为比 JDOM 更完整的解决方案，实现在本质上处理所有 Java/XML 问题的目标。完成该目标时，它比 JDOM 更少地强调防止不正确的应用程序行为。

DOM4J 最大的特色是使用大量的接口，如图 7-3 所示。它的主要接口说明定义如表 7-2 所示。

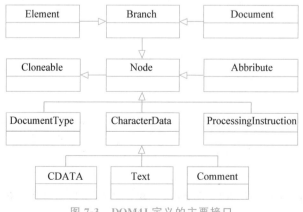

图 7-3 DOM4J 定义的主要接口

表 7-2　DOM4J 的主要接口

接口名称	描述
Attribute	定义了 XML 的属性
Branch	指能够包含子节点的节点。如 XML 元素（Element）和文档（Documents）定义了一个公共的行为
CDATA	定义了 XML CDATA 区域
CharacterData	是一个标识接口，标识基于字符的节点。如 CDATA、Comment、Text
Comment	定义了 XML 注释的行为
Document	定义了 XML 文档
DocumentType	定义了 XML DOCTYPE 声明
Element	定义了 XML 元素
ElementHandler	定义了 Element 对象的处理器
ElementPath	被 ElementHandler 使用，用于取得当前正在处理的路径层次信息
Entity	定义了 XML entity
Node	为 DOM4J 中所有的 XML 节点定义了多态行为
NodeFilter	定义了在 DOM4J 节点中产生的一个滤镜或谓词的行为（predicate）
ProcessingInstruction	定义了 XML 处理指令
Text	定义了 XML 文本节点
Visitor	用于实现 Visitor 模式
XPath	在分析一个字符串后会提供一个 XPath 表达式

　　下面的例子将简单介绍 DOM4J 读、写 XML 文件。首先展示了通过 DOM4J 读文件，即简单的 Spring 框架依赖注入的实现，这将有助于以后学习 Spring 框架。例子的类图如图 7-4 所示。

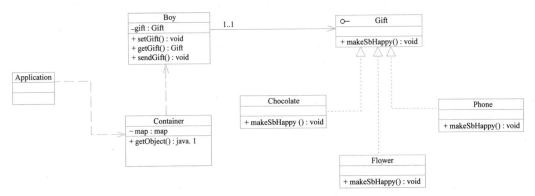

图 7-4　类图

　　程序 Boy 类持有一个 Gift 礼物的接口，礼物的具体实现有 3 种：巧克力、手机、鲜花，分别实现 Gift 接口，程序开始执行的时候，程序的 Container 类会去读取 beans.xml 文件，文

件里面指定了 Boy 类里面抽象的礼物的具体实现,这样程序在以后增加礼物种类的时候,可以不用修改源代码,只需要在 beans.xml 文件里面指定相关的实现类,就可以满足送出不同的礼物,满足设计模式里面的开闭原则,即对修改关闭,对扩展开放。

代码首先读取 XML 配置文件,得到 Bean 的名称和依赖关系,然后创建 Bean 的对象,并建立依赖关系,即自动为 Bean 对象的属性赋值。

关键代码如下。

```
01  package org.ddd.serialize.example12;
02  /* 程序的容器类,通过对 xml 文件的读取实例化相关对象,并且将它保存到 map 里面 */
03  /* 外部程序通过 key 可以取到 map 里面的对应对象 */
04  public class Container {
05      Map<String, Object> map = null;
06      public Container(String filePath) throws Exception {
07          SAXReader sr = new SAXReader();
08          map = new HashMap<String, Object>();
09          File file = new File(filePath);
10          Document document = sr.read(file);
11          Element root = document.getRootElement();
12          List<Element> list = (List<Element>) root.elements("bean");
13          for (int i = 0; i < list.size(); i++) {
14              String id = list.get(i).attribute("id").getValue();
15              String path = list.get(i).attribute("class").getValue();
16              Class<?> clazz = Class.forName(path);
17              Object Sobject = clazz.newInstance();
18              map.put(id, Sobject);
19              for (Element element : (List<Element>)
20  list.get(i).elements("property")) {
21                  String name = element.attribute("name").getValue();//gift
22                  String bean = element.attribute("bean").getValue();//g
23                  Object obj = map.get(bean);    //拿到实例化的对象
24                  String methodName = "set" + name.substring(0, 1).
25  toUpperCase() + name.substring(1);
26                  Method m =
27  Sobject.getClass().getMethod(methodName,
28  obj.getClass().getInterfaces());
29                  m.invoke(Sobject, obj);
30              }
31          }
32      }
33      public Object getBean(String str) {
34          return map.get(str);
35      }
36  }
```

对应的 XML 文件如下。

```
01  <?xml version="1.0" encoding="UTF-8"?>
02  <beans>
03      <bean id="g" class="com.test.dom4j.read.Chocolate">
04      </bean>
05      <bean id="boy" class="com.test.dom4j.read.Boy">
06          <property name="gift" bean="g" />
07      </bean>
08  </beans>
```

DOM4J 写 XML 文件的代码如下。

```
01  package org.ddd.serialize.example13;
02  public class WriteXML {
03      public static void main(String[] args) {
04          Document document = DocumentHelper.createDocument();
05          Element root = document.addElement("地址");              //创建根节点
06          Element user = root.addElement("用户").addAttribute("name", "张三")
07  .addAttribute("age", "12").addAttribute("ps","备注");
08          user.addText("这个是个人基本信息");
09          OutputFormat of = OutputFormat.createPrettyPrint();  //控制格式,让
10  //格式显得更加 pretty,默认调用方法 createCompactprint
11          try {
12              XMLWriter xw = new XMLWriter(
13                      new
14  FileOutputStream(System.getProperty("user.dir") +
15  File.separator + "person.xml"), of);
16              xw.write(document);
17              xw.close();
18              System.out.println("创建成功");
19          } catch (UnsupportedEncodingException e) {
20              e.printStackTrace();
21          } catch (FileNotFoundException e) {
22              e.printStackTrace();
23          } catch (IOException e) {
24              e.printStackTrace();
25          }
26      }
27  }
```

输出结果如下。

```
01  <?xml version="1.0" encoding="UTF-8"?>
02  <地址>
```

```
03    <用户 name="张三" age="12" ps="备注">这个是个人基本信息</用户>
04    </地址>
```

建议对 XML 文件使用 DOM4J 来进行操作。原因是 DOM4J 操作简单,而且高效,具有性能优异、功能强大和极端易用的特点,同时它也是一个开放源代码的软件。现在越来越多的 Java 软件都在使用 DOM4J 来读写 XML,Sun 的 JAXM 使用 DOM4J,Hibernate 框架解析 XML 文件用的也是 DOM4J。

7.4 JSON

扫一扫

JSON 是 JavaScript object notation 的简写,是一种基于文本的轻量的数据表示、交换格式。JSON 最初在 JavaScript 语言中表示对象,但现在已经广泛用于不同语言、不同平台间的数据存储、交换。最新的一些 Java 技术经常使用 JSON 作为 Java 对象序列化的工具,如 Spring。

在当前主流的前后端分离架构中,JSON 是前后端数据交换的主要技术。如图 7-5 所示,浏览器和前端服务器、应用服务器之间使用 JSON 作为通信的数据格式。

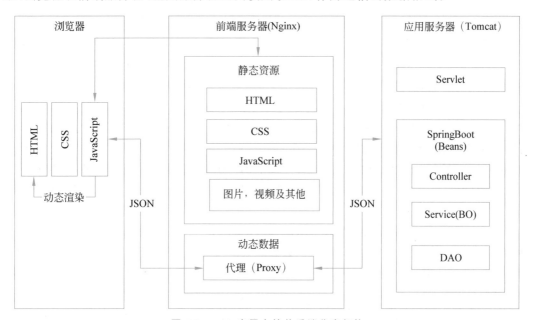

图 7-5 Web 应用中的前后端分离架构

7.4.1 JSON 语法

JSON 格式采用键值对(key:value)的方式记录数据,非常直观。例如下面的 JSON 表示的是图书的基本信息,代码如下。

```
01  {
02      "title": "Java 高级程序设计",
```

```
03        "pageCount":345,
04        "published":true,
05        "price":45.12,
06        "publisher":null,
07        "authors": ["徐传运","张杨","黎天送","刘洁","曾绍华"],
08        "chapters": [
09            {
10                "no": 1,
11                "title": "关于代码",
12            },
13            {
14                "no": 2,
15                "title": "Web 编程"
16            },
17            {
18                "no": 3,
19                "title": "类型信息与反射"
20            }
21        ]
22    }
```

JSON 语法是 JavaScript 对象表示语法的子集,JSON 在"RFC4627"规范中定义。JSON 的主要语法规则如下。

(1) 数据在名称/值对中,中间用冒号(:)分隔,例如,"title": "Java 高级程序设计",名称需要放在双引号中(在一些 JSON 解析器中,名称不使用双引号也可以正确地被解析),值可以是任意 JSON 允许的数据类型。

(2) 大括号({})表示对象,例如:{"no": 3,"title": "类型信息与反射"}表示一个 Chapter 对象,"{}"也是合法的对象,这个对象没有属性。如果对象有多个属性,中间用逗号分隔。

(3) 中括号([])表示数组,数据项用逗号分隔,例如:["徐传运","张杨","黎天送","刘洁","曾绍华"]表示一个字符串数组。数组的数据项可以是任意 JSON 允许的数据类型,例如上面的例子中,属性 chapters 就是一个对象数组。"[]"也是合法的数组,表示没有数组元素。

(4) 除属性名称和值之外的位置,可以有任意数量的空白字符:回车符(ASCII 码 13)、换行符(ASCII 码 10)、制表符(ASCII 码 9)以及空格(ASCII 码 32)。

JSON 中的属性的值、数组中的项没有数据类型的限制,可以是 JSON 允许的数据类型。例如这个数组是合法的:["徐传运",12,13.23,false,null]。JSON 允许的数据类型如下。

(1) 数字(整数或浮点数),整数和浮点数都没有范围的限制,但需要受到解析器的限制。

(2) 字符串,放置在双引号中,如果字符串中包含双引号,则需要进行转义处理,例如:["\"","\\"]。

（3）逻辑值，可以是 true、false 中的任意一个。

（4）数组，数据项放置在中括号中，数据项可以是任意数据类型的值。

（5）对象，对象的属性放置在大括号中。

（6）null，一种特殊的数据类型，表示空值。

JSON 与 XML 是两种重要的对象序列化技术，二者在很多方面有以下相同的特性。

（1）JSON 和 XML 数据都是"自我描述"，都易于理解。

（2）JSON 和 XML 数据都是有层次的结构。

（3）JSON 和 XML 数据可以被大多数编程语言使用。

JSON 与 XML 比较，也有以下很多不同之处。

（1）JSON 不需要结束标签。

（2）JSON 更加简短。

（3）JSON 读写速度更快。

（4）JSON 可以使用数组。

（5）JSON 本身是 JavaScript 的一部分，解析速度更快。

7.4.2　JSON 类库

Java 中并没有内置 JSON 的解析，因此需要使用 JSON 第三方类库。常用的 JSON 类库有 Gson、FastJson、Jackson、Json-lib，下面简单介绍几个类库。

（1）Gson(https：//github.com/google/gson)。Gson 是目前功能最全的 JSON 解析神器，Gson 当初因应 Google 公司内部需求而由 Google 自行研发，但自从公开发布第 1 版后，已被许多公司或用户应用。Gson 的应用主要为 toJson 与 fromJson 两个转换函数，无依赖，不需要例外额外的 jar，能够直接跑在 JDK 上。而在使用这种对象转换之前，需先创建好对象的类型以及其成员，才能成功地将 JSON 字符串成功转换成相对应的对象。类里面只要有 get 和 set 方法，Gson 完全可以将复杂类型的 JSON 到 Bean 或 Bean 到 JSON 的转换，是 JSON 解析的神器。

（2）FastJson(https：//github.com/alibaba/fastjson)。FastJson 是一个 Java 语言编写的高性能的 JSON 处理器，由阿里巴巴公司开发。无依赖，不需要额外的 jar，能够直接跑在 JDK 上。FastJson 对于复杂类型的 Bean 转换到 JSON 上会出现一些问题，可能会出现引用的类型，导致 Json 转换出错，需要制定引用。FastJson 采用独创的算法，将 parse 的速度提升到极致，超过所有 JSON 库。

（3）Jackson(https：//github.com/FasterXML/jackson)。相比 Json-lib 框架，Jackson 所依赖的 jar 包较少，简单易用，性能也要相对高些。而且 Jackson 社区相对比较活跃，更新速度也比较快。Jackson 对于复杂类型的 JSON 转换到 Bean 会出现问题，如一些集合 Map、List 的转换。对于复杂类型的 Bean 转换为 JSON，转换的 JSON 格式不是标准的 JSON 格式。

（4）Json-lib(http：//json-lib.sourceforge.net/index.html)。Json-lib 是最早也是应用最广泛的 Json 解析工具，Json-lib 确实依赖于很多第三方包，包括 commons-beanutils.jar、commons-collections-＊.jar、commons-lang-＊.jar、commons-logging-＊.jar、ezmorph-＊. jar。对于复杂类型的转换，Json-lib 对于 JSON 转换成 Bean 还有缺陷，比如一个类里面会

出现另一个类的 list 或 map 集合，Json-lib 从 JSON 到 Bean 的转换就会出现问题。Json-lib 在功能和性能上面都不能满足现在互联网化的需求。

以上 4 种 JSON 类库都提供了封装非常良好的调用接口，并且非常相似。下面以阿里巴巴主导开发的 FastJson 作为例子，说明 JSON 类库的使用。

7.4.3　FastJson 序列化

和其他序列化技术一样，FastJson 的功能分为序列化、反序列化两个方面。序列化就是把 Java 对象转换为 JSON 格式的字符串，反序列化就是把 JSON 格式的字符串转换为 Java 对象。

JSON 序列化。运行例子前需要下载 fastjson-*.jar 包。以下代码演示了把 Book 对象转换为 JSON。

```
01  package org.ddd.serialize.example15;
02  import com.alibaba.fastjson.JSON;
03  import com.alibaba.fastjson.serializer.SerializerFeature;
04  …
05  public static void main(String[] args) {
06      final SerializerFeature[] features =
07  {SerializerFeature.WriteMapNullValue,              //输出空置字段
08          SerializerFeature.PrettyFormat,            //输出时增加缩进，换行
09          SerializerFeature.WriteDateUseDateFormat   //日期格式化
10  yyyy-MM-dd HH:mm:ss
11      };
12      Book book = new Book("Java 高级程序设计",
13  345,true,45.12f,null,new Date(),Arrays.asList("徐传运","张杨"),null);
14      System.out.println(JSON.toJSONString(book,features));
15  }
```

上面的核心代码就 1 行：JSON.toJSONString(book,features)，调用接口类 com.alibaba.fastjson.JSON 的 toJSONString 方法。执行后输出的 JSON 代码如下。

```
01  {
02      "authors":[
03          "徐传运",
04          "张杨"
05      ],
06      "chapters":null,
07      "pageCount":345,
08      "price":45.12,
09      "publishDate":"2021-02-21 17:41:51",
10      "published":true,
11      "publisher":null,
12      "title":"Java 高级程序设计"
13  }
```

FastJson 把 Book 对象转换成了 JSON。Java 中的整数和浮点数都转换成了数值类型，Java 中的字符串转换为 JSON 字符串，逻辑类型转换为 JSON 的逻辑类型。Java 中的日期类型 FastJson 默认会转换为数值类型，本例中使用 FastJson 的转换配置 SerializerFeature.WriteDateUseDateFormat，把日期格式化为 yyyy-MM-dd HH：mm：ss 形式的字符串。FastJson 默认抛弃属性值为 null 的属性，即值为 null 的属性不会出现在转换的 JSON 中，如果使用 SerializerFeature.WriteMapNullValue 配置，FastJson 会转换值为 null 的属性。如果配置 SerializerFeature.PrettyFormat，输出的 JSON 将会美化，即增加缩进、换行，以提高 JSON 的可读性，便于调试，但是这会增加 JSON 的长度，因此在系统正式运行时，最好删除这个配置。

FastJson 能把 Java 的对象列表转换为 JSON 的对象数组，例如下面的代码。

```
01  import com.alibaba.fastjson.JSON;
02  import com.alibaba.fastjson.serializer.SerializerFeature;
03  …
04  public static void main(String[] args) {
05      …
06      List<Book> books = new ArrayList();
07      books.add(new Book("Java 高级程序设计",
08  345,true,45.12f,null,new Date(),Arrays.asList("徐传运","张杨"),null));
09      books.add(new Book("系统分析与设计",440,true,55.24f,null,new
10  Date(),Arrays.asList("黎天送","刘洁"),null));
11      System.out.println(JSON.toJSONString(books,features));
12  }
```

以上代码的输出结果如下。

```
01  [
02      {
03          "authors":[
04              "徐传运",
05              "张杨"
06          ],
07          "chapters":null,
08          "pageCount":345,
09          "price":45.12,
10          "publishDate":"2021-02-21 17:41:51",
11          "published":true,
12          "publisher":null,
13          "title":"Java 高级程序设计"
14      },
15      {
16          "authors":[
17              "黎天送",
18              "刘洁"
```

```
19        ],
20        "chapters":null,
21        "pageCount":440,
22        "price":55.24,
23        "publishDate":"2021-02-21 17:41:51",
24        "published":true,
25        "publisher":null,
26        "title":"系统分析与设计"
27    }
28  ]
```

FastJson 在转换时，会使用反射读取对象的所有属性。如果属性类型是基本类型，或者是 Date、List、Map、Set 等类型，就根据类型映射规则进行转换，如果属性是其他对象，则递归地把对象转换为 JSON 的对象。例如下面的代码中，Book 的 chapters 属性是 List，会被转换为 JSON 数组，数组中的元素是类 Chapter 的对象，会根据对象的转换规则转换为 JSON 对象。

```
01  import com.alibaba.fastjson.JSON;
02  import com.alibaba.fastjson.serializer.SerializerFeature;
03  ...
04  public static void main(String[] args) {
05      ...
06      List<Chapter> chapters = new ArrayList<>();
07      chapters.add(new Chapter(1, "关于代码"));
08      chapters.add(new Chapter(2, "Web 编程"));
09      book = new Book("Java 高级程序设计",345,true,45.12f,null,new
10  Date(),Arrays.asList("徐传运","张杨"),chapters);
11      System.out.println(JSON.toJSONString(book,features));
12  }
```

以上代码的输出结果如下。

```
01  {
02    "authors":[
03        "徐传运",
04        "张杨"
05    ],
06    "chapters":[
07        {
08            "no":1,
09            "title":"关于代码"
10        },
11        {
12            "no":2,
```

```
13              "title":"Web 编程"
14          }
15      ],
16      "pageCount":345,
17      "price":45.12,
18      "publishDate":"2021-02-21 17:41:51",
19      "published":true,
20      "publisher":null,
21      "title":"Java 高级程序设计"
22  }
```

FastJson 除了可以把对象转发 JSON，也可以把 Map 转换为 JSON 对象，例如下面的代码。

```
01  import com.alibaba.fastjson.JSON;
02  import com.alibaba.fastjson.serializer.SerializerFeature;
03  ...
04  public static void main(String[] args) {
05      ...
06      List<Map<String, Object>> list = new ArrayList<Map<String,
07  Object>>();
08      Map<String, Object> map1 = new HashMap<String, Object>();
09      map1.put("no", 1);
10      map1.put("title", "关于代码");
11      Map<String, Object> map2 = new HashMap<String, Object>();
12      map2.put("no", 2);
13      map2.put("title", "Web 编程");
14      list.add(map1);
15      list.add(map2);
16      System.out.println(JSON.toJSONString(list,features));
17  }
```

以上代码的输出结果如下。

```
01  [
02      {
03          "no":1,
04          "title":"关于代码"
05      },
06      {
07          "no":2,
08          "title":"Web 编程"
09      }
10  ]
```

Map 和对象的转换结果一样，只是把 key 作为 JSON 对象的属性名称。

如果同一个对象被多次引用，应该怎么处理呢？有两种可能的处理方式。一种方式是把引用的对象翻译成多个相同的 JSON，举例如下。

```
01  import com.alibaba.fastjson.JSON;
02  import com.alibaba.fastjson.serializer.SerializerFeature;
03  ...
04  public static void main(String[] args) {
05      ...
06          SerializerFeature[]  features1={
07          SerializerFeature.WriteMapNullValue,            //输出空置字段
08          SerializerFeature.PrettyFormat,                 //输出时增加缩进,换行
09          SerializerFeature.DisableCircularReferenceDetect, //取消循环引用检查
10          SerializerFeature.WriteDateUseDateFormat        //日期格式化
11  yyyy-MM-dd  HH:mm:ss
12          };
13          List list2 = new ArrayList();
14          Map map = new HashMap();
15          map.put("no", 2);
16          map.put("title", "Web编程");
17          list2.add(map);
18          list2.add(map);        //同一个对象,连续添加两次,即 List 中有两个相同的对象
19          System.out.println(JSON.toJSONString(list2, features1));
20  }
```

以上代码把 map 对象添加到 list2 中，list2 就有两个相同的对象，转换的 JSON 如下。可以发现一个对象转换成了两段相同的 JSON。FastJson 需要添加设置 SerializerFeature.DisableCircularReferenceDetect 来实现这种效果，代码如下。

```
01  [
02    {
03      "no":2,
04      "title":"Web编程"
05    },
06    {
07      "no":2,
08      "title":"Web编程"
09    }
10  ]
```

如果对象存在循环引用（例如：对象 B 是对象 A 的属性，对象 A 又是对象 B 的属性，即 A、B 相互引用），上面的处理方式会出现问题，例如下面的代码。

```
01  import com.alibaba.fastjson.JSON;
02  import com.alibaba.fastjson.serializer.SerializerFeature;
03  ...
04  public static void main(String[] args) {
05      ...
06          SerializerFeature[]  features1={
07          SerializerFeature.WriteMapNullValue,              //输出空置字段
08          SerializerFeature.PrettyFormat,                   //输出时增加缩进,换行
09          SerializerFeature.DisableCircularReferenceDetect,   //取消循环引用检查
10          SerializerFeature.WriteDateUseDateFormat      //日期格式化
11  yyyy-MM-dd  HH:mm:ss
12          };
13          List list1 = new ArrayList();
14          HashMap map = new HashMap();
15          map.put("name", "徐传运");
16          map.put("map", map);
17          map.put("list", list1);                //map 引用了 list1,形成循环引用
18          list1.add(map);
19          list1.add(map);
20          System.out.println(JSON.toJSONString(list1, features1));
21  }
```

运行上面的代码,FastJson 将抛出 StackOverflowError 异常,这是因为 FastJson 会把所有不是基本类型的属性转换为 JSON,如果循环引用,这种转换将无限地转换下去,所以导致栈溢出异常。

```
01  Exception in thread "main" Java.lang.StackOverflowError
02      at com.alibaba.fastjson.JSON.getMixInAnnotations(JSON.Java:1384)
03      at com.alibaba.fastjson.serializer.SerializeConfig.get
04  (SerializeConfig.Java:878)
05      at com.alibaba.fastjson.serializer.SerializeConfig.getObjectWriter
06  (SerializeConfig.Java:444)
07      at com.alibaba.fastjson.serializer.SerializeConfig.getObjectWriter
08  (SerializeConfig.Java:440)
09      at com.alibaba.fastjson.serializer.JSONSerializer.getObjectWriter
10  (JSONSerializer.Java:448)
11      at com.alibaba.fastjson.serializer.MapSerializer.write
12  (MapSerializer.Java:254)
13      at com.alibaba.fastjson.serializer.MapSerializer.write
14  (MapSerializer.Java:44)
15      at com.alibaba.fastjson.serializer.ListSerializer.write
16  (ListSerializer.Java:79)
```

FastJson 还提供了另外一种方式,处理对象被多次引用的问题,即在 JSON 中增加对象指针,允许 JSON 中使用指针引起其他 JSON 对象,例如下面的代码。

```
01   import com.alibaba.fastjson.JSON;
02   import com.alibaba.fastjson.serializer.SerializerFeature;
03   ···
04   public static void main(String[] args) {
05       ···
06          SerializerFeature[]
07   features2={SerializerFeature.WriteMapNullValue;
08          SerializerFeature.PrettyFormat,              //输出时增加缩进,换行
09          //SerializerFeature.DisableCircularReferenceDetect,
10          SerializerFeature.WriteDateUseDateFormat     //日期格式化
11   yyyy-MM-dd HH:mm:ss
12          };
13          List list3 = new ArrayList();
14          map = new HashMap();
15          map.put("name", "徐传运");
16          map.put("map", map);
17          map.put("list", list3);              //map引用了list1,形成循环引用
18          list3.add(map);
19          list3.add(map);
20          System.out.println(JSON.toJSONString(list3, features2));
21   }
```

运行上面的代码不会报错,能成功地转换成下面的 JSON。注意上面的代码取消了 SerializerFeature.DisableCircularReferenceDetect 设置。

```
01   [
02       {
03          "name":"徐传运",
04          "list":[
05              {"$ref":".."},
06              {"$ref":".."}
07          ],
08          "map":{"$ref":"@"}
09       },
10       {"$ref":"$[0]"}
11   ]
```

在输出的 JSON 中,引用的对象并没有重复地生成多个 JSON,而是生成了形如 {"$ref":""}的对象引用。在 JSON 标准中,没有关于对象引用的约定,这种引用格式是一些 JSON 类库约定的处理方式,但并没有形成标准,因此使用时需要慎重,确认交换 JSON 的双方都支持这种对象引用格式。建议在使用 JSON 时避免对象引用,特别是循环引用。

表 7-3 是 FastJson 支持的一些对象引用语法。

表 7-3　FastJson 支持的对象引用语法

语　　法	描　　述
{"$ ref": "$"}	引用根对象
{"$ ref": "@"}	引用自己
{"$ ref": ".."}	引用父对象
{"$ ref": "../.."}	引用父对象的父对象
{"$ ref": "$.members[0].reportTo"}	基于路径的引用

7.4.4　FastJson 反序列化

JSON 是一种弱类型的序列化技术,即序列化后的数据中没有严格的数据类型。JSON 中有对象的概念,但没有类的概念,即对象没有所属类。然而 Java 是强类型的语言,对象必须是某个类的实例,这就要求在 JSON 反序列化时提供 Java 的类。

下面以上面的 Book JSON 作为例子讲解反序列化。以下代码使用 JSON.parseObject 反序列化对象,方法有两个参数:一个是 JSON,另一个是反序列化的类 Book.class。

```
01  import com.alibaba.fastjson.JSON;
02  import com.alibaba.fastjson.JSONObject;
03  public class FastJsonParser {
04      public static void main(String[] args) throws Exception {
05          String json = FileUtils.readFileToString(new
06  File(System.getProperty("user.dir") + File.separator  +
07  "book.json"),"UTF-8");
08          Book book = (Book)JSON.parseObject(json,Book.class);
09          System.out.println(book.getTitle());
10          JSONObject bookJsonObject = (JSONObject)JSON.parseObject(json);
11          System.out.println(bookJsonObject.get("title"));
12          Map bookMap = (Map)JSON.parseObject(json,Map.class);
13          System.out.println(bookJsonObject.get("title"));
14      }
15  }
```

反序列化后的结果如图 7-6 所示。

从以上结果可以看出,FastJson 把 JSON 反序列化成了 Book 对象,并为名称相同的属性正确赋值。需要特别注意属性 chapters,这个属性是数组,FastJson 正确地创建了 ArrayList 对象,并把 JSON 数组中的每个元素转换为 Chapter 对象,放入 ArrayList 对象中。PublishDate 的类型为 Date,FastJson 把字符串"2021-02-21 16:36:33"正确地转换为类 Date 的对象。JSON 的属性 publisher 为 null,转换为 Java 的 null。

FastJson 反序列化技术是基于 Java 的反射技术,有以下几点需要说明。

(1) 需要指定反序列化的目标对象的类,如果能够从上下文中推理出目标类,可以不指定,例如上面的代码中,属性 chapters 的类就是自动推理出来的。如果属性的类型是接口

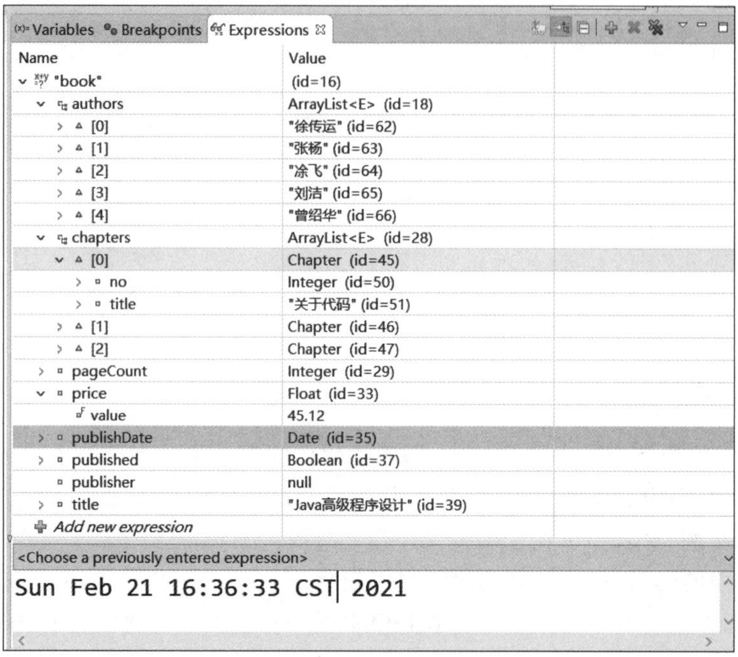

图 7-6　JSON 反序列化成 Book 对象

（interface），就不能推理出正确的类，需要用户使用类 com.alibaba.fastjson.TypeReference 来指定反序列化的目标类（实现原理可参见本教材"泛型与反射"一节）。

（2）反序列化会递归分析目标类的每一个属性。如果属性是字符串、数字、布尔等基本类型，就把值转换到目标类型；如果是日期，就把 JSON 转换成日期类型；如果属性的类型是 List，就转换为 ArrayList；如果是 Map，就转换为 HashMap；如果是其他类型，就用递归对这个类进行转换。

（3）FastJson 反射读取 getter/setter 方法，不是反射类的属性，因此反序列化要求类必须有 setter 方法，如果没有，属性将被忽略（反之，序列化要求类必须是 getter 方法）。

如果不指定方法 JSON.parseObject 的目标类，FastJson 默认会把 com.alibaba.fastjson.JSONObject 作为目标对象（如果是数组，会将 com.alibaba.fastjson.JSONArray 作为目标类）。类 JSONObject 实现了接口 Map，因此可以用 Map 的 get/put 读写值，代码如下。

```
01  import com.alibaba.fastjson.JSON;
02  import com.alibaba.fastjson.JSONObject;
03  public class FastJsonParser {
04      public static void main(String[] args) throws Exception {
05          String json = FileUtils.readFileToString(new
06  File(System.getProperty("user.dir") + File.separator  +
07  "book.json"),"UTF-8");
08          JSONObject bookJsonObject = (JSONObject)JSON.parseObject(json);
09          System.out.println(bookJsonObject.get("title"));
```

```
10        }
11    }
```

以上代码反序列化后的输出如图 7-7 所示。

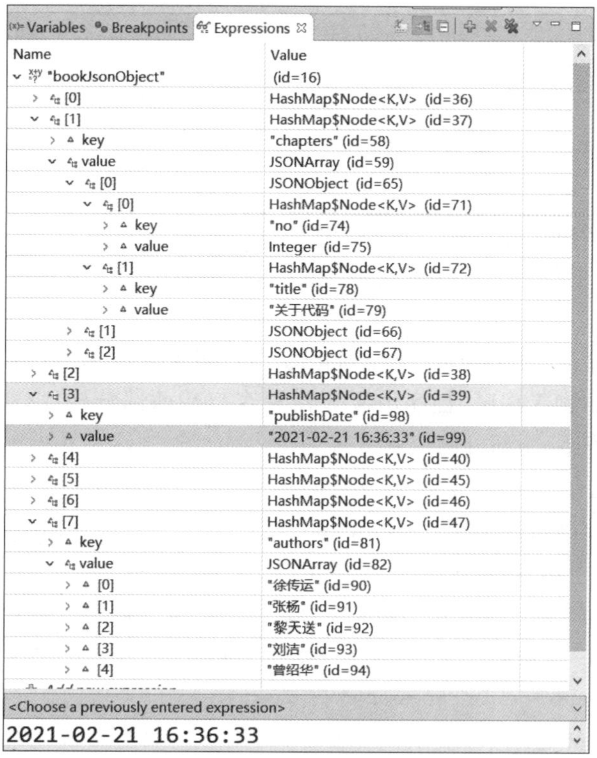

图 7-7   JSON 反序列化为 JSONObject

从图 7-7 可以看出，JSON 转换成了 JSONObject 对象。chapters 属性在 JSON 中是数组，转换成了 JSONArray 对象（JSONArray 实现了 Java.util.List 接口）。属性 publishDate 仍然保持字符串，并没转换成 Date 对象，因为没有指定目标类，FastJson 不知道 publishDate 是容器类型。

可以直接把目标类指定为 Map.class，即调用 JSON.parseObject(json,Map.class)，直接转换为 HashMap 对象，而不是 JSONObject。

7.5 思考与练习

1. 请编写程序，把任意对象序列化成 XML 文件，如果属性不是基本数据类型，则需要序列化相关联的属性，XML 的格式如下列代码所示。

```
01    <ddd.lis.Person>
02        <name>ddd</name>
```

```
03            <age>23</age>
04            <address>
05                <ddd.lis.Address>
06                    <province>chonqqing</province>
07                    <street>Hong Guang Street</province>
08                </ddd.lis.Address>
09            </address>
10        </ddd.lis.Person>
```

提示：采用反射。

2. 请把第 1 题序列化的 XML 反序列化为 Java 对象。

3. 请编写程序，把任意对象序列化成 JSON，如果属性不是基本数据类型，则需要序列化相关联的属性。

4. 请把第 3 题序列化的 JSON 反序列化为 Java 对象。

5. 编写一对多的聊天程序，程序由服务器和客户端两部分构成，服务器和客户端通过对象传送实现消息传递，两部分的交互方式如下。

（1）客户端发送命令：＜register name＝"xu"/＞ 给服务器端进行注册，服务器端如果允许注册，则返回消息：＜result command＝"register" state＝"ok"/＞，否则返回消息：＜result command＝"register" state＝"error" message＝""/＞。

（2）客户端发送命令：＜login name＝"xu"/＞ 给服务器端进行登录，服务器端如果允许登录，则返回消息：＜result command＝"login" state＝"ok"/＞，否则返回消息：＜result command＝"login" state＝"error" message＝"" /＞。

（3）客户端发送命令：＜message from＝"xu" to＝"zhang" message＝"this is a test"＞ 给服务器端，服务器端收到命令后返回消息：＜result command＝"message" state＝"ok"/＞。

（4）服务器向指定客户端发送命令：＜message from＝"xu" to＝"zhang" message＝"this is a test"＞，如果客户端收到消息，则返回：＜result command＝"message" state＝"ok" /＞，如果 message 命令中的 from 属性为空，则表示由服务器发送的消息。

（5）客户端发送命令：＜logout name＝"xu"/＞ 给服务器端进行注销登录，服务器端如果允许注销登录，则返回消息：＜result command＝"logout" state＝"ok" /＞，否则返回消息：＜result command＝"loginout" state＝"error" message＝"" /＞。

以上命令所对应的对象如图 7-8 所示。

① 请采用 Java 本身的序列化方法序列化命令对象。

② 请采用 XML 序列化命令对象。

③ 请采用 JSON 序列化命令对象。

程序可以采用 GUI，也可采用命令行的方式。

6. 请编写远程方法调用程序，程序分为客户端和服务器端，客户端负责接受用户输入的命令，服务器端负责接收命令，并执行命令。例如用户通过客户端输入：

```
ddd.lis.StudentManager.saveStudent({name:"xu",age:20})
```

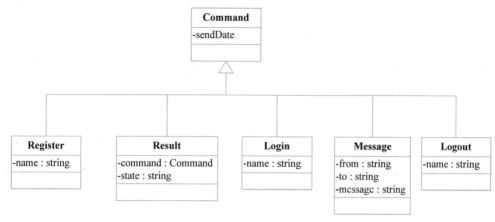

图 7-8　命令对象图

（ddd.lis 是包名，StudentManager 是服务器端的一个类名，saveStudent 是其方法，｛name："xu"，age：20｝是 JSON 格式）。

服务器端接收到命令，通过反射创建 StudentManager 对象，并检索到方法 saveStudent，根据方法 saveStudent 的参数类型把｛name："xu"，age：20｝转换成对应的类型，然后通过反射执行方法 saveStudent，把执行的结果返回给客户端，客户端显示返回的结果。

第8章 网络编程

网络为简单的应用程序添加了许多令人激动的功能。因为网络的出现,一个简单的应用程序可以检索世界上任何地方、成千上万的电脑中存储的信息,可以与世界各地的其他用户进行自由的通信。网络还可以集合多台电脑来同时解决一项复杂的问题,网络涉及生活的多个领域,成为必不可少的工具。

Java设计的初衷之一就是针对网络编程。它解决了平台和安全等一系列网络应用程序的核心问题。随着网络的发展,Java的优势也日益凸显。Java提供了丰富的类库,对网络进行支持,以方便快速地构建网络应用程序。本章将走入Java的网络编程世界。

8.1 概述

扫一扫

计算机网络可以将地理位置不同、具有独立功能的计算机及外部设备通过通信线路连接起来,在网络操作系统、网络管理软件、网络硬件设备以及网络通信协议的管理和协调下实现资源共享和信息传递等功能。

8.1.1 网络协议

在计算机网络中,要做到有条不紊地交换数据,就必须遵守一些事先约定好的规则。这些规则明确规定了所交换数据的格式以及有关的同步问题。这些为进行网络中的数据交换而建立的规则、标准或约定称为网络协议。

网络协议是计算机网络不可缺少的组成部分。而由于计算机网络协议的复杂性,其结构一般是层次式的。层次式结构的优点如下。

(1)各层功能相互独立。

网络协议中的各层相互独立,可以降低耦合度,提供接口,互相调用。

（2）扩展修改灵活。

需要修改协议功能时，只需修改指定层服务即可，层与层之间互不影响。

（3）易于实现和维护。

分层将负责的实现问题分解成一些小而独立的问题，易于实现和维护。

（4）协议制定独立灵活。

各层只需实现自身的协议，易于指定和执行，因而协议不会过于复杂。

8.1.2　OSI 模型

OSI(open system interconnection)是有国际标准组织指定的开放系统互联模型，它将网络通信工作分为 7 层，分别是物理层、数据链路层、网络层、运输层、会话层、表示层、应用层。这是一套层次清晰、理论完整的系统模型。但由于其具有协议过于负责、运行效率低、指定周期长等缺点，并未得到广泛的应用。而得到广泛应用的却是 TCP/IP(transmission control protocol/internet protocol)模型，TCP/IP 模型成了实际上的网络协议标准。

8.1.3　TCP/IP 模型

TCP/IP 模型是一个 4 层的网体系结构，包含网络接口层、网际层、运输层和应用层。下面分别介绍这些层中定义的功能和实现的协议。

1. 网络接口层

网络接口层与 OSI 参考模型中的物理层和数据链路层相对应。网络接口层是 TCP/IP 与各种 LAN 或 WAN 的接口。网络接口层在发送端将上层的 IP 数据报封装成帧后发送到网络上；数据帧通过网络到达接收端时，该节点的网络接口层对数据帧拆封，并检查帧中包含的 MAC 地址。如果该地址就是本机的 MAC 地址或是广播地址，则上传到网际层，否则丢弃该帧。实现的主要协议如下：Ethernet 802.3、Token Ring 802.5、X.25、Frame relay、HDLC、PPP、ATM 等。

2. 网际层

网际层的主要功能是实现互联网络环境下的端到端数据分组传输，这种端到端数据分组传输采用无连接交换方式来完成。为此，网际层提供了基于无连接的数据传输、路由选择、拥塞控制和地址映射等功能，这些功能主要由 4 个协议来实现：IP、ARP、RARP 和 ICMP，其中 IP 协议提供数据分组传输、路由选择等功能，ARP 和 RARP 提供逻辑地址与物理地址映射功能，ICMP 协议提供网络控制和差错处理功能。

3. 运输层

运输层为应用进程之间提供端到端的逻辑通信，运输层还要对收到的报文进行差错检测。其实现的协议主要有面向连接的 TCP 协议和面向无连接的 UDP 协议。

传输控制协议 TCP 是一种面向连接的、可靠的、基于字节流的传输层通信协议，由 IETF 的 RFC 793 定义。

用户数据报协议(user datagram protocol，UDP)是为了在不可靠的互联网络上提供可靠的端到端字节流而专门设计的一个传输协议。

互联网络与单个网络有很大的不同，因为互联网络的不同部分可能有截然不同的拓扑结构、带宽、延迟、数据根大小和其他参数。TCP 的设计目标是能够动态地适应互联网络的这些特性，而且具备面对各种故障时的健壮性。

应用层向 TCP 层发送用于网间传输的、用 8b 表示的数据流，然后 TCP 把数据流分区成适当长度的报文段，把报文段传给 IP 层，由它来通过网络将报文段传送给接收端实体的 TCP 层。TCP 为了保证不发生丢失，就给每个报文段一个序号，同时序号也保证了传送到接收端实体的包的按序接收。然后接收端实体对已成功收到的报文段发回一个相应的确认（ACK）；如果发送端实体在合理的往返时延（RTT）内未收到确认，那么对应的报文段就被假设为已丢失，将会被重传。当包含 TCP 报文段到达接收端时，接收端根据序号重构出发送端发送的数据流。

4. 应用层

应用层直接为用户的应用进程提供服务。该层实现的应用协议很多，如 HTTP 协议、SMTP 协议（电子邮件传输）、FTP 协议（文件传输）等。

8.1.4　IP 地址与端口

互联网为每台电脑提供了一个编号，以便其他计算机能找到它并与其通信，这个编号就称作 IP 地址。IP 地址就如同住址一样，别人只有依据这个住址才能找到某人的家。目前主要用的地址有 IPv4 和 IPv6 两种。

1. IPv4

IP 地址使用 32 位二进制数表示，通常表示成 4 组，每组 8 位形式。我们看到的 IP 地址多为点分十进制的形式，即每组之间用"."分开，并用十进制表示，如 127.0.0.1。

2. IPv6

由于 IPv4 的地址资源有限，渐已不能满足日益膨胀的网络要求，因此 IPv6 应运而生。IPv6 使用 128 位二进制数表示计算机地址，大大增加了地址的数量。此外，IPv6 还提供了很多其他功能，保证了网络快速安全地运行。

由于 IP 由数字组成，不方便记忆，于是产生了域名（domain name）的概念。其实就是给 IP 地址取一个名字，例如 baidu.com、sina.com 等。IP 地址和域名是一对多的关系，在网络编程中，可以使用 IP 地址或域名来标识网络上的一台设备。一台设备可以对应多个 IP 地址，一个域也可以被解析成多个 IP 地址。

一台拥有 IP 地址的主机可以提供许多服务，如 Web 服务、FTP 服务等，这些服务完全可以通过一个 IP 地址实现，那么主机是如何区分不同的网络服务的呢？显然不能只靠 IP 地址，因为 IP 地址和网络服务的关系是一对多的关系，实际上是通过"IP 地址＋端口号"来区分不同的服务的。每一台计算机使用 0～65535 个端口，这里的端口区别于像 USB 口、HDMI 口这样的物理端口，它指的是一种逻辑上的、看不见的一种端口。其中 0～1023（共1024 个端口）已经被操作系统占用了，比如 80 是一个 Web 服务，我们去访问一个网站，实际上就是去访问它的 80 端口。23 端口是 Telnet 用的。也就是说，普通的程序只能用 1024～65535 范围内的端口号，但是要谨防冲突，因为一个端口上一般只能驻留一个程序。两台机器的通信就是在 IP 和端口上进行的。

如图 8-1 所示，客户端输入域名，通过 DNS（domain name service）将域名解析成为服务器 IP,找到代理服务器,因为 HTTP 协议服务所占用的端口默认为 80 端口,所以会访问服务器的 80 端口,然后再通过代理服务器将请求转发到不同的服务器以及端口中。

图 8-1 浏览器的域名解析过程图

目前 Java 对 IPv4 和 IPv6 均进行了封装,其实现类分别是 Inet4Address 和 Inet6Address,它们都继承了类 InetAddress。

InetAddress 是 Java 对 IP 地址的封装,Java.net 中有许多类都使用了 InetAddress,包括 ServerSocket、Socket、DatagramSocket 等。InetAddress 的实例对象包含以数字形式保存的 IP 地址,同时还可能包含主机名(如果使用主机名来获取 InetAddress 的实例,或者使用数字来构造,并且启用了反向主机名解析的功能)。InetAddress 类提供了将主机名解析为 IP 地址和反向解析的方法。

InetAddress 对域名进行解析是使用本地机器配置或网络命名服务(如域名系统 DNS)和网络信息服务(network information service,NIS))来实现。对于 DNS 来说,本地需要向 DNS 服务器发送查询的请求,然后服务器进行一系列操作,返回对应的 IP 地址,为了提高效率,通常本地会缓存一些主机名与 IP 地址的映射,这样访问相同的地址就不需要重复发送 DNS 请求了。Java.net.InetAddress 类同样采用了这种策略。在默认情况下,会缓存一段有限时间的映射,对于主机名解析不成功的结果,会缓存非常短的时间(10s)来提高性能。

由于 InetAddress 的构造方法不是公有的,因此只能通过 InetAddress 提供的静态方法获取 InetAddress 对象,其获取的方法如下。

(1) static InetAddress[] getAllByName(String host)。

(2) static InetAddress getByAddress(byte[] addr)。

(3) static InetAddress getByAddress(String host,byte[] addr)。

(4) static InetAddress getByName(String host)。

(5) static InetAddress getLocalHost()。

这些静态方法中最常用的是 getByName(String host)方法,该方法只需要传入目标主机的名字,InetAddress 会尝试做连接 DNS 服务器,并且获取 IP 地址的操作。

操作代码如下。

```
01  package org.ddd.net.example01;
02  public class NetTest {
03      public static void main(String[] args) throws Exception {
04          InetAddress address = InetAddress.getByName("www.sina.com.cn");
05          System.out.println("========获取新浪的 IP 地址========");
06          System.out.println(address.toString());
```

```
07          InetAddress[] addresses = InetAddress.getAllByName("www.sina.com.cn");
08          System.out.println("======获取新浪的 IP 地址列表=======");
09          for(InetAddress add : addresses){
10              System.out.println(add.toString());
11          }
12      }
13 }
```

输出结果如下。

```
01 ========获取新浪的 IP 地址========
02 www.sina.com.cn/202.108.33.89
03 ======获取新浪的 IP 地址列表=======
04 www.sina.com.cn/202.108.33.89
05 www.sina.com.cn/202.108.33.90
06 www.sina.com.cn/202.108.33.91
07 www.sina.com.cn/202.108.33.92
08 www.sina.com.cn/202.108.33.93
09 www.sina.com.cn/202.108.33.94
10 www.sina.com.cn/202.108.33.95
11 www.sina.com.cn/202.108.33.96
```

在测试类 NetTest 中使用了 InetAddress 的两个方法。方法 getByName()用于获取指定域名 www.sina.com.cn 的地址,方法 getAllByName()用于获取指定域名所对应的所有 IP 地址,由于新浪网拥有多个 IP 地址,因此控制台上输出了多个 IP 地址。

另一个常用的方法为 getLocalHost(),该方法返回本地的 IP 地址,代码如下。

```
01 package org.ddd.net.example02;
02 public class NetTest1 {
03     public static void main(String[] args) throws Exception{
04         InetAddress address = InetAddress.getLocalHost();
05         System.out.println(address.toString());
06     }
07 }
```

输出结果如下。

```
01 hp/192.168.1.104
```

这个例子获取本地的 IP 地址,再调用 toString()方法,转换成字符串输出到控制台上。获取 InetAddress 对象后,就可以使用其定义的方法了。其常用的方法如下。

（1）String getHostAddress()：用于获取本地 IP 地址字符串。

（2）String getHostName()：用于获取本地计算机的名称。

（3）Boolean isMulticastAddress()：判断是否是多播地址。

（4）Boolean isReachable(int timeout)：判断在指定的时间内是否可达。

8.1.5 流

流是指通过一定的传播路径从源传递到目的地的字节序列。Java 中的字节流分为输入流和输出流：输出流是指向目的地写入的二进制序列,输入流是从数据源读取的二进制序列。网络编程的很大部分工作都是对流的处理,Java 提供了丰富的流处理和封装工具。

1. 输出流

Java 输出流的基类是 java.io.OutputStream,它是一个抽象类,提供了一些基本的方法,用于向流中写入数据。

（1）public abstract void write(int b) throws IOException。

将指定字节写入输出流。注意该方法写入时,传入参数类型的转换,例如写入 long 类型的数据,只传入参数的低八位,高位将被抛弃。

（2）public void write(byte[] b) throws IOException。

将 byte 数组中的所有字节写入输出流,该方法与 write(b,0.b.length)的效果相同。

（3）public void write(byte[] b,int off,int len) throws IOException。

将字节数组中指定的部分字节写入输出流,参数 b 为指定的字节数据,off 为偏移量,len 为写入的字节长度。如 write(byte,10,20)表示将 byte 数组中从第 10 个元素开始截取 20 个字节写入输出流。

（4）public void flush() throws IOException。

此方法将输出流缓存的所有字节写向它们预期的目标,注意此方法只能保证将流传递给操作系统进行输出,但不能保证能正确地到达目标。

（5）public void close() throws IOException。

关闭此输入流,并释放占用的系统资源。

OutputStream 的子类继承并扩展了这些方法,将输出流写入特定的媒体中。比如 FileOutputStream 使用这些方法将输出流写入指定文件中,TelnetOutputStream 使用这些方法将输出流写入网络连接中,ByteArrayOutputSteam 将输入流写入可扩展的数组中。有时并不清楚当前使用的输出流类型,比如对于 TelnetOutputStream 类来说,它被刻意地隐藏在 Sun 的类库中。然而却可以通过多种方法获取它的对象,例如 java.net.Socket 的 getOutputStream()方法,这些方法的返回类型却是 OutputStream 类,并不是具体的子类 TelnetOutputStream。

2. 输入流

输入流的基类是 Java.io.InputStream,它也是一个抽象类,它对流的读取提供了一些基本的方法。

（1）public abstract int read() throws IOException。

从输入流中读取数据的下一个字节。返回 0～255 范围内的 int 字节值。如果因为已经到达流末尾而没有可用的字节,则返回值-1。

（2）public int read(byte[] b) throws IOException。

从输入流中读取一定数量的字节,并将其存储在缓冲区数组 b 中。以整数形式返回实际读取的字节数。

（3）public int read(byte[] b,int off,int len) throws IOException。

将输入流中的字节读进字节数组 b 中,读入的字节从 b[off]开始存储,读取的长度为 len,如果输入流中的字节数小于 len,则将输入流中的字节读完。该方法返回最终读取的字节数。

（4）public long skip(long n) throws IOException。

此方法将跳过输入流的 *n* 个字节,并将这些字节丢弃。

（5）public int available() throws IOException。

获取输入流中可供读取或跳过的字节数。

（6）public void close() throws IOException。

关闭此输入流,并释放关联的系统资源。

同样的 InputStream 子类对这些方法进行了实现和扩展,用于不同媒体的输入流读取。如 FileInputStream 用于从文件中读取输入流,TelnetInputStream 从网络连接从读取输入流,ByteArrayInputStream 用于从字节数组中读取输入流。获取的输入流对象有时不能确定其具体的类型。比如 java.net.URL 的方法 openStream()返回的仅仅是 InputStream 类的实例,然而有时它却是 TelnetStream 的对象。

3. 内存映射文件

内存映射文件,或称"文件映射""映射文件",是一段虚内存(虚拟内存是计算机系统内存管理的一种技术。它使得应用程序认为它拥有连续可用的内存(一个连续完整的地址空间),而实际上,它通常是被分隔成多个物理内存碎片,还有部分暂时存储在外部磁盘存储器上,需要时进行数据交换)逐字节对应于一个文件或类文件的资源,使得应用程序处理映射部分如同访问主内存。

内存映射文件允许创建和修改那些因为太大而不能放入内存的文件,此时就可以假定整个文件都放在内存中,而且可以完全把它当成非常大的数组来访问(随机访问),而对于小文件,内存映射文件会导致碎片空间浪费。

以下是四大文件操作对比。

（1）Input/OutputStream：直接调用 native IO。

（2）BufferedInput/OutputStream：调用内存中的缓存,不足时再调用 native IO 补充。

（3）RandomAccessFile：直接调用 native IO。

（4）FileChannel：利用操作系统的虚拟内存机制,将文件内容映射到内存中,将文件当作内存数组一样来访问。

Java.nio 包使得内存映射变得十分简单。首先从文件中获取一个通道(channel),通道是用于磁盘文件的一种抽象,它使我们可以访问诸如内存映射、文件加锁机制、文件间快速数据传递等操作系统特性。

```
01  FileChannel channel = FileChannel.open(path, options);
```

还能通过在一个打开的 File 对象(RandomAccessFile、FileInputStream 或 FileOutputStream)上调用 getChannel()方法获取。调用 getChannel()方法会返回一个连接到相同文件的

FileChannel 对象,且该 FileChannel 对象具有与 File 对象相同的访问权限。

通过调用 FileChannel 类的 map 方法进行内存映射,map 方法从这个通道中获得一个 MappedByteBuffer 对象(ByteBuffer 的子类)。可以指定想要映射的文件区域与映射模式, 支持的模式有以下 3 种。

(1) FileChannel.MapMode.READ_ONLY:产生只读缓冲区,对缓冲区的写入操作将 导致 ReadOnlyBufferException。

(2) FileChannel.MapMode.READ_WRITE:产生可写缓冲区,任何修改将在某个时刻 写回到文件中,而这某个时刻是依赖 OS 的,其他映射同一个文件的程序可能不能立即看 到这些修改,多个程序同时进行文件映射的确切行为是依赖于系统的,但是它是线程安 全的。

(3) FileChannel.MapMode.PRIVATE:产生可写缓冲区,但任何修改是缓冲区私有 的,不会回到文件中。

一旦有了缓冲区,就可以使用 ByteBuffer 类和 Buffer 超类的方法来读写数据,缓冲区 支持顺序和随机数据访问。

(1) 顺序读写(有一个可以通过 get 和 put 操作来移动的位置),代码如下。

```
01  while(buffer.hasRemaining()){
02      byte b = buffer.get();                      //get 当前位置
03      ...
04  }
```

(2) 随机读写(可以按内存数组随机访问),代码如下。

```
01  for(int i=0; i<buffer.limit(); i++){
02      byte b = buffer.get(i);                     //这个 get 能指定索引
03      ...
04  }
```

4. 输出流处理工具

对于输出流的处理,Java 定义了一个抽象的基类 java.io.Writer。该类对 write 方法进 行了以下 5 次重载。

(1) public void write(int c) throws IOException:向输出流中写入单个字符。

(2) public void write(char[] cbuf) throws IOException:向输出流中写入字符数组。

(3) public abstract void write(char[] cbuf,int off,int len) throws IOException:向输 出流中写入字符数组指定的一部分。

(4) public void write(String str) throws IOException:向输出流中写入字符串。

(5) public void write(String str,int off,int len) throws IOException:向输出流中写 入字符串指定的一部分。

然而,为了提高效率以及其他功能需要,我们并不常用这个类。这些方法多由子类覆盖 重写。

PrintWriter 即为其常用的子类。PrintWriter 因具有简单易用、灵活而强大的格式化输出能力,在字符流输出方面得到了越来越多的应用。PrintWriter 除了重写父类的 write 方法外,还提供了一些更为便捷的方法。如 print()和 println(),这两个方法在 PrintWriter 中进行了多次重载,可以方便高效地向输出流中写入指定编码的字符串。

5. 输入流处理工具

对于输入流的处理,Java 定义了一个抽象的基类 java.io.Reader。该类提供了以下 4 个 read 方法。

(1) public int read()throwsIOException:从输入流中读取单个字符。

(2) public int read(char[] cbuf) throws IOException:将输入流中的数据读入数组。

(3) public abstract int read(char[] cbuf,int off,int len) throws IOException:将输入流中的数据读入到数组的指定部分中。

(4) public int read(CharBuffer target) throws IOException:将输入流中的数据读入字符缓冲区。

然而,java.io.Reader 并不能有效地解决输入流的读取工作,而且其使用不够方便,因此多使用其子类来读取输入流。常用的子类如下。

(1) InputStreamReader InputStreamReader:字节流通向字符流的桥梁,它使用指定的字符集读取输入流中的数据,并将其解码为字符。通常为了提高使用效率,还需使用 BufferedReader 进行一次封装。

(2) BufferedReader:从字符输入流中读取文本,缓冲各个字符,从而实现字符、数组和行的高效读取。通常使用该类包装那些读取开销很大的读取工具。如 InputStream-Reader。其包装的方式如下。

```
BufferedReader in = new BufferedReader(new InputStreamReader(System.in))
```

6. 套接字

套接字(socket)用于实现网络上的两个程序之间的连接与通信。而在连接的两端都分别有一个套接字。套接字的通信处于较低层次,由用户编写的程序管理使用。TCP/IP 协议中通常包含以下 3 种套接字。

(1) 流套接字。

流套接字用于提供面向连接、可靠的数据传输服务。该服务将保证数据能够实现无差错、无重复发送,并按顺序接收。流套接字之所以能够实现可靠的数据服务,在于其使用了传输控制协议,即 TCP 协议。

(2) 数据报套接字。

数据报套接字(SOCK_DGRAM):数据报套接字提供了一种无连接的服务。该服务不能保证数据传输的可靠性,数据有可能在传输过程中丢失或出现数据重复,且无法保证顺序地接收到数据。数据报套接字使用 UDP 协议进行数据的传输。由于数据报套接字不能保证数据传输的可靠性,对于有可能出现的数据丢失情况,需要在程序中做相应的处理。

(3) 原始套接字。

原始套接字与标准套接字(标准套接字指的是前面介绍的流套接字和数据报套接字)的区别在于:原始套接字可以读写内核没有处理的 IP 数据包,而流套接字只能读取 TCP 协

议的数据,数据报套接字只能读取 UDP 协议的数据。因此,如果要访问其他协议发送的数据,就必须使用原始套接字。

Java 针对以上 3 种套接字分别提供多种套接字类,如用于流套接字的 Socket、ServerSocket,用于数据报套接字的 DatagramSocket、MulticastSocket,这些类将在下文详细讨论。

8.2 TCP 编程

TCP 是一种可靠的、基于连接的网络协议。它是面向字节流的,即从一个进程到另一进程的二进制序列。一条 TCP 连接需要两个端点。这两个端点需要分别创建各自的套接字。通常一方用于发送请求和数据,而另一方用于监听网络请求和数据。通常称发送请求的一方为客户端,监听请求的为服务端。

8.2.1 核心类

java.net 包有很多用于网络编程的类,其中有两个常用于 TCP 编程。

1. Socket

Socket 是建立网络连接时使用的。连接成功时,应用程序两端都会产生一个 Socket 实例,操作这个实例完成所需的会话。Socket 类有多个构造方法。

(1) public Socket(String host,int port):创建一个流套接字,并将其连接到指定主机上的指定端口号上。

(2) public Socket (InetAddress address, int port, InetAddress localAddr, int localPort):创建一个流套接字,指定了本地的地址和端口以及目的地的地址和端口。

(3) public Socket():创建一个流套接字,但此套接字并未指定连接。

此外,Socket 类还提供了多个工具方法,用于处理网络会话。

(1) public InputStream getInputStream() throws IOException:该方法返回程序中套接字所能读取的输入流。

(2) public OutputStream getOutputStream() throws IOException:该方法返回程序中套接字中的输出流。

(3) public void close() throws IOException:关闭指定的套接字,套接字中的输入流和输出流也将被关闭。

除了这些常用的方法外,Socket 还提供了很多其他方法,如 connect(SocketAddress endpoint)用于连接到远程服务器,getInetAddress()获取远处服务器的地址等。

2. ServerSocket

ServerSocket 类实现服务器套接字,等待请求通过网络传入,基于该请求执行某些操作,然后可能向请求者返回结果。ServerSocket 有以下 4 个构造方法。

(1) public ServerSocket() throws IOException:创建一个服务器套接字,并未指明地址和端口。

（2）public ServerSocket(int port) throws IOException：创建一个服务器套接字,指明监听的端口,如果传入的端口为0,则可以在所有空闲的端口上创建套接字。默认接受的最大连接数为50,如果客户连接数超过了50,则拒绝新接入的连接。

（3）public ServerSocket(int port,int backlog) throws IOException：创建一个服务器套接字,指定了监听的端口,如果传入的端口为0,则可以在所有空闲的端口上创建套接字。接受的最大连接数由参数backlog设定,如果收到的连接超过了这个数,超出的连接将被拒绝。参数backlog的值必须大于0,如果不大于0,则使用默认值。

（4）public ServerSocket(int port, int backlog, InetAddress bindAddr) throws IOException：创建一个套接字,指定了监听的地址和端口,并设定了最大的连接数,一台设备可以有多个IP地址,参数bindAddr指定使用哪个IP地址来接收客户端的请求。

ServerSocker类中也提供了丰富的工具方法,常用方法如下。

（1）public Socket accept() throws IOException：该方法一直处于阻塞状态,直到有新的连接接入,建立连接后,该方法会返回一个套接字,用于处理客户端请求以及服务端响应。

（2）public void setSoTimeout(int timeout) throws SocketException：此方法用于设置accept()方法最大阻塞时间,如果阻塞的时间超过这个值,将会抛出java.net.SocketTimeoutException异常。

（3）public void close() throws IOException：关闭服务器套接字。

8.2.2 一对一通信

了解Socket和ServerSocket后,将创建能进行通信的网络程序,实现的功能是客户端向服务端发送连接请求。连接建立后,客户端向服务端发送一个简单的请求,服务端接收这个请求后,根据请求的内容作出相应处理,并返回处理结果,其流程如图8-2所示。

图8-2 一对一通信流程图

下面的实例演示了这一过程,该实例定义了一个客户端进程,一个服务端进程,客户端进程发送请求,服务端接收请求后返回处理结果。

服务端的代码如下。

```
01  package org.ddd.net.example03;
02  public class Server {
03      public static void main(String[] args) throws Exception{
```

```
04          ServerSocket server = new ServerSocket(888);
05          Socket socket = server.accept();
06          InputStreamReader reader = new
07  InputStreamReader(socket.getInputStream());
08          BufferedReader buffer_reader=new BufferedReader(reader);
09          PrintWriter writer=new PrintWriter(socket.getOutputStream());
10          String request = buffer_reader.readLine();
11          System.out.println("Client say:" + request);
12          String line="Hello,too!";
13          writer.println(line);
14          writer.flush();
15          writer.close();
16          buffer_reader.close();
17          socket.close();
18          server.close();
19      }
20  }
```

该类为服务端类,负责接收客户的请求,并返回处理结果。代码中首先创建了一个服务端套接字,即 ServerSocket 的一个实例 server,并为该套接字设置了监听端口 888。接着该服务端套接字就一直处于阻塞状态,直到用连接请求接入。服务端套接字对象 server 使用 accept()方法接收请求,该方法返回创建好的服务端的 Socket 对象。接着定义一个输入流读取对象 reader,它的类型是 InputStreamReader,并使用它创建了一个 BufferReader 对象,接着创建了一个 PrintWriter 对象,该对象负责把处理结果写入到输出流中。关于这三个工具类,我们已在 8.1.5 小节进行了介绍。然后使用 BufferReader 对象,从输入流中读出用户请求,并将用户请求输出到控制台上。接着将处理结果用 PrinterWriter 写到输出流中,传递到目标客户端。最后,关闭这些用于流处理的工具以及分配给服务的 Socket 套接字 socket 和服务套接字 server。

客户端的代码如下。

```
01  package org.ddd.net.example03;
02  public class Client {
03      public static void main(String[] args) throws Exception{
04          Socket socket = new Socket("127.0.0.1",888);
05          InputStreamReader reader = new
06  InputStreamReader(socket.getInputStream());
07          BufferedReader buffer_reader = new BufferedReader(reader);
08          PrintWriter writer = new PrintWriter(socket.getOutputStream());
09          String readline = "Hello!";
10          writer.println(readline);
11          writer.flush();
12          String response = buffer_reader.readLine();
```

```
13          System.out.println("Server say:"+ response);
14          writer.close();
15          buffer_reader.close();
16          socket.close();
17      }
18  }
```

在客户端代码中，首先创建一个 Socket 连接，并为该连接指明目标 IP 地址"127.0.0.1"和目标服务器监听端口 888。接着定义了 3 个流处理工具，分别是 InputStreamReader reader、BufferStreamReader reader、PrintWriter writer。接着定义请求字符串，并将字符串写入输出流中，发送给服务端。然后接收服务器返回的处理结果，并将结果打印在控制台上。最后关闭流处理工具和套接字 socket。

其运行结果分别如下。

服务端进程运行的结果如下。

```
01  Client say:Hello!
```

客户端进程运行的结果如下。

```
01  Server say:Hello,too!
```

需要注意的是，先运行服务端进程，这样服务端才能接收客户端的请求，若先运行客户端，客户端会因为无法创建连接而抛出异常。

8.2.3　一对多通信

前面的客户端/服务端程序只能实现服务端和一个客户的对话。在实际应用中，往往在服务器上运行一个永久的程序，接收来自其他多个客户端的请求，提供相应服务。为了实现在服务器方给多个客户提供服务的功能，需要利用多线程实现多客户机制。服务器总是在指定的端口上监听是否有客户请求，一旦监听到客户请求，服务器就会启动一个专门的服务线程来响应该客户的请求，而服务器本身在启动完线程后马上又进入监听状态，等待下一个客户的到来。下面用代码来实现这一过程：在服务端定义两个类，一个类负责监听连接和线程分配，另一个类负责套接字及流的处理；客户端代码仍然使用一对一通信中的客户端代码。

```
01  package org.ddd.net.example04;
02  public class Server1 {
03      public static void main(String[] args) throws Exception{
04          ServerSocket server = new ServerSocket(888);
05          while(true){
06              Socket socket = server.accept();
07              SocketHandler handler = new SocketHandler(socket);
08              Thread thread = new Thread(handler);
```

```
09              thread.start();
10          }
11      }
12  }
```

这个类负责监听客户端的请求，当接收到新请求后，启动一个新线程来处理套接字。套接字由套接字处理器 SocketHandler 负责处理，其代码如下。

```
01  package org.ddd.net.example04;
02  public class SocketHandler implements Runnable {
03      private Socket socket;
04      public SocketHandler(Socket socket){
05          this.socket = socket;
06      }
07      public void run(){
08          try {
09              InputStreamReader reader = new
10  InputStreamReader(socket.getInputStream());
11              BufferedReader buffer_reader=new BufferedReader(reader);
12              PrintWriter writer=new PrintWriter(socket.getOutputStream());
13              String client = "<" + socket.getInetAddress().toString() + " : "
14  + socket.getPort() + ">";
15              String request = buffer_reader.readLine();
16              System.out.println(client + " say:" + request);
17              String line = client + " Hello,too!";
18              writer.println(line);
19              writer.flush();
20              writer.close();
21              buffer_reader.close();
22              socket.close();
23          } catch (Exception e) {
24              e.printStackTrace();
25          }
26      }
27  }
```

运行结果如下。

客户端 1 的运行结果如下。

```
01  Server say:</127.0.0.1 : 4347> Hello,too!
```

客户端 2 的运行结果如下。

```
01  Server say:</127.0.0.1 : 4348> Hello,too!
```

客户端 3 的运行结果如下。

```
01  Server say:</127.0.0.1 : 4349> Hello,too!
```

服务端的运行结果如下。

```
01  </127.0.0.1 : 4347> say:Hello!
02  </127.0.0.1 : 4348> say:Hello!
03  </127.0.0.1 : 4349> say:Hello!
```

这个例子仍然要先启动服务端，这样客户端才能建立与服务端的连接，进行通信工作。

扫一扫

 ## UDP 编程

UDP 是一种不可靠无连接的网络协议。Java 中由 DatagramSocket 类和 DatagramPackage 类来实现 UDP 通信。与可靠连接协议 TCP 相比，它不能保证发送的数据一定能被对方按顺序收到，如果数据在传送的过程中丢失，它也不会自动重发。然而由于它不需要像 TCP 那样，每次通信都要建立一条特定的连接通道，进行传输控制，UDP 协议本身的数据就自带了传输控制信息，因此 UDP 传输能节省系统开销，而且数据的传输效率要比 TCP 高。因此在一些对数据顺序以及质量要求不高的场景下，经常使用 UDP 进行数据传输。

8.3.1 核心类

1. DatagramPacket

与 TCP 协议发送接收消息使用的流不同，UDP 协议传输的数据单位为数据报文。一个数据报文在 Java 中用一个 DatagramPacket 实例来表示。发送信息时，Java 程序创建一个数据报文，即 DatagramPacket 实例将需要发送的信息进行封装。接收信息时，Java 也首先创建一个 DatagramPacket 实例，用于存储接收的报文信息。

在 DatagramPacket 类中，除了包含需要传输的信息外，还包含了 IP 地址和端口等信息，用于指明目标地址和端口以及源地址和端口。此外，DatagramPacket 的内部还用length 和 offset 字段说明缓冲区的大小和起始偏移量。

DatagramPacket 拥有 6 个构造方法，分别如下。

（1）public DatagramPacket(byte[] buf,int length)：构造 DatagramPacket，用来接收长度为 length 的数据包。

（2）public DatagramPacket(byte[] buf,int offset,int length)：构造 DatagramPacket，用来接收长度为 length 的包，在缓冲区中指定了偏移量。

（3）public DatagramPacket(byte[] buf,int offset,int length,InetAddress address,int port)：构造数据包，用来将长度为 length、偏移量为 offset 的包发送到指定主机上的指定端口号。

（4）public DatagramPacket(byte[] buf,int length,InetAddress address,int port)：构

造数据报包,用来将长度为 length 的包发送到指定主机上的指定端口号。

(5) public DatagramPacket(byte[] buf,int offset,int length,SocketAddress address) throws SocketException:构造数据包,用来将长度为 length、偏移量为 offset 的包发送到指定主机上的指定端口号。

(6) public DatagramPacket(byte[] buf,int length,SocketAddress address) throws SocketException:构造数据包,用来将长度为 length 的包发送到指定主机上的指定端口号。

在这 6 个构造方法中,第 1 个和第 2 个用于处理接收的数据包,构造接收数据包时,无须指明 IP 地址和端口,其余的 4 个用于包装发送的数据包,需要指明目的地址。除了通过构造方法设置地址外,还可以通过 DatagramPacket 提供的以下一些方法来设置地址及端口。

(1) public void setAddress(InetAddress iaddr):设置目标主机的 IP 地址。

(2) public void setPort(int iport):设置目标程序的端口。

(3) public void setSocketAddress(SocketAddress address):设置数据包的目的地(包括 IP 地址和端口号)。

当然,这些属性也提供对应的 get 方法,以方便地获取目的主机的 IP 地址和端口。除此之外,DatagramPacket 还提供了以下对数据包进行处理的方法。

(1) public void setData(byte[] buf):为此包设置数据缓冲区。将此 DatagramPacket 的偏移量设置为 0,长度设置为 buf 。

(2) public void setData(byte[] buf,int offset,int length):为此包设置数据缓冲区。此方法设置包的数据、长度和偏移量。

2. DatagramSocket

DatagramSocket 用于发送和接收 UDP 数据包,在 Java 中即为接收和发送 DatagramPacket 对象。DatagramSocket 与 TCP 的 Socket 不同,它在通信之前无须事先建立连接。数据包的发送路由是自由选择的,也许通信的两端在通信过程中发送的不同数据包可能并不在同一路径上。因此,对于一方发送多个数据包来说,其数据包到达的顺序可能与发送的顺序不同。

可以把 DatagramSocket 看成一个邮箱,把需要发送的数据报文 DatagramPacket 看成信件。信件上需要注明地址,而信箱只需关心发送和接收信件即可。当然,每个信箱都有唯一的编号,以便能正确地接收到信件。Java 中 UDP 数据包的传输过程与此类似。首先创建一个数据包实例,即 DatagramPacket 实例,该实例需要像信件上的收信人地址一样,指明目标地址和目标端口。然后将此数据包交与 DatagramSocket 实例进行发送。接收方会一直监听是否有数据包到达,当有数据包到达时,就会创建一个 DatagramPacket 对象,来接受存储这个报文,接收的报文中存储了发送者的地址和端口。

DatagramSocket 有 5 个构造方法,其中 4 个是公有的,剩余的 1 个是受保护的,如下所示。

(1) public DatagramSocket() throws SocketException:创建数据报套接字,该套接字并未指明监听的地址和端口,一般为发送方使用。

(2) public DatagramSocket(int port) throws SocketException:创建数据报套接字,该

套接字指明了监听的端口，只接收发往该端口的数据报，一般为接收方使用。

（3）public DatagramSocket(int port,InetAddress laddr) throws SocketException：创建数据报套接字，该套接字指明了监听的地址（主机拥有多个地址）和监听的端口，只接收发往指定地址和端口的数据报。

（4）public DatagramSocket(SocketAddress bindaddr) throws SocketException：创建数据报套接字，该套接字指明了套接字地址，套接字地址一般包含 IP 地址和端口。

（5）protected DatagramSocket(DatagramSocketImpl impl)：创建带有指定 DatagramSocketImpl 的未绑定数据报套接字。

获取 DatagramSocket 实例后，就可以使用提供的方法进行数据传输了。下面就来介绍其发送数据和接收数据的方法。

（1）public void send(DatagramPacket p) throws IOException：此方法用于发送封装好的数据报，数据报中需含有发送的数据、数据的长度以及目标地址和端口等信息。

（2）public void receive(DatagramPacket p) throws IOException：此方法用于接收数据报，调用此方法后，将用接收的数据填充指定数据报对象，填充后数据报对象将含有接收的数据、发送方的 IP 地址和端口等信息。

UDP 套接字对传输线路的要求并不像 TCP 那么高，默认情况下，UDP 是通过广播发送数据报的，这样发送的数据报就暴露在任何可以接收的客户端下了。然而，有时我们也想像 TCP 传输那样建立一条链路，限制 UDP 数据报的发送方和接收方。DatagramSocket 提供了一组方法，用于虚拟实现这一功能，内容如下。

（1）public void connect(InetAddress address,int port)：该方法用于连接指定 IP 地址和端口的目的地址，建立连接后，接收方就只能接收目标地址发送的数据报了，其他数据报将被丢弃。

（2）public void connect(SocketAddress addr) throws SocketException：此方法与上个方法 connect(InetAddress address,int port)类似，只不过 IP 地址和端口通过 SocketAddress 对象来获取。

当然，能建立连接自然就能断开连接，DatagramSocket 类使用 disconnect()方法来断开连接，如果没有建立连接，则该方法什么都不做。

8.3.2 UDP 传输实例

下面是一个简单的 UDP 传输实例。客户端封装一个数据报 DatagramPacket 对象，该对象包含目标的 IP 地址、端口以及需要传输的数据。然后使用 UDP 套接字 DatagramSocket 发送出去。服务端一直使用 UDP 套接字监听指定端口，当监听到数据报时，调用接收方法，填充 DatagramPacket 对象，接着发送一条确认信息给客户端，代码如下。

客户端代码如下。

```
01  package org.ddd.net.example05;
02  public class Client {
03      public static void main(String[] args) {
04          try {
05              //创建发送方的套接字,IP默认为本地,端口号随机
```

```
06                    DatagramSocket sendSocket = new DatagramSocket();
07                    //确定要发送的消息:
08                    String mes = "你好!接收方!";
09                    //由于数据报中传输的数据以字节数组的形式存储,所以要把字符串转换为字
10                    //节数组
11                    byte[] buf = mes.getBytes();
12                    //确定发送方的 IP 地址及端口号,地址为本地机器地址
13                    int port = 8888;
14                    InetAddress ip = InetAddress.getLocalHost();
15                    //创建发送类型的数据报:
16                    DatagramPacket sendPacket = new
17   DatagramPacket(buf,buf.length,ip,port);
18                    //通过套接字发送数据:
19                    sendSocket.send(sendPacket);
20                    //确定接受反馈数据的缓冲存储器,即存储数据的字节数组
21                    byte[] getBuf = new byte[1024];
22                    //创建接受类型的数据报
23                    DatagramPacket getPacket = new
24   DatagramPacket(getBuf,getBuf.length);
25                    //通过套接字接收数据
26                    sendSocket.receive(getPacket);
27                    //解析反馈的消息,并打印
28                    String backMes = new String(getBuf,0,getPacket.getLength());
29                    System.out.println("接收方返回的消息:" + backMes);
30                    //关闭套接字
31                    sendSocket.close();
32                } catch (Exception e) {
33                    e.printStackTrace();
34                }
35        }
36  }
```

　　客户端代码中首先定义了一个 UDP 套接字,该套接字并未指明监听的地址和端口,因此它将使用通配符地址和未使用的随机端口来构造套接字。接着声明了发送的内容,并将其转换成字节数据,封装到 DatagramPacket 对象中,构造 DatagramPacket 对象时,为其声明了目标地址和端口。接着调用数据报套接字 sendSocket 将数据报发送出去。接下来就是接收服务端的反馈信息了,首先定义一个字节数据,用于存储服务端反馈的数据,接着构造一个空的数据报对象,使用数据报套接字 sendSocket 来封装该数据报对象,然后就可以使用封装后的数据报对象及其数据了。

　　服务端代码如下。

```
01  package org.ddd.net.example05;
02  public class Server {
03      public static void main(String[] args) {
```

```
04        try {
05            InetAddress ip = InetAddress.getLocalHost();
06            int port = 8888;
07            //创建接收方的套接字,并指定端口号和IP地址
08            DatagramSocket getSocket = new DatagramSocket(port, ip);
09            //确定数据报接受的数据的数组大小
10            byte[] buf = new byte[1024];
11            //创建接收类型的数据报,数据将存储在 buf 中
12            DatagramPacket getPacket = new DatagramPacket(buf,
13 buf.length);
14            //通过套接字接收数据
15            getSocket.receive(getPacket);
16            String getMes = new String(buf, 0, getPacket.getLength());
17            System.out.println("对方发送的消息:" + getMes);
18            InetAddress sendIP = getPacket.getAddress();
19            int sendPort = getPacket.getPort();
20            System.out.println("对方的地址是:" + sendIP.getHostAddress() +
21 ":" + sendPort);
22            //通过数据报得到发送方的套接字地址
23            SocketAddress sendAddress = getPacket.getSocketAddress();
24            String feedback = "接收方说:我收到了!";
25            byte[] backBuf = feedback.getBytes();
26            DatagramPacket sendPacket =new DatagramPacket(backBuf,
27                  backBuf.length, sendAddress);
28            getSocket.send(sendPacket);
29            getSocket.close();
30        } catch (Exception e) {
31            e.printStackTrace();
32        }
33    }
34 }
```

服务端代码中首先定义了一个 UDP 套接字,并为其指明了监听的 IP 地址和端口,此处使用构造方法来声明监听的 IP 地址和端口,此外,还可以通过 DatagramSocket 的 bind（SocketAddress addr）方法来绑定监听的 IP 地址和端口,其使用方法如下。

```
01 DatagramSocket s = new DatagramSocket(null);
02 s.bind(new InetSocketAddress(8888));
```

这段代码等价于：

```
01 DatagramSocket s = new DatagramSocket(8888);
```

定义完 UDP 套接字后,接着定义字节数据和数据报 DatagramPacket 对象,用于存储和封装客户端发送的数据报。接着使用数据报套接字接收数据报,并对其数据进行封装。

然后打印了客户端发送的数据。最后获取发送的 IP 地址和端口,并将反馈信息发送给客户端。

服务端运行结果如下。

```
01  对方发送的消息:你好!接收方!
02  对方的地址是:192.168.1.104:8365
```

客户端运行结果如下。

```
01  接收方返回的消息:接收方说:我收到了!
```

上述代码简单地实现了 UDP 数据报的传输,但对有些情景,这样的传输并不适用。因为对于接收方来说,并未指明发送方,这样谁都可以发送数据给接收方,包括一些坏数据或恶意数据。Java 提供了 connect 方法来限制目标的 IP 地址和端口,看上去就像 TCP 那样,建立了一个连接,当然这套连接并不是真实的存在,它只是建立了一条虚连接。connect() 的使用方法如下。

```
01  DatagramSocket socket = new DatagramSocket(port, ip);
02  socket.connect(ip, 888);
```

这要调用 DatagramPacket 的 connect 方法即可。上面已经说过,connect 有两个重载的方法,一个参数是 IP 地址和端口,另一个参数是套接字地址。这里使用的是第一个重载方法,即参数为 IP 地址和端口。

8.4 非阻塞通信

阻塞与非阻塞是指描述进程在访问某个资源时,数据是否准备就绪的一种处理方式。当数据没有准备就绪时,阻塞情况下的线程会持续等待资源中的数据准备完成,直到返回相应结果。在非阻塞情况下,线程就会直接返回结果,不会持续等待资源准备数据结束后才响应结果。读者应该将其区别于同步和异步的概念,同步和异步是指访问数据的机制,同步一般指主动请求并等待 IO 操作完成的方式,异步则指主动请求数据后便可以继续处理其他任务,IO 操作完毕后会自行通知。

前面的小节中介绍了基础的 UDP 和 TCP 编程,这些都是同步阻塞模式下(Blocking I/O,以下简称 BIO)的通信。当客户端和服务端两端读写速度不一致时,速度较慢的一端就会等待,使得通信效率降低。

本章将介绍网络通信中的非阻塞通信模式。

8.4.1 同步通信

同步通信(New Input/Output,Non-blocking Input/Output,NIO)是一种非阻塞同步通信模式。同步是指客户端和服务端直接的通信等待方式,非阻塞是指线程在等待 IO 的

扫一扫

时候可以同时做其他任务,通过不断轮询的方式得知 IO 事件是否就绪。

在之前讲到的同步阻塞编程中,服务端会给每一个客户端产生一个单独的 Socket,这个 Socket 通常由一个新的线程来处理,对于一台服务器来说,如果同时有 1000 个客户端连接过来,它就要创建 1000 个线程。这对服务器的压力是很大的。如果切换成 NIO 模式,一个线程可以同时管理多个连接,而不是一个连接,降低了整个机器的线程数量。

NIO 是在 JDK1.4 中引入的,主要是在 Java.nio 包中,其中 NIO 的三大主要组件如下。

1. 缓冲区

为什么说 NIO 是基于缓冲区(Buffer)的 IO 方式呢? 因为当一个连接建立完成后,IO 的数据未必会马上到达,为了当数据到达时能够正确完成 IO 操作,在 BIO 中,等待 IO 的线程必须被阻塞。为了解决这种 IO 方式低效的问题,引入了缓冲区的概念,当数据到达时,可以预先被写入缓冲区,再由缓冲区交给线程,因此线程无须阻塞地等待 IO。

Java NIO Buffers 用于和 Channel 交互。从 Channel 中读取数据到 Buffers 里,从 Buffers 把数据写入到 Channel 里。

利用 Buffer 读写数据,通常遵循以下 4 个步骤。

(1) 把数据写入 Buffer。

(2) 调用 flip。

(3) 从 Buffer 中读取数据。

(4) 调用 buffer.clear()或者 buffer.compact()。

当写入数据到 Buffer 中时,Buffer 会记录已经写入的数据大小。当需要读数据时,通过 flip()方法把 Buffer 从写模式调整为读模式;在读模式下,可以读取所有已经写入的数据。

读取完数据后,需要清空 Buffer,以满足后续写入操作。清空 Buffer 有两种方式:调用 clear()或 compact()方法。clear()会清空整个 Buffer,compact()则只清空已读取的数据,未被读取的数据会被移动到 Buffer 的开始位置,写入位置则紧跟着未读数据之后。

Buffer 缓冲区实质上就是一块内存,用于写入数据,也供后续再次读取数据。这块内存被 NIO Buffer 管理,并提供一系列的方法,用于更简单地操作这块内存。一个 Buffer 有 3 个属性是必须掌握的,分别如下。

(1) 容量。

容量(capacity)表示最多只能写入容量值的字节、整型等数据。一旦 Buffer 写满了,就需要清空已读数据,以便下次继续写入新的数据。

(2) 位置。

当写入数据到 Buffer 时,需要从一个确定的位置(position)开始,默认初始化时这个位置的 position 为 0,一旦写入了数据,比如一个字节、整型数据,position 的值就会指向数据之后的一个单元,position 最大可以到 capacity－1。

当从 Buffer 读取数据时,也需要从一个确定的位置开始。Buffer 从写入模式变为读取模式时,position 会归 0,每次读取后,position 向后移动。

(3) 上限。

在写模式,上限(limit)的含义是所能写入的最大数据量。它等同于 Buffer 的容量。

一旦切换到读模式,limit 代表所能读取的最大数据量,它的值等同于写模式下 position

的位置。

数据读取的上限是 Buffer 中已有的数据,也就是 limit 的位置(原 position 所指的位置)。

2. 通道

通道(Channel)用于服务端和客户端两边数据进行流通。在 Java 8 推出的新特性 Stream 流中,也同样用于数据流通。两者的区别如下。

(1) Channel 是一个全双工的、支持读写的通道,而 Stream 流是单向的。也就是说以 BIO 方式去读写数据时,读写是分离的,必须明确是 InputStream 还是 OutputStream。而在 Channel 中,连接客户端和服务端的 Channel 是共用的,可以通过 channel.read() 去读取缓冲区的数据,也可以通过 channel.write() 去刷出数据到客户端。

(2) Channel 可以异步读写,流读写是阻塞的。在 Stream 流中调用读写方法时,线程必须等待 IO 操作完成后才能执行下一步。而 Channel 的读写可以设置为非阻塞模式,无论是在通道中进行读出数据还是写入数据的操作,这个线程都无须等待操作完成就可以去做别的事情。线程通常将非阻塞 IO 的空闲时间用于在其他通道上执行 IO 操作,所以一个单独的线程可以管理多个输入和输出通道。

Channel 的实现类很多,这里需要重点了解的类是 ServerSocketChannel 和 SocketChannel。其中 ServerSocketChannel 是一个可以监听新进来的 TCP 连接的通道,就像 BIO 中的 ServerSocket 一样。而 SocketChannel 是连接到 TCP 网络 socket(套接字)的通道。服务器必须先建立 ServerSocketChannel 来等待客户端的连接,客户端必须建立相对应的 SocketChannel 来与服务器建立连接,服务器接收客户端的连接后,会再生成一个 SocketChannel 与此客户端通信。核心代码编写如下。

此处可以将 SocketChannel 作为一个客户端,打开 TCP 通道,建立与服务端连接的代码如下。

```
01  SocketChannel socketChannel = SocketChannel.open();
02  socketChannel.connect(new InetSocketAddress("localhost",PORT));
```

其中读写数据的方式也很方便,读时 read 到缓冲 Buffer,写时刷出缓冲 Buffer 即可,代码如下。

```
01  socketChannel.read(buffer);
02  while(buffer.hasRemaining()) {
03      socketChannel.write(buffer);
04  }
```

接下来可以将 ServerSocketChannel 理解为服务端,用于监听机器端口,管理从这个端口进来的 TCP 连接。第 01 行代码首先会先建立一个服务器通道。第 02 行代码将服务器的通道驻守在本机的某个端口,然后开始监听这个端口是否有新的 TCP 连接进来,如果有,则对应创建一个 ServerChannel 对象进行处理,代码如下。

```
01  ServerSocketChannel serverSocketChannel = ServerSocketChannel.open();
02  serverSocketChannel.socket().bind(new InetSocketAddress(PORT));
```

```
03  while (true) {
04      SocketChannel socketChannel = serverSocketChannel.accept();
05  }
```

ServerSocketChannel 不和 Buffer 打交道,因为它并不实际处理数据,它一旦接收到新的请求后,会实例化 SocketChannel,之后在这个连接通道上的数据传递它就不管了,因为它需要继续监听端口,等待下一个连接。每一个 TCP 连接都分配给一个 SocketChannel 处理,读写都基于后面的 SocketChannel,这部分其实也是网络编程中经典的 Reactor 设计模式。

3. 多路选择器

多路选择器(Selector)是三大组件中最核心的对象,它做到了一个线程可以管理多个 Channel。它采用轮询机制,每隔一段时间就去询问注册在其上的 Channel。当轮询到哪一个 Channel 有异常或者是数据输入输出的时候,线程就可以去处理。

Selector 通过一种类似于事件的机制来处理。具体的工作流程如下。

(1) 首先创建 Selector,代码如下。

```
01  Selector selector = Selector.open();
```

(2) 向 Selector 注册 Channel 和感兴趣的事件,注册方法会返回一个 SelectionKey 对象,其中包含了 interest 集合、ready 集合、channel 等属性,代码如下。

```
01  channel.configureBlocking(false);
02  SelectionKey key = channel.register(selector,Selectionkey.OP_READ);
```

需要注意 register()方法的第二个参数,这是一个 interest 集合。意思是通过 Selector 监听 Channel 对什么事件感兴趣。可以监听以下 4 种不同类型的事件。

① SelectionKey.OP_ACCEPT：服务端接收客户端连接事件。

② SelectionKey.OP_CONNECT：客户端连接服务端事件。

③ SelectionKey.OP_READ：读事件。

④ SelectionKey.OP_WRITE：写事件。

如果不止对一种事件感兴趣,可以用“位或”操作符将常量连接起来。

(3) 通过 Selector 选择通道。一旦向 Selector 注册了一个或多个通道,就可以调用几个重载的 select()方法。这些方法返回你所感兴趣的事件(如连接、接收、读或写)已经准备就绪的那些通道。该方法是一个阻塞方法,如下所示。

① select()：表示阻塞到至少有一个通道在注册的事件上就绪了。

② select(long timeout)：在 select()的基础上,增加最长会阻塞的毫秒。

③ selectNow()：该方法不会阻塞,不管什么通道就绪,都立刻返回。

```
01  selector.select(1000);
```

(4) 一旦调用了 select()方法,并且返回值表明有一个或多个通道就绪,就可以调用

selector 的 selectedKeys()方法访问已就绪的通道,代码如下。

```
01  Set<SelectionKey> selectedKeys = selector.selectedKeys();
02  Iterator<SelectionKey> it = selectedKeys.iterator();
03  SelectionKey key = null;
04          //这个循环遍历已选择键集合中的每个键,并检测键对应的通道的就绪事件
05  while(it.hasNext()) {
06      SelectionKey key = it.next();
07      if(key.isAcceptable()) {
08      //接收就绪
09      } else if (key.isConnectable()) {
10      //连接就绪
11      } else if (key.isReadable()) {
12      //读就绪
13      } else if (key.isWritable()) {
14      //写就绪
15      }
16      //因为 Selector 不会自己从已选择键集中移除 SelectionKey 实例,所以需要手动移
17      //除。下次该通道变得就绪时,Selector 会再次将其放入已选择键集中
18      it.remove();
19  }
```

在 NIO 通信过程中,三大组件协同合作,图 8-3 展示了服务端通过一个线程同时和三个客户端进行通信的过程。

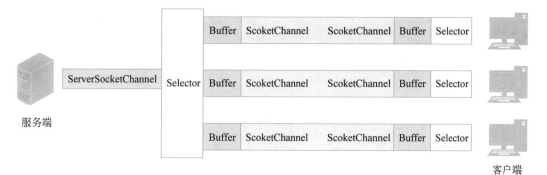

图 8-3　服务器线程通信过程图

以下代码展示了基于 NIO 模式的客户端和服务端通信。

服务端代码如下。

```
01  package org.ddd.net.basic.NIO;
02  public class NioServer {
03      private static final int BUF_SIZE = 1024;
04      public static void main(String[] args) {
05          Selector selector = null;
```

```
06        ServerSocketChannel serverChannel = null;
07        try{
08            //产生一个多路选择器
09            selector = selector.open();
10            //建立好服务器通道,等待客户端连接
11            serverChannel = ServerSocketChannel.open();
12            //配置成非阻塞模式
13            serverChannel.configureBlocking(false);
14            //服务器channel驻守在本机的8001端口
15            serverChannel.socket().bind(new
16 InetSocketAddress(8001),BUF_SIZE);
17            //将selector和channel绑定,就可控制serverChannel所接入的所有子channel
18            serverChannel.register(selector, SelectionKey.OP_ACCEPT);
19            System.out.println("服务器在8001端口等候");
20        }catch (IOException e){
21            e.printStackTrace();
22            System.exit(1);
23        }
24        while (true){
25            try{
26                //开始轮询所有的channel,看哪一个channel有动静。
27                selector.select(1000);
28                //获取到所有有数据响应的channel对应的selectionKey集合
29                Set<SelectionKey> selectedKeys = selector.selectedKeys();
30                Iterator<SelectionKey> it = selectedKeys.iterator();
31                SelectionKey key = null;
32                while (it.hasNext()){
33                    key = it.next();
34                    it.remove();
35                    try{
36                        //对有数据的通道进行处理
37                        handleInput(selector, key);
38                    }catch (Exception e){
39                        if(key != null){
40                            key.cancel();
41                            if(key.channel() != null)
42                                key.channel().close();
43                    }}}
44            }catch (Exception e){
45                e.printStackTrace();
46            }}}
47    public static void handleInput(Selector selector, SelectionKey key) throws
48 IOException {
49        if(key.isValid()) {
```

```
50              //处理新接入的请求消息(针对连接刚刚建立好)
51          if (key.isAcceptable()) {
52              //接收新的请求
53              ServerSocketChannel ssc = (ServerSocketChannel) key.channel();
54              SocketChannel sc = ssc.accept();
55              sc.configureBlocking(false);
56              //将新连接注册到 selector 上
57              sc.register(selector, SelectionKey.OP_READ);
58          }
59          if(key.isWritable()) {
60              ByteBuffer buf - (BytcBuffer)key.attachment();
61              buf.flip();
62              SocketChannel sc = (SocketChannel) key.channel();
63              while(buf.hasRemaining()){
64                  sc.write(buf);
65              }
66              buf.compact();
67          }
68          if (key.isReadable()) {
69              //读取数据(针对数据已经是可读的)
70              SocketChannel sc = (SocketChannel) key.channel();
71              ByteBuffer readBuffer = ByteBuffer.allocate(BUF_SIZE);
72              int readBytes = sc.read(readBuffer);
73              if (readBytes > 0) {
74                  readBuffer.flip();
75                  byte[] bytes = new byte[readBuffer.remaining()];
76                  readBuffer.get(bytes);
77                  String request = new String(bytes, "UTF-8");
78                  System.out.println("client said: " + request);
79                  String response = request + "aaa";
80                  doWrite(sc, response);
81              } else if (readBytes < 0) {
82                  //对端链路关闭
83                  key.cancel();
84                  sc.close();
85              }}
86          if(key.isConnectable()){
87              System.out.println("isConnectable = true");
88          }}}
89      public static void doWrite(SocketChannel channel, String response) throws
90  IOException{
91          if(response != null && response.trim().length() > 0){
92              byte[] bytes = response.getBytes();
93              ByteBuffer writeBuffer = ByteBuffer.allocate(bytes.length);
```

```
94          writeBuffer.put(bytes);
95          writeBuffer.flip();
96          channel.write(writeBuffer);
97       }}}
```

首先代码的第 09～19 行完成了服务器的 Channel 初始化过程,等待着客户端连接上来。第 24 行开始是一个 while 的死循环,在其中会轮询所有的 Channel,对已经就绪的 Channel 通过 SelectionKey 进行处理。当读就绪,服务端将通道中数据读取出来并添上后缀,再写入通道返回给客户端;当写就绪,selector.select()立即返回,获取当前的附加对象,再将其写入通道;当接收就绪,将新连接通道注册到 Selector 上;当连接就绪,在控制台打印字符串。

客户端代码如下。

```
01  package org.ddd.net.basic.NIO;
02  public class NioClient {
03      private static final int BUF_SIZE = 1024;
04      public static void main(String[] args) {
05          Selector selector = null;
06          SocketChannel socketChannel = null;
07          try{
08              selector = Selector.open();
09              socketChannel = SocketChannel.open();
10              socketChannel.configureBlocking(false);
11              //如果直接连接成功,则注册到 selector 上,发送请求信息,等应答
12              if(socketChannel.connect(new InetSocketAddress("localhost",
13  8001))){
14                  socketChannel.register(selector, SelectionKey.OP_READ);
15                  doWrite(socketChannel);        //一旦连接成功,就写了一次数据。
16  //然后等待服务端反馈数据
17              }else{
18                  socketChannel.register(selector, SelectionKey.OP_CONNECT);
19              }
20          }catch (IOException e){
21              e.printStackTrace();
22              System.exit(1);
23          }
24          while (true){
25              try{
26                  selector.select(1000);
27                  //获取到所有有数据响应的 channel 对应的 selectionKey 集合
28                  Set<SelectionKey> selectedKeys = selector.selectedKeys();
29                  Iterator<SelectionKey> it = selectedKeys.iterator();
30                  SelectionKey key = null;
31                  while (it.hasNext()){
```

```
32                    key = it.next();
33                    it.remove();
34                    try{
35                        //对有数据的通道进行处理
36                        handleInput(selector, key);
37                    }catch (Exception e){
38                        if(key != null){
39                            key.cancel();
40                            if(key.channel() != null)
41                                key.channel().close();
42                        }
43                    }
44                }
45            }catch (Exception e){
46                e.printStackTrace();
47            }
48        }
49    }
50    /**将随机字符串放到缓存区中,然后把缓存区放到通道中去(完成向通道写数据的过程) */
51    public static void doWrite(SocketChannel sc)throws IOException{
52        byte[] str = UUID.randomUUID().toString().getBytes();
53        ByteBuffer writeBuffer = ByteBuffer.allocate(str.length);
54        writeBuffer.put(str);
55        writeBuffer.flip();
56        sc.write(writeBuffer);
57    }
58    public static void handleInput(Selector selector, SelectionKey key)
59 throws Exception {
60        if(key.isValid()){
61            //判断是否连接成功
62            SocketChannel sc = (SocketChannel) key.channel();
63            if(key.isConnectable()){
64                if(sc.finishConnect())
65                    sc.register(selector, SelectionKey.OP_READ);
66            }
67            if(key.isReadable()){
68                ByteBuffer readBuffer = ByteBuffer.allocate(BUF_SIZE);
69                int readBytes = sc.read(readBuffer);
70                if(readBytes > 0){
71                    readBuffer.flip();
72                    byte[] bytes = new byte[readBuffer.remaining()];
73                    readBuffer.get(bytes);
74                    String body = new String(bytes, "UTF-8");
75                    System.out.println("Server said: " + body);
```

```
76              }else if(readBytes < 0){
77                  //对端链路关闭
78                  key.cancel();
79                  sc.close();
80              }
81          }
82          Thread.sleep(3000);
83          doWrite(sc);
84      }
85  }
86 }
```

客户端这边首先实例化 SocketChannel 并连接到服务端，然后同样将 Selector 和 Channel 进行绑定。即客户端这边通过一个多路开关也可以接入很多个通道。当连接成功后，第 15 行开始写数据，完成向通道中写随机字符串的过程。接着第 22 行死循环读取通道返回的值，对通道进行遍历，获取有数据响应的通道，交由 handInput() 函数进行处理。那么处理过程和服务端类似，此处不再赘述。

运行结果如下。

```
01  //服务端控制台输出：
02  服务器在 8001 端口等候
03  client said: 9f031efd-94b6-48e8-a18e-04c1c6af6544
04  //客户端控制台输出：
05  Server said: 9f031efd-94b6-48e8-a18e-04c1c6af6544666
```

扫一扫

8.4.2 异步通信

异步通信（Asynchronous I/O，AIO）是一种非阻塞异步通信模式。异步指的是应用程序向操作系统注册 IO 监听，然后继续做自己的事情。当操作系统发生 IO 事件，并且准备好数据后，再主动通知应用程序触发相应的函数。即异步 IO 采用的是"订阅—通知"模式。非阻塞指的是 IO 操作已经完成后再给线程发出通知，此时业务逻辑将变成一个回调函数，等待 IO 操作完成后由系统自动触发，因此 AIO 是不会阻塞的。

AIO 在 NIO 的基础上引入了异步通道的新概念，并提供了异步文件通道和异步套接字通道的实现。AIO 不使用 NIO 多路复用器，而是使用异步通道的概念。并且当进行读写操作时，AIO 只须直接调用 API 的 read 或 write 方法即可。以下两种方法均为异步的。

（1）读操作：当有流可读取时，操作系统会将可读的流传入 read 方法的缓冲区，并通知应用程序。

（2）写操作：当操作系统将 write 方法传递的流写入完毕时，操作系统主动通知应用程序。

在 JDK 1.7 中，这部分内容被称为 NIO 2.0，主要掌握 Java.nio.channels 包中如下两个异步通道：

（1）AsynchronousServerSocketChannel。

在 AIO socket 编程中，服务端通道是 AsynchronousServerSocketChannel。以下介绍该类中的核心方法：

open()静态工厂：如果参数是 null，则由系统默认提供程序创建 resulting channel，并且绑定到默认组。代码如下。

```
01  public static AsynchronousServerSocketChannel
02  open(AsynchronousChannelGroup group);
03  public static AsynchronousServerSocketChannel open();
```

bind()方法用于绑定服务端 IP 地址（还有端口号），accept()方法用于接收用户连接请求。代码如下。

```
01  AsynchronousServerSocketChannel server =
02  AsynchronousServerSocketChannel.open().bind(new InetSocketAddress(PORT);
03  public abstract <A> void accept(A attachment
04  CompletionHandler<AsynchronousSocketChannel,? super A> handler);
05  public abstract Future<AsynchronousSocketChannel> accept();
```

（2）AsynchronousSocketChannel。

客户端使用的通道是 AsynchronousSocketChannel。在这个通道除了提供 open 静态工厂方法外，还提供了 read 和 write 方法。

在客户端的编程中，首先需要和服务端建立连接，接口方法如下。

```
01  //Future 对象的 get()方法会阻塞该线程,所以这种方式是阻塞式的异步 IO
02  public abstract Future<Void> connect(SocketAddress remote);
03  public abstract <A> void connect(SocketAddress remote, A attachment,
04                        CompletionHandler<Void,? super A> handler);
```

在 AIO 编程中，发出一个事件（accept、read、write 等）之后要指定事件处理类，也就是回调函数。AIO 中的事件处理类是 CompletionHandler<V,A>，其中 completed()在异步操作成功被回调，failed()在异步操作失败时被回调，接口定义方法如下。

```
01  //第一个参数代表 IO 操作返回的对象,第二个参数代表发起 IO 操作时传入的附加参数
02  void completed(V result, A attachment);
03  //第一个参数代表 IO 操作失败引发的异常或错误
04  void failed(Throwable exc, A attachment);
```

值得注意的是，异步 Channel API 提供了两种方式监控和控制异步操作（connect、accept、read、write 等），内容如下。

第一种方式即上面提到的为操作方法提供一个回调参数 Java.nio.channels.Completion-Handler。这个回调类包含 completed、failed 两个方法。

第二种方式是在 AIO 中可以接收一个 IO 请求，返回一个 Java.util.concurrent.Future对象。然后可以基于该返回对象进行后续的操作，包括使其阻塞；查看是否完成（future.get()

阻塞当前进程，以判断 IO 操作是否完成）；超时异常等。

以下代码展示了基于 AIO 模式的客户端和服务端通信。

服务端代码如下。

```
01  package org.ddd.net.basic.AIO;
02  public class AioServer {
03      private static final int BUF_SIZE=1024;
04      public static void main(String[] args) throws IOException {
05          AsynchronousServerSocketChannel server =
06  AsynchronousServerSocketChannel.open();
07          server.bind(new InetSocketAddress("localhost", 8001));
08          System.out.println("服务器在 8001 端口等候");
09          //开始等待客户端连接，一旦有连接就执行 12 行任务
10          server.accept(null, new
11  CompletionHandler<AsynchronousSocketChannel, Object>() {
12          //这里的回调指的是连接被服务器接收后，即通道建立好之后该做什么
13              @Override
14              public void completed(AsynchronousSocketChannel channel, Object
15  attachment) {
16                  //当前的客户端请求已经进来，再持续接收客户端的请求
17                  server.accept(null, this);
18                  //准备读取空间
19                  ByteBuffer buffer = ByteBuffer.allocate(BUF_SIZE);
20                  //开始读取客户端内容，读取结束后做 17 行任务
21                  channel.read(buffer, buffer, new CompletionHandler<Integer,
22  ByteBuffer>() {
23                      //这里的回调指的是当读取完毕通道中的数据之后该做什么
24                      @Override
25                      public void completed(Integer result, ByteBuffer attachment) {
26                          //反转此 Buffer
27                          attachment.flip();
28                          CharBuffer charBuffer = CharBuffer.allocate(BUF_SIZE);
29                          CharsetDecoder decoder = Charset.defaultCharset().
30  newDecoder();
31                          decoder.decode(attachment, charBuffer, false);
32                          charBuffer.flip();
33                          String data = new String(charBuffer.array(), 0,
34  charBuffer.limit());
35                          System.out.println("client said:" + data);
36                          //返回结果给客户端
37                          channel.write(ByteBuffer.wrap((data + "666").getBytes()));
38                          try{
39                              channel.close();
40                          }catch (Exception e){
```

```
41                           e.printStackTrace();
42                       }
43                   }
44                   @Override
45                   public void failed(Throwable exc, ByteBuffer attachment){
46                       System.out.println("read err" + exc.getMessage());
47                   }
48               });
49           }
50           @Override
51           public void failed(Throwable exc, Object attachment) {
52               System.out.println("connected failed" + exc.getMessage());
53           }
54       });
55       while(true){
56           try{
57               Thread.sleep(5000);
58           }catch (InterruptedException e){
59               e.printStackTrace();
60           }
61       }
62   }
63 }
```

其中第 5 行代码定义了一个 AsynchronousServerSocketChannel 对象,这是服务器接收客户端的通道。第 7 行将 server 绑定在本机的 8001 端口上。第 10 行开始接收客户端请求,其中第 13~48 行是一个整体,因为在第 13 行可以看到 accept()方法的第二个参数是重新 new 出来的一个匿名对象。如果有连接进来,就会去执行第 17 行(这里就是回调方法)。即服务端不知道什么时候会有连接上来,但是配置了一旦有连接进来就会启动回调函数。需要注意的是,这里创建了两个 CompletionHandler 匿名对象,里面都有 completed()回调方法,其中第 11 行是通道建立完成之后的回调,第 21 行是读取完通道数据后的回调。服务端这边即是将客户端发送的数据加上了一个后缀之后再放入通道,返回给客户端。

客户端代码如下。

```
01 package org.ddd.net.basic.AIO;
02 public class AioClient {
03     private static final int BUF_SIZE=1024;
04     public static void main(String[] args) {
05         try{
06             AsynchronousSocketChannel channel =
07 AsynchronousSocketChannel.open();
08             //与服务器连接成功后,自动执行第 10 行任务
09             channel.connect(new InetSocketAddress("localhost", 8001),
```

```
10  null, new CompletionHandler<Void, Void>() {
11              @Override
12          public void completed(Void result, Void attachment) {
13              String str = UUID.randomUUID().toString();
14          //向服务器写数据成功后,自动执行第17行任务
15              channel.write(ByteBuffer.wrap(str.getBytes()), null,
16  new CompletionHandler<Integer, Object>() {
17                  @Override
18                  public void completed(Integer result, Object
19  attachment) {
20                      try{
21                          System.out.println("write " + str + ", and wait
22  response");
23                          //开始等待服务器响应
24                          //准备读取空间
25                          ByteBuffer buffer =
26  ByteBuffer.allocate(BUF_SIZE);
27                          //开始读服务器反馈内容,一旦读取结束,自动执行31行任务
28                          channel.read(buffer, buffer, new
29  CompletionHandler<Integer, ByteBuffer>() {
30                              @Override
31                              public void completed(Integer result,
32  ByteBuffer attachment) {
33                                  //反转此buffer
34                                  attachment.flip();
35                                  CharBuffer charBuffer =
36  CharBuffer.allocate(BUF_SIZE);
37                                  CharsetDecoder decoder =
38  Charset.defaultCharset().newDecoder();
39                                  decoder.decode(attachment, charBuffer, false);
40                                  charBuffer.flip();
41                                  String data = new
42  String(charBuffer.array(), 0, charBuffer.limit());
43                                  System.out.println("server said:" + data);
44                                  try{
45                                      channel.close();
46                                  }catch (Exception e){
47                                      e.printStackTrace();
48                                  }
49                              }
50                              @Override
51                              public void failed(Throwable exc,
52  ByteBuffer attachment) {
53                                  System.out.println("read error " +
```

```
54  exc.getMessage());
55                                  }
56                              });
57                          channel.close();
58                      }catch (Exception e){
59                          e.printStackTrace();
60                      }
61                  }
62                  @Override
63                  public void failed(Throwable exc, Object attachment){
64                      System.out.println("write error " +
65  exc.getMessage());
66                  }
67              });
68          }
69          @Override
70          public void failed(Throwable exc, Void attachment) {
71              System.out.println("connected failed " +
72  exc.getMessage());
73          }
74      });
75      Thread.sleep(10000);
76      }catch (Exception e){
77          e.printStackTrace();
78      }
79  }
80 }
```

　　客户端同样也是采用回调的方法。第 07 行定义了一个 AsynchronousSocketChannel 对象,是用来连接到服务器的一个通道。与服务端代码同理,第 11～67 行是一个整体。其中创建了 3 个 CompletionHandler 匿名对象,第 10 行为连接通道成功后执行的回调,第 16 行为向服务端输出数据成功后执行的回调,第 28 行为读取通道中数据成功后执行的回调。客户端即是向服务端发消息,从通道中读取服务端返回的消息并打印,最后关闭通道。

　　运行结果如下。

　　服务端控制台输出如下:

```
01  //服务器在 8001 端口等候
02  client said:96a9d39e-7934-4cf8-8566-e5dd3fca0847
```

　　客户端控制台输出如下:

```
01  write 96a9d39e-7934-4cf8-8566-e5dd3fca0847, and wait response
02  server said:96a9d39e-7934-4cf8-8566-e5dd3fca0847666
```

8.5 编程框架

前面几节中介绍了 BIO、NIO 以及 AIO，这些技术都是 JDK 原生自带的，功能够用但是不够强大。并发连接数不多时采用 BIO，因为编程和调试都非常简单，如果涉及高并发的情况，应选择 NIO 或 AIO，但是编程比较烦琐。更好的建议是采用第三方网络通信框架。本节将介绍两个常用的网络通信框架。

8.5.1 Netty

扫一扫

Netty 是一个 NIO 客户端服务器框架，可以快速轻松地开发网络应用程序，目前是广泛使用的一个非阻塞的客户端—服务端网络通信框架。它是基于异步的事件驱动语言，简化了 JDK 中自带的 TCP 和 UDP 编程，也支持如 HTTP2.0、SSL 等多种协议。除此之外，它也支持多种数据格式，比如 JSON 等。

Netty 中的关键技术如下。

1. 通道

ServerSocketChannel/NioServerSocketChannel：用于接收客户端请求。ChannelSocketChannel/NioSocketChannel：用于通信的 Channel。

通道（Channel）的概念同前面学到的基本一致，即是用来做数据交换的一个管道，所不同的是它是基于事件驱动的。

什么是事件驱动呢？比如在 NIO 中，通过 Selector 获取到所有 Channel 中有数据交换的那一个 Channel，再根据这个 Channel 的状态是刚连接上来或是已经数据可读，分情况判断。这个相对而言处理起来较为烦琐。而基于事件驱动的处理方式如下。

（1）为每一个通道定义了事件（EventLoop），可以处理所有的 IO 事件。

（2）在 EventLoop 中注册事件，然后将事件派发给特定的事件处理（ChannelHandler）。也就是说，如果发生了通道上的操作，如有数据响应，就将此事件注册下来，并派发给处理数据响应的对应的类。

（3）EventLoop 可以安排进一步的操作，将消息事件根据一定的规则派发给不同的 ChannelHandler 处理。

2. 事件

在 Netty 中，事件（EventLoop）按照数据流向进行如下分类。

（1）出站事件：主要指写入数据的操作，出站会先执行出站的 Handler，再写入。

（2）入站事件：主要指读取数据的操作，入站会先读取，再执行入站的 Handler。

事件处理（ChannelHandler）是指通道（Channel）中发生数据或状态改变的时候，EventLoop 会将事件分类，并且调用 ChannelHandler 的回调函数。需要关注的即是回调函数中的内容，ChannelHandler 可以大体上分为以下两种。

（1）ChannelInboundHandler：对应上面的入站事件。

（2）ChannelOutboundHandler：对应上面的出站事件。

值得注意的是,ChannelHandler 的工作模式是责任链模式,它是经典设计模式中行为模式的一种,即将请求的接受者连成一条链,在链上传递请求,直到有一个接收者处理该请求,避免了请求者和接收者的耦合。

如图 8-4 所示:责任链上有 3 个处理类 ChannelHandler,每一个事件过来都会经过这 3 个类,每个类都可以选择处理或是不处理。即一个事件发生后,它不需要知道后面要经过多少重处理,这样就有助于添加更多的处理类。ChannelHandler 可以有多个,依次进行调用。其中 ChannelPipeline 作为容器,承载多个 ChannelHandler。

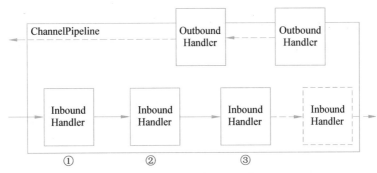

图 8-4　Channel 责任链示意图

3. 字节缓存区

字节缓存区(ByteBuf)是 Netty 里面自己定义的一个强大的字节容器,并没有用 JDK 自带的 ByteBuffer,它提供了丰富的 API 操作。

下面通过代码来看 Netty 如何进行客户端和服务端的数据交换。

服务端代码如下。

```
01  package org.ddd.net;
02  public class NettyOioServer {
03      public static void main(String[] args) {
04          EventLoopGroup bossGroup = new NioEventLoopGroup(1);
05          EventLoopGroup workerGroup = new NioEventLoopGroup();
06          try {
07              ServerBootstrap boot = new ServerBootstrap();
08              boot.group(bossGroup, workerGroup)
09                  .channel(NioServerSocketChannel.class)
10                  .localAddress(8081)
11                  .childHandler(new ChannelInitializer<SocketChannel>() {
12                      @Override
13                      protected void initChannel(SocketChannel ch) throws Exception {
14                          ch.pipeline().addLast(new EchoHandler());
15                      }
16                  });
17              //start
18              ChannelFuture future = boot.bind().sync();
```

```
19          future.channel().closeFuture().sync();
20      } catch (Exception e) {
21          e.printStackTrace();
22      } finally {
23          //shutdown
24          bossGroup.shutdownGracefully();
25          workerGroup.shutdownGracefully();
26      }
27  }
28  public static class EchoHandler extends ChannelInboundHandlerAdapter {
29      @Override
30      public void channelRead(ChannelHandlerContext ctx, Object msg) {
31          ByteBuf in = (ByteBuf) msg;
32          System.out.println(in.toString(CharsetUtil.UTF_8));
33          ((ByteBuf) msg).writeCharSequence(" server ", CharsetUtil.UTF_8);
34          ctx.write(msg);
35      }
36      @Override
37      public void channelReadComplete(ChannelHandlerContext ctx) {
38          ctx.flush();
39      }
40      @Override
41      public void exceptionCaught(ChannelHandlerContext ctx, Throwable
42  cause) {
43          cause.printStackTrace();
44          ctx.close();
45      }
46  }
47 }
```

第 5、6 行代码定义了 EventLoop 的事件组，用于分发事件到 ServerHandler 里面去。第 7 行代码定义了 ServerBootstrap，这是 Netty 中的一个服务器引导类。第 8～16 行进行 ServerBootstrap 的配置，其中第 9 行设置通道类型，第 10 行代码设置监听端口，第 11 行代码初始化责任链，给 EventLoop 配置了相应的 Handler，可以看到在第 14 行初始化 Handler 的时候，pipeline 加入了 EchoHandler，即使得所有的 Event 处理都送到 pipeline 里面，也就是 EchoHandler 进行处理。配置成功后，第 18 行代码开启监听，第 19 行代码等待着整个进程的结束。

服务器端所有操作都在 EchoHandler 类中，其中第 30 行是一个回调函数，完成服务器接收数据并向客户端反馈数据的过程。

客户端代码如下。

```
01  package org.ddd.net;
02  public class NettyOioClient {
```

```
03      public static void main(String[] args) {
04          EventLoopGroup group = new NioEventLoopGroup();
05          try {
06              Bootstrap b = new Bootstrap();
07              b.group(group)
08              .channel(NioSocketChannel.class)
09              .option(ChannelOption.TCP_NODELAY, true)
10              .handler(new ChannelInitializer<SocketChannel>() {
11                  @Override
12                  public void initChannel(SocketChannel ch) throws Exception {
13                      ChannelPipeline p = ch.pipeline();
14                      //p.addLast(new LoggingHandler(LogLevel.INFO));
15                      p.addLast(new EchoClientHandler());
16                  }
17              });
18              //Start the client.
19              ChannelFuture f = b.connect("localhost", 8081).sync();
20              f.channel().closeFuture().sync();
21          } catch (Exception e) {
22              e.printStackTrace();
23          } finally {
24              group.shutdownGracefully();
25          }
26      }
27      public static class EchoClientHandler extends
28  ChannelInboundHandlerAdapter {
29          private final ByteBuf message;
30          public EchoClientHandler() {
31              message = Unpooled.buffer(256);
32              message.writeBytes("hello netty".getBytes(CharsetUtil.UTF_8));
33          }
34          @Override
35          public void channelActive(ChannelHandlerContext ctx) {
36              ctx.writeAndFlush(message);
37          }
38          @Override
39          public void channelRead(ChannelHandlerContext ctx, Object msg) {
40              System.out.println(((ByteBuf) msg).toString(CharsetUtil.UTF_8));
41              ((ByteBuf) msg).writeCharSequence(" client ", CharsetUtil.UTF_8);
42              ctx.write(msg);
43              try {
44                  Thread.sleep(5000);
45              } catch (InterruptedException e) {
46                  e.printStackTrace();
```

```
47              }
48          }
49          @Override
50          public void channelReadComplete(ChannelHandlerContext ctx) {
51              ctx.flush();
52          }
53          @Override
54          public void exceptionCaught(ChannelHandlerContext ctx, Throwable
55      cause) {
56              //Close the connection when an exception is raised.
57              cause.printStackTrace();
58              ctx.close();
59          }
60      }
61  }
```

客户端一开始进行与服务端类似的配置。值得注意的是，在 EchoClientHandler 中，第 39 行是一个回调函数，即一旦通道连接成功就会被触发，这里应用的是 ChannelHandlerContext 上下文对象，第 41 行通过调用它的方法向管道中输出一句话，管道是双向的，即是向服务端输出了一句话。

一旦服务端将值反馈回来，第 40 行回调函数便会启动，读取服务端反馈的数据，并且继续向管道中写数据。接着线程休眠 5s，控制数据发送的频率。

8.5.2　Mina

Mina 是一个与 Netty 齐名的网络通信应用框架，由 Apache 出品。它主要是针对基于 TCP/IP、UDP/IP 协议栈的通信框架（当然，也可以提供 Java 对象的序列化服务、虚拟机管道通信服务等），可以快速开发高性能、高扩展性的网络通信应用。Mina 提供了事件驱动、异步（Mina 的异步 IO 默认使用的是 Java NIO 作为底层支持）操作的编程模型，它位于用户应用程序和底层 Java 网络 API 之间，因此开发基于 Mina 的网络应用程序就无须关心复杂的通信细节。

8.6　HTTP 编程

扫一扫

HTTP 协议是基于 TCP 协议之上的一种请求—响应协议。它是目前使用最广泛的 Web 应用程序使用的基础协议，例如浏览器访问网站、手机 APP 访问后台服务器。HTTP 同 TCP 类似，涉及服务端和客户端。即我们也需要针对客户端编程和针对服务端编程。因为浏览器也是一种 HTTP 客户端，所以客户端的 HTTP 编程的行为本质和浏览器是一样的，即发送一个 HTTP 请求，接收服务器响应后获得响应内容。只不过浏览器进一步把响应内容解析后渲染并展示给了用户。而使用 Java 进行 HTTP 客户端编程仅限于获得相应内容。那么针对服务端编程，本质上就是编写 Web 应用服务器，本小节将展示一个简单的

Web 应用服务器的编写。

　　在 HTTP 编程中,使用到的所有类都放在 Java.net 包中,它的资源文件采用 HTML 编写,以 URL 的形式向外提供访问。

8.6.1　URLConnection

　　浏览器访问网页是由浏览器向 Web 服务器发起 HTTP 请求,Web 服务器根据 HTTP 请求中的 URL(uniform resource locator)确定访问的资源,然后加载或者生成相应的资源,并以 HTTP 响应的方式返回给浏览器。于是 Java 中提供了一个 URL 类,可以模拟浏览器方式去访问网页。URL 是一个网址,代表的是统一的资源定位符。下面给出一个简单的 URL。

　　① : https://；② : www.baidu.com/；③ : index.html。
其中①中代表的是协议,常见的有 HTTP 协议和 HTTPS 加密协议;②代表的是网站的域名;③中代表的是资源文件的名字(一般这个代表的是某个目录下的资源文件,所以可能有好几个"/")。一般情况下,③后面会跟上参数,用于请求不同的资源文件。

　　URLConnection 类是一个抽象类,每个 URLConnection 对象代表一个指向 URL 指定资源的活动连接。

　　URLConnection 就是模仿一个浏览器的形式去加载网页资源,获取步骤如下。

　　第一步,获取资源的连接器。

　　第二步,根据 URL 的 openConnection()方法获取 URLConnection。

　　第三步,通过 connect()方法建立和资源的联系通道。

　　第四步,通过 getInputStream()方法就可以获取资源的内容。

　　以下通过代码来看看 URL 类和 URLConnection 如何获取网页资源。

```
01  package org.ddd.net.basic.URLConnection;
02  public class URLConnectionGetTest {
03      public static void main(String[] args) {
04          try{
05              String urlName = "https://www.baidu.com/";
06              URL url1 = new URL(urlName);
07              URLConnection connection = url1.openConnection();
08              //建立好联系通道
09              connection.connect();
10              //打印 HTTP 的头部信息
11              Map<String, List<String>> headers =
12  connection.getHeaderFields();
13              for (Map.Entry<String,List<String>> entry : headers.entrySet()){
14                  String key = entry.getKey();
15                  for(String value : entry.getValue())
16                      System.out.println(key +": " + value);
17              }
18              //输出将要获取的内容属性信息
19              System.out.println("---------");
20              System.out.println("getContentType: " +
```

```
21  connection.getContentType());
22          System.out.println("getContentLength: " +
23  connection.getContentLength());
24          System.out.println("getContentEncoding: " +
25  connection.getContentEncoding());
26          System.out.println("getDate: " + connection.getDate());
27          System.out.println("getExpiration: " +
28  connection.getExpiration());
29          System.out.println("getLastModified: " +
30  connection.getLastModified());
31          System.out.println("---------");
32          BufferedReader br = new BufferedReader(new
33  InputStreamReader(connection.getInputStream()));
34          //输出收到的 HTML 字符流
35          String line = "";
36          while((line = br.readLine()) != null){
37              System.out.println(line);
38          }
39          br.close();
40      }catch (IOException e){
41          e.printStackTrace();
42      }
43    }
44  }
```

输出结果如下。

```
01  null: HTTP/1.1 200 OK
02  Server: bfe
03  Content-Length: 2443
04  Date: Tue, 09 Feb 2021 16:12:36 GMT
05  Content-Type: text/html
06  ---------
07  getContentType: text/html
08  getContentLength: 2443
09  getContentEncoding: null
10  getDate: 1612887156000
11  getExpiration: 0
12  getLastModified: 0
13  ---------
14  //篇幅限制,省略部分获取到 HTML 流内容
15  <!DOCTYPE html>
16  <!--STATUS OK--><html>…
```

8.6.2 HttpClient

不管是上一小节中介绍的 URLConnection,还是 HTTPClient,它们使用的基本原理相似,都是要向服务器端发送 HTTP 请求,然后获取并解析服务器响应。使用 HTTPClient 涉及的核心 API 如下。

(1) HttpClient:核心对象,用于发送和接受请求。Java 为该类提供了 HttpClient. Builder 接口。

(2) HttpRequest:代表请求对象。Java 为该类提供了 HttpClient.Builder 接口。

(3) HttpResponse:代表响应对象。

为了封装请求参数和处理响应数据,HTTPClient 还提供了如下两个 API。

(1) HttpRequest.BodyPublishers:用于创建 HttpRequest.BodyPublisher 的工厂类,其中 HttpRequest.BodyPublisher 代表请求参数,这些请求参数来自字符串、字节数组、文件和输入流。

(2) HttpResponse.BodyHandlers:用于创建 HttpResponse.BodyHandler 的工厂类,其中 HttpResponse.BodyHandler 代表对响应体的转换处理,该对象可以将服务器响应转换成字节数组、字符串、文件、输入流和逐行输入等。

需要说明的是,当 HttpResponse.BodyHandler 对服务器响应进行转换时,需要根据服务器响应的内容进行转换。比如服务器响应本身是图片、视频等二进制数据,那就不要尝试将服务器响应转换成字符串或逐行输入——HttpResponse.BodyHandler 并不能改变响应数据本身,它只是简化响应数据的处理。

在上一小节使用 URLConnection 访问 HTTP 的方式,可以看出代码编写较为烦琐,并且需要手动处理 InputStream,用起来很麻烦。URLConnection 不支持 HTTP 2.0 以及异步请求等性质,使得从 Java 9 开始引入了新的 HttpClient,到 Java 11 正式发布。使用链式调用并通过内置的 BodyPublishers 和 BodyHandlers 可以更方便地处理数据。使用 HttpClient 发送请求或接收响应的步骤如下。

第一步,需要创建一个 HttpClient 实例。

第二步,创建 HttpRequest 对象作为请求对象。如有需要,使用 HttpRequest.BodyPublisher 为请求本身添加请求参数。

第三步,调用 HttpClient 的 send()或 sendAsync()方法发送请求,其中 sendAsync()方法用于发送异步请求。调用这两个方法发送请求时,需要传入 HttpResponse.BodyHandler 对象,指定对响应数据进行转换处理。

使用 GET 请求获取文本内容的代码如下。

```
01  package org.ddd.net.basic.HttpClient;
02  public class HttpClientGetTest {
03  //创建全局 HttpClient,因为 HTTPClient 内部使用线程池优化多个 HTTP 连接,可以复用。
04      static HttpClient httpClient = HttpClient.newBuilder().build();
05      public static void main(String[] args) throws Exception {
06          String url = "https://www.baidu.com/";
07          HttpRequest request = HttpRequest.newBuilder(new URI(url))
```

```
08              //设置 Header:
09              .header("User-Agent", "Java HttpClient").header("Accept",
10   "*/*")
11              //设置超时:
12              .timeout(Duration.ofSeconds(5))
13              //设置版本:
14              .version(HttpClient.Version.HTTP_2)
15              .GET()
16              .build();
17         HttpResponse<String> response = httpClient.send(request,
18   HttpResponse.BodyHandlers.ofString());
19         //HTTP 允许重复的 Header,因此一个 Header 可对应多个 Value:
20         Map<String, List<String>> headers = response.headers().map();
21         for (String header : headers.keySet()) {
22             System.out.println(header + ": " + headers.get(header).get(0));
23         }
24      System.out.println(response.body().substring(0, 1024) +"...");
25      }
26   }
```

以上代码展示了 HttpClient 发送请求的 3 个步骤。程序调用 send()方法发送同步 GET 请求时,指定使用 HttpResponse.BodyHandler 转换响应数据,因此服务器响应数据也是字符串。

输出结果如下。

```
01   content-length: 2443
02   content-type: text/html
03   date: Wed, 10 Feb 2021 05:48:01 GMT
04   server: bfe
05   //篇幅限制,省略部分获取到 HTML 流内容
06   <!DOCTYPE html>
07   <!--STATUS OK--><html> <head>…
```

如果要获取图片这样的二进制内容,只需要把 HttpResponse.BodyHandlers.ofString() 换成 HttpResponse.BodyHandlers.ofByteArray(),就可以获得一个 HttpResponse<byte[]>对象。如果响应的内容很大,不希望一次性全部加载到内存,可以使用 HttpResponse. BodyHandlers.ofInputStream()获取一个 InputStream 流。

除此之外,HTTPClient 也可以发送 HTTP 协议支持的各种请求,只需要调用 HttpRequest.newBuilder 对象的如下方法创建对应的请求即可。

（1）DELETE()：创建 DELETE 请求。

（2）GET()：创建 GET 请求。

（3）method(String method，HttpRequest.BodyPublisher bodyPublisher)：创建 method 参数指定的各种请求。其中 bodyPublisher 参数用于设置请求体(包含请求参数);method 参数必

须是 DELETE、POST、HEAD、PATCH 等有效方法,否则将会引发 IllegalArgumentException
异常。

（4）POST（HttpRequest.BodyPublisher bodyPublisher）：创建 POST 请求。其中
bodyPublisher 参数用于设置请求参数。

（5）PUT（HttpRequest.BodyPublisher bodyPublisher）：创建 PUT 请求。其中 bodyPublisher
参数用于设置请求体(包含请求参数)。

从上面的方法可以看出,不管发送哪种请求,如果设置请求体,都需要通过
HttpRequest.newBuilder()设置,以下代码创建了请求体参数来自字符串的 POST 请求(请
求数据可来自字符串、文件、字节数组、二进制流等)。

```
01    HttpRequest request=HttpRequest.newBuilder()
02          .uri(URI.create("https://www.crazyit.org/"))
03          //指定提交表单的方式编码请求体
04          .header("Contend-Type","application/x-www-form-urlencoded")
05          //通过字符串创建请求体,然后作为 POST 请求的请求参数
06          .POST(HttpRequest.BodyPublishers.ofString("name=test&pass=test"))
07          .build();
```

8.6.3　简单的 Web 服务器

本节将编写一个简单的应用服务器。该服务器可以处理用户发送的静态请求和
servlet 请求,它看上去就像个 Tomcat,当然功能没有那么强大。

通过上述章节说明,HTTP 是基于 TCP 之上的传输协议,因此可以通过建立 TCP 连
接,然后解析客户端的 HTTP 请求,并将处理结果以 HTTP 协议的格式发往客户端,即可
完成一次 HTTP 传输。

本节编写的应用服务器实现的功能如下。

（1）建立 TCP 服务器,并为每个请求客户端建立连接。

（2）接收客户端请求消息,并解析请求消息。

（3）处理用户请求。

（4）将处理结果封装成 HTTP 响应消息发送给客户端。

要建立 TCP 服务器,首先需要一个 ServerSocket 服务端套接字,该套接字负责监听网
络请求,当接收到请求后,分配一个连接 Socket 给客户端。然后通过这个连接获取用户请
求数据 Inputstream,解析请求数据,根据用户请求做出相应的处理,封装处理结果,并将结
果返回给客户端。

由于本例中浏览器代替了客户端,因此只需关心服务端的实现即可。由上一小节可知,
浏览器通过 HTTP 协议来访问服务器,而 HTTP 协议又是建立在 TCP 之上的,因此服务
端需要打开指定的地址和端口,供客户端浏览器访问,而且服务端需一直侦听此地址和端
口。待有客户端请求接入时,打印客户端的请求信息。接着向客户端反馈请求处理结果,最
后关闭会话连接。基于以上的分析,编写简易的 Web 服务器代码如下。

```
01  public class Server {
```

```
02    public static void main(String[] args) throws Exception {
03        ServerSocket server = new ServerSocket(8010);
04        Socket socket = server.accept();
05        BufferedReader br = new BufferedReader(new
06    InputStreamReader(socket.getInputStream()));
07        PrintWriter pw =new PrintWriter(
08                           socket.getOutputStream());
09        char[] buffer = new char[1024];
10        int len = br.read(buffer);
11        StringBuffer reqStr = new StringBuffer();
12        for(int i=0; i<len; i++){
13            reqStr.append(buffer[i]);
14        }
15        System.out.print(reqStr.toString());
16        pw.println("<h1>Hello World!</h1>");
17        pw.flush();
18        socket.close();
19    }
20  }
```

以上代码实现了 Web 服务器的简单功能：用户可以通过浏览器来访问服务器，服务器可以接收用户请求，并返回处理结果。

首先指定服务器打开并监听的端口，此处并没有指明 IP 地址，默认情况下通过服务端的所有 IP 地址均可访问。

```
ServerSocket server = new ServerSocket(8010);
```

接着侦听指定的端口是否有用户访问，如果有用户访问，则分配一个 Socket 连接给它，用于实现客户端与服务端的连接会话，代码如下。

```
Socket socket = server.accept();
```

然后声明了两个工具类 BufferedReader 和 PrintWriter，分别用于从输入流中读取数据和向输出流中写入数据。这两个类的实例分别是对套接字的输入输出流的封装。声明代码如下。

```
01  BufferedReader br = new BufferedReader(new
02  InputStreamReader(socket.getInputStream()));
03  PrintWriter pw = new PrintWriter(socket.getOutputStream());
```

声明完这两个工具类后，就可以从与用户的连接会话输入流中读取数据了。首先声明一个字符数组，用来缓存输入流中的数据，接着将字符数组中的有效数据读入到 StringBuffer 中，最后输出 StringBuffer 中的内容，即用户请求消息，代码如下。

```
01  char[] buffer = new char[1024];
02  int len = br.read(buffer);
03  StringBuffer reqStr = new StringBuffer();
04  for(int i=0; i<len; i++){
05      reqStr.append(buffer[i]);
06  }
07  System.out.print(reqStr.toString());
```

读取完客户端的请求消息并将其打印输出到屏幕上,接着就是向客户端反馈处理结果以及关闭连接会话了,代码如下。

```
01  pw.println("<h1>Hello World!</h1>");
02  pw.flush();
03  socket.close();
```

代码中的第一句用于向客户端输出 HTML 字符串＜h1＞Hello World! ＜/h1＞,该段字符串用于在浏览器中显示一级标题"Hello World!"。第二句用于发布输出流,因为输出流的内容可能并不是立即写回客户端,因此需要显式地刷新输出流。最后一句用于关闭与客户端之间的会话连接,从而完成会话。

服务端运行结果如下。

```
01  GET /index.jsp HTTP/1.1
02  Host: 127.0.0.1:8010
03  Connection: keep-alive
04  User-Agent: Mozilla/5.0 (Windows NT 6.1; WOW64)
05  Accept: text/html,application/xhtml+xml,application/xml;
06  q=0.9, * / * ;q=0.8
07  Accept-Encoding: gzip,deflate,sdch
08  Accept-Language: zh-CN,zh;q=0.8
09  Accept-Charset: GBK,utf-8;q=0.7, * ;q=0.3
10  Cookie: style=defau-lt
```

客户端运行结果如图 8-5 所示。

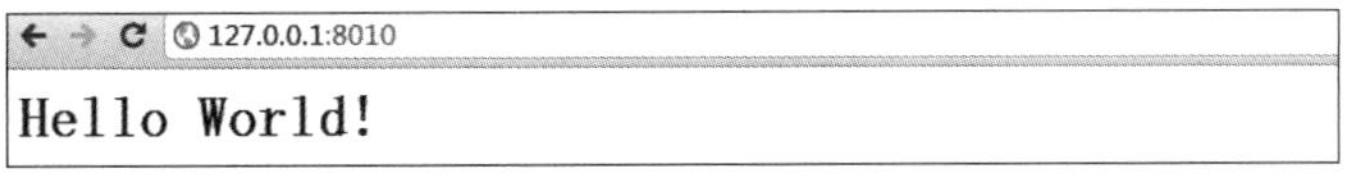

![浏览器窗口，地址栏显示 127.0.0.1:8010，页面显示 Hello World!]

图 8-5　客户端运行结果图

8.7　思考与练习

1. 请分别采用 TCP、UDP 协议编程实现一对一的文件上传。
2. 请分别采用 TCP、UDP 协议编程实现一对多的文件上传。

3. 编写一对多的聊天程序，程序由服务器和客户端两部分构成，两部分的交互方式如下。

（1）客户端发送命令：＜register　name="xu"/＞给服务器端注册用户，服务器端如果允许注册，则返回消息：＜result command="register" state="ok" /＞，否则返回消息：＜result command="register" state="error" message="" /＞。

（2）客户端发送命令：＜login　name="xu"/＞给服务器端进行登录，服务器端如果允许登录，则返回消息：＜result command=" login " state="ok" /＞，否则返回消息：＜result command="login" state="error" message="" /＞。

（3）客户端发送命令：＜message from="xu" to="zhang"　message="this is a test"＞给服务器端，服务器端收到命令后返回消息：＜result command=" message " state="ok" /＞。

（4）服务器向指定客户端发送命令：＜message from="xu" to="zhang"　message="this is a test"＞，如果客户端收到消息，则返回：＜result command=" message " state="ok" /＞，如果 message 命令中的 from 属性为空，则表示由服务器发送的消息。

（5）客户端发送命令：＜logout　name="xu"/＞给服务器端进行注销登录，服务器端如果允许注销登录，则返回消息：＜result command=" logout " state="ok" /＞，否则返回消息：＜result command="loginout" state="error" message="" /＞。

程序可以采用 GUI，也可采用命令行的方式。

4. 请编写程序，把页面：http://www.w3.org/Consortium/Member/List 中的 Current Members 的名称抽取出来，存入文本文件中。（也可以下载任意指定页面，并抽取相关的内容）

第9章 多线程

多线程

 线程基础

　　用户常常希望计算机能够同时处理多个任务(multitasking)，即同时执行多个相关的或不相关的程序，但 CPU 本身是顺序执行机器指令的，在某一时刻只能执行一个程序的指令。目前，多任务操作系统解决了这个问题，它把 CPU 的时间片分给每个任务，即每个任务轮流占用 CPU，如果每个时间片足够短，以至于不能感觉到，就表现出多个任务在同时执行，如图 9-1 所示。

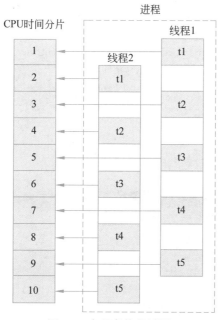

图 9-1　多任务执行过程

操作系统通常提供两种机制实现多任务同时执行：多进程和多线程。进程和线程的区别在于进程拥有独立的内存空间，而线程通常与其他线程共享内存空间。共享内存空间有利于线程之间的通信、协调配合，但共享内存空间可能导致多个线程在读写内存时数据的不一致，这是使用多线程必须面对的风险。相对于进程来说，线程是一种更轻量级的多任务实现方式，创建、销毁一个线程消耗的计算资源比进程小得多。

多线程的应用主要分为两个方面：提高运算速度，缩短响应时间。对于计算量比较大的任务，可以把任务分解成多个可以并行运算的小任务，每个小任务由一个线程执行运算，以提高运算速度。在与用户交互的程序中，对用户输入的快速响应是重要的，在单线程的程序中，如果运算量较大，将导致对用户的操作没有响应，为了缩短响应时间，常常为用户的输入建立专门的线程，然后对输入的处理建立独立的线程。

下面的实例演示了单线程的程序无法快速响应。程序 PrimeNumberApp 在用户输入整数后，计算小于或等于这个数的质数数量，代码如下。

```
01  package org.ddd.thread.example;
02  import Java.util.Scanner;
03  //org/ddd/thread/primenumber/PrimeNumberApp.Java
04  public class PrimeNumberApp {
05      public static void main(String[] args) {
06          PrimeNumberApp primeNumberApp = new PrimeNumberApp();
07          primeNumberApp.execute();
08      }
09      public  void execute() {
10          Scanner scanner = new Scanner(System.in);
11          System.out.println("请输入:");
12          Long number = scanner.nextLong();
13          System.out.println("输入了:"+number);
14          while (number != 0) {
15              PrimeNumberTester primeNumberTester = new
16  PrimeNumberApp.PrimeNumberTester();
17              primeNumberTester.countPrimeNumber(number);
18              System.out.println("请输入:");
19              number = scanner.nextLong();
20              System.out.println("输入了:"+number);
21          }
22      }
23      public  class PrimeNumberTester {
24          /**
25           * 测试输入的整数是否是质数
26           * @param number
27           * @return
28           */
29          public boolean isPrimeNumber(Long number) {
30              Long sqrNumber = (new Double(Math.sqrt(number))).longValue();
```

```
31          for (Long i = 2l; i <= sqrNumber; i++) {
32              if (number % i == 0) {
33                  return false;
34              }
35          }
36          return true;
37      }
38      /**
39       * 测试小于或等于指定整数中质数的个数
40       * @param number
41       * @return
42       */
43      public void countPrimeNumber(Long number) {
44          Long count = 0l;
45          for (Long i = 2l; i <= number; i++) {
46              if (this.isPrimeNumber(i)) {
47                  count++;
48              }
49          }
50          System.out.println("小于:" + number + " 的质数个数:" + count);
51      }
52  }
53 }
```

运行以上程序发现,如果输入一个较大的数字,程序对输入没有响应,必须等程序计算完成后才能接收用户的输入,这给用户的体验是不好的。下面改进上面的程序,在主线程中接收用户的输入,然后启动一个线程来计算质数的数量,代码如下。

```
01 package org.ddd.thread.example2;
02 import java.util.Scanner;
03 //org/ddd/thread/primenumber/PrimeNumberThreadApp.Java
04 public class PrimeNumberThreadApp {
05     public static void main(String[] args)
06     {
07         PrimeNumberThreadApp primeNumberThreadApp = new
08 PrimeNumberThreadApp();
09         primeNumberThreadApp.execute();
10     }
11     public  void execute() {
12         Scanner scanner = new Scanner(System.in);
13         System.out.println("请输入:");
14         Long number = scanner.nextLong();
15         System.out.println("输入了:"+number);
16         int testerCount = 0;
```

```
17          while (number != 0) {
18              PrimeNumberTester primeNumberTester = new
19  PrimeNumberThreadApp.PrimeNumberTester(number);
20              testerCount ++;
21              primeNumberTester.setName("primeNumberTester " +
22  testerCount);
23              primeNumberTester.start();
24              System.out.println("请输入:");
25              number = scanner.nextLong();
26              System.out.println("输入了:"+number);
27          }
28      }
29      public   class PrimeNumberTester extends Thread {
30          private Long number;
31          public PrimeNumberTester(Long number)
32          {
33              this.number = number;
34          }
35          /**
36           * 测试输入的整数是否是质数
37           *
38           * @param number
39           * @return
40           */
41          public boolean isPrimeNumber(Long number) {
42              Long sqrNumber = (new Double(Math.sqrt(number))).longValue();
43              for (Long i = 2l; i <= sqrNumber; i++) {
44                  if (number % i == 0) {
45                      return false;
46                  }
47              }
48              return true;
49          }
50          /**
51           * 测试小于或等于指定整数中质数的个数
52           *
53           * @param number
54           * @return
55           */
56          public void run(){
57              Long count = 0l;
58              for (Long i = 2l; i <= number; i++) {
59                  if (this.isPrimeNumber(i)) {
60                      count++;
```

```
61                    }
62                }
63                System.out.println(Thread.currentThread().getName()+ " 计算
64  结果:小于:" + number + " 的质数个数:" + count);
65           }
66       }
67  }
```

运行以上实例就会发现,程序在不断地提示用户输入数字,然后在后台计算质数的数量,计算完成后输出计算结果。

9.1.1　创建

在 Java 中,创建线程有两种方式,一种是实现 Runnable 接口,另一种是继承 Thread 类。线程是驱动任务运行的载体,在 Java 中,要执行的任务定义在 run()方法中,线程启动后将执行 run()方法,方法执行完后线程就结束。

通过继承 Thread 类创建线程的方法如下。

```
01  public   class PrimeNumberTester extends Thread {
02      public void run(){
03      //要执行的任务
04      }
05  }
```

启动线程的方法如下。

```
01  PrimeNumberTester primeNumberTester = new PrimeNumberTester(number);
02  primeNumberTester.start();
```

创建线程对象后,并不会启动线程执行任务,而需要调用 start()方法启动任务,启动后执行 run(),run()方法执行完成,或者执行 run()方法抛出异常后,线程执行完成。特别要注意的是,调用 start()方法启动线程后,start()方法并不会等待 run()方法执行完毕,而是马上返回。再研究一下前面的质数计算程序的 execute()方法,代码如下。

```
01  public   void execute() {
02      Scanner scanner = new Scanner(System.in);
03      System.out.println("请输入:");
04      Long number = scanner.nextLong();
05      System.out.println("输入了:"+number);
06      while (number != 0) {
07          PrimeNumberTester primeNumberTester = new
08  PrimeNumberThreadApp.PrimeNumberTester(number);
09          primeNumberTester.start();
10          System.out.println("请输入:");
```

```
11          number = scanner.nextLong();
12          System.out.println("输入了:"+number);
13     }
14 }
```

在以上代码中，通过 primeNumberTester.start()启动线程后，程序提示用户录入新的整数，而不会等待计算完成，即用户输入与质数的计算是并行运行的。上面的程序实际上每接收一个用户的输入，程序就会创建一个新的线程来计算质数的数量，因而可能有多个质数计算线程在并行运行。通过 setName()方法可以为每个线程命名，以便于管理。

实际上，Java 程序在运行的时候，默认会创建一个线程，main()方法就会在这个线程中运行，这个默认创建的线程通常称为主线程。在前面的程序中，主线程和质数计算线程在并行运行，相互不干扰，当然，线程之间可以共享数据、通信、协作，这些内容在后面讲解。通过 Java 提供的 JConsole 工具可以查看进程中正在运行的线程，在 Windows 命令行窗口中输入 JConsole 命令，就可以启动 JConsole 工具。通过 JConsole 查看线程，如图 9-2 所示。

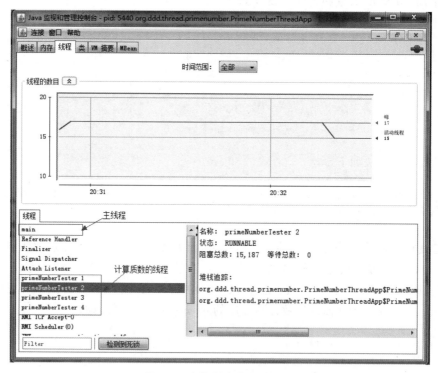

图 9-2　在控制台中查看线程

举个例子进一步直观说明线程的并行运行原理。假设有一个质数计算的团体，职能是对外提供计算小于或等于指定数的质数的数量，质数计算团体为了提高服务质量，为客户提供快速的服务响应，设立了一位名字为 main 的主管和无限个质数计算员，main 主管负责接收客户的计算请求，然后把计算任务交给一位质数计算员（质数计算员的名字为 primeNumberTester x，x 为每个质数计算员的编号）计算，质数计算员采用名为 run 的机器进行计算，计算完成后发布计算结果。最关键的是 main 主管与各位质数计算员在并行工作。从这个例子可以引出以下几个需要解决的问题。

（1）在例子中，质数计算员一生只进行一次质数计算，如果质数计算员计算完成后就处于空闲状态，有新的计算任务，他可以继续计算，减少质数计算员的数量。

（2）质数计算员自己对外发布计算结果，这显得服务不够规范，如果由 main 主管统一对外发布结果会更好一些，main 主管需要知道质数计算员是否已经完成。

（3）计算完成前，客户如果要取消计算请求，main 主管需要通知相应的质数计算员停止计算。

以上问题将在下面解决。

Java 只支持单继承，即不支持多个父类，如果在进行任务定义时需要继承特定的父类，通过继承 Thread 类创建线程就不太合适了。Java 提供了通过实现 Runnable 接口创建线程的方法。通过实现 Runnable 接口创建线程的代码如下。

```
01  public   class PrimeNumberTester implements Runnable{
02      public void run(){
03          //要执行的任务
04      }
05  }
```

Runnable 接口有唯一的接口方法：void run()，通过实现 run()方法定义线程要执行的任务。启动线程的代码如下。

```
01  PrimeNumberTester primeNumberTester = new PrimeNumberTester(number);
02  Thread primeNumberTesterHread = new Thread(primeNumberTester);
03  primeNumberTesterHread.start();
```

9.1.2 休眠

休眠是指线程在运行过程中暂时停止运行，线程调度器不为线程分配时间片。线程在休眠期间不占用 CPU 时间，休眠结束后，线程继续运行。调用 Thread 类的 sleep()方法可以使当前线程休眠。sleep(long millis)方法接收以毫秒为单位的休眠时间，时间结束后，线程自动唤醒。线程休眠时间的精确性与系统时钟有关系。

以下实例演示了线程的休眠：程序中有两个线程，主线程 SleepingThreadTester 负责接收用户输入的数字，并把数字存入 number 属性中，线程 NumberChangedMonitor 负责检查 SleepingThreadTester 的 number 属性是否变化，如果变化，则输出变化前后的数字，然后线程暂停 3s，再进行下一次检查，代码如下。

```
01  package org.ddd.thread.example4;
02  import java.util.Scanner;
03  //org/ddd/thread/sleep/SleepingThread.Java
04  //程序主线程负责接收用户输入数字，子线程负责监视数字是否发生了变化
05  public class SleepingThreadTester {
06      public static void main(String[] args) {
```

```
07          SleepingThreadTester sleepingThreadTester = new
08    SleepingThreadTester();
09          sleepingThreadTester.execute();
10      }
11      public void execute() {
12          Scanner scanner = new Scanner(System.in);
13          System.out.println("请输入:");
14          this.number = scanner.nextLong();
15          System.out.println("输入了:" + number);
16          //启动监视线程
17          Thread numberChangedMonitorThread = new Thread(
18              new NumberChangedMonitor(this));
19          numberChangedMonitorThread.start();
20          while (number != 0) {
21              System.out.println("请输入:");
22              number = scanner.nextLong();
23              System.out.println("输入了:" + number);
24          }
25      }
26      private volatile long number;
27      public long getNumber() {
28          return number;
29      }
30  }
31  //该类负责监视 SleepingThreadTester 的 getNumber()方法返回的值是否变化
32  class NumberChangedMonitor implements Runnable {
33      private SleepingThreadTester sleepingThreadTester;
34      public NumberChangedMonitor(SleepingThreadTester
35    sleepingThreadTester) {
36          this.sleepingThreadTester = sleepingThreadTester;
37      }
38      private long preNumber;
39      public void run() {
40          while (true) {
41              long newNumber = this.sleepingThreadTester.getNumber();
42              //如数字发生了变化,则在控制台上显示变化
43              if (newNumber != preNumber) {
44                  System.out.printf("数字从%5d 变成了%5d", preNumber,
45    newNumber);
46                  this.preNumber = newNumber;
47              }
48              try {
49                  //暂停 3s,即 3000ms
50                  Thread.sleep(3000);
```

```
51              } catch (InterruptedException e) {
52                  System.err.println("线程已经被中断");
53              }
54          }
55      }
56  }
```

运行上面的程序,如果输入的数字发生变化,程序就会输出变化前后的数字。需要注意:输入数字变化后,程序要延迟一段时间(3s)后才报告数字的变化,这就是因为调用 Thread.sleep(3000)方法暂停了线程的运行。

9.1.3 中断

在任务的 run()方法执行完毕,或者 run()方法抛出未捕获的异常时,线程将终止。由于外部的原因,其他线程可能希望终止另外一个线程的正常执行,Thread 类的 interrupt()方法可以用来请求终止线程。

interrupt()方法并不直接强制线程中断,而是设置线程对象的中断状态。每个线程都有一个 boolean 型的属性标志线程是否被外部中断(这个标志被称为中断状态)。如果在线程对象上调用 interrupt()方法,中断状态就会被置为 true,标志已经有其他线程请求该线程中断运行。从以上分析中可以看出,线程中断与线程终止运行没有直接的关系,线程是否对外部的中断做出响应,或者终止线程的运行,完全由线程本身做出决定。

线程是否终止运行由线程本身做出决定是合理的。每个线程都是一个完整的指令运行序列,线程必须保证所执行的任务在任何时候必须得到完整的处理,而不能随意地放弃部分或者全部任务的执行,因为这样随意对待任务的执行是非常危险的。例如,在医用 X 光机中用一个线程来管理 X 光的打开或者关闭,如果线程已经打开 X 光,在病人检查过程中,另外一个线程强制终止这个线程的执行,将带来危险的结果。基于以上原因,在 Java 早期版本中,用于强制停止和暂停线程运行的 stop()、suspend()方法已经遭到弃用。

线程在合适的时机对外部中断请求做出响应也是必需的。线程应该在能保证任务完整性的前提下时常检查自身的中断状态,并对其做出合适的响应。在线程任务定义中经常采用以下模式的代码,以便对中断做出响应。

```
01  //如果线程没被请求中断,并且还有未完成的工作,则继续执行循环体
02  while(还有工作没完成)
03  {
04      if(Thread.currentThread().isInterrupted())     //如果中断状态被置位
05      {
06          //响应中断请求。首先决定是否终止线程,如果要终止线程,需要完成必须结束的工作
07          //(例如关闭资源占用)后退出 run()方法
08      }
09      //处理未完成的工作
10  }
```

在以上代码中,通过静态方法 Thread.currentThread()可以取得当前线程,通过线程对

象的 isInterrupted()方法获得线程对象是否被其他线程提出中断请求。Thread 类还有静态方法 interrupted()可以获得当前线程的中断状态，与对象方法 isInterrupted()不同的是：在调用 interrupted()后，会清除线程的中断状态，即置中断状态为 false，而 isInterrupted()不会清除中断状态。

如果线程处于阻塞状态，线程没执行，所以没有机会检查中断状态。线程阻塞状态是指由某种原因线程暂停运行的状态，阻塞状态可分为可中断阻塞和不可中断阻塞，可中断阻塞包括：在线程上调用 sleep()、wait()、join()方法会导致线程阻塞，可中断 I/O 操作导致的阻塞；不可中断阻塞包括：获取对象锁可能导致阻塞，不可中断 I/O 操作导致的阻塞（将在共享资源、线程协作部分讨论这些内容）。

如果线程处于可中断阻塞状态，另外一个线程对其提出中断请求，线程将抛出 InterruptedException 异常或者 ClosedByInterruptException 异常，并且跳出阻塞状态，线程可以通过捕获这两个异常来对中断请求做出响应。线程如果处于不可中断阻塞状态，不会对请求做出响应。

以下实例演示了中断线程的例子。程序在原有质数计算的基础上增加了名为 PrimeNumberCalcMonitor 的监视进程，负责监视质数计算线程的计算是否超时，如果超时，则中断质数计算线程，质数计算线程在对每个质数进行判断之前检测中断状态，如果线程已经中断，则终止线程的运行。如果质数计算线程处于休眠状态，则通过捕获中断异常，在异常处理时终止线程的运行，代码如下。

```
01  package org.ddd.thread.example5;
02  import java.util.Iterator;
03  import java.util.Scanner;
04  import java.util.concurrent.ConcurrentHashMap;
05  import java.util.concurrent.CopyOnWriteArrayList;
06  public class PrimeNumberThreadInterruptApp {
07      public static void main(String[] args) {
08          PrimeNumberThreadInterruptApp primeNumberThreadInterruptApp =
09  new PrimeNumberThreadInterruptApp();
10          primeNumberThreadInterruptApp.execute();
11      }
12      public void execute() {
13          //创建并启动计算超时监视进程
14          PrimeNumberCalcMonitor primeNumberCalcMonitor = new
15  PrimeNumberCalcMonitor(
16                  this.primeNumberTesters);
17          primeNumberCalcMonitor.start();
18          Scanner scanner = new Scanner(System.in);
19          System.out.println("请输入:");
20          Long number = scanner.nextLong();
21          System.out.println("输入了:" + number);
22          int testerCount = 0;
23          while (number != 0) {
```

```
24              PrimeNumberTester primeNumberTester = new
25  PrimeNumberThreadInterruptApp.PrimeNumberTester(
26                  number);
27              primeNumberTesters.put(primeNumberTester, 2l);
28              primeNumberTester.setName("primeNumberTester " +
29  testerCount++);
30              primeNumberTester.start();
31              System.out.println("请输入:");
32              number = scanner.nextLong();
33              System.out.println("输入了:" + number);
34          }
35      }
36      //用来存储所有计算线程,及其生命周期
37      private ConcurrentHashMap<PrimeNumberTester, Long>
38  primeNumberTesters = new ConcurrentHashMap<PrimeNumberTester, Long>();
39      public class PrimeNumberTester extends Thread {
40          private long number;
41          public PrimeNumberTester(Long number) {
42              this.number = number;
43          }
44          /**
45           * 测试输入的整数是否是质数
46           */
47          public boolean isPrimeNumber(Long number) {
48              Long sqrNumber = (new Double(Math.sqrt(number))).longValue();
49              for (Long i = 2l; i <= sqrNumber; i++) {
50                  if (number % i == 0) {
51                      return false;
52                  }
53              }
54              return true;
55          }
56          /**
57           * 测试小于或等于指定整数中质数的个数
58           */
59          public void run() {
60              Long count = 0l;
61              for (Long i = 2l; i <= number; i++) {
62                  //如果有中断请求,就退出线程
63                  if (Thread.interrupted()) {
64                      System.err
65                          .printf("[%s]:响应中断请求,线程准备终止,当前
66  时间(ns):%10d%n",
67                                  Thread.currentThread().getName(),
```

```
68                          System.nanoTime());
69                      return;
70                  }
71                  if (this.isPrimeNumber(i)) {
72                      count++;
73                  }
74                  try {
75                      Thread.sleep(1);
76                  } catch (InterruptedException e) {
77                      System.err
78                          .printf("[%s]:线程正休眠,被中断,线程准备终止,
79  当前时间(ns):%10d%n",
80                                  Thread.currentThread().getName(),
81                                  System.nanoTime());
82                      return;
83                  }
84              }
85          System.out.println("[" + Thread.currentThread().getName()
86              + "]:计算结果:小于:" + number + "的质数个数:" + count);
87      }
88  }
89  //线程用来监视所有计算线程是否超时,如果超时,则中断线程的运行
90  public class PrimeNumberCalcMonitor extends Thread {
91      private ConcurrentHashMap<PrimeNumberTester, Long>
92  primeNumberTesters;
93      public PrimeNumberCalcMonitor(
94              ConcurrentHashMap<PrimeNumberTester, Long>
95  primeNumberTesters) {
96          this.primeNumberTesters = primeNumberTesters;
97      }
98      public void run() {
99          while (true) {
100             Iterator<PrimeNumberTester> iterator =
101  primeNumberTesters
102                     .keySet().iterator();
103             while (iterator.hasNext()) {
104                 PrimeNumberTester primeNumberTester =
105  iterator.next();
106                 //如果线程没有处于活动状态,表示已经计算完成,直接移出线程
107                 if (!primeNumberTester.isAlive()) {
108                     primeNumberTesters.remove(primeNumberTester);
109                     continue;
110                 }
111                 long lifetime =
```

```
112  primeNumberTesters.get(primeNumberTester);
113                      if (lifetime <= 0) {
114                          //如果超时,则中断计算线程的运行
115                          System.err
116                              .printf("[%s]:计算超时,请求终止线程,当前在
117  运行的线程总数:%3d,当前时间(ns):%10d%n",
118                                  primeNumberTester.getName(),
119                                  this.primeNumberTesters.size() - 1,
120                                  System.nanoTime());
121                          primeNumberTester.interrupt();
122
123                      }
124                      lifetime--;
125                      primeNumberTesters.put(primeNumberTester, lifetime);
126                  }
127                  try {
128                      this.sleep(1000);
129                  } catch (InterruptedException e) {
130                  }
131              }
132          }
133      }
134  }
```

在以上代码中,主线程首先创建并启动超时监视线程 PrimeNumberCalcMonitor,然后主线程接收用户输入的数字,创建与启动质数计算线程进行计算,并把质数计算线程添加到 ConcurrentHashMap<PrimeNumberTester,Long>对象中,key 为线程对象,value 为线程剩余的生存时间,如果线程对象的生存时间为 0,则中断线程。ConcurrentHashMap 是一个支持检索完全并发和可按期望更改调节并发量的哈希表。运行上面的程序,可得到以下输出结果。

```
01  请输入:
02  12345
03  输入了:12345
04  请输入:
05  [primeNumberTester 0]:计算超时,请求终止线程,当前在运行的线程总数:  0,当前时间
06  (ns):65718858302539
07  [primeNumberTester 0]:线程正休眠,被中断,线程准备终止,当前时间(ns):
08  65718861328852
09  12224
10  输入了:12224
11  请输入:
12  [primeNumberTester 1]:计算超时,请求终止线程,当前在运行的线程总数:  0,当前时间
13  (ns):65723860637134
```

```
14    [primeNumberTester 1]:线程正休眠,被中断,线程准备终止,当前时间(ns):
15    65723861184119
```

9.1.4 未捕获异常

在运行过程中,如果抛出未处理的异常,线程本身会终止。例如,如果线程的 run() 方法抛出异常,运行 run() 方法的线程已经终止,这个线程已经没有机会来处理这个异常,那么这个异常将会被抛向 Java 虚拟机,通常 Java 虚拟机会直接把异常显示在控制台上。

以下实例会抛出一个异常,run() 方法未处理异常,异常将会被抛向 run() 的外部,并在控制台上显示,代码如下。

```
01  package org.ddd.thread.example6;
02  public class ExceptionThread implements Runnable {
03      public static void main(String[] args) {
04          Thread exceptionThread = new Thread(new ExceptionThread());
05          System.out.println("开始启动线程");
06          exceptionThread.start();
07          System.out.println("线程启动完成");
08      }
09      public void run()
10      {
11          System.out.println("线程已经开始执行任务");
12          throw new RuntimeException();
13      }
14  }
```

运行以上程序,将在控制台上输出以下结果。

```
01  开始启动线程
02  线程启动完成
03  线程已经开始执行任务
04  Exception in thread "Thread-0" Java.lang.RuntimeException
05      at
06  org.ddd.thread.exception.ExceptionThread.run(ExceptionThread.Java:16)
07      at Java.lang.Thread.run(Thread.Java:619)
```

启动线程的主线程是否能够捕获到这个异常呢？以下代码把 main() 方法的代码全部置于 try-catch 语句块中,试图捕获线程抛出的异常。

```
01  package org.ddd.thread.example6;
02  public class ExceptionCatchThread implements Runnable {
03      //org/ddd/thread/exception/ExceptionCatchThread.Java
04      public static void main(String[] args) {
05          try {
```

```
06                  Thread exceptionThread = new Thread(new
07  ExceptionCatchThread());
08              System.out.println("开始启动线程");
09              exceptionThread.start();
10              System.out.println("线程启动完成");
11          } catch (Exception e) {
12              System.out.println("已经捕获异常(但实际上是不可能执行到这里的!)");
13          }
14      }
15      public void run() {
16          System.out.println("线程已经开始执行任务");
17          throw new RuntimeException();
18      }
19  }
```

运行以上代码,在控制台上输出以下结果。

```
01  开始启动线程
02  线程启动完成
03  线程已经开始执行任务
04  Exception in thread "Thread-0" Java.lang.RuntimeException at org.d dd.
05  thread.exception.ExceptionCatchThread.run(ExceptionCatchThread.Java:17)
06  at Java.lang.Thread.run(Thread.Java:619)
```

　　从以上输出可以看出,main()方法并没有捕获到线程抛出的异常,这是因为主线和子线程是完全不同的两个指令序列,虚拟机以同样的方式对待两个线程,因而主线程没责任来处理子线程抛出的异常,并且主线程也可能没有时间来处理子线程抛出的异常(主线程并不知道子线程何时抛出异常,此时主线程正在执行自己的指令序列,完成自己的任务,根本没有时间来处理异常)。

　　可以使用 Thread 类的 setUncaughtExceptionHandler()方法为任何线程安装一个异常处理器,如果线程抛出未处理的异常,则这个处理器进行处理。也可以用 Thread 类的静态方法 setDefaultUncaughtExceptionHandler() 为所有线程设置一个默认的异常处理器。setUncaughtExceptionHandler()方法接收一个实现了 Thread.UncaughtExceptionHandler 接口的对象作为参数。

　　以下代码演示了线程异常处理器的使用。

```
01  package org.ddd.thread.example;
02  public class ExceptionHandlerThreadTest {
03      public static void main(String[] args) {
04          Thread exceptionThread = new Thread(new
05  ExceptionHandlerThread());
06          System.out.println("开始启动线程 0");
07          exceptionThread.setUncaughtExceptionHandler(new
```

```
08  UncaughtExceptionTestHandler());
09          exceptionThread.start();
10          System.out.println("线程 0 启动完成");
11          Thread.setDefaultUncaughtExceptionHandler(new
12  UncaughtExceptionDefaultTestHandler());
13          Thread exceptionThread1 = new Thread(new
14  ExceptionHandlerThread());
15          System.out.println("开始启动线程 1");
16          exceptionThread1.start();
17          System.out.println("线程 1 启动完成");
18      }
19  }
20  class ExceptionHandlerThread implements Runnable {
21      public void run()
22      {
23          System.out.println("线程已经开始执行任务");
24          throw new RuntimeException();
25      }
26  }
27  class UncaughtExceptionTestHandler implements
28  Thread.UncaughtExceptionHandler
29  {
30      public void uncaughtException(Thread t, Throwable e) {
31          System.err.printf("线程 [%s]抛出异常,由
32  UncaughtExceptionTestHandler 进行处理%n",t.getName());
33      }
34  }
35  class UncaughtExceptionDefaultTestHandler implements
36  Thread.UncaughtExceptionHandler
37  {
38      public void uncaughtException(Thread t, Throwable e) {
39          System.err.printf("线程 [%s]抛出异常,由
40  UncaughtExceptionDefaultTestHandler 进行处理%n",t.getName());
41      }
42  }
```

运行以上代码,在控制台上得到以下输出结果。

```
01  开始启动线程 0
02  线程 0 启动完成
03  线程已经开始执行任务
04  开始启动线程 1
05  线程 1 启动完成
```

06　线程已经开始执行任务

07　线程 [Thread-0]抛出异常,由 UncaughtExceptionTestHandler 进行处理

08　线程 [Thread-1]抛出异常,由 UncaughtExceptionDefaultTestHandler 进行处理

从以上输出可以看出,线程的异常得到了处理。虽然 Java 提供了线程未捕获异常的处理机制,但还是建议为了增强程序的稳定性,在线程任务中对异常进行捕获,而不是由线程异常处理器来处理异常。

9.1.5　优先级

在 Java 中,有一个程序负责为每一个线程分配 CPU 时间片,称为调度器,调度器给每个线程分配 CPU 时间片的基本原则是越紧急的线程分配的时间片越多,以利于紧急的任务优先完成。但这并不意味着不紧急的线程没机会分配到时间片,没有执行的机会,只能说紧急的任务有更高频率分配到时间片。调度器的时间分配原则与操作系统有密切的关系,不同的操作系统对任务紧急程度的分级也不一样。

Java 通过线程的优先级确定 CPU 时间片的分配频率。通过 Thread 类的 getPriority()方法和 setPriority()方法可以获取和设置线程的优先级。Java 线程的优先级分为 10 个等级,最低级是 1 级,最高级是 10 级。Java 用常量 MIN_PRIORITY、NORM_PRIORITY、MAX_PRIORITY 分别代表 1 级、5 级、10 级。优先级的数值本身没有太大意义,而不同线程优先级的差异才是分配 CPU 时间片频率的参考。

下面改写质数计算的程序来验证线程优先级对执行时间的影响,代码如下。

```
01  package org.ddd.thread.example3;
02  public class PrimeNumberThreadPriorityApp {
03      public static void main(String[] args)
04      {
05          PrimeNumberThreadPriorityApp primeNumberThreadApp = new
06  PrimeNumberThreadPriorityApp();
07          primeNumberThreadApp.execute();
08      }
09      public  void execute() {
10          for(int i= Thread.MIN_PRIORITY;i <= Thread.MAX_PRIORITY; i++) {
11              long number = 12345671;
12              PrimeNumberTester primeNumberTester = new
13  PrimeNumberThreadPriorityApp.PrimeNumberTester(number);
14              primeNumberTester.setName("primeNumberTester " + i);
15              primeNumberTester.setPriority(i);
16              primeNumberTester.start();
17          }
18      }
19      public   class PrimeNumberTester extends Thread {
20          private Long number;
```

```
21          public PrimeNumberTester(Long number)
22          {
23              this.number = number;
24          }
25          /**
26           * 测试输入的整数是否是质数
27           */
28          public boolean isPrimeNumber(Long number) {
29              Long sqrNumber = (new Double(Math.sqrt(number))).longValue();
30              for (Long i = 2l; i <= sqrNumber; i++) {
31                  if (number % i == 0) {
32                      return false;
33                  }
34              }
35              return true;
36          }
37          /**
38           * 测试小于或等于指定整数中质数的个数
39           */
40          public void run(){
41              long nano = System.nanoTime();
42              Long count = 0l;
43              for (Long i = 2l; i <= number; i++) {
44                  if (this.isPrimeNumber(i)) {
45                      count++;
46                  }
47              }
48              nano = System.nanoTime()-nano;
49              System.out.printf("[%s],线程优先级:%2d, 耗时(ns):%10d %n",
50      Thread.currentThread().getName(),Thread.currentThread().getPriority(),
51      nano);
52          }
53      }
54  }
```

程序在execute()方法中创建了10个线程，优先级分别设为1～10，线程都执行相同的任务。在run()方法中统计每个线程的耗时情况，System.nanoTime()以ns为单位返回系统的时间。通过Thread.currentThread()方法可以得到当前线程对象。在Windows 7上运行得到以下输出结果。

```
01  [primeNumberTester 9],线程优先级: 9, 耗时(ns):7324629473
02  [primeNumberTester 10],线程优先级:10, 耗时(ns):7377819205
03  [primeNumberTester 7],线程优先级: 7, 耗时(ns):7820855776
04  [primeNumberTester 8],线程优先级: 8, 耗时(ns):7935809251
```

```
05  [primeNumberTester 5],线程优先级: 5, 耗时(ns):8873031594
06  [primeNumberTester 6],线程优先级: 6, 耗时(ns):9269210205
07  [primeNumberTester 3],线程优先级: 3, 耗时(ns):9800852320
08  [primeNumberTester 4],线程优先级: 4, 耗时(ns):9831281701
09  [primeNumberTester 1],线程优先级: 1, 耗时(ns):10267120401
10  [primeNumberTester 2],线程优先级: 2, 耗时(ns):10360872890
```

以上耗时根据机器的情况数值会不一样,并且每次运行的结果也可能不一样,但基本上满足优先级越高耗时越少的原则。以上耗时没有严格按照优先级的高低变化,是因为在Windows 7 上只有 7 个优先级,Java 的 10 个优先级映射到 7 个优先级必然会相同,相同的优先级基本上有相同频率分配到时间,但这不是绝对的。因此不要希望通过优先级严格地估计耗时。

9.1.6 线程工具类

为了简化多线程程序的编写,Java 从 SE5 开始在 Java.util. concurrent 包中提供了多个辅助编写多线程程序的工具类。在这些工具类的帮助下,编写安全、稳定的多线程程序变得相对容易一些。以下简要介绍 concurrent 包中主要的类,详细的使用方法后面介绍。

1. 执行器

执行器(Executor)是一个简单的标准化接口,用于定义类似线程的自定义子系统,包括线程池、异步 IO 和轻量级任务框架。根据所使用的具体 Executor 类的不同,可能在新创建的线程中、正在执行任务的线程中或者调用 execute() 的线程中执行任务,并且顺序或并发执行。Executor 的子接口 ExecutorService 提供了多个完整的异步任务执行框架。ExecutorService 管理任务的排队和安排,并允许受控关闭。ExecutorService 的子接口ScheduledExecutorService 添加了对延迟和定期执行任务的支持。ExecutorService 提供了安排异步执行的方法,可执行由 Callable 表示的任何函数,结果类似于 Runnable。Future 返回函数的结果,允许确定执行是否完成,并提供取消执行的方法。

类 ThreadPoolExecutor 和 ScheduledThreadPoolExecutor 分别实现了 ExecutorService 接口和 ScheduledExecutorService 接口,两个类提供可调用的、灵活的线程池。线程池可以解决两个不同问题:由于减少了每个任务调用的开销,它们通常可以在执行大量异步任务时提供更强的性能,并且还可以提供绑定和管理资源(包括执行集合任务时使用的线程)的方法。每个ThreadPoolExecutor 还维护着一些基本的统计数据,如完成的任务数等。Executors 类提供大多数 Executor 的常见类型和配置的工厂方法,以及使用它们的几种实用工具方法。其他基于Executor 的实用工具包括具体类 FutureTask,它提供 Future 的常见可扩展实现,以及ExecutorCompletionService 类,有助于协调对异步任务组的处理。

2. 队列

java.util.concurrent ConcurrentLinkedQueue 类提供了高效的、可伸缩的、线程安全的非阻塞 FIFO 队列(Queue)。Java.util.concurrent 中的 5 个实现都支持扩展的 BlockingQueue接口,该接口定义了 put 和 take 的阻塞版本:LinkedBlockingQueue、ArrayBlockingQueue、SynchronousQueue、PriorityBlockingQueue 和 DelayQueue。这些不同的类覆盖了生产者—使用

者、消息传递、并行任务执行和相关并发设计的大多数常见的上下文。

3. 计时

计时（TimeUnit）类为指定和控制基于超时的操作提供了多重粒度（包括纳秒级）。该包中的大多数类除了包含不确定的等待之外，还包含基于超时的操作。在使用超时的情况中，超时指定了在表明已超时前该方法应该等待的最少时间，在超时发生后，实现会"尽力"检测超时。但是，在检测超时与超时之后再次执行线程之间可能要经过不确定的时间。

4. 同步器

4个类可协助实现常见的专用同步语句。Semaphore 是一个经典的并发工具。CountDownLatch 是一个极其简单但又极其常用的实用工具，用于在保持给定数目的信号、事件或条件前阻塞执行。CyclicBarrier 是一个可重置的多路同步点，在某些并行编程风格中很有用。Exchanger 允许两个线程在集合点交换对象，用于多流水线设计。

5. 并发集合(Concurrent Collection)

除队列外，并发工具包还提供了几个用于多线程上下文中的 Collection 实现：ConcurrentHashMap、CopyOnWriteArrayList 和 CopyOnWriteArraySet。

此包中与某些类一起使用的 Concurrent 前缀是一种简写，表明与类似的"同步"类有所不同。例如，Java.util.Hashtable 和 Collections.synchronizedMap(new HashMap()) 是同步的，但 ConcurrentHashMap 则是"并发的"。并发集合是线程安全的，但是不受单个排他锁定的管理。在 ConcurrentHashMap 这一特定情况下，它可以安全地允许进行任意数目的并发读取，以及数目可调的并发写入。需要通过单个锁定阻止对集合的所有访问时，"同步"类是很有用的，其代价是较差的可伸缩性。在期望多个线程访问公共集合等情况中，通常"并发"版本要更好一些。当集合是未共享的，或者仅保持其他锁定时集合是可访问的情况下，非同步集合则要更好一些。

大多数并发 Collection 实现（包括大多数 Queue）与常规的 Java.util 约定不同，因为它们的迭代器提供了弱一致的、而不是快速失败的遍历。弱一致的迭代器是线程安全的，但是在迭代时没必要冻结集合，所以它不一定反映自迭代器创建以来的所有更新。

6. 锁(Lock)

为锁定和等待条件提供一个框架的接口和类，它不同于内置同步器和监视器。该框架允许更灵活地使用锁定和条件，但以更难用的语法为代价。

Lock 接口支持那些语义不同（重入、公平等）的锁定规则，可以在非阻塞式结构的上下文（包括 hand-over-hand 和锁定重排算法）中使用这些规则。ReentrantLock 实现了 Lock 接口，它是一个可重入的互斥锁，使得一个线程可以多次获取同一个锁。

ReadWriteLock 接口以类似方式定义了一些读取者可以共享而写入者独占的锁定。此包只提供了一个实现，即 ReentrantReadWriteLock，因为它适用于大部分的标准用法。但程序员可以创建自己的、适用于非标准要求的实现。

Condition 接口描述了可能会与锁定有关联的条件变量。这些变量在用法上与使用 Object.wait 访问的隐式监视器类似，但提供了更强大的功能。需要特别指出的是，单个 Lock 可能与多个 Condition 对象关联。为了避免兼容性问题，Condition 方法的名称与对应的 Object 版本中的不同。

AbstractQueuedSynchronizer 类是一个非常有用的超类,可用来定义锁定以及依赖于排队阻塞线程的其他同步器。LockSupport 类提供了更低级别的阻塞和解除阻塞支持,这对那些实现自己定制的锁定类的开发人员很有用。

9.1.7 执行器

执行器(Executor)能辅助管理 Thread 对象,从而简化并发程序的开发。Executor 在客户程序与任务执行之间提供了一个间接层,这个间接层负责执行任务,因而客户程序只需定义要并发执行的任务,提交给执行器,执行器负责并行地执行任务,并以合适的方式报告执行结果。

以下代码演示执行器(Executor)的使用。修改前面的质数计算程序,使用执行器来执行质数计算任务,修改后的代码如下。

```
01  package org.ddd.thread.example8;
02  public class PrimeNumberExecutorApp {
03      public static void main(String[] args)
04      {
05          PrimeNumberExecutorApp primeNumberThreadApp = new
06  PrimeNumberExecutorApp();
07          primeNumberThreadApp.execute();
08      }
09      public  void execute() {
10          ExecutorService executorService =
11  Executors.newCachedThreadPool();
12          Scanner scanner = new Scanner(System.in);
13          System.out.println("请输入:");
14          Long number = scanner.nextLong();
15          System.out.println("输入了:"+number);
16          int testerCount = 0;
17          while (number != 0) {
18              PrimeNumberTester primeNumberTester = new
19  PrimeNumberExecutorApp.PrimeNumberTester(number);
20              executorService.execute(primeNumberTester);
21              System.out.println("请输入:");
22              number = scanner.nextLong();
23              System.out.println("输入了:"+number);
24          }
25  executorService.shutdown();
26      }
27      public  class PrimeNumberTester implements Runnable
28      {
29          //此处省略。请参见"创建线程"一节的例子
30  org/ddd/thread/primenumber/PrimeNumberThreadApp.Java
```

```
31        }
32    }
```

运行上面的程序,如果不断地输入数字,线程池中的线程就会增加,如果放慢输入的速度,会发现线程池中的线程数量不变,甚至减少,从输出的线程名称可以看出这一点。

上面代码中 Executors 类的静态方法 newCachedThreadPool()创建了 ExecutorService 对象。Executors 类是一个定义的负责创建 Executor、ExecutorService、ScheduledExecutorService、ThreadFactory 和 Callable 类的工厂类。方法 newCachedThreadPool()创建一个可根据需要创建新线程的线程池,在以前构造的线程可用时将重用它们。对于执行很多短期异步任务的程序而言,这些线程池通常可提高程序性能。调用 execute 方法将重用以前构造的线程(如果线程可用)。如果现有线程没有可用的,则创建一个新线程,并添加到池中。终止并从缓存中移除那些已有 60s 未被使用的线程。因此,长时间保持空闲的线程池不会使用任何资源。

调用 ExecutorService 的 shutdown()方法后,ExecutorService 拒绝接收新任务,而在调用 shutdown()之前提交的任务会继续执行,如果所有任务执行完毕,ExecutorService 会停止运行,通过 isTerminated()方法可以获取任务是否执行完毕,通过 isShutdown()方法可以得知执行器是否已经关闭。shutdownNow()方法与 shutdown()方法类似,但调用 shutdownNow()方法后,执行器试图停止所有提交的任务,如果任务还未开始执行,则不再执行这些任务,如果任务已经开始执行,则尝试通过 Thread.interrupt()中断任务的执行,如果任何任务屏蔽或无法响应中断,则可能永远无法终止该任务。

Executors 类的静态方法 newFiexedThreadPool(int nThreads)负责创建一个固定数量线程的线程池,这个线程池可以一次性预先创建好指定数量的线程,以节省在执行任务时创建线程的时间。另外,即使线程处于空闲也不会被回收,这和 CachedThreadPool 是不一样的。需要提醒的是:创建线程是一件复杂并且耗费资源的工作。

Executors 类的静态方法 newSingleThreadExecutor()负责创建只有一个线程的执行器,相当于 newFiexedThreadPool(1)。如果向这个执行器提交多个任务,执行器会根据任务提交的先后顺序排队,依次执行每个任务。单线程执行器适用于那些需要独占唯一资源的任务的执行,例如:打印任务的执行。

Executors 类的静态方法 newScheduledThreadPool()负责创建一个线程池,它可在给定延迟后运行或者定期地运行。

9.1.8　返回值

Runnable 是独立执行工作任务的,无返回值,在实际编程中,经常需要在线程执行完成后向主线程提交任务执行结果。在 Java SE5 中引入的 Callable 接口规定了一种有返回值的任务。Callable 是一种具有类型参数的泛型接口,它的类型参数表示任务执行后返回值的类型。Callable 有唯一的方法 call(),相当于 Runnable 接口的 run()方法,唯一不同的是方法 call()有返回值,而 run()没有。

可以通过 ExecutorService 的 submit()方法向执行器提交具有返回值的任务。submit()方法提交任务后返回一个 Future 对象。Future 表示异步计算的结果。它提供了检查计算是否完成的方法,以等待计算的完成,并检索计算的结果。可以用 isDone()方法检测任务是否已经执行完成,如果任务执行完成,则返回 true。计算完成后只能使用 get 方法来检索结果,如有必要,计算完成前可以阻塞此方法。取消则由 cancel() 方法来执行,可以通过 isCancelled()方法检测任务是否已经取消。执行器的 shutdownNow()方法也可导致任务取消。它还提供了其他方法,以确定任务是正常完成还是被取消了。一旦计算完成,就不能再取消计算。如果为了可取消性而使用 Future,但又不提供可用的结果,则可以声明 Future<?>形式类型,并返回 null 作为底层任务的结果。

以下代码把质数计算的例子修改完成后,通过返回值的方式来显示结果。

```
01   package org.ddd.thread.example9;
02   public class PrimeNumberCallableApp {
03       public static void main(String[] args)
04       {
05           PrimeNumberCallableApp primeNumberThreadApp = new
06   PrimeNumberCallableApp();
07           primeNumberThreadApp.execute();
08       }
09       public void execute() {
10           ExecutorService executorService =
11   Executors.newCachedThreadPool();
12           //创建并启动计算完成监视线程
13           PrimeNumberCalcMonitor primeNumberCalcMonitor = new
14   PrimeNumberCalcMonitor(this.primeNumberFutures);
15           primeNumberCalcMonitor.start();
16           Scanner scanner = new Scanner(System.in);
17           System.out.println("请输入:");
18           Long number = scanner.nextLong();
19           System.out.println("输入了:"+number);
20           int testerCount = 0;
21           while (number != 0) {
22               PrimeNumberTester primeNumberTester = new
23   PrimeNumberCallableApp.PrimeNumberTester(number);
24               Future<Long> future =
25   executorService.submit(primeNumberTester);
26               primeNumberFutures.put(future, number);
27               System.out.println("请输入:");
28               number = scanner.nextLong();
29               System.out.println("输入了:"+number);
30           }
31       }
32       //用来存储异步计算的结果返回对象
33       private ConcurrentHashMap<Future<Long>, Long> primeNumberFutures =
34   new ConcurrentHashMap<Future<Long>, Long>();
35       public class PrimeNumberTester implements Callable<Long> {
36           private Long number;
```

```
37          public PrimeNumberTester(Long number)
38          {
39              this.number = number;
40          }
41      //测试输入的整数是否是质数
42      public boolean isPrimeNumber(Long number) {
43          Long sqrNumber = (new Double(Math.sqrt(number))).longValue();
44          for (Long i = 2l; i <= sqrNumber; i++) {
45              if (number % i == 0) {
46                  return false;
47              }
48          }
49          return true;
50      }
51      //测试小于或等于指定整数中质数的个数
52      public Long call() throws Exception {
53          Long count = 0l;
54          for (Long i = 2l; i <= number; i++) {
55              if (this.isPrimeNumber(i)) {
56                  count++;
57              }
58          }
59          //System.out.println("["+Thread.currentThread().getName()+ "]:
60          //计算结果:小于:" + number + " 的质数个数:" + count);
61          return count;
62      }
63  }
64  //线程用来监视所有计算是否完成,如果计算完成,则显示计算的结果
65  public class PrimeNumberCalcMonitor extends Thread {
66      private ConcurrentHashMap<Future<Long>, Long>
67  primeNumberFutures;
68      public PrimeNumberCalcMonitor(
69          ConcurrentHashMap<Future<Long>, Long>
70  primeNumberFutures) {
71          this.primeNumberFutures = primeNumberFutures;
72      }
73      public void run() {
74          while (true) {
75              Iterator<Future<Long>> iterator = primeNumberFutures
76                  .keySet().iterator();
77              while (iterator.hasNext()) {
78                  Future<Long> future = iterator.next();
79                  //如果计算完成,则显示结果
80                  if ( future.isDone() ) {
```

```
81                      //显示结果
82                          try {
83                              System.out.println(" 计算结果:小于:" +
84      this.primeNumberFutures.get(future) + " 的质数个数:" + future.get());
85                          } catch (InterruptedException e) {
86                          } catch (ExecutionException e) {
87                          }
88                      this.primeNumberFutures.remove(future);
89                      continue;
90                      }
91                  else if (future.isCancelled()) //检测计算任务是否已经取消
92                  {
93                      System.out.println(" 任务取消:计算 " +
94      this.primeNumberFutures.get(future) + " 的任务已经取消");
95                      this.primeNumberFutures.remove(future);
96                      continue;
97                      }
98                  }
99              try {
100                 this.sleep(1);
101             } catch (InterruptedException e) {
102             }
103         }
104     }
105 }
106 }
```

程序首先创建了 CachedThreadPool 线程池来执行质数计算任务。然后通过 submit()
方法把任务提交给执行器,并把 submit() 返回的 Futrue 对象存入 ConcurrentHashMap<
Future<Long>,Long>对象中,ConcurrentHashMap 是一个对多线程安全的 HashMap。
程序创建了一个 PrimeNumberCalcMonitor 的线程来监视计算任务是否完成或者取消,如
果完成则显示计算的结果。

9.2 线程共享资源

在实际应用中,多个线程常常希望共享数据,例如前面质数计算的例子中的
PrimeNumberCallableApp,主要线程负责创建新的计算任务,而结果监视线程负责监视计
算任务是否完成,两个线程就需要共享一个 HashMap 来存取计算任务的结果。再例如,在
模拟股票交易的程序中,一个线程可能要减少同一个账户的股票金额,而另外一个线程可能
要增加这个账户的股票金额,两个线程就要共享账户的股票金额。

线程在 CPU 上执行是分时间片进行的,线程调度器(thread scheduler)可能随时中断

一个线程的指令执行,而去执行另外一个线程的指令,并且什么时候被中断是不可预测的,这种分时执行可能产生意想不到的执行结果。

以下实例就用模拟股票交易的程序来模拟这种情况。首先创建 Account 类()来存储股票账户的信息,Account 类的属性如下。

```
01   package org.ddd.thread.example;
02   public class Account {
03       private Long stocksBought = 0l;       //账户已经卖出的股票数量
04       private Long stocksSold = 0l;          //账户已经买入的股票数量
05       private Long stocks = 0l;              //账户当前股票数量
06   //以下省略 getter、setter 代码
07   }
```

创建 StockMarket 类代表交易市场,该类负责管理股票账户,并通过方法 deal(int fromAccount,int toAccount,Long stocks)来模拟股票从一个账户出售给另外一个账户。方法 showTotalStocks()用于显示当前股票的总数量,在这个封闭的股票市场,无论股票如何买卖,市场内股票的总数量应该是不会变化的,并且所有卖出的总量应该等所有买入的总量,代码如下。

```
01   package org.ddd.thread.example10;
02   public class StockMarket {
03       private final Account[] accounts;
04       private Long initialStocks;
05       private int accountCount;
06       public StockMarket(int accountCount,Long initialStocks)
07       {
08           this.accountCount = accountCount;
09           this.initialStocks = initialStocks;
10           accounts = new Account[accountCount];
11           for(int i = 0; i<accountCount; i++)
12           {
13               accounts[i] = new Account(initialStocks);
14           }
15       }
16       /**
17        * 股票交易
18        * @param fromAccount 卖家账户
19        * @param toAccount 买家账户
20        * @param stocks 交易的股票数
21        */
22       public  void  deal(int fromAccount,int toAccount,Long stocks)
23       {
24           //如果交易的金额大于卖家的股票数,则放弃交易
25           if(accounts[fromAccount].getStocks() < stocks) return;
```

```
26          accounts[fromAccount].setStocks(accounts[fromAccount].getStocks() -
27  stocks);
28          accounts[fromAccount].setStocksSold(accounts[fromAccount].
29  getStocksSold() + stocks);
30          accounts[toAccount].setStocks(accounts[toAccount].getStocks() +
31  stocks);
32          accounts[toAccount].setStocksBought(accounts[toAccount].
33  getStocksBought() + stocks);
34          this.showTotalStocks();
35      }
36  public volatile long   startN;
37      public volatile long dealCount;
38      /**
39       * 显示股票总额,并测试数量是否正确。理论上说:市场的股票总量不会发生变化,
40       * 并且所有卖出的总量应该等于所有买入的总量
41       */
42      public void showTotalStocks()
43      {
44          long stocks = 0l;
45          long stocksBought = 0l;
46          long stocksSold = 0l;
47          for (Account account: accounts)
48          {
49              stocks += account.getStocks();
50              stocksBought += account.getStocksBought();
51              stocksSold += account.getStocksSold();
52          }
53          String errorMessage = "";
54          if(stocks != this.accountCount * this.initialStocks)
55          {
56              errorMessage += " 总数不正确 ";
57          }
58          if(stocksBought != stocksSold)
59          {
60              errorMessage += " 买卖之和与总数不相等 ";
61          }
62          System.out.printf("总股票数:%15d 卖出总数%15d 买入总数:%15d %s %n",
63  stocks,stocksSold,stocksBought,errorMessage);
64      }
65      public int getAccountCount()
66      {
67          return this.accounts.length;
68      }
69  }
```

类 Broker 代表股票交易的代理，Broker 是一个线程类，在模拟程序中，Broker 只代理一个股票账户，即负责把所代表的股票账户的股票卖给其他账户，Broker 不断地把所代表的股票账户的股票卖给随机产生的一个买家，但不能卖给自己，代码如下。

```
01  package org.ddd.thread.example10;
02  public class Broker extends Thread {
03      private long dealMaxStocks;                    //允许的最大交易数量
04      private int accountCount;
05      private StockMarket stockMarket;
06      private int brokerId;
07      public Broker(StockMarket stockMarket,int brokerId, long dealMaxStocks)
08      {
09          this.stockMarket = stockMarket;
10          this.brokerId = brokerId;
11          this.dealMaxStocks = dealMaxStocks;
12      }
13      public void run()
14      {
15          while(true)
16          {
17              //Broker 只代理一个股票账户,即卖家账户
18              int fromAccount = this.brokerId;
19              int toAccount = 0;
20              do{
21                  toAccount = (int)(this.stockMarket.getAccountCount()
22  * Math.random());
23              }
24              while(toAccount == fromAccount);
25              //交易的数量不能大于允许的最大交易数量
26              long stocks = (long)(this.dealMaxStocks * Math.random());
27              //向市场提交交易请求
28              this.stockMarket.deal(fromAccount, toAccount, stocks);
29              try {
30                  Thread.sleep((long)(10 * Math.random()));
31              } catch (InterruptedException e) {
32              }
33          }
34      }
35  }
```

类 StockMarketTest 是模拟程序的主程序，程序创建了 10 个股票账户和 10 个代理对象，启动每个代理的对象线程，开始进行交易，代码如下。

```
01  package org.ddd.thread.example11;
02  public class StockMarketTest {
```

```
03      public static void main(String[] args) throws IOException {
04          StockMarket stockMarket = new StockMarket(STOCK_ACCOUNT_COUNT,
05              INITIAL_STOCKS);
06          stockMarket.dealCount = 0;
07          stockMarket.startN = System.nanoTime();
08          int i;
09          for (i = 0; i < BROKER_THREAD_COUNT; i++) {
10              Broker broker = new Broker(stockMarket, i, INITIAL_STOCKS);
11              broker.setDaemon(true);
12              broker.setName(String.format(" broker %5d ", i));
13              broker.start();
14          }
15          System.in.read();
16      }
17      public static final int BROKER_THREAD_COUNT = 10;
18      public static final int STOCK_ACCOUNT_COUNT = 10;
19      public static final long INITIAL_STOCKS = 10;
20  }
```

运行上面的程序,各 broker 线程开始运行,生成交易。StockMarket 对象在每次交易完成后调用 showTotalStocks(),显示此时股票的变化情况。程序运行一段时间后,在控制台上输出:

总股票数:　　92 卖出总数: 22429 买入总数: 22400　　总数不正确　买卖之和与总数不相等

从这个输出可以看出,程序在运行的一段时间后,股票总数变为 92,而实际上应该是 100,并且卖出总数与买入总数也不相等。可以发现,程序没有按照我们期望的方式运行,丢失的 8 股到哪里去了? 这就是由于多线程程序在资源共享时产生了问题。下一节详细分析产生问题的原因。

9.2.1　竞争条件

在上一节股票交易模拟的例子中,程序运行一段时间后,股票的数量变得不正确了,产生问题的根本原因就是因为多个线程对同一个账户的股票数量进行修改,线程正在修改股票数量时被线程调度中断而导致的。

扫一扫

下面详细分析问题是怎么产生的。假设 account1 有当前 10 股,broker1 从 account1 卖出 2 股,broker2 为 account1 买入 3 股,买卖完成后 account1 应该有 11 股。先要补充说明一下:CPU 在进行加法计算时,首先把加数从内存中加载到寄存器中,再把另外一个加数也从内存中加载到寄存器中,然后把两个寄存器的值相加,最后把结果写入到内存中,减法执行过程类似,那么以上买卖的计算过程可能如下。

(1) broker1 将 10 从内存加载到寄存器中。

（2）broker1 将 2 加载到寄存器中。

（3）broker1 从 10 所在的寄存器减去 2,寄存器值为 8。

（4）broker1 将 8 写回内存。

（5）broker2 将 8 加载到寄存器中。

（6）broker2 将 3 加载到寄存器中。

（7）broker2 将 8 所在寄存器加上 3,寄存器值为 11。

（8）broker2 将 11 写回内存中。

如果程序真按上面的步骤执行,结果应该是正确的,内存中的值为 11,但前面已经介绍过,线程在执行过程中可能随时被线程调度器中断,而执行其他线程。如果在执行上面的指令序列的第(4)步时,broker1 线程被线程调度器打断,而去执行 broker2 线程,broker2 执行完成后再执行 broker1 线程,上面的执行序列就变成如下步骤。

（1）broker1 将 10 从内存加载到寄存器中。

（2）broker1 将 2 加载到寄存器中。

（3）broker1 从 10 所在的寄存器减去 2,寄存器值为 8。

（4）broker2 将 10 加载到寄存器中(因为 broker1 还没有把 8 写回内存)。

（5）broker2 将 3 加载到寄存器中。

（6）broker2 将 10 所在寄存器加上 3,寄存器值为 13。

（7）broker2 将 13 写回内存中。

（8）broker1 将 8 写回内存。

上面的指令执行完成后,内容中的股票数为 8,这明显是错误的,broker1 覆盖了 broker2 的结果。多个线程在执行过程中相互干扰的现象就称为竞争条件(race condition)。

真正在虚拟机上执行的是编译后的虚拟机指令,虚拟机指令比 Java 代码的粒度更小,这种可以随意打断产生的结果可能更为混乱。

再回到前面例子的程序,StockMarket 的 deal() 可能会被任意中断执行是产生股票总数不正确的原因。

如果多个线程在执行过程中不相互共享数据,竞争条件就不会产生;如果在读写共享数据时不会被任意打断后插入其他线程对共享数据读写的代码,也不会产生竞争条件。由于功能的需要,不共享数据是不可能的,唯一解决的办法就是调度器保证在读写共享数据时不会被任意打断后插入其他线程对共享数据读写的代码,Java 用称为锁的机制来保证这一点。

9.2.2　Lock 对象

多个线程对共享资源的竞争读写可能导致程序执行的混乱,产生错误的运行结果。Java 通过对共享资源加锁的机制来解决对共享资源的读写竞争。加锁机制的基本目标是保证在同一个时间内只有一个线程对共享数据进行读写,如果有两个线程同时试图访问共享数据,就要排队,让队列线程中的数据依次读写共享数据。

以多个人共用电话亭的例子说明锁机制,如果有多个人想使用电话亭,为了避免使用冲突,为电话亭加上一把只能从里面开关的锁,进入电话亭的人从里面把锁锁上,然后打电话,这时外面的人只能排队,打完电话后,里面的人打开锁出来,下一个等待的人进入电话亭。

这样就可以避免两个人共占一个电话亭产生冲突。

Java 提供了两种方法为共享资源加锁：一种是用 synchronized 关键字，另一种是用 Lock 对象，两种方法的实现原理是一样的，使用 Lock 对象加锁更加灵活一些，首先介绍 Lock 对象的使用。

Java 的 concurrent 框架为共享资源加锁提供了 Lock 接口，类 ReentrantLock 实现 Lock 接口，是常用的锁对象。ReentrantLock 类通常使用的方式如下。

```
01  class X {
02    private final ReentrantLock lock = new ReentrantLock();
03    //...
04    public void readWriteDataShared() {
05      lock.lock();   //获取锁,如果该锁没有被另一个线程保持,则获取该锁并立即返回,
06                     //否则阻塞本线程
07      try {
08        //读写共享数据
09      } finally {
10        lock.unlock()
11      }
12    }
13  }
```

对共享数据读写之前，通过 ReentrantLock 类的 lock()方法获取锁(实际上应该是获取对锁的控制，或者说是获取钥匙)。在同一时间锁只能被一个线程获取。如果该锁没有被另一个线程保持，则获取该锁并立即返回，将锁的保持计数设置为 1。如果当前线程已经保持该锁，则将保持计数加 1，并且该方法立即返回。如果该锁被另一个线程保持，则出于线程调度的目的，阻塞当前线程，并且在获得锁之前，该线程将一直处于休眠状态。保持计数是指拥有锁的线程共几次调用了 lock()方法，每调用 1 次保持计数加 1。

如果线程对共享资源访问完毕，通过 ReentrantLock 类的 unlock()方法试图释放对锁的拥有，为其他线程获取锁提供机会。请注意，获取锁后的代码应该采用 try-finally 进行保护，因为如果代码中出现异常，线程就没有机会释放锁，导致其他线程永远没有机会访问共享资源。

ReentrantLock 类被称为可重入锁，即同一个线程得到对锁的控制后，还可以继续调用这个锁的 lock()方法尝试获取锁，此时锁使用保持计数来记录线程有多少次获取了锁，即如果线程第一次通过调用 lock()获得锁，则锁的保持计数置为 1，这个线程以后每调用一次 lock()方法，则保持计数加 1，这个线程每调用一次 unlock()方法，则保持计数减 1，如果计数减到 0，则线程才真正释放对锁的拥有。可以通过 getHoldCount()方法查询锁的保持计数。以下代码演示了锁的重入。

```
01  class X {
02    private final ReentrantLock lock = new ReentrantLock();
03    //...
04    public void readWriteDataShared() {
```

```
05        lock.lock();
06        try {
07            //读写共享数据
08            //调用另外一个方法访问共享数据
09            reReadWriteDataShared();
10        } finally {
11          lock.unlock()
12        }
13      }
14      public void reReadWriteDataShared() {
15        lock.lock();
16        try {
17          //读写共享数据
18        } finally {
19          lock.unlock()
20        }
21      }
22    }
```

以上代码在 readWriteDataShared( )方法中调用 reReadWriteDataShared( )方法，reReadWriteDataShared()也获取了对锁的控制。递归调用是另外一个需要重复获取锁的典型例子。

线程在调用 lock()方法时，如果锁已经被其他线程拥有，线程将阻塞，线程一直等待，有些时候并不希望线程阻塞，而是根据共享数据是否锁定做不同的处理。ReentrantLock 类的 isLocked()方法可以查询锁是否已经被线程拥有。tryLock()是另外一种更加灵活获取锁的方法，该方法仅在调用时锁未被另一个线程拥有的情况下才获取该锁，并返回 true，如果已经被另外一个线路拥有，则直接返回 false，不会阻塞线程。

以下代码修改模拟股票交易程序中的 StockMarket 类，为 deal()方法加上锁的保护，修改后的 StockMarket 类代码如下。

```
01  package org.ddd.thread.example12;
02  public class StockMarket {
03      private final Account[] accounts ;
04      private Long initialStocks;
05      private int accountCount;
06      private Lock stockMarketLock = new ReentrantLock();
07      public StockMarket(int accountCount,Long initialStocks)
08      {
09          this.accountCount = accountCount;
10          this.initialStocks = initialStocks;
11          accounts = new Account[accountCount];
12          for(int i = 0; i<accountCount; i++)
13          {
```

```
14              accounts[i] = new Account(initialStocks);
15          }
16      }
17      /**
18       * 股票交易
19       * @param fromAccount 卖家账户
20       * @param toAccount 买家账户
21       * @param stocks 交易的股票数
22       */
23      public  void  deal(int fromAccount,int toAccount,Long stocks)
24      {
25          this.stockMarketLock.lock();
26          try
27          {
28              //如果交易的金额大于卖家的股票数,则放弃交易
29              if(accounts[fromAccount].getStocks() < stocks) return;
30              accounts[fromAccount].setStocks(accounts[fromAccount].
31   getStocks() - stocks);
32              accounts[fromAccount].setStocksSold(accounts[fromAccount].
33   getStocksSold() + stocks);
34              accounts[toAccount].setStocks(accounts[toAccount].getStocks() +
35   stocks);
36              accounts[toAccount].setStocksBought(accounts[toAccount].
37   getStocksBought() + stocks);
38              this.showTotalStocks();
39          }
40          finally
41          {
42              this.stockMarketLock.unlock();
43          }
44      }
45      public volatile long   startN;
46      public volatile long dealCount;
47      /**
48       * 显示股票总额,并测试数量是否正确
49       */
50          public void showTotalStocks()
51          {
52              //此处代码省略
53          }
54          public int getAccountCount()
55          {
56              return this.accounts.length;
57          }
58  }
```

StockMarket 类首先创建了一个可重入锁 stockMarketLock，在 deal() 方法中，在修改股票数量之前首先使用 stockMarketLock.lock() 获得锁，交易处理完成后使用 stockMarketLock.unlock() 方法释放锁。

程序的其他代码与前面的例子一样，没做任何修改，运行模拟程序可以发现，无论运行多长时间，股票总数量没有变化，并且卖出数量与买入数量也永远相等，可以得到我们期望的运行效果。

需要说明的是：锁能够有效地解决对共享资源竞争访问的问题，但并不是没有代价的。仔细分析可以发现，锁实际上使得线程只能顺序地调用 deal() 方法，无论多少个线程并行请求交易，但在具体执行交易时，同一时刻只有一个线程的交易得到处理，这对程序运行效率的伤害是巨大的。采用多线程的重要目的之一就是提高程序的执行效率，而锁的使用可以使多线程的优势完全不能发挥出来。因此，使用锁的时候必须要慎重，不要滥用。在程序设计时，应该把对共享数据访问的代码尽量集中，对集中后的代码采用锁来保护。

布莱恩·格茨给出多线程编程中的"同步格式"："如果向一个变量写入值，而这个变量接下来可能会被另外一个线程读到，或者从一个变量读值，而这个变量可能是之前被另外一个线程写入的，此时必须使用同步"。

9.2.3 锁测试与超时

线程在调用 Lock 对象的 lock() 方法获取另一个线程所持有的锁时，当前线程将会阻塞，并且其他线程不能中断阻塞。但一些使用场景并不是必须要获得锁，如果发现锁已经被其他线程占用，则做其他处理，Concurrent 框架对此提供了 lockInterruptibly() 方法、tryLock() 方法、tryLock(long time, TimeUnit unit) 方法。

tryLock() 方法在调用时仅锁为空闲状态才获取该锁。如果锁可用，则获取锁，并立即返回值 true。如果锁不可用，则将立即返回值 false。此方法的典型使用语句如下。

```
01  Lock lock = new ReentrantLock();
02  if (lock.tryLock()) {
03      try {
04          //如果获得锁，则对共享资源进行处理
05      } finally {
06          lock.unlock();
07      }
08  } else {
09      //如没有获得锁，则做其他处理，通常不能对锁保护的共享资源进行修改
10  }
```

此方法可确保如果获取了锁，则会释放锁，如果未获取锁，则不会试图将其释放。

对于 tryLock(long time, TimeUnit unit) 方法，如果锁在给定等待时间内没有被另一个线程保持，且当前线程未被中断，则获取该锁，并且立即返回值 true。如果超出了指定的等待时间，则返回值 false。如果该时间小于或等于 0，则此方法根本不会等待。

如果锁被另一个线程保持，则出于线程调度的目的，阻塞当前线程，并且在发生以下三种情况之一以前，该线程将一直处于休眠状态。

（1）锁由当前线程获得。

（2）其他某个线程中断当前线程。

（3）已超过指定的等待时间

如果当前线程在进入此方法时已经设置了该线程的中断状态，或者在等待获取锁的同时被中断，则抛出 InterruptedException，并且清除当前线程的已中断状态。

对于 lockInterruptibly() 方法，如果该锁没有被另一个线程保持，则获取该锁，并立即返回。如果锁被另一个线程保持，则出于线程调度目的，阻塞当前线程，并且在发生以下两种情况之一以前，该线程将一直处于休眠状态。

（1）锁由当前线程获得。

（2）其他某个线程中断当前线程。

如果当前线程在进入此方法时已经设置了该线程的中断状态，或者在等待获取锁的同时被中断，则抛出 InterruptedException，并且清除当前线程的已中断状态。与此方法相反，lock() 方法是不可以中断的。

9.2.4　synchronized 关键字

前面使用 Lock 对象来保护对共享数据的访问，Java 还提供了一种嵌入到语言内部的机制。从 Java SE1.0 版开始，Java 中的每一个对象都有一个内部锁，使用这个内部锁能起到 Lock 对象类似的保护目标。synchronized 是语言本身的一个关键字，通过使用 synchronized 关键字就能使用对象的内部锁。

synchronized 可以使用到一个方法上，也可以作为语句使用到一个代码块上面。synchronized 使用到方法上的方式如下。

```
01  public synchronized void  deal(int fromAccount,int toAccount,Long stocks)
02  {
03    //方法体
04  }
```

上面的 deal() 方法就受到锁的保护，也可使用到代码块上，举例如下。

```
01  public void  deal(int fromAccount,int toAccount,Long stocks)
02  {
03    synchronized(this)
04    {
05      //代码块
06    }
07  }
```

synchronized(this) 对所包含的代码块进行保护，上面的两种方式在功能上基本一样，都能保证所保护的代码一次只能被一个线程执行。

上面的代码从表面上并没有使用到锁，但实际上都使用到了内部锁，Java 设计者希望锁对程序员来说是透明的，可以简化程序的设计。上面的代码相当于下面显示使用锁的代码。

```
01  public void  deal(int fromAccount,int toAccount,Long stocks)
02  {
03      this.lock();                            //这只是示例代码,并不存在 lock()方法
04      try
05      {
06          //方法体
07      }
08      finally
09      {
10          this.unlock();                      //这只是示例代码,并不存在 unlock()方法
11      }
12  }
```

在 Java 中,任何对象都有内部锁,因此 this.lock()是可能实现的,但获取锁是 Java 内部实现的。如果 synchronized 使用在方法上,则在执行到方法的代码时,就要去获取锁,在退出方法时释放锁。如果使用在代码块上,则在进入到代码时就要去获取锁,退出代码块时释放锁。

synchronized 作为语句使用,不仅能获取 this 对象的锁,还能获取任意对象的锁,举例如下。

```
01  public final Object locker = new Object();
02  public void  deal(int fromAccount,int toAccount,Long stocks)
03  {
04      synchronized(locker)
05      {
06      //代码块
07      }
08  }
```

上面的代码就是使用 locker 对象的锁,相当于使用下面的显示锁。

```
01  public final Object locker = new Object();
02  public void  deal(int fromAccount,int toAccount,Long stocks)
03  {
04      locker.lock();                          //这只是示例代码,并不存在 lock()方法
05      try
06      {
07          //方法体
08      }
09      finally
10      {
11          locker.unlock();                    //这只是示例代码,并不存在 unlock()方法
12      }
13  }
```

9.2.5 原子性

原子性是指一个操作的一系列子操作不会被打断,这个操作一旦开始执行,要不完全成功,要不完全失败。这里的操作是一个抽象的概念,是指程序执行过程中有特定功能、相对独立、有特定名称的执行单元,可以是一个服务、操作、Java 的代码指令、JVM 指令、汇编指令、CPU 指令、CPU 操作等,一个操作通常可以在更微观的层次上分为更小的操作,举例如下。

```
01  public int increase()
02  {
03      return i++;
04  }
```

其中,i++看起来应该是个单一的操作,但如果从 JVM 指令度来看,这个操作被分成下面的几条 JVM 指令(可以使用 Java 自带的 javap.exe 程序查看 class 文件中的指令)。

```
01  public int increate();
02    Code:
03     0:   aload_0
04     1:   dup
05     2:   getfield    #12;              //Field i:I
06     5:   dup_x1
07     6:   iconst_1
08     7:   iadd
09     8:   putfield    #12;              //Field i:I
10    11:   ireturn
```

实际上,JVM 指令在 CPU 上执行,也会被编译成一系列 CPU 指令,那 CPU 指令是不是不能再分了呢?还能!例如 CPU 指令集中常见的交换指令 CAS,它完成两个操作,一个比较,一个交换,后一个完不完成依赖于前一个操作的结果,从逻辑上说,它们是两个操作。

一个指令既然由一系列的子操作组成,那就有可能在完成到子操作的某一步时被打断,例如:被进程调度打断、被线程调度打断、甚至可能被硬件中断请求打断。如果子操作能够被打断,并且子操作又使用了公共资源,就有可能造成执行的混乱。因此,为了让一个操作有预期的执行结果,就要求有某一种机制保证,在特定的操作执行过程中是不允许打断的,即保证操作的原子性。

锁机制是一种保证原子性的方法之一,在操作的子序列执行之前加锁,在操作完成后解除锁。例如,在方法上加上 synchronized 可以保证操作的原子性,举例如下。

```
01  public synchronized int increase()
02  {
03      return i ++;
04  }
```

方法 increase()就变成了一个原子操作,可以保证前面的多条指令不会被打断。

锁虽然能保证操作的原子性,但是加锁的代码运行效率较差,这是要注意的问题。特别在一些底层代码中使用锁,例如前面的 i++,甚至简单的赋值,举例如下。

```
01  long i = 1,j;
02  j = i;
```

其中 j = i 就不是原子的,因为 long 是 64 位的数,如果在 32 位的机器上,这个赋值必须用两条指令才能完成。如果这样简单的赋值就使用锁,代价实在是太大了。如果不使用锁,就不能够保证操作的原子性,这是非常需要注意的,但这也是比较困难的一件事情,除非对 JVM 有深入的研究。Java 的 concurrent 框架中提供了许多包装类,用于原子的整数、浮点、数组等运算,编写多线程程序时可以使用这些类。下面是原子类的简介。

AtomicBoolean：可以用原子方式更新的 boolean 值。

AtomicInteger：可以用原子方式更新的 int 值。

AtomicIntegerArray：可以用原子方式更新其元素的 int 数组。

AtomicIntegerFieldUpdater<T>：基于反射的实用工具,可以对指定类的指定 volatile int 字段进行原子更新。

AtomicLong：可以用原子方式更新的 long 值。

AtomicLongArray：可以用原子方式更新其元素的 long 数组。

AtomicLongFieldUpdater<T>：基于反射的实用工具,可以对指定类的指定 volatile long 字段进行原子更新。

AtomicMarkableReference<V>：AtomicMarkableReference 维护带有标记位的对象引用,可以用原子方式对其进行更新。

AtomicReference<V>：可以用原子方式更新的对象引用。

AtomicReferenceArray<E>：可以用原子方式更新其元素的对象引用数组。

AtomicReferenceFieldUpdater<T,V>：基于反射的实用工具,可以对指定类的指定 volatile 字段进行原子更新。

AtomicStampedReference<V>：AtomicStampedReference 维护带有整数标记的对象引用,可以用原子方式对其进行更新。

9.2.6 线程局部变量

扫一扫

多个线程同时读写共享资源将产生冲突,导致程序运行错误,如果每个线程都有独立的变量副本(独立的存储空间),每个线程对不同的副本进行读写,自然不会产生冲突,Java 提供的线程局部(thread-local)变量就是这样的变量。

线程局部变量是一种自动化机制,可以使用相同的变量名为不同的线程创建不同的变量存储,即对象(或者类)相同的变量名,在不同的线程中访问,返回的值是不一样的。

ThreadLocal<T>类提供了线程局部变量。这些变量不同于它们的普通对应物,因为访问某个变量(通过其 get 或 set 方法)的每个线程都有自己的局部变量,它独立于变量的初始化副本。ThreadLocal 实例通常是类中的 private static 字段,它们希望将状态(例如,用户 ID 或事务 ID)与某一个线程相关联,而不是在线程执行过程中的相关对象中通过参数

传递。例如,在一个服务程序中,在响应客户端请求时,通常需要调用多个类的方法,并且可能要使用客户端的用户登录信息,如果通过参数传递用户登录信息,无疑是一件烦琐的事件,那么就可以通过线程局部变量在多个处理类中传递登录信息,代码如下。

```
01  package org.ddd.thread.example13;
02  public class ThreadLocalApp {
03      public static void main(String[] args)
04      {
05          ThreadLocalApp threadLocalApp = new ThreadLocalApp();
06          threadLocalApp.execute();
07      }
08      public void execute() {
09          RequestHandler requestHandler = new RequestHandler("ddd");
10          requestHandler.start();
11          try {
12              Thread.sleep(5000);
13          } catch (InterruptedException e) {}
14          requestHandler = new RequestHandler("aaa");
15          requestHandler.start();
16          try {
17              Thread.sleep(5000);
18          } catch (InterruptedException e) {}
19          requestHandler = new RequestHandler();
20          requestHandler.start();
21          try {
22              Thread.sleep(5000);
23          } catch (InterruptedException e) {}
24      }
25      public class RequestHandler extends Thread {
26          private String user = null;
27          public RequestHandler(){}
28          public RequestHandler(String user)
29          {
30              this.user = user;
31          }
32          public void run(){
33              UserManager.setUser(this.user);
34              //登录检查
35              Permission permission = new Permission();
36              if( ! permission.isLogined())
37              {
38                  System.err.printf("线程:[%s],没有登录,将退出%n",
39  Thread.currentThread().getName());
40                  return;
```

```
41              }
42              //显示登录用户
43              DisplayUI displayUI = new DisplayUI();
44              displayUI.display();
45          }
46      }
47      public static class UserManager
48      {
49          private static final ThreadLocal<String> threadUser = new
50  ThreadLocal<String>() ;
51          public static void setUser(String user)
52          {
53              threadUser.set(user);
54          }
55          public static String getUser()
56          {
57              return threadUser.get();
58          }
59      }
60      //登录检查
61      public class Permission
62      {
63          public boolean isLogined()
64          {
65              String user = UserManager.getUser();
66              if (user != null)
67              {
68                  System.out.printf("线程:[%s][Permission],登录的用户名:%s %n",
69  Thread.currentThread().getName(),user);
70                  return true;
71              }
72              else
73              {
74                  System.err.printf("线程:[%s][Permission],没有登录,将退出%n",
75  Thread.currentThread().getName());
76                  return false;
77              }
78          }
79      }
80      //显示登录的用户
81      public class DisplayUI
82      {
83          public void display()
84          {
```

```
85              String user = UserManager.getUser();
86              System.out.printf("线程:[%s][DisplayUI],登录的用户名:%s %n",
87 Thread.currentThread().getName(),user);
88          }
89      }
90 }
```

在 UserManager 类中创建了线程局部变量 threadUser,用来记录登录的用户信息,并且声明为静态的,这意味着在整个线程中都用 threadUser 来设置和获取登录用户的信息。在 Permission 类的 isLogined()方法、DisplayUI 类的 display()方法中,都从线程变量 threadUser 获取用户信息,只要这两个方法在一个线程中调用,返回的用户信息应该是同一个,运行上面的代码,输出结果如下。

```
01 线程:[Thread-0][Permission],登录的用户名:ddd
02 线程:[Thread-0][DisplayUI],登录的用户名:ddd
03 线程:[Thread-1][Permission],登录的用户名:aaa
04 线程:[Thread-1][DisplayUI],登录的用户名:aaa
05 线程:[Thread-2][Permission],没有登录,将退出
06 线程:[Thread-2],没有登录,将退出
```

从上面的输出可以看出,只要线程是一样的,输出的用户信息就是一样的,说明在整个线程中共用了同一个变量。

这里请注意,线程局部变量虽然可以为每个线程分配单独的存储空间,但并不保证所有的存储空间存储的值是一样的,这需要编程时自己保证。

9.3　线程协作

前面讲述了多个线程共享资源的问题,锁机制保证了顺序读写共享资源。在实际工作中,经常要求线程之间有更紧密的协作,例如:一类线程负责接收任务,另外一类线程负责处理任务,那么接收任务的线程在接收到新任务时要通知任务处理线程处理新任务,或者任务处理线程处理完任务后要通知任务接收线程分配新任务。

Java 提供了两套用于线程之间协作的机制:一个是使用 Object 类的 wait()方法和 notify()方法,另外一个是使用 Condition 类的 await()方法和 signal()方法。

9.3.1　wait 与 notifyall

wait()方法可以使一个线程任务等待条件发生变化,而这个条件只能由其他线程任务来改变,例如任务处理线程(handler)要等待任务接收线程(receiver)分配新的任务,那么任务处理线程可以采用以下代码实现等待。

扫一扫

```
01 //receiver 类中
02 public void addTask(Task task)
```

```
03  {
04      synchronized()
05      {
06          this.getTasks().add(task);
07      }
08  }
09  public List getTasks()
10  {
11      return this.tasks();
12  }
13  //handler 类中
14  public void run()
15  {
16      synchronized(receiver.getTasks())
17      {
18          while(receiver.getTasks().size() ==0 ){};
19          Task taks = receiver.getTasks().get(0);
20          receiver.getTasks().remove(0);
21      }
22  }
```

如果 receiver 中没有新任务,handler 一直空循环等待,这被称为忙等待,忙等待虽然没做实质的事情,但线程调度器仍会给 handler 分配执行时间片,显示这是一种对 CPU 计算能力的浪费。上面代码的问题不仅如此,更糟糕的是 synchronized 块锁定了 receiver.getTasks(),那么其他线程也无法获得锁,包括 receiver,即使 receiver 接收到新的任务,也无法添加到任务列中,这样就形成了无法解决的矛盾:handler 要接收到新的任务才能释放对任务列表的锁定,而 receiver 要获得任务列表的锁后才能向列表中添加新的任务,就会造成无休止的等待。

wait()方法可以解决这个问题,如果调用 wait()方法,就会导致本线程等待,并且释放本线程拥有的锁,给其他线程提供改变条件的机会。当其他线程修改了条件之后,就调用notify()(或 notifyall())通知等待的线程退出等待。如上面的代码可修改为以下代码。

```
01  //receiver 类中
02  public void addTask(Task task)
03  {
04      synchronized(this.tasks)
05      {
06          this.getTasks().add(task);
07          this.getTasks().notifyall();          //通知等待的线程退出等待
08      }
09  }
10  public List getTasks()
11  {
```

```
12      return this.tasks();
13 }
14 //handler 类中
15 public void run()
16 {
17     synchronized(receiver.getTasks())
18     {
19         if (receiver.getTasks().size() == 0)
20         {
21             receiver.getTasks().wait();        //等待新的任务
22         }
23         Task taks = receiver.getTasks().get(0);
24         receiver.getTasks().remove(0);
25     }
26 }
```

在 handler 类中,如果任务列表中没有任务,就让本线程等待,并且释放拥有的对 receiver.getTasks() 的锁,如果 receiver 接收到新的任务,就锁定 this.tasks,并添加新任务到任务列表中(注意:代码中的 this.tasks、receiver.getTasks() 是对同一个对象的引用),并且通知所有因为对 tasks 对象调用 wait() 方法而等待的线程试图退出等待,之所以是"试图退出等待",是因为等待的线程是否真正立刻退出等待,需要看是否能获得在 tasks 上的锁,如果获得锁就可以立刻退出,其他线程要等获得锁的线程释放锁,然后获得锁后再退出等待,等待的线程顺序退出等待的状态,即等待的线程是否能退出等待需要两个条件:是否得到通知,是否获得锁。如果多个线程在等待,具体哪个线程最先获得锁,是由线程调度器决定的。

reciever 类中的通知方法 this.getTasks().notifyall() 只是告诉任务有变化,但并不能保证一定能获得任务(这种现象称为虚假唤醒(spurious wakeup)),因此 handler 类中等待的代码应该改为下面的形式。

```
01 //handler 类中
02 public void run()
03 {
04     synchronized(receiver.getTasks())
05     {
06         while(receiver.getTasks().size() == 0)        //if 改为 while
07         {
08             receiver.getTasks().wait();               //等待新的任务
09         }
10         Task tasks = receiver.getTasks().get(0);
11         receiver.getTasks().remove(0);
12     }
13 }
```

将 if 改为 while 后，就意味着获得锁并且还有待分配的任务时，才真正能取得任务。

关于 wait()和 notifyall()，还有如下问题需要说明。

（1）wait()方法还有形如 void wait(long timeout)的重载形式，接收一个时间参数，表示等待的最长时间，如果超过时间，线程退出等待。

（2）和 notifyall()功能类似的还有 notify()方法，notify()只通知一个在等待的线程，而不是所有等待的线程，具体通知哪一个线程，由线程调度器根据相关的策略选择。要谨慎使用 notify()，因为如果得到通知的线程不能很好地处理响应通知，而其他线程又没有机会得到通知，很可能造成等待的线程永远等待下去。如果正确使用 notify()，其效率要比 notifyall()高。

（3）调用 wait()、notify()、notifyall()的线程必须拥有锁，即这些方法必须在同步方法（synchronized）或者同步代码块中调用，否则在运行时将抛出 IllegalMonitorStateException 异常。

（4）sleep()方法、wait()方法都有使当前线程等待的功能，但 sleep()方法与锁没关系，即 sleep()不必在同步方法（synchronized）或者同步代码块中调用；sleep()也不存在释放锁的问题。

（5）如果线程在调用 wait()方法后处于等待状态时，线程被中断（其他线程调用本线程对象的 interrup()方法），将抛出 InterruptedException 异常，并且清除当前线程的中断状态（即 isInterrupted()返回 false）。

下面以模拟股票交易的程序为例说明线程协作的使用。下面的程序假设如果卖家的股票数少于请求交易的股票数，则等其他卖家向这个卖家卖出股票，如果买入后的股票数大于或等于交易的股票数，则完成交易，例子只需要修改 deal()方法，修改后的代码如下。

```
01  /**
02   * 股票交易
03   * @param fromAccount 卖家账户
04   * @param toAccount 买家账户
05   * @param stocks 交易的股票数
06   */
07  public synchronized void deal(int fromAccount, int toAccount, Long stocks)
08  {
09  //如果交易的金额大于卖家的股票数,则当前交易将等待,等待其他账户向本次交易卖出股票
10          while (accounts[fromAccount].getStocks() < stocks)
11          {
12              System.err.printf("等待:%s,卖家:%5d,买家:%5d,卖家股票数:%15d,
13  交易金额:%15d %n",Thread.currentThread().getName(),fromAccount,toAccount,
14  accounts[fromAccount].getStocks(),stocks);
15              //等待本线程,并解除对 this 对象的锁定,等待其他线程交易完成后执行
16  //notifyAll,通知本线程解除锁定
17              try {
18                  this.wait();
19              } catch (InterruptedException e) {
20
```

```
21                    System.err.printf("等待被中断:%s ,卖家:%5d,买家:%5d,
22  交易金额:%15d %n",Thread.currentThread().getName(),fromAccount,toAccount,
23  stocks);
24                    }
25            }
26        accounts[fromAccount].setStocks(accounts[fromAccount].getStocks()
27                - stocks);
28        accounts[fromAccount].setStocksSold(accounts[fromAccount]
29                .getStocksSold() + stocks);
30        accounts[toAccount].setStocks(accounts[toAccount].getStocks()
31                + stocks);
32        accounts[toAccount].setStocksBought(accounts[toAccount]
33                .getStocksBought() + stocks);
34        this.showTotalStocks();
35        //唤醒正在等待的线程,即在 this 对象上调用了 wait 方法在等待中的线程
36        this.notifyAll();
37  }
```

9.3.2　Condition 对象

在 concurrent 框架中提供了显示的、更加灵活的工具类来实现线程间的协作。使用互斥并允许等待的基本类是 Condition,可以通过在 Condition 上调用 await()方法来实现线程等待。当外部条件发生变化,意味着某个任务可以继续执行时,可以调用 Condition 的 signalAll()方法或者 signal()方法来通知等待的线程,从而结束等待线程的等待。

与 wait()方法不同的是,可以在锁对象上创建多个 Condition 对象,每个 Condition 对象代表一种不同的等待类型。

以下实例还是以模拟股票交易的程序来演示其使用方法,修改后的 StockMarket 类如下,其他类没做修改。

```
01  package org.ddd.thread.example15;
02  public class StockMarket {
03      private final Account[] accounts;
04      private Long initialStocks;
05      private int accountCount;
06      private Lock stockMarketLock = new ReentrantLock();
07      private Condition insufficientCondition = stockMarketLock.newCondition();
08      public StockMarket(int accountCount,Long initialStocks)
09      {
10          this.accountCount = accountCount;
11          this.initialStocks = initialStocks;
12          accounts = new Account[accountCount];
13          for(int i = 0; i<accountCount; i++)
14          {
```

```
15          accounts[i] = new Account(initialStocks);
16      }
17  }
18  /**
19   * 股票交易
20   * @param fromAccount 卖家账户
21   * @param toAccount 买家账户
22   * @param stocks 交易的股票数
23   */
24  //public synchronized void  deal(int fromAccount,int toAccount,Long stocks)
25  public  void  deal(int fromAccount,int toAccount,Long stocks)
26  {
27      this.stockMarketLock.lock();
28      try
29      {
30          //如果交易的金额大于卖家的股票数,则放弃交易
31          while(accounts[fromAccount].getStocks() < stocks)
32          {
33              try {
34                  System.err.printf("阻塞:%s ,卖家:%5d,买家:%5d,卖家股票
35  数:%15d,交易金额:%15d %n",Thread.currentThread().getName(), fromAccount,
36  toAccount, accounts[fromAccount].getStocks(),stocks);
37                  this.insufficientCondition.await();
38              } catch (InterruptedException e) {
39              }
40          }
41          accounts[fromAccount].setStocks(accounts[fromAccount]
42  .getStocks() - stocks);
43          accounts[fromAccount].setStocksSold(accounts[fromAccount]
44  .getStocksSold() + stocks);
45          accounts[toAccount].setStocks(accounts[toAccount].getStocks() +
46  stocks);
47          accounts[toAccount].setStocksBought(accounts[toAccount]
48  .getStocksBought() + stocks);
49          this.showTotalStocks();
50          this.insufficientCondition. signalAll();
51      }
52      finally
53      {
54          this.stockMarketLock.unlock();
55      }
56  }
57  public volatile long  startN;
58  public volatile long dealCount;
```

```
59          /**
60           * 显示股票总额,并测试数量是否正确
61           */
62          public void showTotalStocks()
63          {
64              //此处代码省略
65          }
66          public int getAccountCount()
67          {
68              return this.accounts.length;
69          }
70  }
```

首先使用 stockMarketLock.newCondition()方法创建条件对象 insufficientCondition,如果交易数量不足,则调用 this.insufficientCondition.await()等待其他线程交易,如果交易完成,this.insufficientCondition.notifyAll()通知等待中的线程。

Condition 类的等待方法除了 await()方法,还有以下等待方法。

boolean await(long time,TimeUnit unit):当前线程在接到信号、被中断或到达指定等待时间之前一直处于等待状态。

long awaitNanos(long nanosTimeout):当前线程进入等待状态,直到接到信号、被中断或到达指定等待时间。

void awaitUninterruptibly():当前线程在接到信号之前一直处于等待状态。

boolean awaitUntil(Date deadline):当前线程在接到信号、被中断或到达指定最后期限之前一直处于等待状态。

9.3.3　死锁

扫一扫

线程在进入同步(synchronized)方法或者同步代码块时,就需要获得锁,如果此时锁已经被其他线程拥有,那么这个线程就会进入阻塞状态,直到其他线程释放锁,阻塞的这个线程获得锁。阻塞可能出现一种极端情况:某个线程任务的完成需要等待另一个线程的任务完成,而后者又在等待别的任务,形成一个等待链,如果等待链的最后一个任务等待的正是等待链的第一个任务,等待链最终形成一个任务之间相互等待的等待环,在等待环中线程都不能继续,这种无休止的等待就是死锁。例如:多人坐在餐桌前吃西餐,桌上有刀和叉,刀和叉的总数与就餐人数一样,就餐的规则是:要吃到食品必须同时拥有一把刀和一把叉,仅拥有一样餐具的人不能就餐,就餐完后才把刀和叉放回餐桌供其他人使用。现在假设两个人就餐,餐桌上有一把刀和一把叉,如果一个人得到了刀,另外一个人得到了叉,两人分别等待对方放下刀和叉,但根据规则如果没有就完餐,就不能放下刀和叉,于是就形成了死锁。只要刀和叉的总数不多于就餐人数,就有可能形成相互等待的状况,形成死锁。

以下代码演示了两个人就餐的例子。

```
01  package org.ddd.thread.example16;
02  public class DeadLock implements Runnable {
```

```
03         //标示是先拿叉还是先拿刀
04      private boolean flag;
05      private static Object fork = new String("fork");
06      private static Object knife = new String("knife");
07      public void run() {
08          if (flag) {
09              //给对象 fork 上锁
10              System.out.printf("[%s] 试图获得叉%n",
11  Thread.currentThread().getName());
12              synchronized(fork) {
13                  try {
14                      Thread.sleep(500);
15                  } catch (InterruptedException e) {
16                      e.printStackTrace();
17                  }
18                  System.out.printf("[%s] 成功获得叉,试图获得刀%n",
19  Thread.currentThread().getName());
20                  synchronized(knife) {
21                      System.out.printf("[%s] 成功获得刀%n",
22  Thread.currentThread().getName());
23                  }
24              }
25          } else {
26              //给对象 knife 上锁
27              System.out.printf("[%s] 试图获得刀%n",
28  Thread.currentThread().getName());
29              synchronized(knife) {
30                  try {
31                      Thread.sleep(500);
32                  } catch (InterruptedException e) {
33                      e.printStackTrace();
34                  }
35                  //给对象 fork 上锁
36                  System.out.printf("[%s] 成功获得刀,试图获得叉%n",
37  Thread.currentThread().getName());
38                  synchronized(fork) {
39                      System.out.printf("[%s] 成功获得叉%n",
40  Thread.currentThread().getName());
41                  }
42              }
43          }
44          System.out.printf("[%s] 就餐完成,放回刀、叉%n",
45  Thread.currentThread().getName());
46      }
```

```
47      public static void main(String[] args) {
48          DeadLock person1 = new DeadLock();
49          DeadLock person2 = new DeadLock();
50          person1.flag = true;
51          person2.flag = false;
52          Thread thread1 = new Thread(person1);        //上锁的顺序
53          thread1.setName("person1");
54          Thread thread2 = new Thread(person2);        //上锁的顺序
55          thread2.setName("person2");
56          thread1.start();
57          thread2.start();
58      }
59  }
```

运行上面的例子可以得到以下输出结果：

[person1] 试图获得叉
[person2] 试图获得刀
[person1] 成功获得叉,试图获得刀
[person2] 成功获得刀,试图获得叉

从以上输出可以看出,person1 成功获得叉,试图获得刀,person2 成功获得刀,试图获得叉,但刀和叉都在对方手中,没能成功就餐。使用 JConsole 查看线程的情况,发现线程已经死锁了,如图 9-3 所示。

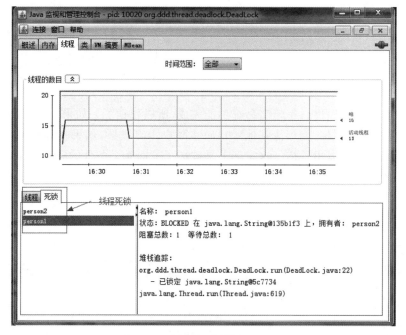

图 9-3　死锁

根据以上例子，可以总结出线程死锁必须同时满足以下 4 个条件。

　　（1）互斥条件，即资源是不能够被共享的。例如：刀和叉同时只能被一个人使用，不能被两个人同时占有。

　　（2）至少有一个线程在使用一个资源，并等待另外一个线程所持有的一个资源。例如：person1 在等待 person2 拥有的刀，person2 在等待 person1 拥有的叉。

　　（3）资源不能够被线程抢占。例如：person1 只有等待 person2 就餐完后放下刀，而不能从 person2 手中抢占刀。

　　（4）必须有循环的等待、永远等待。例如：person1、person2 相互等待对方手中的餐具，并且 person1、person2 没有等到对方手中的餐具，是不能结束就餐并放下所拥有的餐具的。

　　如果死锁要发生，必须同时满足以上 4 个条件；所以要防止死锁，只需要破坏其中一个条件就可以了。在程序中，防止死锁最容易的方法是破坏第 4 个条件。例如，如果规定就餐人员在 4s 之内不等待另一样餐具，就放下已经占有的餐具，就不会形成死锁了。

　　以下实例以模拟股票交易程序的例子来说明死锁的解除方法。在 9.3.2 节 Condition 的例子中，如果交易的最大数量大于每个账户的平均数量，就有可能产生死锁的情况，例如把 StockMarketTest 类中的

```
Broker broker = new Broker(stockMarket, i,INITIAL_STOCKS);
```

改为

```
Broker broker = new Broker(stockMarket, i,INITIAL_STOCKS * 2);
```

即交易的最大数量是平均数量的两倍，就可能产生死锁，修改后运行程序可能得到以下输出。

```
阻塞: broker    1 ,卖家:    1,买家:    2,卖家股票数:10,交易金额:   11
阻塞: broker    0 ,卖家:    0,买家:    1,卖家股票数:10,交易金额:   17
阻塞: broker    2 ,卖家:    2,买家:    1,卖家股票数:10,交易金额:   12
```

　　从上面的输出可以看出，每笔交易都不能完成，所以死锁了。如果把交易规则改为：如果一个账户交易数量不足，就等待其他账户向本账户卖出股票，如果在等待的 4s 内不能得到交易数量的股票，就退出等待。这实际上是破坏了前面 4 个条件的第 4 个条件，修改后的 StockMarket 代码如下。

```
01  package org.ddd.thread.example;
02  public class StockMarket {
03      private final Account[] accounts;
04      private Long initialStocks;
05      private int accountCount;
06      private Lock stockMarketLock = new ReentrantLock();
07      private Condition insufficientCondition = stockMarketLock.newCondition();
08      public StockMarket(int accountCount,Long initialStocks)
09      {
```

```
10          this.accountCount = accountCount;
11          this.initialStocks = initialStocks;
12          accounts = new Account[accountCount];
13          for(int i = 0; i<accountCount; i++)
14          {
15              accounts[i] = new Account(initialStocks);
16          }
17      }
18      /**
19       * 股票交易
20       * @param fromAccount 卖家账户
21       * @param toAccount 买家账户
22       * @param stocks 交易的股票数
23       */
24      public  void  deal(int fromAccount,int toAccount,Long stocks)
25      {
26          this.stockMarketLock.lock();
27          try
28          {
29              //如果交易的金额大于卖家的股票数,则当前交易将阻塞,等待其他账户向本次
30              //交易卖出股票
31              while (accounts[fromAccount].getStocks() < stocks)
32              {
33                  System.err.printf("阻塞:%s,卖家:%5d,买家:%5d,卖家股票数:%5d,
34  交易金额:%5d %n",Thread.currentThread().getName(),fromAccount,toAccount,
35  accounts[fromAccount].getStocks(),stocks);
36                  //阻塞本线程,并解除对 this 对象的锁定,等待其他线程交易完成后执行
37                  //notifyAll,通知本线程解除锁定
38                  try {
39                      //this.insufficientCondition.await();
40                      //如果在 4s 之内等不到其他账户向本账户充值,则放弃交易
41                      if(!this.insufficientCondition.await(4,
42  TimeUnit.SECONDS))
43                      {
44  this.insufficientCondition.signalAll();
45                          System.err.printf("阻塞:%s,卖家:%5d,等待 4s 后放弃
46  交易!%n",Thread.currentThread().getName(),fromAccount);
47                          return ;
48                      }
49                  } catch (InterruptedException e) {
50                      System.err.printf("阻塞被中断:%s,卖家:%5d,买家:%5d,
51  交易金额:%5d %n",Thread.currentThread().getName(),fromAccount,toAccount,
52  stocks);
53                  }
```

```
54              }
55              accounts[fromAccount].setStocks(accounts[fromAccount]
56   .getStocks() - stocks);
57              accounts[fromAccount].setStocksSold(accounts[fromAccount]
58   .getStocksSold() + stocks);
59              accounts[toAccount].setStocks(accounts[toAccount].getStocks() +
60   stocks);
61              accounts[toAccount].setStocksBought(accounts[toAccount]
62   .getStocksBought() + stocks);
63              this.showTotalStocks();
64              this.insufficientCondition.signalAll();
65          }
66       finally
67       {
68          this.stockMarketLock.unlock();
69       }
70    }
71    /**
72     * 显示股票总额,并测试数量是否正确
73     */
74    public void showTotalStocks()
75    {
76       //代码省略
77    }
78    public int getAccountCount()
79    {
80       return this.accounts.length;
81    }
82  }
```

以上代码最关键的是使用了 Condition 类的方法：boolean await(long time,TimeUnit unit)，该方法与 await()功能类似,但此方法规定：如果在从此方法返回前检测到等待时间超时,则返回 false,否则返回 true。TimeUnit.SECONDS 表示计时单位为 s。运行上面的程序,可能输出如下结果。

```
阻塞: broker    2 ,卖家:    2,买家:    1,卖家股票数:   10,交易金额:   17
阻塞: broker    0 ,卖家:    0,买家:    1,卖家股票数:   13,交易金额:   17
阻塞: broker    1 ,卖家:    1,买家:    0,卖家股票数:    7,交易金额:   19
阻塞: broker    0 ,卖家:    0,等待 4s 后放弃交易！
阻塞: broker    2 ,卖家:    2,买家:    1,卖家股票数:   10,交易金额:   17
阻塞: broker    1 ,卖家:    1,买家:    0,卖家股票数:    7,交易金额:   19
总股票数:   30 卖出总数    14 买进总数:   14
```

从上面的输出可以看出,产生死锁后,broker0 在等待 4s 后放弃交易,其他线程也退出死锁的等待。

9.3.4　线程的状态

Thread 对象在创建后可以处于以下 6 种状态的任一种状态。使用 Thread 类的 getState()方法获得线程对象的状态。

(1) 新生(new)：至今尚未启动的线程的状态，即创建线程对象，但没调用 start()方法。

(2) 可运行(runnable)：可运行的线程状态。调用 start()方法后，线程处于可运行状态，但该状态并没指示线程是否被线程调度器加载到 CPU 上执行，这也是该状态被称为可运行状态，而不是"在运行"状态的原因。

(3) 阻塞(blocked)：受阻塞并且正在等待锁的线程状态，有两种方法进入阻塞状态：一是线程进入同步方法或者同步代码块(或者调用 Lock 对象的 lock()、tryLock()等方法)，试图获得其他线程已经占用的锁的时候；二是在退出等待状态，试图重新进入等待状态时所占用的锁，但此锁已经被其他线程占有的时候。线程调度器不会为处于阻塞的线程分配 CPU 时间片，因而几乎不消耗计算机资源。

(4) 等待(waiting)：某一等待线程的线程状态。处于等待状态的线程正等待另一个线程，以执行特定操作。例如，已经在某一对象上调用了 Object.wait() 的线程正等待另一个线程(包括在 Condition 对象上调用了 await()、awaitUninterruptibly()方法)，以便在该对象上调用 Object.notify() 或 Object.notifyAll()。线程调度器不会为处于等待状态的线程分配 CPU 时间片，因而几乎不消耗计算机资源。

(5) 计时等待(timed_waiting)：具有指定等待时间的某一等待线程的线程状态。此状态与等待状态类似，但此状态在等待超时或者得到通知时将退出计时等待状态。例如，已经在某一对象上调用了 Object. wait(long timeout) 的线程正等待另一个线程(包括在 Condition 对象上调用了 await wait(long timeout)方法)。

(6) 终止(terminated)：已终止线程的线程状态。线程已经结束执行。线程有两种可能进入终止状态：一是执行完 run()方法，并返回；二是在执行 run()方法时抛出未处理的异常。

线程对象除了以上 6 种状态外，还可以使用 Thread 类的 isAlive()方法获得线程是否处于活动状态，即线程已经启动且尚未终止，则为活动状态。

9.4　同步器

以下 4 个类可协助实现常见的专用同步。Semaphore 是一款经典的并发工具。CountDownLatch 是一款极其简单但又极其常用的实用工具，用于在保持给定数目的信号、事件或条件前阻塞执行。CyclicBarrier 是一个可重置的多路同步点，在某些并行编程风格中很有用。Exchanger 允许两个线程在 collection 点交换对象，它在多流水线设计中是有用的。

9.4.1　信号量

一个计数信号量。从概念上讲，信号量维护了一个许可集。如有必要，在许可可用前会阻塞每一个 acquire()，然后再获取该许可。每个 release() 添加一个许可，从而可能释放一个正在阻塞的获取者。Semaphore 不使用实际的许可对象，只对经过许可的对象进行计数，并采取相应的行动。

Semaphore 通常用于限制可以访问某些资源（物理的或逻辑的）的线程数目。例如，以下代码中的类使用信号量控制对内容池的访问。

```
01  package org.ddd.thread.example17;
02  public class PoolSemaphoreDemo {
03      private static final int MAX_AVAILABLE = 5;
04      private final Semaphore available = new Semaphore(MAX_AVAILABLE, true);
05      public static void main(String[] args) {
06          final PoolSemaphoreDemo pool = new PoolSemaphoreDemo();
07          Runnable runner = new Runnable() {
08              public void run() {
09                  try {
10                      Object o;
11                      o = pool.getItem();
12                      Thread.sleep(1000);      //表示该线程睡眠 1s，即该线程不去竞争
13                                               //CPU 处理时间 1s
14                      pool.putItem(o);
15                  } catch (InterruptedException e) {
16                      e.printStackTrace();
17                  }
18              }
19          };
20          //将上述线程重复执行 10 次
21          for (int i = 0; i < 10; i++) {
22              Thread t = new Thread(runner, "thread" + i);
23              t.start();
24          }
25      }
26      /**
27       * 从字符串池中取得最近一个可用的字符串资源，同时将标志位池中的状态设为 true，
28       * 表示有线程正在使用。
29       */
30      public Object getItem() throws InterruptedException {
31          System.out.println("线程:" + Thread.currentThread().getName()
32                  + "开始从字符串资源池中取数据");
33          available.acquire();
34          return getNextAvailableItem();
35      }
36      /**
37       * 将 x 对应的标志位池的状态修改为 false，然后释放该字符串资源供其他线程读取
38       */
```

```
39      public void putItem(Object x) {
40          if (markAsUnused(x)) {
41              available.release();
42              System.out.println("线程:" + Thread.currentThread().getName()
43                      + "已经释放资源");
44          }
45      }
46      //需要循环取得字符串池
47      protected Object[] items = {"1111", "2222", "3333", "4444", "5555"};
48      //字符串池对应的标志位池,如果为true表示正在使用,其他线程不可用。如果为
49  //false,则表示其他线程可以用
50      protected boolean[] used = new boolean[MAX_AVAILABLE];
51      /**
52       * 根据标志位数组得到items中有效的字符串
53       */
54      protected synchronized Object getNextAvailableItem() {
55          for (int i = 0; i < MAX_AVAILABLE; ++i) {
56              if (!used[i]) {
57                  used[i] = true;
58                  System.out.println("线程:" + Thread.currentThread().getName()
59                          + "从字符串池中取得资源:" + items[i]);
60                  return items[i];
61              }
62          }
63          return null;
64      }
65      /**
66       * 根据item将对应位置的标志位的值改为false
67       */
68      protected synchronized boolean markAsUnused(Object item) {
69          for (int i = 0; i < MAX_AVAILABLE; ++i) {
70              if (item == items[i]) {
71                  if (used[i]) {
72                      used[i] = false;
73                      System.out.println("线程:" +
74  Thread.currentThread().getName()
75                              + "开始向字符串池中放入资源:" + items[i]);
76                      return true;
77                  } else
78                      return false;
79              }
80          }
81          return false;
82  }
```

获得一项前，每个线程必须从信号量获取许可，从而保证可以使用该项。该线程结束后，将该项返回到池中，并将许可返回给该信号量，从而允许其他线程获取该项。注意，调用 acquire()时无法保持同步锁，因为这会阻止该项返回到池中。信号量封装需要同步，以限制对池的访问，这同维持该池本身一致性所需的同步是分开的。

将信号量初始化为1，使得它在使用时最多只有一个可用的许可，从而可用作一个相互排斥的锁。这通常也称为二进制信号量，因为它只能有两种状态：一个可用的许可，或零个可用的许可。按此方式使用时，二进制信号量具有某种属性（与很多 Lock 实现不同），即可以由线程释放"锁"，而不是由所有者（因为信号量没有所有权的概念）。在某些专门的上下文（如死锁恢复）中，这会很有用。

此 Semaphore 类的构造方法可选择接收一个公平参数。当设置为 false 时，此类不对线程获取许可的顺序做任何保证。特别地，闯入是允许的，也就是说，可以在已经等待的线程前为调用 acquire() 的线程分配一个许可，从逻辑上说，就是新线程将自己置于等待线程队列的头部。当公平参数设置为 true 时，信号量保证对于任何调用获取方法的线程而言，都按照它们调用这些方法的顺序（即先进先出，FIFO）来选择线程、获得许可。注意，FIFO 排序必然应用到这些方法的指定内部执行点。所以，可能某个线程先于另一个线程调用了 acquire，但是却在该线程之后到达排序点，并且从方法返回时也类似。还要注意，非同步的 tryAcquire 方法不使用公平设置，而是使用任意可用的许可。

通常，应该将用于控制资源访问的信号量初始化为公平的，以确保所有线程都可访问资源。为其他种类的同步控制使用信号量时，非公平排序的吞吐量优势通常要比公平考虑更为重要。

Semaphore 类还提供便捷的方法来同时获得和释放多个许可。注意，在未将公平参数设置为 true 时，使用这些方法会增加不确定延期的风险。

9.4.2　倒计时门栓

倒计时门栓（CountDownLatch）是一个同步辅助类，在完成一组正在其他线程中执行的操作之前，它允许一个或多个线程一直等待。

用给定的计数初始化 CountDownLatch。由于调用了 countDown() 方法，所以在当前计数到达零之前，await 方法会一直受阻塞。之后，会释放所有等待的线程，await 的所有后续调用都将立即返回。这种现象只出现一次——计数无法被重置。如果需要重置计数，请考虑使用 CyclicBarrier。

CountDownLatch 是一款通用同步工具，它有很多用途。将计数 1 初始化的 CountDownLatch 用作一个简单的开/关锁存器，或线程入口：在通过调用 countDown() 的线程打开入口前，所有调用 await 的线程都一直在入口处等待。用 N 初始化的 CountDownLatch 可以使一个线程在 N 个线程完成某项操作之前一直等待，或者使其在某项操作完成 N 次之前一直等待。

CountDownLatch 的一个有用特性是，它不要求调用 countDown 方法的线程等到计数到达零时才继续，而在所有线程都能通过之前，它只是阻止任何线程继续通过一个 await。

一种典型用法是使用两个 CountDownLatch。以下实例给出了两个类，其中一组 worker 线程使用了两个倒计数锁存器。

第一个类是一个启动信号,在 driver 为继续执行 worker 做好准备之前,它会阻止所有的 worker 继续执行。

第二个类是一个完成信号,它允许 driver 在完成所有 worker 之前一直等待。

```
01  package org.ddd.thread.example17;
02  /**
03   * 该 demo 主要想做的事就是:在主线程中创建 N 个支线程,让支线程等待主线程
04   * 将开关计数器 startSignal 打开。
05   * 当主线程打开 startSignal 开关后,主线程要等待计数器 doneSignal 归零,
06   * 而 doneSignal 计数器归零依赖于每个支线程为主线程的计数器减 1。
07   * 所以当主线程打开开关后,支线程才能运行完毕,只有支线程全部运行完毕,才能打开主线
08   * 程的计数器。这样整个程序才能运行完
09   */
10  public class LatchDriverDemo {
11      public static final int N = 5;
12      public static void main(String[] args) throws InterruptedException {
13          //用于向工作线程发送启动信号
14          CountDownLatch startSignal = new CountDownLatch(1);
15          //用于等待工作线程的结束信号
16          CountDownLatch doneSignal = new CountDownLatch(N);
17          //创建启动线程
18          System.out
19              .println("开始创建并运行分支线程,且分支线程启动 startSignal 计
20  数器,等待主线程将 startSignal 计数器打开");
21          for (int i = 0; i < N; i++) {
22              new Thread(new LatchWorker(startSignal, doneSignal), "t" + i)
23                  .start();
24          }
25          //得到线程开始工作的时间
26          long start = System.nanoTime();
27          //主线程,递减开始计数器,让所有线程开始工作
28          System.out.println("主线程" + Thread.currentThread().getName()
29              + "将 startSignal 计数器打开");
30          startSignal.countDown();
31          //主线程阻塞,等待所有线程完成
32          System.out.println("主线程" + Thread.currentThread().getName()
33              + "开始倒计时 5 个数");
34          doneSignal.await();
35          /*
36           * 为什么说运行到下一句,所有线程就全部运行完毕了呢。因为主线程要倒计时 5
37           * 个数,而产生的 5 个支线程在运行完毕前会将主线程的计数器减 1,
38           * 所以如果所有支线程运行完毕了,主线程才能继续运行主线程的最后一个打印程序
39           */
40          System.out.println("所有线程运行完毕");
```

```
41          }
42  }
43  class LatchWorker implements Runnable {
44      //用于等待启动信号
45      private final CountDownLatch startSignal;
46      //用于发送结束信号
47      private final CountDownLatch doneSignal;
48      LatchWorker(CountDownLatch startSignal, CountDownLatch doneSignal) {
49          this.startSignal = startSignal;
50          this.doneSignal = doneSignal;
51      }
52      public void run() {
53          try {
54              //一旦调用 await()方法,该线程就会开始阻塞,计数器 startSignal 为 0
55              System.out.println(Thread.currentThread().getName()
56                      + "开始调用 await()方法,等待计数器 startSignal 被主线程打开");
57              startSignal.await();
58              doWork();
59              System.out
60                      .println(Thread.currentThread().getName() + " 将主线程的
61  计数器减 1");
62              doneSignal.countDown();            //发送完成信号
63          } catch (InterruptedException ex) {
64          }
65      }
66      void doWork() {
67          System.out.println(Thread.currentThread().getName()
68                  + "的计数器被打开,分支线程开始运行");
69          int sum = 0;
70          for (int i = 0; i < 10000; i++) {
71              sum += i;
72          }
73      }
74  }
```

另一种典型用法是将一个问题分成 N 部分,执行每一部分,并让锁存器倒计数的 Runnable 来描述每一部分,然后将所有 Runnable 加入到 Executor 队列。当所有的子部分完成后,协调线程就能够通过 await(当线程必须用这种方法反复倒计数时,可改为使用 CyclicBarrier),代码如下。

```
01  class Driver2 { //...
02      void main() throws InterruptedException {
03          CountDownLatch doneSignal = new CountDownLatch(N);
04          Executor e = ...
```

```
05      for (int i = 0; i < N; ++i) //create and start threads
06        e.execute(new WorkerRunnable(doneSignal, i));
07      doneSignal.await();            //wait for all to finish
08    }
09  }
10  class WorkerRunnable implements Runnable {
11    private final CountDownLatch doneSignal;
12    private final int i;
13    WorkerRunnable(CountDownLatch doneSignal, int i) {
14      this.doneSignal = doneSignal;
15      this.i = i;
16    }
17    public void run() {
18      try {
19        doWork(i);
20        doneSignal.countDown();
21      } catch (InterruptedException ex) {} //return;
22    }
23    void doWork() { ... }
24  }
```

内存一致性效果如下：线程中调用 countDown() 之前的操作 happen-before 紧跟在从另一个线程中响应 await() 成功返回的操作。

9.4.3　障栅

障栅(CyclicBarrier)是一个同步辅助类，允许一组线程互相等待，直到到达某个公共屏障点(common barrier point)。在涉及一组固定大小的线程的程序中，这些线程必须不时地互相等待，此时 CyclicBarrier 很有用，因为该屏障在释放等待线程后可以重用，所以称它为循环的屏障。

CyclicBarrier 支持一个可选的 Runnable 命令，在一组线程中的最后一个线程到达之后（但在释放所有线程之前），该命令只在每个屏障点运行一次。若在继续所有参与线程之前更新共享状态，此屏障操作很有用。

比如有几个旅行团需要途经哈尔滨、深圳、郑州，最后到达广州。旅行团中有自驾旅游的，有徒步的，有乘坐旅游大巴；这些旅行团同时出发，并且每到一个目的地，都要等待其他旅行团到达此地后再同时出发，直到都到达终点站广州，代码如下。

```
01  package org.ddd.thread.example18;
02  public class CyclicBarrierTester {
03    //徒步需要的时间：哈尔滨、深圳、郑州、广州
04    private static int[] timeWalk = {5, 8, 15, 15, 10};
05    //自驾游
06    private static int[] timeSelf = {1, 3, 4, 4, 5};
07    //旅游大巴
```

```
08      private static int[] timeBus = {2, 4, 6, 6, 7};
09      static String now() {
10          SimpleDateFormat sdf = new SimpleDateFormat("HH:mm:ss");
11          return sdf.format(new Date()) + ": ";
12      }
13      static class Tour implements Runnable {
14          private int[] times;
15          private CyclicBarrier barrier;
16          private String tourName;
17          public Tour(CyclicBarrier barrier, String tourName, int[] times) {
18              this.times = times;
19              this.tourName = tourName;
20              this.barrier = barrier;
21          }
22          public void run() {
23              try {
24                  Thread.sleep(times[0] * 1000);
25                  System.out.println(now() + tourName + " 到达哈尔滨");
26                  barrier.await();
27                  Thread.sleep(times[1] * 1000);
28                  System.out.println(now() + tourName + " 到达 深圳");
29                  barrier.await();
30                  Thread.sleep(times[2] * 1000);
31                  System.out.println(now() + tourName + " 到达 郑州");
32                  barrier.await();
33                  Thread.sleep(times[3] * 1000);
34                  System.out.println(now() + tourName + " 到达 郑州");
35                  barrier.await();
36                  Thread.sleep(times[4] * 1000);
37                  System.out.println(now() + tourName + " 到达 广州");
38                  barrier.await();
39              } catch (InterruptedException e) {
40              } catch (BrokenBarrierException e) {
41              }
42          }
43      }
44      public static void main(String[] args) {
45          Runnable runner = new Runnable() {
46              public void run() {
47                  System.out.println("全部都到了");
48              }
49          };
50          //三个旅行团
51          CyclicBarrier barrier = new CyclicBarrier(3, runner);
```

```
52          ExecutorService exec = Executors.newFixedThreadPool(3);
53          exec.submit(new Tour(barrier, "徒步", timeWalk));
54          exec.submit(new Tour(barrier, "自驾游", timeSelf));
55          exec.submit(new Tour(barrier, "旅游大巴", timeBus));
56          exec.shutdown();
57      }
58  }
```

在这个例子中,每个旅行团每到达一个地方就 await(),当所有旅行团到达后,就再开始下一段旅行。

如果屏障操作在执行时不依赖于正挂起的线程,则线程组中的任何线程在获得释放时都能执行该操作。为方便此操作,每次调用 await() 都将返回能到达屏障处的线程的索引。然后,可以选择哪个线程应该执行屏障操作,举例如下。

```
01  if (barrier.await() == 0) {
02      //log the completion of this iteration
03  }
```

对于失败的同步尝试,CyclicBarrier 使用了一种要么全部要么全不(all-or-none)的破坏模式:如果因为中断、失败或者超时等原因,导致线程过早地离开了屏障点,那么在该屏障点等待的其他所有线程也将通过 BrokenBarrierException(如果它们几乎同时被中断,则用 InterruptedException)以反常的方式离开。

9.4.4　交换器

交换器(Exchanger)可以用于两个线程进行数据交换,线程将要交换的数据提交给交换器的 exchange 方法,交换器负责匹配伙伴线程,并且在 exchange 方法返回时接收其伙伴的返回数据。Exchanger 可能被视为 SynchronousQueue 的双向形式。Exchanger 可能在应用程序(比如遗传算法和管道设计)中很有用。

以下代码要做的事情就是生产者在交换前生产 5 个"生产者",再与消费者交换 5 个数据,之后再生产 5 个"交换后生产者",而消费者要在交换前消费 5 个"消费者",再与生产者交换 5 个数据,最后再消费 5 个"交换后消费者"。

```
01  package org.ddd.thread.example19;
02  /**
03   * 两个线程间的数据交换
04   */
05  @SuppressWarnings("all")
06  public class ExchangerTester {
07      private static final Exchanger ex = new Exchanger();
08      class DataProducer implements Runnable {
09          private List list = new ArrayList();
10          public void run() {
11              System.out.println("生产者开始运行");
```

```
12            System.out.println("开始生产数据");
13            for (int i = 1; i <= 5; i++) {
14                System.out.println("生产了第" + i + "个数据,耗时 1s");
15                list.add("生产者" + i);
16                try {
17                    Thread.sleep(1000);
18                } catch (InterruptedException e) {
19                    e.printStackTrace();
20                }
21            }
22            System.out.println("生产数据结束");
23            System.out.println("开始与消费者交换数据");
24            try {
25                //将数据准备用于交换,并返回消费者的数据
26                list = (List) ex.exchange(list);
27            } catch (InterruptedException e) {
28                e.printStackTrace();
29            }
30            System.out.println("结束与消费者交换数据");
31            System.out.println("生产者与消费者交换数据后,再生产数据");
32            for (int i = 6; i < 10; i++) {
33                System.out.println("交换后生产了第" + i + "个数据,耗时 1s");
34                list.add("交换后生产者" + i);
35                try {
36                    Thread.sleep(1000);
37                } catch (InterruptedException e) {
38                    e.printStackTrace();
39                }
40            }
41            System.out.println("开始遍历生产者交换后的数据");
42            //开始遍历生产者的数据
43            for (Iterator iterator = list.iterator(); iterator.hasNext();) {
44                System.out.println(iterator.next());
45            }
46        }
47    }
48    class DataConsumer implements Runnable {
49        private List list = new ArrayList();
50        public void run() {
51            System.out.println("消费者开始运行");
52            System.out.println("开始消费数据");
53            for (int i = 1; i <= 5; i++) {
54                System.out.println("消费了第" + i + "个数据");
55                //消费者产生数据,后面交换的时候给生产者
```

```
56                     list.add("消费者" + i);
57                 }
58             System.out.println("消费数据结束");
59             System.out.println("开始与生产者交换数据");
60             try {
61                 //进行数据交换,返回生产者的数据
62                 list = (List) ex.exchange(list);
63             } catch (InterruptedException e) {
64                 e.printStackTrace();
65             }
66             System.out.println("消费者与生产者交换数据后,再消费数据");
67             for (int i = 6; i < 10; i++) {
68                 System.out.println("交换后消费了第" + i + "个数据");
69                 list.add("交换后消费者" + i);
70                 try {
71                     Thread.sleep(1000);
72                 } catch (InterruptedException e) {
73                     e.printStackTrace();
74                 }
75             }
76             System.out.println("开始遍历消费者交换后的数据");
77             for (Iterator iterator = list.iterator(); iterator.hasNext();) {
78                 System.out.println(iterator.next());
79             }
80         }
81     }
82     public static void main(String args[]) {
83         ExchangerTester exchangerTester = new ExchangerTester();
84         new Thread(exchangerTester.new DataProducer()).start();
85         new Thread(exchangerTester.new DataConsumer()).start();
86     }
87 }
```

9.5　思考与练习

1. 把第 8 章的习题 3 的一对多的聊天程序改写成多线程的实现方式,即服务器端为每个客户端建立一个单独的线程,为其服务。

2. 编写基于多线程的素数(是除了自身和 1 以外,没有其他素数因子的自然数)判定程序,待判定的整数经过键盘录入后存放在一个列表中,创建 10 个线程,从列表中取出整数进行判定,判定的结果存入到另一个列表中,用户可以通过键盘查询判定的结果。

3. 彩色图像可以转换成灰度图像，每个像素对应一个灰度值，在图像分析时常常需要统计每个灰度值对应的像素数量。为了提高分析的速度，请采用多线程对图像进行分析，每个线程对图像的一块进行分析（例如把图像分割成 3×3，共 9 块，每块由一个线程来统计），每个线程分析完成后综合每块的分析结果，得到图像的最终统计结果。请实验确定分析时间最少的块数。

第10章 综合应用案例

10.1 引言

本章通过一个项目带读者掌握 Web 编程、数据库编程、反射、注解、网络编程以及多线程的知识。此项目是一个简单的学生学籍信息管理系统，主要功能是对学生学籍信息的增、删、改、查，前端采用的技术主要是 JSP＋Ajax，后端采用的技术主要是第 2～9 章提到的技术，Web 服务器使用的是 Tomcat，数据库采用的是 MySQL。

本章重点介绍项目架构的搭建以及开发流程，涉及少量的业务逻辑，在展示代码时仅展示项目关键步骤的核心代码。本章第 3～7 节都对应之前章节相应的内容，其中多线程融合在网络编程实例里。

10.2 MVC 架构

图 10-1 是此系统的一个基于 MVC 的架构图，首先从浏览器发送一个请求到服务器，请求会被 filter 拦截，在 filter 里面可以对一些非法请求进行拦截，判断是否登录等等。拦截器处理完毕后，会将请求发送给 Servlet，Servlet 类似于 MVC 架构中的 Controller，它是一个控制器，不处理数据，也不显示数据，只是解析请求的参数，然后将请求转发到相应的 Service。Service 是业务逻辑对象，关于系统的所有业务逻辑处理都在这里，此系统中的 Service 是由 ServiceFactory 生成的，Controller 只需要去调用相应的 Service 即可。DAO（database access object）是为 Service 提供数据的，相当于 MVC 架构中的 Model，也就是数据模型，这里的 DAO 和 Controller 一样，也是由 Factory 生成的，但此系统中的 DAOFactory 和 ServiceFactory 不一样，因为获取数据的方式有多种，比如数据库、内存、文

扫一扫

件等等，所以需要相应的 DAOFactory 进行处理。当请求处理后，会回传到 Servlet，Servlet 会将处理完的数据转发到相应的 JSP，最后返回响应到浏览器。通过这种分层处理，可以让系统的架构更加清晰，某一层恰好只实现一种功能，也满足了单一职责原则。

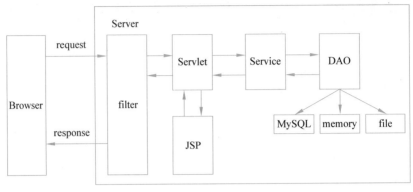

图 10-1　系统 MVC 架构图

什么是 MVC 架构？MVC，即 Model 模型、View 视图及 Controller 控制器。使用 MVC 的目的就是为了实现注意点分离这样一个更高层次的设计理念，也就是让专业的对象做专业的事情，View 就只负责视图相关的东西，Model 就只负责描述数据模型，Controller 负责总控，各自协作。图 10-2 显示了 MVC 组件类型的关系和功能。

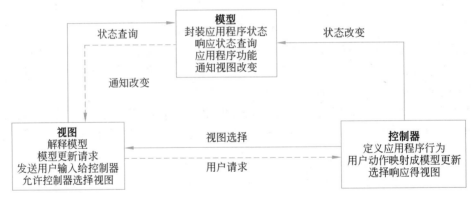

图 10-2　MVC 组件类型的关系和功能

（1）View 视图是为用户提供使用界面的，与用户直接进行交互。比如由 HTML 元素组成的网页界面，或软件的客户端界面。MVC 的好处之一在于它能为应用程序处理很多不同的视图，在视图中没有真正的处理发生，它只是作为一种输出数据并允许用户操作的方式。

（2）Model 模型是指模型表示业务规则，并对用户提交请求进行计算的模块。其分为两类：一类为实体类，专门为用户承载业务数据的；另一类为 Service 或 Dao 对象，专门用于处理用户提交请求的。

（3）Controller 控制器是指控制器接收用户的输入并调用模型和视图去完成用户的需求，控制器本身不输出任何东西和做任何处理。它只是接收请求并决定调用哪个模型构件去处理请求，然后再确定用哪个视图来显示返回的数据。

其实,生活中也有类似的架构,如饭店里面的服务员、厨师和采购员。顾客直接和服务员打交道,顾客和服务员(View 层)说:我要一个炒茄子,而服务员不负责炒茄子,她就把请求往上递交,传递给厨师(Model 层);厨师需要茄子,就把请求往上递交,传递给采购员(DAO 层);采购员从仓库里取来茄子,传回给厨师,厨师响应,做好炒茄子后,又传回给服务员,服务员把茄子呈现给顾客,如图 10-3 所示。

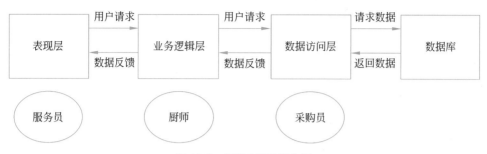

图 10-3　饭店 MVC 架构图

类似图 10-3 这种分层体系结构还有很多,但是其核心都是通过遵循关注点分离原则,使得工程代码井然有序,便于开发人员轻松找到实现不同功能的位置。通过分层排列的代码,一些常用的模块化功能也可以在整个应用程序中重复使用,减少应用程序的代码量和复杂度。不仅如此,借助分层体系结构,应用程序可以强制安排有关层与层之间的限制,有助于实现封装,比如当某一层需要发生更改或者变换的时候,只有那些和该层有联系的层会受到影响,这样的设定可减少更改对系统造成的影响。

分层和封装让系统更加灵活,比如某应用程序在最初开发的时候使用 SQL Server 数据库来实现持久性,但后期想将其替换成 MySQL 数据库,就可以使用实现相同公共接口的持久层进行替换,逻辑层的代码保持不变。逻辑分层是用于改进企业软件应用程序代码的常用技术,可通过多种方式将代码分层排列。

那么,在项目中是如何将请求对应到相应的 Servlet 进行处理的呢? 请求中非常重要的一部分就是 URL,URL 可以通过某种方法映射到服务器上的一个特定的 Servlet。URL 到 Servlet 的映射可以采用多种不同的方式处理,在一般的应用中,这种映射关系通常使用容器开发商提供的工具来完成映射,比较便捷的做法是通过@WebServlet 注解,当注解中的 value 属性与请求中的 URL 部分相对应,就可以将请求正确地映射到对应的 Servlet 进行处理。

下面举一个编辑学生学籍信息的简单例子。如图 10-4 所示,这是项目中的学生学籍信息管理首页。

当单击 edit 后,后台会根据选择的学生 id 去查询数据库,并返回相关信息。当用户编辑完成后单击 save,后台会将相关数据存到数据库,最后返回到学生学籍信息管理首页,如图 10-5 所示。

这一功能的序列如图 10-6 所示。

接下来详细讲解一下此项目的前后台是如何连通的。当单击 edit 的时候,前端执行的代码参见代码文件 WebContent/app/student/StudentList.jsp。

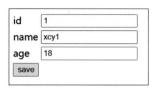

图 10-4　学生学籍信息管理首页　　　　　图 10-5　编辑学生学籍信息页面

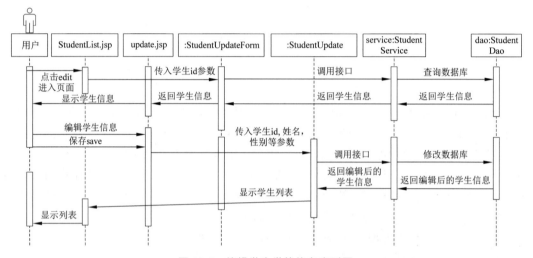

图 10-6　编辑学生学籍信息序列图

```
01  <a href="./StudentUpdateForm? id=<%=student.getId() %>"> edit </a>
```

此时，后端会根据请求中的 URL 部分找到相对应的 servlet，然后进行处理。
参见代码文件 src/org/ddd/app/student/servlet/StudentUpdateForm.Java。

```
01  @WebServlet("/StudentUpdateForm")
02  public class StudentUpdateForm extends HttpServlet {
03      protected void doGet(HttpServletRequest request, HttpServletResponse
04  response)  throws ServletException, IOException {
05          String id = request.getParameter("id");
06          Student student = ServiceFactory.getInstance().getStudentService()
07          .findById(Integer.parseInt(id));
08          request.setAttribute("student", student);
09          request.getRequestDispatcher("./student/update.jsp")
10          .forward(request, response);
11      }
12      protected void doPost(HttpServletRequest request, HttpServletResponse
13  response)  throws ServletException, IOException {
```

```
14          doGet(request, response);
15      }
16  }
```

在 Servlet 中,首先会获取前端传过来的学生 id,然后根据 id 找到相应的学生信息。将学生信息存储到 request 域中,最后转发到另一个 Servlet。在获取学生信息的过程中,首先创建了一个 serviceFactory,这里使用了单例模式。单例模式(Singleton Pattern)是 Java 中最简单的设计模式之一。这种类型的设计模式属于创建型模式,它提供了一种创建对象的最佳方式。这种模式涉及一个单一的类,该类负责创建自己的对象,同时确保只有单个对象被创建。这个类提供了一种访问其唯一对象的方式,可以直接访问,不需要实例化该类的对象。创建一个 serviceFactory 后,再使用工厂模式创建了一个 StudentService 进行后续的操作。工厂模式(Factory Pattern)也是 Java 中最常用的设计模式之一。这种类型的设计模式属于创建型模式,它提供了一种创建对象的最佳方式。在工厂模式中,创建对象时不会对客户端暴露创建逻辑,并且通过使用一个共同的接口来指向新创建的对象。在本项目中,serviceFactory 可以创建 StudentService 和 GenericService,不会暴露创建逻辑。本项目中的工厂模式如图 10-7 所示。

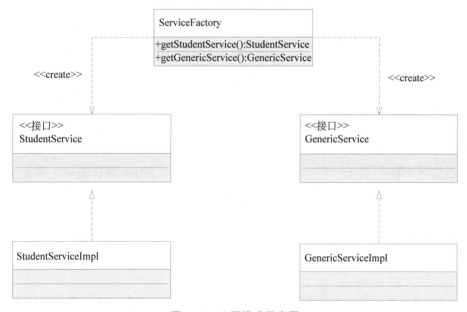

图 10-7   工厂模式示意图

到这里,单击 edit 并在编辑页面显示学生信息的过程已经完成。接下来就是编辑学生信息,单击保存。后台对应的 Servlet 会获取相关的学生信息,并封装成一个对象,然后调用 studentService 里面的方法,studentService 会继续调用 studentDao 中的方法,对数据库进行修改,最后返回到学生学籍信息管理首页,到这里,整个编辑学生学籍信息的功能就结束了。

10.3 Web 实例

10.3.1 身份验证

如图 10-8 所示，这是此项目的登录页面。当输入完用户名和密码，单击 login 会发生什么呢？

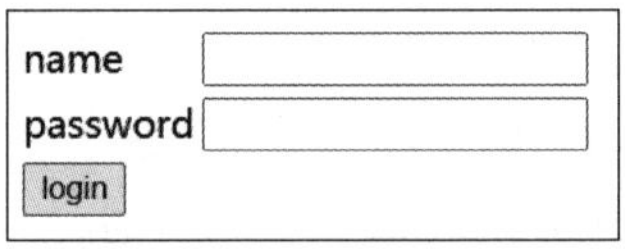

图 10-8 登录页面

首先来看一下前端的代码，前端的代码参见以下代码。

```
01  <form action="./Login" method="post">
02    <table>
03      <tr><td>name</td><td><input type="text" name="name" /> </td></tr>
04      <tr><td>password</td><td><input type="password" name="password" />
05  </td></tr>
06      <tr><td><input type="submit" value="login" /> </td></tr>
07    </table>
08    <h2><%= msg %></h2>
09  </form>
```

前端代码很简单，就是一个 form 表单，form 表单中的 action 属性决定了单击 login 后台应该选择哪个 Servlet 来处理。但是在请求发送到相应的 Servlet 之前，要经过相应过滤器的处理。

本书采用的是使用@WebFilter 的方法来配置过滤器的。具体的代码如下。

```
01  @WebFilter("/*")
```

这里"/*"的意思是任何请求发送到 Servlet 之前，都要进行截获和处理请求。过滤器里面主要有 3 个方法，分别是 destroy、doFilter、init，第一个方法是在容器销毁过滤器对象前调用的；第二个方法就是过滤器中最主要的方法了，可以在这个方法里面写相关的过滤处理，把当前的请求和响应沿着过滤链进行传递；第三个方法是容器初始化过滤器对象后调用的。过滤器的相关代码如下。

```
01  public void doFilter(HttpServletRequest request, HttpServletResponse
02  response, FilterChain chain) throws IOException, ServletException {
03    System.out.println(request.getRequestURI());
04    String name = (String) request.getSession().getAttribute("name");
```

```
05    if(name == null)
06    {
07       if(
08    request.getRequestURI().toLowerCase().endsWith(".css") ||
09        request.getRequestURI().toLowerCase().endsWith(".js") ||
10        request.getRequestURI().toLowerCase().endsWith(".html") ||
11        request.getRequestURI().toLowerCase().endsWith(".CSS") ||
12        request.getRequestURI().toLowerCase().endsWith(".JS") ||
13        request.getRequestURI().toLowerCase().endsWith(".HTML") ||
14        request.getRequestURI().toLowerCase().toLowerCase().endsWith(".css") ||
15        request.getRequestURI().toLowerCase().toLowerCase().endsWith(".js") ||
16        request.getRequestURI().toLowerCase().toLowerCase().endsWith(".html") ||
17        request.getRequestURI().endsWith("/Login") ||
18        request.getRequestURI().endsWith("/loginForm.jsp"))
19       {
20          chain.doFilter(request, response);
21       }
22       else
23       {
24          request.getRequestDispatcher("./loginForm.jsp").forward(
25    request,
26            response);
27       }
28    }
29    else
30    {
31       chain.doFilter(request, response);
32    }
33 }
```

当有请求到 Servlet 时，需要判断一下是否已经有用户登录，如果有，就会把请求发给下个过滤器（如果还有别的过滤器）或者相应的 Servlet。如果没有登录，首先需要判断一下是否请求的是 HTML、CSS、JS 或是登录页面和登录所执行的 Servlet，如果是，就直接进行后续处理，如果不是，就重新转发到登录页面。

当过滤完成后，也该进行真正的后台登录处理了。loginServlet 的相关代码如下。

```
01 protected void doGet(HttpServletRequest request, HttpServletResponse
02 response) throws ServletException, IOException {
03    String name = request.getParameter("name");
04    String password = request.getParameter("password");
05    if("xcy".equals(name) && "ddd".equals(password))
06    {
07       request.getSession().setAttribute("name", name);
08       request.getRequestDispatcher("./main.jsp").forward(request, response);
```

```
09    }
10    else
11    {
12        request.setAttribute("msg", "name or password is error,please relogin");
13        request.getRequestDispatcher("./loginForm.jsp").forward(request, response);
14    }
15 }
```

loginServlet 会获取用户输入的用户名和密码，然后进行比对，如果相同，就把用户名存到 request 域中，跳转到学生学籍信息管理主页；如果不同，就存一个错误的信息在 request 域，重新转发到登录页面。

10.3.2 学生学籍信息主页

学生学籍信息主页是一个表格，如图 10-9 所示，可以对学生学籍信息进行增、删、改、查。

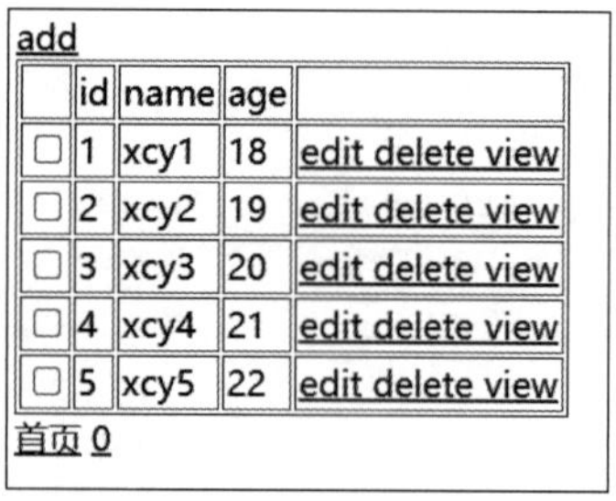

	id	name	age	
☐	1	xcy1	18	edit delete view
☐	2	xcy2	19	edit delete view
☐	3	xcy3	20	edit delete view
☐	4	xcy4	21	edit delete view
☐	5	xcy5	22	edit delete view

add

首页 0

图 10-9　学生学籍信息主页

接下来分别看看学生学籍信息主页的前端或后端代码。注意在整个 10.3 节中所有的学生数据都是在内存中存储的，参见以下代码。

```
01 <%
02    List<Student> students = (List<Student>)request.getAttribute("students");
03    Integer studentCount = (Integer)request.getAttribute("studentCount");
04    Integer pageIndex = (Integer)request.getAttribute("pageIndex");
05    Integer pageSize = 10;
06    Long pageCount = Math.round(Math.ceil(studentCount * 1.0f/pageSize));
07 %>
08
09 <body>
10 <a href="StudentAdd"> add </a>
11 <table border=1>
12    <tr><td></td><td>id</td><td>name</td><td>age</td><td></td></tr>
13    <% for(Student student:students) {
14 %>
15    <tr>
```

```
16        <td><
17  input type="checkbox" name="studentIds" value="<%=student.getId() %>">
18        </td>
19        <td><%=student.getId() %></td>
20        <td><%=student.getName() %></td>
21        <td><%=student.getAge() %></td>
22        <td> <
23  a href="./StudentUpdateForm?id=<%=student.getId() %>">
24  edit </a>
25        <
26  a href="./StudentDelete?id=<%=student.getId() %>">
27  delete </a>
28        <
29  a href="./StudentView?id=<%=student.getId() %>">
30  view </a> </td>
31      </tr>
32      <%}
33  %>
34  </table>
35  <a href="./StudentList?pageIndex=0">首页</a>
36  <% if(pageIndex >0) { %>
37  <
38  a href="./StudentList?pageIndex=<%=pageIndex-1 %>">上一页</a>
39  <%} %>
40  <% for(int i=0; i<pageCount;i++) {%>
41  <
42  a href="./StudentList?pageIndex=<%=i %>">
43  <%=i %></a>
44  <%} %>
45  <% if(pageIndex < pageCount-1) { %>
46  <
47  a href="./StudentList?pageIndex=<%=pageIndex+1 %>"> 下一页</a>
48  <%} %>
49  </body>
```

首先从 request 域中获取学生数据、学生数量、当前所在页等数据,然后将所有数据循环加载到 table 中。那么这些数据是什么时候存储到 request 域中呢？原来,在加载学生学籍信息主页之前,就已经执行了相应的 Servlet,参见以下代码。

```
01  protected void doGet(HttpServletRequest request, HttpServletResponse
02  response) throws ServletException, IOException {
03      String pageIndex1 = request.getParameter("pageIndex");
04      Integer pageIndex = 0;
05      if(pageIndex1!=null){
```

```
06        pageIndex = Integer.parseInt(pageIndex1);
07    }
08    Integer pageSize = 10;
09    List<Student> students =
10    ServiceFactory.getInstance().getStudentService().findStudentsByPage
11      (pageIndex, pageSize);
12    Integer studentCount =
13      ServiceFactory.getInstance().getStudentService().getStudentsCount();
14    request.setAttribute("students", students);
15    request.setAttribute("studentCount", studentCount);
16    request.setAttribute("pageIndex", pageIndex);
17    request.getRequestDispatcher("./student/StudentList.jsp").forward
18    (request,response);
19 }
```

在学生学籍信息主页的 Servlet 中，将获取到的学生数据以及学生数量等信息存储到 request 域中，最后重新转发到学生学籍信息主页，这样在学生学籍信息主页就可以获取这些数据了。

10.3.3 新增学生学籍信息

如图 10-10 所示，在新增学生学籍信息页面，只需输入新增学生学籍的相关信息，单击 save 即可将学生信息保存到内存中去。

图 10-11 为新增学生学籍信息的流程图。

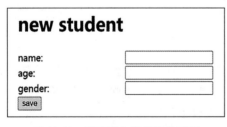

图 10-10　新增学生学籍信息页面

图 10-11　新增学生学籍信息流程图

接下来看看前端的代码，StudentAdd.jsp 的相关代码如下。

```
01 <form action="../StudentSave1" method="post">
02    <table>
```

```
03          <tr>
04              <td>
05                  <h1>new student</h1>
06              </td>
07          </tr>
08          <tr>
09              <td>
10                  name:
11              </td>
12              <td>
13                  <input type="text" name="name"/>
14              </td>
15          </tr>
16          <tr>
17              <td>
18                  age:
19              </td>
20              <td>
21                  <input type="number" name="age"/>
22              </td>
23          </tr>
24          <tr>
25              <td>
26                  gender:
27              </td>
28              <td>
29                  <input type="text" name="gender"/>
30              </td>
31          </tr>
32          <tr>
33              <td>
34                  <input type="submit" value="save"/>
35              </td>
36          </tr>
37      </table>
38  </form>
```

可以看出新增学生学籍信息页面就是一个简单的表单,当输入相关信息后,单击 save,相应的后台 Servlet 就会进行处理。相关的后台 Servlet 代码如下。

```
01  protected void doGet(HttpServletRequest request, HttpServletResponse
02  response) throws ServletException, IOException {
03      String name = request.getParameter("name");
04      Integer age = Integer.parseInt(request.getParameter("age"));
```

```
05    String gender = request.getParameter("gender");
06    Student student = new Student(null,name,age);
07    ServiceFactory.getInstance().getStudentService().add(student);
08    response.sendRedirect("./StudentList");
09  }
```

后台的 Servlet 会获取学生学籍的相关信息,创建一个学生对象。然后 ServiceFactory 会创建一个 serviceFactory 实例,serviceFactory 会调用 getStudentService()方法,发回一个具体的实现类。在具体的实现类里面会继续调用 studentDao 中的 add()方法进行操作。那么问题来了,本项目中一共有 4 个类都实现了 StudentDao 这个接口,如图 10-12 所示。

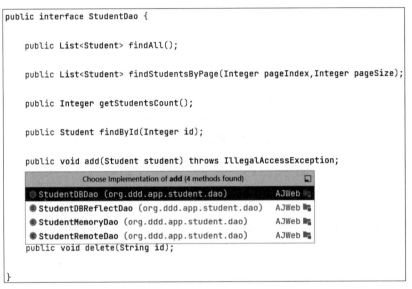

图 10-12　StudentDao 相关代码

那么在项目中是如何配置的呢？过滤器中有一个 init 方法,因为过滤器是在 Tomcat 容器运行的时候就加载的,所以可以在 init 方法里进行初始化配置,参见以下代码。

```
01  public void init(FilterConfig fConfig) throws ServletException {
02    super.init(fConfig);
03    String dao = super.getServletContext().getInitParameter("dao");
04    DaoFactory.SetDaoType(dao);
05  }
```

在 init 方法中,获取到的 dao 是在 Web.xml 文件中已经配置好的,参见以下代码。

```
01  <context-param>
02    <param-name>dao</param-name>
03    <param-value>memory</param-value>
04  </context-param>
```

然后调用 DaoFactory 中的一个静态方法 SetDaoType,就可以根据不同的配置生成不同的 DaoFactory,再由 DaoFactory 生成具体的 Dao 实现类。SetDaoType 方法参见以下代码。

```
01  public static void SetDaoType(String daoType)
02  {
03      DaoFactory.daoType = daoType;
04      if(DAOTYPE_db.equalsIgnoreCase(DaoFactory.daoType))
05      {
06          daoFactoryInterface = DaoDBFactory.getInstance();
07      }
08      else if(DAOTYPE_dbReflect.equalsIgnoreCase(DaoFactory.daoType))
09      {
10          daoFactoryInterface = DaoDBReflectFactory.getInstance();
11      }
12      else if(DAOTYPE_memory.equalsIgnoreCase(DaoFactory.daoType))
13      {
14          daoFactoryInterface = DaoMemoryFactory.getInstance();
15      }
16      else if(DAOTYPE_remote.equalsIgnoreCase(DaoFactory.daoType))
17      {
18          daoFactoryInterface = DaoRemoteFactory.getInstance();
19      }
20      else
21      {
22          throw new IllegalArgumentException("创建失败");
23      }
24  }
```

10.3.4 编辑学生学籍信息

编辑学生学籍信息的功能在 10.2 节讲 MVC 架构时已经讲过了,唯一的区别就是 10.2 节所有的学生数据是存在数据库里的,而 10.3 节的数据是存在内存中的。在本节中,项目运行时会在内存中初始化一些学生数据,参见以下代码。

```
01  private static Map<Integer,Student> Students = new HashMap<Integer, Student>();
02  static {
03      Students.put(1, new Student(1, "xcy1", 18));
04      Students.put(2, new Student(2, "xcy2", 19));
05      Students.put(3, new Student(3, "xcy3", 20));
06      Students.put(4, new Student(4, "xcy4", 21));
07      Students.put(5, new Student(5, "xcy5", 22));
08  }
```

这是一段静态代码块,即是说随着类的加载,这段代码只执行一次,是用来初始化学生数据的。

那么在编辑学生学籍信息时，执行的是 studentMemoryDao 中的 update 方法。update 方法参见以下代码。

```
01  @Override
02  public void update(Student student) {
03      Students.put(student.getId(), student);
04  }
```

10.3.5 删除学生学籍信息

在图 10-9 的学生学籍信息主页中，选择一个学生点击 delete，即可删除学生学籍信息。在 10.3.2 小节的第 1 个例子中的＜a href＝"./StudentDelete？id＝＜%＝student.getId()%＞"＞ delete ＜/a＞，这一行即是带着参数学生 id 跳转到后台 StudentDelete 进行处理，参见以下代码。

```
01  protected void doGet(HttpServletRequest request, HttpServletResponse
02  response) throws ServletException, IOException {
03      String id = request.getParameter("id");
04      ServiceFactory.getInstance().getStudentService().delete(id);
05      response.sendRedirect("./StudentList");
06  }
```

StudentDelete 首先会获取相应的学生 id，然后调用接口，实现在内存中删除学生学籍信息的功能，最后重定向到 StudentList。我们主要来看看这里是怎么实现删除功能的。首先会创建一个 ServiceFactory 实例，然后调用其中的方法 getStudentService()，返回一个具体的实现类，在具体的实现类中调用 delete 方法。

delete 方法参见以下代码。

```
01  @Override
02  public void delete(String id) {
03      DaoFactory.getInstance().getStudentDao().delete(id);
04  }
```

在此方法中，首先会返回一个 DaoFactory 实例，然后调用其中的 getStudentDao()方法，此方法参见以下代码。

```
01  public StudentDao getStudentDao()
02  {
03      return daoFactoryInterface.getStudentDao();
04  }
```

很明显，daoFactoryInterface 是一个接口，这里返回的是 daoFactoryInterface 哪个实现类的 getStudentDao()方法呢？是通过配置文件来实现的。接下来，相应的工厂调用

getStudentDao()方法创建相应的 Dao 实例。最后，调用相应 Dao 实例中的 delete 方法完成在内存中删除学生学籍信息的功能。

10.3.6 查看学生学籍信息

在图 10-9 的学生学籍信息主页中，选择一个学生，单击 view，即可查看学生学籍信息。在 10.3.2 小节的第 1 个例子中＜a href＝"./StudentView? id＝＜％＝student.getId()％＞"＞ view ＜/a＞这一行，即是带着参数学生 id 跳转到后台 StudentView 进行处理，参见以下代码。

```
01  protected void doGet(HttpServletRequest request, HttpServletResponse
02  response) throws ServletException, IOException {
03      String id = request.getParameter("id");
04      Student student = ServiceFactory.getInstance()
05      .getStudentService().findById
06      (Integer.parseInt(id));
07      request.setAttribute("student", student);
08      request.getRequestDispatcher("./student/StudentView.jsp")
09      .forward(request, response);
10  }
```

StudentView 首先会获取相应的学生 id，然后根据学生 id 找到相应的学生信息，再把学生信息存到 request 域中，最后重新转发到 StudentView.jsp 页面去，参见以下代码。

```
01  <%
02      Student student = (Student)request.getAttribute("student");
03  %>
04  <body>
05  <form>
06      <table>
07          <tr><td>id</td><td>
08  <input type="text" name="id" readonly="readonly"  value="<%=student
09  .getId() %>" />
10  </td></tr>
11          <tr><td>name</td><td>
12  <input type="text" name="name" readonly="readonly" value="<%=student.
13  getName() %>" />
14  </td></tr>
15          <tr><td>age</td><td><
16  input type="number" name="age" readonly="readonly" value="<%=student
17  .getAge() %>" /> </td></tr>
18      </table>
19  </form>
20  </body>
```

查看页面如图 10-13 所示。

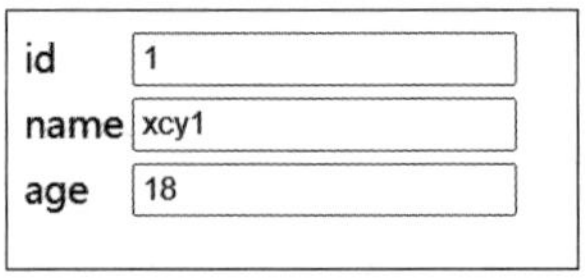

图 10-13　查看页面

10.4　数据库实例

在上一小节中，所有的学生数据都是存到内存中的。对学生数据的操作都是对内存中的数据进行操作的。在本小节中，所有的操作都是对数据库中的数据进行的。数据库的 student 表如图 10-14 所示。

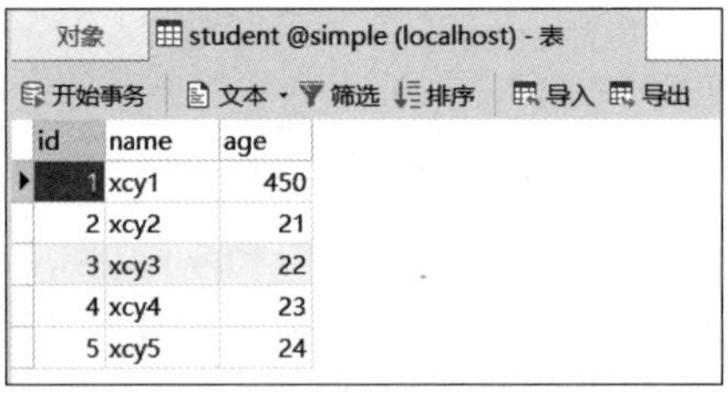

图 10-14　student 表

要想对数据库中的数据进行操作，只需要在 Web.xml 中修改<context-param>中的<param-value>为 db 即可。这样 DaoFactory 创建的就是 DaoDBFactory，最后得到的就是对数据库进行操作的 StudentDBDao。接下来详细介绍对数据库中的学生数据进行增、删、改、查的方法。

首先来看 StudentDBDao 中的 findStudentsByPage 方法，参见以下代码。

```
01  @Override
02  public List<Student> findStudentsByPage(Integer pageIndex, Integer pageSize) {
03      String sql = "select id,name,age from student limit"
04       +pageIndex * pageSize+","+pageSize;
05      Connection connection = DBConnection.getConnection();
06      try {
07          Statement statement = connection.createStatement();
08          ResultSet resultSet = statement.executeQuery(sql);
09          List<Student> students = new ArrayList<Student>();
10          while(resultSet.next())
11          {
12              Student student = new Student(resultSet.getInt("id"),
13                      resultSet.getString("name"),
```

```
14            resultSet.getInt("age"
15  ));
16        students.add(student);
17      }
18    statement.close();
19    connection.close();
20    return students;
21  } catch (SQLException e) {
22      e.printStackTrace();
23  }
24    return null;
25  }
```

这段代码主要是查询出数据库 student 表中的所有数据,并返回。下面来逐一分析这段代码。首先创建一条 SQL 语句,然后连接数据库,获取 Statement 对象,用于执行数据的命令。接下来执行 SQL 语句,会返回一个结果集,结果集中包含了所有学生信息。最后调用结果集 ResultSet 的 next 方法,将所有学生信息存到列表里去,关闭执行对象和数据库连接,返回学生列表。

接下来看看如何对学生数据进行新增操作。直接看 StudentDBDao 中的 add 方法,add方法参见以下代码。

```
01  @Override
02  public void add(Student student) {
03    String sql = "insert into student (name,age) values
04      ('"+student.getName()+"',"+student.getAge()+")";
05    Connection connection = DBConnection.getConnection();
06    try{
07      Statement statement = connection.createStatement();
08      statement.executeUpdate(sql);
09      statement.close();
10      connection.close();
11    } catch (SQLException throwables) {
12        throwables.printStackTrace();
13    }
14  }
```

这一段代码和查看学生学籍信息操作十分相似,这里就不一一分析了。唯一的不同就是 add 操作使用的是 statement.executeUpdate(),而查看学生学籍信息操作使用的是statement.executeQuery()。这两者的区别如下:

方法 executeQuery 用于产生单个结果集的语句,例如 SELECT 语句。被使用最多的执行 SQL 语句的方法是 executeQuery。这个方法被用来执行 SELECT 语句,它几乎是使用最多的 SQL 语句。

方法 executeUpdate 用于执行 INSERT、UPDATE 或 DELETE 语句以及 SQL DDL

（数据定义语言）语句，例如 CREATE TABLE 和 DROP TABLE。INSERT、UPDATE 或 DELETE 语句的效果是修改表中零行或多行中的一列或多列。executeUpdate 的返回值是一个整数，指示受影响的行数（即更新计数）。对于 CREATE TABLE 或 DROP TABLE 等不操作行的语句，executeUpdate 的返回值总为零。

使用 executeUpdate 方法是因为在 createTableCoffees 中的 SQL 语句是 DDL 语句。创建表、改变表、删除表都是 DDL 语句的例子，要用 executeUpdate 方法来执行。也可以从它的名字里看出，方法 executeUpdate 也被用于执行更新表的 SQL 语句。实际上，相对于创建表来说，executeUpdate 用于更新表的时间更多，因为表只需要创建一次，但经常被更新。

最后来看看编辑和删除操作是怎么进行的，参见以下代码。

编辑操作代码如下：

```
01  @Override
02  public void update(Student student) {
03      String sql = "update student set
04      name='"+student.getName()+"',age="+student.getAge()+" where
05      id="+student.getId();
06      System.out.println(sql);
07      Connection connection = DBConnection.getConnection();
08      try{
09          Statement statement = connection.createStatement();
10          statement.executeUpdate(sql);
11          statement.close();
12          connection.close();
13      } catch (SQLException throwables) {
14          throwables.printStackTrace();
15      }
16  }
```

删除操作代码如下：

```
01  @Override
02  public void delete(String id) {
03      String sql = "delete from student where id=" +id;
04      Connection connection = DBConnection.getConnection();
05      try{
06          Statement statement = connection.createStatement();
07          statement.executeUpdate(sql);
08          statement.close();
09          connection.close();
10      } catch (SQLException throwables) {
11          throwables.printStackTrace();
12      }
13  }
```

这两段代码和查看、新增学生学籍信息有相似之处，这里就不一一讲解了。

10.5 反射实例

上一节中所有的 SQL 语句都不是动态生成的,而本节中所有的 SQL 语句都是通过反射动态生成的。同样只需要在 Web.xml 中修改<context-param>中的<param-value>为 dbReflect 即可。这样 DaoFactory 创建的就是 DaoDBReflectFactory,最后得到的就是对数据库进行操作的 StudentDBReflectDao。接下来详细介绍通过反射动态生成 SQL 语句对数据库中的学生数据进行增、删、改、查的方法。首先来看看 StudentDBReflectDao 中的 findStudentsByPage 方法,参见以下代码。

```
01  public List<Student> findStudentsByPage(Integer pageIndex, Integer pageSize) {
02      Class clazz = null;
03      try {
04          clazz = Class.forName("org.cqut.ddd.student.entity.Student");
05      } catch (ClassNotFoundException e) {
06          e.printStackTrace();
07      }
08      String sql = DBReflectUtil.generateSelectAllSQL(clazz);
09      sql +=  " limit "+pageIndex * pageSize+","+pageSize;
10      Connection connection = DBConnection.getConnection();
11      try {
12          Statement statement = connection.createStatement();
13          ResultSet resultSet = statement.executeQuery(sql);
14          List<Object> entities = new ArrayList<Object>();
15          while(resultSet.next())
16          {
17              Object obj = clazz.getDeclaredConstructor().newInstance();
18              for(int i=1; i<=resultSet.getMetaData().getColumnCount();i++)
19              {
20                  String columnName = resultSet.getMetaData().getColumnName(i);
21                  Field field =obj.getClass().getDeclaredField(columnName);
22                  field.setAccessible(true);
23                  field.set(obj, resultSet.getObject(columnName));
24              }
25              entities.add(obj);
26          }
27          statement.close();
28          connection.close();
29          return (List)entities;
30      } catch (SQLException | NoSuchFieldException | SecurityException |
31  IllegalArgumentException | IllegalAccessException | InstantiationException |
32  NoSuchMethodException | InvocationTargetException e) {
```

```
33        e.printStackTrace();
34      }
35    return null;
36  }
```

这段代码主要是查询出数据库 student 表中的所有数据，并返回。下面来逐一分析一下这段代码。首先获取 Student 类的类型，以便后面进行反射处理，然后调用 DBReflectUtil 中的一个静态方法 generateSelectAllSQL()，参见以下代码。

```
01  public static String generateSelectAllSQL(Class clazz)
02  {
03    StringBuilder SQLBuilder = new StringBuilder();
04    SQLBuilder.append("select ");
05    for(Field field:clazz.getDeclaredFields())
06    {
07       SQLBuilder.append(field.getName()).append(",");
08    }
09    SQLBuilder.deleteCharAt(SQLBuilder.length()-1);
10    SQLBuilder.append(" from ");
11    SQLBuilder.append(clazz.getSimpleName());
12    SQLBuilder.append(" order by id");
13    return SQLBuilder.toString();
14  }
```

此方法主要是通过反射动态生成 select 语句的主要部分。首先创建一个可变字符串实例，接下来通过反射，将 Student 类中的所有属性添加到 select 的后面，然后通过反射获取 Student 类的类名，添加到 from 后面，最后将生成的 select 语句返回。这段代码会根据传入的类类型动态生成对不同实体的 select 语句。

生成了基本的 SQL 语句后，再根据需要把分页参数添加到语句后面。然后就可以创建数据库连接，获取 Statement 对象用于执行数据的命令。接下来执行 SQL 语句，会返回一个结果集，结果集包含了所有学生信息。接下来动态获取结果集里面的信息，在 while 循环中，首先会根据传入的类类型创建一个实例，然后通过 for 循环设置实例的所有属性值。最后关闭执行对象和数据库连接，返回学生列表。

接下来看看新增学生学籍信息的 SQL 语句是怎么通过反射动态生成的，参见以下代码。

```
01  @Override
02  public void add(Student student) throws IllegalAccessException {
03    String sql = DBReflectUtil.generateInsertAllSQL(student);
04    Connection connection = DBConnection.getConnection();
05    try{
06       Statement statement = connection.createStatement();
07       statement.executeUpdate(sql);
```

```
08          statement.close();
09          connection.close();
10      } catch (SQLException throwables) {
11          throwables.printStackTrace();
12      }
13  }
```

这个方法主要是调用了 DBReflectUtil 中的 generateInsertAllSQL 动态生成了插入语句,下面来看看此方法是如何实现这一功能的,参见以下代码。

```
01  public static String generateInsertAllSQL(Object obj) throws
02  IllegalArgumentException, IllegalAccessException
03  {
04    Class clazz = obj.getClass();
05    StringBuilder SQLBuilder = new StringBuilder();
06    SQLBuilder.append("insert  into ");
07    SQLBuilder.append(clazz.getSimpleName());
08    SQLBuilder.append(" (");
09    for(Field field:clazz.getDeclaredFields())
10    {
11        SQLBuilder.append(field.getName()).append(",");
12    }
13    SQLBuilder.deleteCharAt(SQLBuilder.length()-1);
14    SQLBuilder.append(" ) values ( ");
15    for(Field field:clazz.getDeclaredFields())
16    {
17        field.setAccessible(true);
18        Object value = field.get(obj);
19        if( value instanceof String) //这里判断字符串,日期等特殊类型需要处理
20        {
21            SQLBuilder.append("'") .append(value).append("',");
22        }
23        else
24        {
25            SQLBuilder.append(value) .append(",");
26        }
27    }
28    SQLBuilder.deleteCharAt(SQLBuilder.length()-1);
29    SQLBuilder.append(" ) ");
30    return SQLBuilder.toString();
31  }
```

这段代码主要是动态生成 SQL 语句,首先获取到传入的对象的类类型,然后创建一个可变字符串对象,接下来拼接字符串。这里要注意一下 SQL 语句中 values 里面的内容要做一个判断,如果是字符串、日期等特殊类型,需要处理。最后返回拼接的字符串。

接下来再看看编辑学生学籍信息的 SQL 语句是怎么动态生成的，参见以下代码。

```
01  public static void update(Object obj) {
02     StringBuilder sql = new StringBuilder();
03     sql.append("update "+obj.getClass().getSimpleName()+" set ");
04     for(Field field:obj.getClass().getDeclaredFields())
05     {
06         sql.append(field.getName()).append("=?,
07  ");
08     }
09     sql.deleteCharAt(sql.length()-1);
10     sql.append(" where id=? ");
11     Connection connection = DBConnection.getConnection();
12     try {
13         PreparedStatement statement =
14         connection.prepareStatement(sql.toString());
15         int fieldIndex = 1;
16         for(Field field:obj.getClass().getDeclaredFields())
17         {
18           field.setAccessible(true);
19           Object value = field.get(obj);
20           if(value instanceof String)
21           {
22               statement.setString(fieldIndex,(String)value);
23           }
24           else  if(value instanceof Integer)
25           {
26               statement.setInt(fieldIndex,(Integer)value);
27           }
28           else
29           {
30               //double,boolean,long
31               throw new RuntimeException("type is error");
32           }
33           fieldIndex++;
34         }
35         Field idField = obj.getClass().getDeclaredField(idFieldName);
36         idField.setAccessible(true);
37         Object idValue = idField.get(obj);
38         statement.setInt(fieldIndex,(Integer) idValue);
39         statement.execute();
40         statement.close();
41         connection.close();
42         return;
43     } catch (SQLException | NoSuchFieldException | SecurityException |
```

```
44          IllegalArgumentException | IllegalAccessException e) {
45          //TODO Auto-generated catch block
46          e.printStackTrace();
47      }
48  }
```

这段代码主要是动态生成编辑学生学籍信息的 SQL 语句，然后创建数据库连接和执行对象执行语句。首先还是使用可变字符串对象拼接字符串，创建连接之前拼接成的字符串为"update Student set id＝?,name＝?,age＝? where id＝?"。然后创建数据库连接，创建一个 PreparedStatement 实例，接下来通过反射获取传入的对象的属性值，通过 PreparedStatement 实例的 setString() 和 setInt() 方法将参数值设置到指定的位置。接下来在 34 行通过反射获取到 id 的值，其中 idFieldName 是一个字符串类型的对象，其值为"id"。然后将 id 参数值通过 setInt() 方法设置到 where 后面的相应位置。最后执行语句，关闭执行对象和数据库连接。

最后来看看删除学生学籍信息的 SQL 语句是怎么动态生成的，参见以下代码。

```
01  public static void delete(Class clazz,Integer id) {
02      String sql = "delete from  "+clazz.getSimpleName()+" where id=? ";
03      Connection connection = DBConnection.getConnection();
04      try {
05          PreparedStatement statement = connection.prepareStatement(sql);
06          statement.setInt(1, id);
07          statement.execute();
08          statement.close();
09          connection.close();
10          return;
11      } catch (SQLException e) {
12          //TODO Auto-generated catch block
13          e.printStackTrace();
14      }
15  }
```

这段代码和编辑学生学籍信息的代码有相似之处，这里就不一一讲解了。

10.6 注解实例

扫一扫

图 10-15 所示为项目中的学生学籍信息主页面，界面和前几个小节没有任何变化。然而在之前的小节中，JSP 页面中实体的属性值都是通过对象的 get 方法获取到的，而本节中将使用注解来获取到所有的属性值。

首先来看看这个例子当中使用的实体对象都有哪些注解，学生类的主要属性参见以下代码。

add				
	name	id	age	
☐	xcy1	1	450	edit delete view
☐	xcy2	2	21	edit delete view
☐	xcy3	3	22	edit delete view
☐	xcy4	4	23	edit delete view
☐	xcy5	5	24	edit delete view
首页 0				

图 10-15　学生学籍信息主页

```
01  @Entity(value="student")
02  public class Student{
03      @ID
04      @Column(value="id",nullable=false,label="id")
05      private Integer id;
06      @Column(value="name",nullable=false,maxLength=10,label="name")
07      private String name;
08      @Column(value="age",label="age")
09      private Integer age;
10  }
```

此实体中一共有 3 种类型的注解，分别是@Entity、@ID、@Column。这三种类型的注解可以在 4.5.1 小节中找到定义。这个例子还用到相关的工具类 ColumnInfo、EntityInfo、EntityInfoHelper，参见以下代码。

注解 ColumnInfo 的代码如下：

```
01  public class ColumnInfo {
02      private Field field;
03      private Column column;
04      public Field getField() {
05          return field;
06      }
07      public void setField(Field field) {
08          this.field = field;
09      }
10      public Column getColumn() {
11          return column;
12      }
13      public void setColumn(Column column) {
14          this.column = column;
15      }
16  }
```

注解 EntityInfo 的代码如下：

```
01  public class EntityInfo {
02      private Class clazz;
```

```
03     private Entity entity;
04     private ColumnInfo idColumnInfo;
05     private Map<String,ColumnInfo> fieldColumnInfos = new
06     HashMap<String,ColumnInfo>();
07     private Map<String,ColumnInfo> columnInfos = new
08     HashMap<String,ColumnInfo>();
09     public Class getClazz() {
10         return clazz;
11     }
12     public void setClazz(Class clazz) {
13         this.clazz = clazz;
14     }
15     public Entity getEntity() {
16         return entity;
17     }
18     public void setEntity(Entity entity) {
19         this.entity = entity;
20     }
21     public Map<String, ColumnInfo> getFieldColumnInfos() {
22         return fieldColumnInfos;
23     }
24     public void setFieldColumnInfos(Map<String, ColumnInfo> fieldColumnInfos) {
25         this.fieldColumnInfos = fieldColumnInfos;
26     }
27     public Map<String, ColumnInfo> getColumnInfos() {
28         return columnInfos;
29     }
30     public void setColumnInfos(Map<String, ColumnInfo> columnInfos) {
31         this.columnInfos = columnInfos;
32     }
33     public ColumnInfo getIdColumnInfo() {
34         return idColumnInfo;
35     }
36     public void setIdColumnInfo(ColumnInfo idColumnInfo) {
37         this.idColumnInfo = idColumnInfo;
38     }
39 }
```

EntityInfoHelper 的相关代码就不在这里展示了,后续用到的时候再展示。知道了学生类使用的注解和几个工具类后,来看看后台的 Servlet 是怎么处理的,相关后台 Servlet 参见以下代码。

```
01  protected void doGet(HttpServletRequest request, HttpServletResponse
02  response) throws ServletException, IOException {
```

```
03      Integer pageIndex = Integer.parseInt(request.getParameter("pageIndex"));
04      Integer pageSize = 10;
05      String clazzName = request.getParameter("clazz");
06      Class clazz = EntityInfoHelper.getClass(clazzName);
07      List<Object> entities = ServiceFactory.getInstance().getGenericService()
08      .findEntitiesByPage(clazz, pageIndex, pageSize);
09      Integer entitiesCount = ServiceFactory.getInstance().getGenericService()
10      .getEntitiesCount(clazz);
11      EntityInfo entityInfo = EntityInfoHelper.getEntityInfo(clazz);
12      request.setAttribute("entities", entities);
13      request.setAttribute("entitiesCount", entitiesCount);
14      request.setAttribute("clazzName", clazzName);
15      request.setAttribute("pageIndex", pageIndex);
16      request.setAttribute("entityInfo", entityInfo);
17      request.getRequestDispatcher("./generic/GenericList.jsp")
18      .forward(request, response);
19  }
```

这段代码主要是从数据库获取到相关的实体信息和一些注解信息，并将其存入 request 域中，最后重新转发到学生学籍信息主页页面。

从数据库获取实体信息前面几节已经讲过，这里主要讲解相关注解信息的获取。以下代码调用了前面讲过的工具类 EntityInfoHelper 中的 getEntityInfo()方法。

```
01  public static EntityInfo getEntityInfo(Class clazz)
02  {
03    EntityInfo entityInfo = new EntityInfo();
04    entityInfo.setClazz(clazz);
05    entityInfo.setEntity((Entity)clazz.getAnnotation(Entity.class));
06    for(Field field:clazz.getDeclaredFields())
07    {
08      Column column = field.getAnnotation(Column.class);
09      if(column == null) continue;
10      field.setAccessible(true);
11      ColumnInfo columnInfo = new ColumnInfo();
12      columnInfo.setField(field);
13      columnInfo.setColumn(column);
14      entityInfo.getColumnInfos().put(column.value(), columnInfo);
15      entityInfo.getFieldColumnInfos().put(field.getName(), columnInfo);
16      ID id= field.getAnnotation(ID.class);
17      if(id != null)
18      {
19        entityInfo.setIdColumnInfo(columnInfo);
20      }
21    }
```

```
22       return entityInfo;
23   }
```

这段代码主要是将一些注解的相关信息设置进一个 entityInfo 对象中，并返回此对象。接下来一段一段分析一下代码。首先创建一个 EntityInfo 对象，将传入的类类型和类上的注解保存到对象中，然后将此实体类的属性一个一个获取到相应的注解，创建一个 ColumnInfo 对象，将属性和属性的注解设置到该对象中，接下来将 EntityInfo 对象的 columnInfos 和 fieldColumnInfos 属性也设置好，最后将 idColumnInfo 存入并返回此 entityInfo 对象。

当实体信息和相关的注解信息都存入并最后重新转发到学生学籍信息主页时，在 JSP 页面是怎么使用的呢？学生学籍信息主页参见以下代码。

```
01  <%
02      List<Object> entities = (List<Object>) request.getAttribute("entities");
03      EntityInfo entityInfo = (EntityInfo) request.getAttribute("entityInfo");
04      String clazzName = (String) request.getAttribute("clazzName");
05      Integer entitiesCount = (Integer) request.getAttribute("entitiesCount");
06      Integer pageIndex = (Integer) request.getAttribute("pageIndex");
07      Integer pageSize = 10;
08      Long pageCount = Math.round(Math.ceil(entitiesCount * 1.0f/pageSize));
09      Iterator columnInfoIterator = entityInfo.getFieldColumnInfos()
10          .values().iterator();                    //迭代器
11  %>
12  <body>
13  <form action="./DeleteMultipleServlet" method="post">
14  <a href="./GenericAddForm"> add </a>
15  <table border=1>
16      <tr><td></td>
17      <% while(columnInfoIterator.hasNext()) {
18          ColumnInfo columnInfo = (ColumnInfo)columnInfoIterator.next();
19      %>
20      <td><%=columnInfo.getColumn().label() %></td>
21      <% } %>
22      <td></td>
23      </tr>
24      <% for(Object entity:entities) {
25          Integer id = EntityInfoHelper.getEntityId(entity);
26          columnInfoIterator =
27          entityInfo.getFieldColumnInfos().values().iterator();
28      %>
29      <tr>
30          <td>
31  <input type="checkbox" name="EntityIds" value="<%= id %>">
```

```
32  </td>
33      <% while(columnInfoIterator.hasNext()) {
34          ColumnInfo columnInfo = (ColumnInfo)columnInfoIterator.next();
35      %>
36      <td><%=EntityInfoHelper
37          .getEntityFieldValue(columnInfo.getField(),entity) %></td>
38      <% }
39  %>
40      <td> <
41  a href="./GenericUpdateForm? id=<%= id %>">
42  edit </a>
43          <
44  a href="./GenericDelete? id=<%=id %>">
45  delete </a>
46      <a href="./GenericView"> view </a> </td>
47   </tr>
48   <%} %>
49  </table>
50  </form>
51  </body>
```

这段代码首先获取到 request 域中的相关信息，其中最主要的是实体信息 entities 和注解信息 entityInfo。第 9 行新建了一个迭代器对象来遍历 fieldColumnInfos 的数据。而 fieldColumnInfos 存储的是每一个属性的 ColumnInfo 对象。

接下来讲解整个表格的数据是怎么生成的。首先表头是遍历每一个属性的 ColumnInfo 对象，调用其 getColumn()方法获取到属性的 Column 注解，然后获取其注解的 label 参数值显示出来。

表中的实体数据也是通过遍历 fieldColumnInfos 得到的，将每个属性和实体当作参数传入到 getEntityFieldValue()方法中，通过该方法获取到相应的属性值显示出来。getEntityFieldValue()方法参见以下代码。

```
01  public static Object getEntityFieldValue(Field field,Object entity)
02  {
03      try {
04          Object value = field.get(entity);
05          return value;
06      } catch (IllegalArgumentException | IllegalAccessException e) {
07          e.printStackTrace();
08      }
09      return null;
10  }
```

10.7　网络编程实例

前文中对数据的所有操作都是在本台服务器上完成中。本节对数据的所有操作是在另一台服务器上通过网络的方式实现的。要想对数据库中的数据进行操作，只需要在 Web .xml 中修改＜context-param＞中的＜param-value＞为 remote 即可。这样 DaoFactory 创建的就是 DaoRemoteFactory，最后得到的就是通过网络方式操作的 StudentRemoteDao。

扫一扫

接下来详细介绍怎么通过网络的方式操作学生数据。首先看一下服务端的相关代码，参见以下代码。

```
01  public class Server {
02    public static void main(String[] args) throws IOException {
03        ServerSocket server = new ServerSocket(888);
04        while(true)
05        {
06          System.out.println("wait for connect.....");
07          Socket socket = server.accept();
08          RequestHandler requestHandler = new RequestHandler(socket);
09          Thread thread = new Thread(requestHandler);
10          thread.start();
11        }
12    }
13  }
```

服务端会一直监听 888 端口，当接收到新请求后，启动一个新线程来处理套接字。套接字由套接字处理器 RequestHandler 负责处理，其中的 run 方法部分代码如下。

```
01  public void run() {
02    try {
03        InputStreamReader reader = new
04        InputStreamReader(socket.getInputStream());
05        BufferedReader buffer_reader = new BufferedReader(reader);
06        PrintWriter writer = new PrintWriter(socket.getOutputStream());
07        String request = buffer_reader.readLine();
08        System.out.println("request is:" + request);
09        JSONObject jSONObject = new JSONObject();
10        jSONObject = jSONObject.fromObject(request);
11        String command = jSONObject.getString("command");
12        if ("findStudentsByPage".equalsIgnoreCase(command)) {
13          int pageSize = (int) jSONObject.get("pageSize");
14          int pageIndex = (int) jSONObject.get("pageIndex");
15          DaoFactoryInterface daoFactoryInterface = DaoDBFactory.getInstance();
```

```
16        StudentDao studentDao = daoFactoryInterface.getStudentDao();
17        List<Student> students = studentDao.findStudentsByPage(pageIndex,
18   pageSize);
19        JSONArray jso = JSONArray.fromObject(students);
20        String json = jso.toString();
21        writer.println(json);
22        writer.flush();
23     }
24        writer.close();
25        buffer_reader.close();
26        socket.close();
27   }
28   catch (Exception e) {
29        System.out.println("处理请求出错,出错原因是:"+e.getMessage());
30        e.printStackTrace();
31   }
32 }
```

以上代码首先会把客户端传来的数据解析成 JSONObject,然后对不同的 command 进行处理,其中 15～17 行代码是服务端从数据库查询学生数据,然后将查出的学生数据返回给客户端。

接下来再看看 StudentRemoteDao 中的 findStudentsByPage 方法,需要查询学生数据时,会调用到此方法,参见以下代码。

```
01  public List<Student> findStudentsByPage(Integer pageIndex, Integer pageSize) {
02    Map<String, Object> params = new HashMap<String, Object>();
03    params.put("command", "findStudentsByPage");
04    params.put("pageIndex", pageIndex);
05    params.put("pageSize", pageSize);
06    JSONObject jSONObject = new JSONObject();
07    jSONObject = jSONObject.fromObject(params);
08    String json = jSONObject.toString();
09    Socket socket;
10    try {
11      socket = new Socket("127.0.0.1", 888);
12      InputStreamReader reader = new
13      InputStreamReader(socket.getInputStream());
14      BufferedReader buffer_reader = new BufferedReader(reader);
15      PrintWriter writer = new PrintWriter(socket.getOutputStream());
16      writer.println(json);
17      writer.flush();
18      String response = buffer_reader.readLine();
19      System.out.println("Server say:" + response);
20      JSONArray ja = JSONArray.fromObject(response);
```

```
21      List<Student> students = JSONArray.toList(ja, new Student(),new
22      JsonConfig());
23      writer.close();
24      buffer_reader.close();
25      socket.close();
26      return students;
27    }
28  catch (IOException e) {
29      e.printStackTrace();
30    }
31    return null;
32  }
```

此方法首先会把发送给服务端的数据包装成 json 字符串,然后发送给服务端,等待服务端响应,服务端响应后,客户端会处理返回的数据,最后变成 List<Student>类型的数据返回给 Service,接着返回给 Servlet,最后页面上展示学生学籍信息的数据。这是通过网络的方式页面展示数据的过程。接下来再简单介绍怎么通过网络的方式新增学生学籍信息,其实和展示学生数据差不多,只不过由客户端传给服务端的数据不一样,所以服务端会做不同的处理。

首先来看看服务端处理新增学生学籍信息的代码,参见以下代码。

```
01  if ("add".equalsIgnoreCase(command)) {
02      Student student = (Student) JSONObject.toBean((JSONObject)
03      jSONObject.get("student"), new Student(), new JsonConfig());
04      DaoFactoryInterface daoFactoryInterface = DaoDBFactory.getInstance();
05      StudentDao studentDao = daoFactoryInterface.getStudentDao();
06      studentDao.add(student);
07      writer.println("OK");
08      writer.flush();
09  }
```

服务端会将传过来的学生数据解析成一个学生对象,然后通过 studentDao.add()将学生对象添加到数据库中去。

再来看看客户端是怎么传数据的,和查询学生数据的过程几乎是一样的,参见以下代码。

```
01  public void add(Student student) {
02      Map<String, Object> params = new HashMap<String, Object>();
03      params.put("command", "add");
04      params.put("student", student);
05      JSONObject jSONObject = new JSONObject();
06      jSONObject = jSONObject.fromObject(params);
07      String json = jSONObject.toString();
```

```
08    Socket socket;
09    try {
10        socket = new Socket("127.0.0.1", 888);
11        InputStreamReader reader = new
12        InputStreamReader(socket.getInputStream());
13        BufferedReader buffer_reader = new BufferedReader(reader);
14        PrintWriter writer = new PrintWriter(socket.getOutputStream());
15        writer.println(json);
16        writer.flush();
17        String response = buffer_reader.readLine();
18        System.out.println("Server say:" + response);
19        writer.close();
20        buffer_reader.close();
21        socket.close();
22        return;
23    }
24    catch (IOException e) {
25        e.printStackTrace();
26    }
27    return;
28 }
```

这里除了包装的数据和查询学生学籍信息不一样，其他几乎一样。所以不再赘述。

10.8 思考与练习

1. 模仿 10.3 节的 Web 实例，新建一个 TeacherMemoryDao，并在此类中写静态代码，在内存中初始化教师对象，其中教师类所包含的属性有 id、name、age、salary。然后编写代码，完成在内存中对教师信息的增、删、改、查操作。

2. 在 MySQL 数据库中新建一张教师表，其中表结构如图 10-16 所示。

名	类型	长度	小数点	不是 null	虚拟	键
id	int	11	0	☑	☐	🔑1
name	varchar	255	0	☐	☐	
age	int	11	0	☐	☐	
salary	double	0	0	☐	☐	

图 10-16　新建教师表结构

然后编写代码实现对教师信息的增、删、改、查操作。

3. 模仿 10.5 节的反射实例，新建一个 TeacherDBReflectDao，并在其中编写代码，通过反射动态生成对数据库教师表进行增、删、改、查的 SQL 语句。

4. 模仿 10.6 节的注解实例，在教师类的属性上加上相应的注解，并在相应的 Servlet 中获取相关的注解信息，最后在教师主页通过注解的方式展示数据。

参 考 文 献

［1］　Horstmann S C. Java 核心技术［M］. 12 版. 北京：机械工业出版社，2022.

［2］　Eckel B. Java 编程思想［M］. 陈昊鹏，译. 北京：机械工业出版社，2007.

［3］　梁勇. Java 语言程序设计［M］. 战开下，译. 北京：机械工业出版社，2015.